Accounting Information Systems

會計資訊系統

Dasaratha V. Rama ・ Frederick L. Jones　著

王怡心 編譯

THOMSON
™

會計資訊系統 / Rama, Jones 著；王怡心譯. -
- 初版. -- 臺北市：湯姆生, 2006[民 95]
　　面；公分
譯自：Accounting Information Systems
ISBN 978-986-7138-99-6(平裝)

1. 會計 - 資料處理 2. 管理資訊系統

495.029　　　　　　　　　95022480

會計資訊系統

Original: Accounting Information Systems
　　　　By Jones, Frederick / Rama, Dasaratha
　　　　ISBN:032412998X
　　　　Copyright ©2003 by South Western, a Thomson Learning Company.
　　　　The Thomson Learning ™ is a trademark used herein under license.
　　　　All rights reserved.

　　　　1 2 3 4 5 6 7 8 9 0　COR　2 0 0 9 8 7

出 版 者　新加坡商湯姆生亞洲私人有限公司台灣分公司
　　　　　10349 臺北市鄭州路 87 號 9 樓之 1
　　　　　http://www.thomsonlearning.com.tw
　　　　　電話：(02)2558-0569　　傳眞：(02)2558-0360
原　　著　Dasaratha V. Rama ・ Frederick L. Jones
編　　譯　王怡心
企劃編輯　邱筱薇
執行編輯　吳曉芳
編務管理　謝惠婷
發 行 所　全華科技圖書股份有限公司
　　　　　地址：104 台北市龍江路 76 巷 20 號 2 樓
　　　　　電話：02-2507-1300　　傳眞：02-2506-2993
　　　　　劃撥：0100836-1
　　　　　E-mail: book@ms1.chwa.com.tw
　　　　　http://www.opentech.com.tw
書　　號　18030007
出版日期　2007 年 1 月　初版一刷
定　　價　新台幣 720 元

ISBN　978-986-7138-99-6

編譯者序

從多年的教學及研究經驗中，發現國內欠缺理論與實務配合的會計資訊系統教科書。現代學生所期望的學習模式，是產業需求相配合的現象。隨著科技的進步和國際性競爭的壓力，為提供管理者各種決策所需的訊息，會計人員必須要重新設計會計資訊系統，以因應經營環境變遷的資訊需求。

這本英文原稿書之目的，為幫助學生發展對會計資訊系統清楚和正確的觀念基礎，可適用於不同的學校、教師和學生。因此，本人從事本書的編譯工作，從英文書內容中選出適用於本國情景部分，以淺顯方式來敘述章節內容。本書具有三個特色：（1）理論與實務配合的內容；（2）重要觀念的焦點討論；（3）促使學生學習的活用教材。本書的章節編排符合會計資訊系統課程的教學大綱，並且內容涵蓋國際所重視相關法令的討論，包括美國的沙賓法案（Sarbanes-Oxley Act）、內部控制架構（COSO）、審計準則等。

由於會計資訊系統的教學內容，與一般會計課程不同，不會像財務會計學受到一般公認會計準則的規範，所以內容偏向觀念性與理解性。為使讀者對會計資訊系統有清楚的認識，本書在各個章節有清楚的名詞定義，觀念的介紹隨著章節由淺入深，對於重要的理論觀念更有釋例來幫助讀者了解其內容。此外，每一章有焦點問題、問答題、練習題，給讀者有足夠的練習機會，並且在本書附錄有焦點問題的關鍵解答供讀者參考。

個案教學從哈佛大學開始倡導，至今已經廣受各界採用，本書在各個章節中，採用不同的個案，以故事方式來說明企業交易資料的電子化處理，同時兼顧公司治理與內控內基層面。在這本書中有五個核心個案，分別代表各個不同行業的產業特性與營運情況。這五個個案分別為：（1）電子書出版業── ELERBE 公司；（2）餐飲業── Angelo's Diner ；（3）室內網球俱樂部── Westport Indoor Tennis Club ；（4）稅務服務公司── H & J 稅務服務公司；（5）便利商店── Fairhaven Convenience Store 。讓讀者可以從日常生活的案例，了解企業的作業流程與資料電子化處理過程。

本書的完成要感謝多年來教導我的師長們，以及要感謝我的父母王君宜先生和王張美雲女士、我的先生費鴻泰教授與三個兒們（Tony, Andy, Alan），給予我無限的支持與鼓勵。此外，要感謝本書

的研究團隊——許詩朋、費聿瑛、胡麗君等，使本書能順利完成。匆匆付梓，若有疏漏，祈多包涵。懇請諸位先進不吝指正，並請將您的寶貴意見告知，以作為日後改寫的參考。

王怡心

于國立臺北大學會計學系

trenddw@ms26.hinet.net

簡明目錄

目錄

第 2 篇　了解與發展會計系統　135

第 3 篇　交易循環與會計應用軟體　　227

第4篇　資訊科技和系統發展的管理　381

第 1 篇

會計資訊系統：觀念與工具

我們使用要點 I.1 所列示的架構圖，來組織本書各篇的內容。要點 I.1 所列示的架構圖包含四個要素，分別為企業策略（business strategy）、企業流程（business process）、會計資訊系統應用軟體（AIS applications）、資訊科技環境（IT environment）等四個要素。在每一篇內容的開頭，我們重複列示這個架構圖，並且在架構圖中將每一篇內容所強調的要素，加上強調的底色。

第 1 篇內容的焦點在於根據企業流程，來開發與了解會計資訊系統。在本篇中，我們研讀交易循環、事件及活動。研讀完本篇，將可學習到如何使用作業流程圖將企業流程予以文件化，如何分析與執行交易事件相關的風險，記錄交易事件的資料，以及更新主檔資料。

要點 I.1 研讀會計資訊系統架構圖

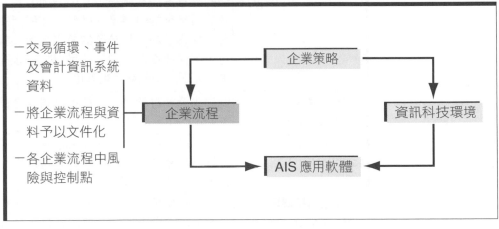

要點 I.2 列示了在第 1 篇各章內容中，我們如何發展及使用企業流程的觀念，來研讀會計系統、風險與控制點。

要點 I.2　各章內容概要

第 1 章	會計資訊系統之介紹	概述企業流程與會計系統。
第 2 章	企業流程和會計資訊系統資料	依據交易循環、事件及活動來研讀企業流程；按基本的企業流程來組織會計資訊系統資料。
第 3 章	會計系統文件化	將企業流程中各事件與活動的順序予以文件化，並使用 UML 作業流程圖，將資料流程予以文件化。
第 4 章	辨認企業流程中的風險和控制	分析與執行交易事件相關的風險和控制點，記錄交易事件的資料，及更新企業流程中的主檔資料。

要點 I.3 簡要彙總說明要點 I.1 中所提及的四個要素。

要點 I.3　研讀會計資訊系統架構說明

I.企業策略 (business strategy)	係指企業達成競爭優勢的整體方法。企業達成競爭優勢的基本方法有兩種，其中一種方法為，以低於競爭者的價格來提供產品或勞務，亦即所謂的成本領導；另一種方法為，以較高的價格來提供獨特的產品或勞務，該獨特性的有利效果足以抵銷較高價格的不利效果，亦即所謂的產品差異化。
II.企業流程 (business process)	係指企業執行取得、生產，及銷售產品或勞務時，依序發生的作業活動。
III.應用軟體 (application)	係指組織用以記錄、儲存 AIS 資料及產生各種報表的會計應用軟體。會計應用軟體可以由組織本身自行開發，或與顧問一同開發，或向外購買。
IV.資訊科技環境 (information technology environment)	資訊科技環境包括某一組織使用資訊科技的願景、記錄、處理、儲存溝通資料的科技，負責取得、開發資訊系統的人員，以及開發、使用、維護應用軟體流程。

1 會計資訊系統之介紹

學習目標

○ 閱讀完本章，您應該了解：

1. 會計資訊系統的範疇。

2. 會計資訊系統的用途。

3. 會計應用程式及軟體。

4. 在會計資訊系統的領域中，會計人員所扮演的各種角色。

本章一開始先詳細敘述 ELERBE 公司這家公司的企業流程。讀者可仔細的檢閱釋例 1.1，因為本教科書將使用這家公司來說明許多觀念和技巧。

第 1 章會說明會計資訊系統的定義，並解釋會計資訊系統如何支援企業流程。本書使用 ELERBE 公司這家個案公司來加強大家對會計資訊系統的了解。

釋例 1.1　ELERBE 公司的企業流程

生產

ELERBE（ELEctronic Resources for Business Education）開發電子教科書和教學軟體。在 ELERBE 編輯者和技術職員的支援下，由教師開發這些教學產品。當教師有開發某產品的想法時，他們聯繫採購編輯員。採購編輯員初步檢閱企劃案，然後將該企劃案轉給開發編輯員。一旦企劃案被核准後，將會和作者簽訂合約。在合約中將會詳細明確記載作者名稱、簽約日、權利金、所有權、完工時程等內容。

作者、圖畫設計員和開發編輯員一起共同開發新產品的設計。作者將完工的章節或模組交給出版商，出版商再將之轉給外部檢閱者。作者在收到外部檢閱者的回應後，視必要修正他們的產品。最後，品質控制部門進行詳細的產品測試，一旦產品通過測試後，將會被送到生產部門。生產部門將電子書燒錄成光碟，並包裝該產品。

銷售

目前，這家公司的銷售只透過實體書店。一旦產品製造完成，行銷部門便製作宣傳手冊。接著，訓練業務員如何向全國的教師說明該產品。一旦電子教科書或補充資料被教師採用，教師便通知其校園書局，校園書局就會向 ELERBE 訂購此產品。

就光碟產品而言，ELERBE 會連同光碟和使用者操作手冊一起運送給書局。就網路基礎的產品而言，ELERBE 會將相關帳號密碼及使用者手冊一起送出。想要使用電子書，學生就必須有帳號和密碼，或是學生必須去書局購買才可以使用 ELERBE 的產品。

1.1　企業流程與會計資訊系統

企業流程（business process）
係指一企業提供商品或勞務給顧客時，所發生的一連串相關活動。

交易循環（transaction cycle）
係指將一連串特定相關的事件予以分組。

（1）企業流程和（2）會計資訊系統是本教科書的兩個重要名詞。**企業流程（business process）**係指企業的採購、生產及銷售各功能所發生的一連串活動。會計人員及其他人員有系統的將企業流程模組化，一些企業流程的模組已經被開發。會計人員發覺，根據交易循環來觀察企業的流程是很有幫助的。**交易循環（transaction cycle）**係指將一連串依序發生的相關事件予以組合。**事件**

（**events**）係指某特定時點所發生的活動，例如顧客下訂單、貨物運出、列印銷售報告等。每個交易循環包含好幾個事件。交易循環和事件將會在第 2 章中予以詳細的介紹，並且在本書相關章節中予以說明。有三個主要的交易循環：

- 取得（採購）循環：係指貨品或勞務採購及付款的流程。
- 加工循環：係指將所取得之資源轉換成貨品或勞務的流程。
- 收入循環：係指提供貨品或勞務，及收款的流程。

在本書第 1 篇、第 2 篇及第 3 篇中，我們將廣泛的闡述交易循環的概念。在第 12 章將會介紹價值鏈的概念，並在第 4 篇中予以使用。

管理資訊系統（**management information system, MIS**）係指收集某一組織的資料、儲存並維護此資料，且提供有意義的資訊供管理之用的系統。管理資訊系統可視為提供生產、行銷、人力資源、會計及財務等功能相關資訊的一組系統。下段將說明，**會計資訊系統**（**accounting information system, AIS**）可視為某一組織管理資訊系統中的一個子系統。

組織的企業流程與其管理資訊系統密切相關，管理資訊系統收集組織企業流程的相關資料。這些資料被彙總、組合以產生資訊，這些資訊將幫助管理者監督、控制其企業流程。資訊科技的進步，使得組織的管理資訊系統與其企業流程更進一步的整合。例如，超級市場利用掃描器以提高付款流程的效率，同時便利管理資訊系統收集資料；其他例子如透過網路進入一家公司的訂單系統，查詢產品及定價資訊、下訂單等。本書強調組織企業流程及管理資訊系統的關聯性。

本章其餘部分將從下列四個構面，來進一步探討會計資訊系統：

- 會計資訊系統的範疇。
- 使用會計資訊系統所提供的資訊。
- 會計軟體的特質。
- 會計人員在會計資訊系統中所扮演的角色。

下一小節將討論會計資訊系統所包含的範疇。

事件（events）
特定時點所發生的事情。

管理資訊系統（management information system, MIS）
係指取得一組織相關資料記錄、儲存及維護該資料，並提供有意義的資訊供管理者使用的系統。

會計資訊系統（accounting information system, AIS）
係指管理會計系統的一個子系統，提供會計財務資訊以及在例行性會計交易處理中所獲得的其他資訊。

1.2　會計資訊系統的範疇

如上所述,管理資訊系統是各子系統的集合。以 ELERBE 公司個案而言,這些子系統都是重要的,且能執行各個功能所需的不同資訊。例如,生產部門需要維護關於訂單、生產排程,及存貨的相關資訊。行銷部門需要記錄關於訂單、顧客名稱及地址、銷售預測、競爭者所提供產品的相關資料。人力資源部門需要取得公司職務需求、員工資格及教育訓練時程的相關資訊。會計及財務部門則需要維護總帳的資訊、編製財務報表、寄發帳單給顧客,以及追蹤所欠供應商的款項。

會計資訊系統是管理資訊系統的一個子系統,提供會計及財務資訊,與在例行性的會計交易處理中獲得的其他資訊。會計資訊系統廣泛的追蹤關於銷售訂單、銷售數量及金額、收款、採購訂單、收取貨品、付款、薪資及工作時數等相關資訊。要點 1.1 說明這些子系統在資訊系統需求的重疊關係。舉例來說,某一員工的工作時數可能對於生產排程及薪資計算是重要的。銷售訂單及運送的相關資訊對於行銷及會計功能是必要的。人力資源職員及會計人員,可能都對薪資率及扣繳金額感到興趣。

資訊需求的重疊,導因於子系統使用相同的企業流程資料。重疊意味著一個整合的資訊系統,能更有效率地服務所有使用者的需求。因為會計資訊是所有使用者所需資訊的一個重要部分,所以會計人員可以藉此擴大他們關注的焦點以及考慮整個企業流程,來提升他們所提供服務的價值。很多公司正在將其各個分離的資訊系統轉換成**企業資源規劃系統(enterprise resource planning (ERP) System)**。企業資源規劃系統是企業的管理系統,其整合了企業各個層面的流程,包含要點 1.1 的子系統。因此,管理資訊系統成為一個單一的大資訊系統。

在管理資訊系統中,會計及財務部分是一個有用的學習工具,但還是難以精確地將會計及財務部分與其他要素分離。在本書中,即使我們強調資訊系統與會計人員的相關控制,但是我們並不會將範圍侷限在狹義的會計資訊中。

使用要點 1.1 來完成焦點問題 1.a 的要求。

要點 1.1　管理資訊系統

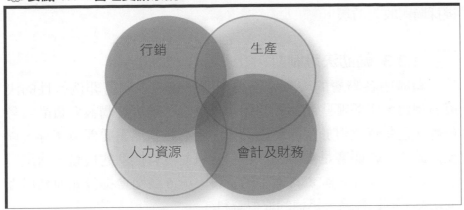

1.3　會計資訊系統的用途

在上一小節，我們討論會計資訊系統的範疇。在這一小節中，我們將解釋會計資訊系統能幫助我們做哪些事情。

1.3.1　編製外部報告

企業使用會計資訊系統來編製特殊報告，以滿足投資人、債權人、稅務員、管制機構及其他人對於資訊的需求。這些報告包含財務報表、稅務申報書、銀行及公用事業所要求的報告等。這類的報告是遵循某些組織所規定的架構來編製，這些組織有財務會計準則委員會（FASB）、證券交易管理委員會（SEC）、國稅局（IRS），以及其他管制單位。對許多組織而言，這些報告的格式和內容相當固定和類似，所以軟體供應商可以提供會計軟體，將許多編製報告的流程予以自動化。因此，一旦必要的資訊被記錄了，外部報告就可以被快速、容易的編製出來，比以前快速、容易許多。

1.3.2　支援例行性活動

經理人需要會計資訊系統，來處理例行性的營運活動。例如處理客戶訂單、運送貨品及勞務、寄帳單給顧客，及收款。電腦系統適合處理重複性的交易，許多會計套裝軟體支援這些例行性的功能。其他技術，例如以掃描器掃瞄產品的條碼，以增加企業流程的的效率性。在本書中，我們將討論會計資訊系統如何支援例行性的

活動。第 8 章到第 10 章將會特別著重在交易的處理，並且詳細的檢視採購與收入循環。

1.3.3 輔助決策制訂

組織中各階層的人員亦需要相關資訊，來制訂非例行性的決策。例如，了解哪些產品較暢銷，以及哪些顧客訂購較多貨品或勞務等。這些資訊對於規劃新產品、決定哪些產品需要保留庫存，以及推銷產品給顧客是重要的。這些資訊並沒有標準的規範，而是視情況而定的彈性查詢資料庫中的資料。第 6 章將會提及如何利用查詢功能，可以輕易、迅速的取得資料。

1.3.4 規劃與控制

在規劃與控制活動時，也需要資訊系統。預算和標準成本的相關資訊被儲存在資訊系統中，並且設計資訊系統編製出比較預算數字和實際數字的報告。使用掃瞄器來記錄進貨、銷貨項目的資料，使得能以較低成本來收集相當多的資訊，也讓使用者可以詳細的執行規劃和控制。例如，針對個別產品來進行收入及費用的分析。從資料庫中取得歷史資料，並且在其他程式中使用這些資料，來進行銷售成長預測及現金流量預測。規劃者可以使用資料採礦（data mining）來了解長期的趨勢。

1.3.5 實施內部控制

內部控制（internal control）包含使用於保護一家公司資產免於損失、被侵占以及維護財務資料正確的政策、程序與資訊系統。在會計資訊系統中建置控制點，以達成這些目標是可能的。舉例來說，會計資訊系統可以使用密碼來防止個人取得與其工作無關的資料登錄格式和報告。此外，資料登錄格式可以被設計為具有自動檢查錯誤的功能，以及防止某些可能會破壞規則的資料登錄進去。在第 4 章中，我們將會討論這些內部控制技術。

研讀釋例 1.2，這個例子說明 ELERBE 的員工如何使用其會計資訊系統。研讀後，完成焦點問題 1.b 的要求。

內部控制
（internal control）

係指包含使用於保護一家公司資產免於損失、被侵占以及維護財務資料正確的政策、程序與資訊系統。這個名詞亦廣義地應用於提供一組織達成其組織目標的確認性服務。

釋例 1.2　ELERBE 公司所使用的會計資訊

ELERBE 公司的員工按下列方法使用其會計資訊系統：

編製外部報告

· 財務長需要會計系統來編製投資人、債權人所要求的財務報表，以及政府管制單位所要求的所得稅申報書。

處理例行性交易

· 記錄訂單、運送貨品及收款等資料，需要能夠有效支援這些活動的系統。
· 依照所銷售的書本數量支付作者權利金。管理者需要有系統的記錄產品的銷售資料，以及依照作者將銷售資料分組。
· 回應客戶的詢問，顧客常常打電話來查詢產品的銷售狀況、訂單狀況，以及付款情形，應能容易的取得這些資訊。

協助經理人制訂非例行性的決策

· 作者提出新產品的計畫案。採購編輯員必須決定是否接受這個計畫案。使用資訊系統來考慮過去類似產品的銷售額及生產成本，以估計該計畫案的獲利能力。
· ELERBE 正考慮直接透過網路銷售某些產品。除了行銷資料庫的資訊，公司也想要比較網路開發成本與目前開發成本。

幫助規劃和控制

· 每年設定生產成本的預算。該預算是根據最近幾年的實際數字及未來的銷售預測所設定出來。會計資訊系統有能力儲存、預測這些預算數字，並且編製報告，以比較預算生產成本與實際成本的差異情形。

維持內部控制

· ELERBE 想要確定所有顧客訂單的顧客編號、產品編號、價格及數量皆被正確的記錄。其希望當一筆訂單被登錄時，系統可以方便的查詢、確認顧客和產品編號，並且自動記錄銷售金額。

1.4　會計應用程式及軟體

　　在上面兩小節，我們說明了會計資訊系統的範疇，以及會計資訊系統的使用。本小節將介紹會計應用程式。**應用程式（applications）**係指供特定目的使用的電腦程式，例如文書處理及電子空白表格軟體便是應用程式的例子。會計應用軟體提供了在上小節中所列示的五個用途的所需資訊。

> **應用程式（applications）**
> 係指供特定目的使用的電腦程式，例如文書處理及電子空白表格軟體便是應用程式的例子。

　　一般而言，會計應用軟體係根據交易循環組織建構。舉例來說，採購循環應用軟體幫助使用者決定該購買什麼、何時購買、建立採購單、記錄採購發票、追蹤供應商款項，及付款給供應商。會計資訊系統和使用者的交互影響主要由下列要素組成：（1）記錄事件，通常是使用電腦螢幕（on-screen）格式；（2）建立供應商、顧客、員工及產品相關資訊；（3）列印文件，例如採購單和銷售發票；（4）列印報告，例如財務報表和銷售分析；及（5）進行決策

所需資料查詢。

　　本教科書強調兩種類型的會計應用，分別為（1）會計套裝軟體，及（2）發展資料庫管理系統（database management system software, DBMS）會計應用程式。所謂**會計套裝軟體（off-the-shelf software）**係指已經定型設計完成，並且可銷售供大眾使用的商業軟體。在本書中，我們將使用「會計應用軟體」（accounting application）這個名詞來代表上述（1）和（2）兩類型會計應用。然而，當我們只提及 off-the-shelf 時，則使用「會計軟體」（accounting software）這個名詞。研讀要點整理 1.2，以了解更多的會計應用程式與軟體。

會計套裝軟體
（off-the-shelf software）
係指製造完成且可供銷售給一般大眾使用的商業軟體。

要點 1.2　會計軟體與應用程式

　　組織可以用許多方法執行會計系統，其中一種可能的方法則是使用簡易會計軟體，另一種常見的方法則是開發組織自己的會計應用程式系統。兩種方法說明如下：

會計套裝軟體

　　各組織的企業流程和會計資料，其特質常常是相似的。舉例來說，不同組織所開立的發票是相似的，如發票日期、品名、金額。如此一來，會計套裝軟體被開發以適用大多數的企業。

　　使用會計套裝軟體的最大優點之一，就是不需花費太多心力去開發一個會計系統。然而，會計套裝軟體並不是針對任何一個組織所量身訂做，有可能不能滿足一個組織所有的需求。有些供應商為了降低這樣的問題發生，而允許經銷商修改其軟體，以符合特定客戶的需求。

開發會計應用程式系統

　　組織可能開發其自身的會計軟體，或雇用顧問人員幫其開發會計軟體。可以採用程式語言，如 Pascal 、 BASIC 或 C 程式語言，來開發軟體。另一個方法則是使用資料庫管理軟體（DBMS）來建置一個會計軟體。 DBMS 讓使用者可以儲存、擷取資料、建置進入會計資料的格式，以及不需更多的程式來產生報告。相較於傳統的程式語言，使用 DBMS 的功能，將能夠更容易的建置會計應用程式。微軟的 Access 和甲骨文的 Oracle ，便是資料庫軟體的典型例子。

　　本書將解釋如何使用相關的資料庫（例如：微軟的 Access）來開發會計系統。後面章節將詳細的討論資料庫管理軟體的特質。

1.5　會計資訊系統中會計人員的角色

　　另一個了解會計資訊系統的方法，則是思考會計資訊系統與會計人員之間的關聯性。一個進入會計領域的學生，將需要了解會計資訊系統所扮演的角色。 International Federation of Accountants

（IFAC）出版一份報告，指引 11（Guideline 11），「會計課程的資訊科技」（Information Technology in the Accounting Curriculum），在這一份報告中，辨認出會計人員使用資訊科技所扮演的四個角色，分別為：（1）使用者；（2）管理者；（3）顧問；（4）評估者。我們額外增加第五個角色，即（5）會計及稅務服務的提供者。

　　釋例 1.3 說明 ELERBE 公司會計人員所扮演的角色。建議你檢閱 Occupational Outlook Handbook，這是一個重要的參考工具，這本參考書討論會計專業正在改變的特質以及會計人員的需求。

釋例 1.3　ELERBE 公司會計人員所扮演的角色

ELERBE 公司會計人員所扮演的各項角色：

- Donna Albright 是應收帳款經辦人員，她使用會計資訊系統來寄發帳單給顧客。

- Jane Brown 是財務長，她使用會計資訊系統來管理現金流量。根據資訊系統所提供的報告，她決定何時將暫時閒置的資金予以投資，以及何時向銀行取得短期的借款。

- 會計服務公司（Accounting Service Inc.）提供會計及稅務服務給中小型的公司。ELERBE 已經雇用這家公司幫其處理大部分的薪工功能，這家公司使用 ELERBE 公司的資訊系統來取得必要的資料。

- Robert Silva 是會計師，查核 ELERBE 公司的財務報表。在這個過程中，他評估 ELERBE 公司會計資訊系統的可靠性。

1.5.1 會計人員是使用者

　　會計人員和財務經理使用會計系統來執行本章前述提及的所有功能，例如編製外部報告、處理例行性交易等等。由於例行性交易處理的自動化，使得會計人員可投入較少的時間在例行性的功能上。相反的，他們將其對於企業流程和資料組織的了解，應用於決策制訂和規劃上。

　　在本教科書中，你將會學習到如何使用會計資訊系統，來處理收入循環和採購循環中的例行性交易。我們也將闡述會計軟體如何被使用以支援企業運作和決策制訂。了解會計軟體典型的特徵和功能，將會讓你更容易的運用會計套裝軟體。

　　IFAC 的指引中，提及使用者需要了解資訊系統架構、軟體、硬

體和資料組織方法，以及文書處理、空白表格程式、資料庫和會計套裝軟體。在本教科書中，我們將提供關於資料組織方法（第 5 章）、資料庫（第 5 章到第 6 章），以及會計應用軟體（第 7 章到第 10 章）的概念性了解。

1.5.2 會計人員是管理者

管理者負責管理員工和組織資源，以幫助組織達到其目標。在小型的組織中，會計經理人的職責不僅包含管理會計資訊的記錄與報導，亦包含整體資訊系統的管理。資訊科技的管理在第 12 章將會予以概略性的說明。在大型的組織中，會計經理和財務長密切相關。這些人員了解資料庫的內容，大部分使用者的資訊需求，以及內部控制的技巧。

財務長是組織策略規劃團隊中重要的成員。因為會計人員了解會計資訊系統所產生的報告內容，他們可以解釋報告，這樣的了解讓他們成為執行委員會中具有價值的成員。

為了提升他們的價值，會計經理必須知道企業是如何營運的（亦即公司的目標和企業流程），以及資訊系統如何幫助他們達成這些目標和支援這些流程。本教科書大部分的教材係以企業流程為導向，以及如何使用會計資訊系統來支援他們。

1.5.3 會計人員是顧問

有經驗的會計人員在許多領域上可以提供顧問服務，包含資訊系統、個人財務規劃、國際會計、環境會計，以及法庭會計（forensic accounting）。

經驗可以讓會計專家在會計系統的取得、設計、安裝、修正方面具有競爭優勢。他們了解資訊系統如何支援企業流程，並且知道財務報導的相關要求和內部控制風險。IFAC 指引 11 提及設計者必須了解任務、實務應用和替代系統，並且必須能夠將內部控制具體化。許多會計人員具備那樣的知識和技能。

即使顧問諮詢是非常吸引人的，但是許多會計人員發現，這一方面的顧問諮詢其實獲利性並不高。此外，客戶越來越複雜，他們的期望也越來越高。會計顧問已經透過下列幾種方式回應這樣的挑戰：（a）專精於特定產業；（b）專精於一兩種的會計軟體；（c）

致力於全職的顧問。這些方法讓他們成為專家。

　　如同稍早所提及的，諮詢和設計系統需要對企業流程、風險和控制、資訊科技等有所了解。第 2 章主要在說明企業流程。第 4 章的焦點在於風險和控制。本書其餘部分，我們將強調企業流程、風險和內部控制技術。第 5 章到第 6 章則和會計人員扮演設計者的角色相關。他們的焦點在於了解會計系統的設計，因其與資訊要素相關，包括資料組織、格式、報告，及資料處理等。

1.5.4　會計人員是評估者

　　會計人員提供各種和會計資訊系統相關的評估服務。在這裡，我們認為會計人員指的是內部稽核人員、外部審計人員，和其他提供確認性服務者。

　　內部稽核人員。 內部稽核人員評估組織中各單位，以決定這些單位是否有效果、有效率的追求他們的任務。舉例來說，他們可以評估電腦服務部門如何適當的回應使用者的需求，或者找出顧客銷售報酬是否適當。他們有責任，並且能夠稽核公司營運的效果。在一份稽核報告中，將討論稽核人員的發現，並且提供改善建議。內部稽核人員也可能支援內部控制的發展，以確保效率、效果和法規遵循的目標能達成。他們的地位可能隨著 2002 年的沙賓法案（Sarbanes-Oxley Act of 2002）而提升。證管會（SEC）現在要求年度報告書需要包含內部控制的評估和缺失的揭露。公司可能依賴內部稽核人員，來評估和改正缺失。內部稽核人員為了可以取得稽核所需的資料和評估內部控制，他們必須了解各單位為達成其使命所使用的企業流程，以及資訊系統本身的特性。

　　外部審計人員。 公司聘請會計師來審查他們的財務報表，以符合法令規範，並且提升他們財務報表的可靠性。在審查財務報表的過程中，審計人員必須評估公司所使用之會計資訊系統的可靠性。他們也使用受查者的系統來取得交易相關資訊，以決定受查者是否遵循一般公認會計準則。

　　其他評估者的角色。 會計人員藉由提供各種 **確認性服務**（**assurance service**）以擴大其角色。舉例來說，一家會計事務所可能提供確認（assurances）給債權者，指出受查公司並未違反借款合約。最近，美國會計師協會（AICPA）宣傳其會員所提供的服務

確認性服務
（**assurance service**）
獨立專業人士所提供的服務，負責評估外部決策制訂者所需資訊的可靠性。

一 Web Trust（網路認證），以提升網路交易消費者對銷售公司的信賴。另外一個例子，有些會計師事務所提供績效評估和風險分析的服務。

在這些評估過程中，會計人員需要了解一家公司的企業流程，以及會計系統如何支援這些流程。他們也必須了解如何取得他們評估所需的資訊。此外，他們應該評估組織的內部控制，以決定他們可以信賴該資訊系統之資訊產出的程度。他們甚至可能評估內部控制系統本身，以提供內部控制相關改善建議。

1.5.5 會計人員是會計及稅務服務的提供者

會計人員使用會計軟體為小型客戶提供財務報表，並且使用稅務軟體提供稅務服務給他們的客戶。電腦和會計稅務軟體的成本日漸降低，讓許多會計人員獲利提升。然而，由於使用的簡易性和操作電腦的能力，導致有些顧客不需專業協助，即可執行會計、稅務工作。

使用者、管理者、顧問、設計者、評估者，和會計稅務服務提供者等，長久以來便存在於會計專業領域中。如同稍早所提及的，會計資訊系統及科技的改進，已經影響這些角色的特質。如果會計人員想要提升他們所扮演角色的附加價值，他們必需跟上資訊科技發展的腳步。在一份由 Robert Half International 所做的 2001 調查中指出，財務長被問到除了財務專長，哪項技能在未來的財務專業領域中是最重要的。受訪者認為科技專長是最重要的，其重要性超越溝通技能、一般企業知識，和領導等其他技能。在同一份調查中指出，82 ％的財務長表示，在過去五年來，他們的會計部門與公司的科技行動越來越相關。

彙總

本章提及了會計資訊系統的範疇、會計資訊系統的用途、會計軟體的特質，以及在會計資訊系統的相關領域中會計人員所扮演的角色。從會計資訊系統的範疇來看，會計資訊系統可以被視為管理資訊系統的子系統，提供會計財務資訊以及在例行性會計交易處理中所獲得的其他資訊。本章亦提到會計子系統和行銷、生產、人力資源子系統間存在重大的重疊。

會計資訊系統的用途：（1）編製外部報告；（2）支援例行性的營運活動；（3）輔助決策制訂；（4）支援規劃與控制；（5）提供內部控制。我們提到會計應用程式可以是來自於會計套裝軟體或是針對顧客量身訂做的應用軟體。

會計資訊系統和會計人員的工作，也在本章中被探討。我們看到會計人員在扮演使用者、管理者、顧問、評估者及會計稅務服務提供者時，他們與會計資訊系統的相互影響。在每個角色中，會計人員依賴會計資訊系統。會計人員應該持續提升他們在專業上的技能，並更新他們對於資訊科技的知識。

本書的組織架構

在第 1 章，討論了本教科書如何提供關於使用、管理及開發會計系統的相關技能及知識，簡要的概述本教科書的組織架構。本書第 1 篇係由第 1 章到第 4 章所組成，作為後續章節的基礎。第 1 章強調了解企業流程的重要性，以及支援這些流程的資訊系統。這個主題持續貫穿本教科書。第 2 章提供分析企業流程的技巧，並介紹讀者如何表達檔案中資料的共同方法。第 3 章介紹作業流程圖，作業流程圖系將企業流程中關鍵要素予以文件化的工具。第 4 章介紹如何辨認和控制在執行和記錄企業事件的過程中所發生的風險。

第 2 篇進一步提升讀者對於會計資訊系統如何設計的了解。第 5 章提供工具讓你將資料組織成表格資料，以供共同使用。第 6 章詳細的檢視查詢、報告等功能的設計。

第 3 篇進一步觀察，在採購和收入循環中協助組織處理交易的會計應用程式。採購循環包含請購、訂購，和驗收及付款的流程（第 8 章和第 9 章）。收入循環包含銷售訂單、運送商品或勞務、開立帳單和收款的流程（第 10 章）。你在第 1 章到第 6 章所了解的企業流程、風險、控制、資料、格式和報告，將被應用在後續這幾章中。第 3 篇整合了前兩篇的工具和概念。

第 4 篇介紹如何管理資訊科技及系統開發。主要的焦點包含使用、管理科技以提升企業流程，以及實施新應用軟體的流程。

焦點問題 1.a

※重疊與非重疊資訊功能需求

參考課本「要點 1.1」。

問題：

1. 哪些資訊可能適用於行銷子系統之功能需求，而非適用於會計及財務子系統之功能需求，請舉例之。
2. 續上題，哪些資訊皆適用於行銷子系統與會計及財務系統之功能需求，請舉例之。
3. 公司中哪些部門或專業人員，應負責重疊功能需求中之資訊記錄與保存。

焦點問題 1.b

※會計課程與會計資訊的使用

此問題主要是針對主修會計之學生所設計，非主修者可藉由參考書目或與教授討論來回答此問題。

問題：

下列表中五種會計資訊之使用，請指出哪些會計或財務相關課程可幫助你使用此五種會計資訊。

會計資訊之使用	會計或財務相關輔助課程
1. 準備外部使用者報表	
2. 執行企業日常交易	
3. 幫助管理階層作日常性決策	
4. 幫助企業活動之規劃與控制	
5. 內部控制之維持	

問答題

1. 定義會計資訊系統。如何區分會計資訊系統與管理資訊系統？
2. 如何使用會計資訊？
3. 何謂會計應用程式？
4. 何謂會計套裝軟體？相較於開發一套為顧客量身設計的應用程式，使用會計套裝軟體之優缺點為何？
5. 請問你最認同會計人員所扮演的哪一種角色？
6. 在哪種方式下，會計人員被視為評估者？
7. 舉例說明哪些生產資訊可能僅是生產子系統所產生的資訊，而非會計及財務子系統中產生的資訊。舉例說明哪些資訊對於這兩個功能是重要的。就重疊的功能而言，哪個部門應該負責記錄和維護該資訊？
8. 舉例說明哪些資訊僅是人力資源子系統中的資訊，而非會計及財務子系統中的資訊。舉例說明哪些資訊對於該兩個功能將是重要的。就重疊的功能而言，哪個部門應該負責記錄和維護該資訊？
9. 資訊科技的提升，已經大大降低編製財務報表、產生顧客報表及付款支票等文件所需的時間。這如何影響會計人員的就業市場？評量這些發展對會計事務人員和會計專業人士的影響。
10. 考慮一家銷售辦公用品給企業或消費者之公司。舉例說明，這家公司的會計資訊可能被如何用來處理例行性的活動、決策支援和規劃控制。
11. 在當樂超級市場，出納員使用掃描器來處理 4,000 種以上不同商品的銷售。掃描器可以提供一份報告，顯示當天每種產品的銷售額，以及比較當天和過去幾天的銷售額，似乎具有超過業主可以使用的資訊。你將如何強調、整合或組織這個資訊，以便該資訊是有用的而不是過量超載的？

2 企業流程和會計資訊系統資料

學習目標

○ 閱讀完本章，您應該了解：

 1.交易循環。

 2.基本的檔案概念。

 3.電腦系統中的資料組織架構。

 4.主檔與交易檔的用途。

○ 閱讀完本章，您應該學會：

 1.辨認企業流程中的事件。

 2.辨認主檔中的參照資料和彙總資料。

 3.辨認會計資訊系統中的主檔和交易檔。

 4.辨認記錄、更新和檔案維護活動。

第 1 章提到會計人員可能扮演會計系統的評估者、設計者。在任何一個角色中,會計人員需要研讀目前的會計系統。舉例來說,在 ELERBE 公司採用電子商務應用程式前,其系統設計者必須了解 ELERBE 公司目前的會計資訊系統。相同的,審計人員必須分析受查者的會計系統,以決定他們可以信賴該系統的程度。

會計系統是複雜的,評估一套會計資訊系統需要相當多的技能。會計人員必需檢視文件、訪問相關人員,及觀察交易,以了解客戶的會計系統。他們也需要(1)了解需要尋找哪些資訊;(2)了解哪裡可以取得資訊;(3)擬定取得資訊的計畫;(4)以有意義的方法組織資訊。在你具備這些能力前,你必須對於會計系統有基本的認識。本章的目的在於幫助你知曉如何研讀會計系統的模型和工具。

當公開發行公司會計監督委員會(Public Company Accounting Oversight Board)發佈審計準則第 2 號公報 "An Audit of Internal Control Over Financial Reporting Performed in Conjunction With an Audit of Financial Statements" 時,在 2004 年了解一家公司系統的重要性再次被加強。該準則要求經理人和審計人員必須了解一家公司處理公司交易的相關流程。本章第一部分將介紹「企業流程和事件」,以提供指引幫助我們了解一家公司的交易。

審計準則第 2 號公報也要求經理人和審計人員了解交易如何被記錄和報導。本章第二部分將介紹「組織會計資訊系統中的資料」,以檢視事件和交易如何被人工和電腦所記錄。

由於會計系統的複雜性,要具備了解、分析、開發、評估會計系統所需的技能,就是解決各式各樣的問題。為了協助讀者具備這樣的技能,本章和後續章節包含許多焦點問題提供練習。我們鼓勵讀者在研讀本章時,解決這些問題。然後,讀者可以比較你的答案和本書所提供的答案。此外,在第 2 章到第 4 章中,將會使用兩個新的個案。我們使用 Angelo Diner 餐廳來做個案說明,並且請讀者試著解決網球俱樂部 Westport Indoor Tennis 所發生的類似問題。

2.1 企業流程和事件

企業流程係指企業進行採購、生產、銷售貨品和勞務時,所產生的一連串活動。了解一家公司其企業流程的重要方法,就是將焦

點置於其交易循環。一個**交易循環**（**transaction cycle**）將一連串發生的相關事件歸屬於同一組。**事件**（**events**）係指某時點所發生的事情。每個交易循環包含一件以上的事件。舉例來說，顧客下訂單、運交貨品及列印銷售報告等三件事件，屬於同一個交易循環。

可以將企業流程，分為下列三個主要交易循環：

- **採購循環**（**acquisition（purchasing）cycle**）：係指購買貨品和勞務的流程。在本小節，我們將簡短的討論這個循環的特質。
- **加工循環**（**conversion cycle**）：係指將取得的資源轉換成貨品和勞務的流程。加工循環所包含的事件有組裝、加大、挖掘和清洗等。有些企業的加工循環可能是很複雜的。不像收入和採購循環，各產業間的加工循環可能有很大的差異。因此，本小節將不會把焦點放在這個循環。
- **收入循環**（**revenue cycle**）：係指提供貨品和勞務提供給顧客的流程。在本小節，我們將簡短的說明這個循環。

第 2 章只是稍微介紹一下採購循環和收入循環。第 8 章到第 10 章將會詳細的介紹這些循環。

2.1.1　收入循環

不同型態的組織，其收入循環是類似的，並且包含下列一部分或是全部的營運活動：

1. **回應顧客詢問**：顧客詢問可能是交由業務人員處理。在有些產業中（例如電腦業和軟體業），其產品是複雜的。業務人員扮演一個重要的角色，幫助顧客了解公司的產品和選擇適當的產品。
2. **與顧客協議以提供貨品和勞務**：協議的例子包括貨品或勞務的顧客訂單內容，以及未來運交貨品或勞務的合約。這個功能主要係由訂單登錄經辦員和業務人員負責處理。
3. **提供勞務或運交貨品給顧客**：很明顯地，這個功能對於獲利過程是很重要的。就勞務而言，負責處理這個職能的主要員工是勞務提供者。就貨品而言，倉庫人員和運輸人員扮演一個很重要的角色。

交易循環
（**transaction cycle**）

將通常發生特別結果的相關事件組合一起的流程。

事件（**events**）

企業流程的一部分。典型的企業流程有與貨品或服務有關的顧客、供應商、員工契約、收到與提供貨品和服務、認列要求權以及支付或收取現金。

採購循環
（**acquisition（purchasing）cycle**）

用來購買貨品或服務的交易流程。取得循環事件包含貨品或服務的訂購、收到、儲存和支付。

加工循環
（**conversion cycle**）

將已取得的資源轉變成貨品或服務。包含像是組合、增大、挖掘和清潔。

收入循環
（**revenue cycle**）

用來提供顧客貨品或服務的交易流程。貨品的收入循環事件包含接受訂單、選擇與檢查要運送的貨品、準備貨品的運送、運送貨品以及收取現金。服務的收入循環事件大同小異，除了選擇、檢查和準備可能不需要，且服務是提供運送的。

4. **寄發帳單給顧客**：在這個事件上，公司認列其對顧客的現金請求權，記錄應收帳款並且開立帳單給顧客。

5. **收取現金**：係指向顧客收取現金。

6. **將現金存放於銀行**：涉及到該功能的人員有公司出納和銀行。

7. **編製報告**：在收入循環中，可能需要編製許多不同的報告，例如訂單明細、運送單明細、現金收入明細等。

　　焦點問題 2.a 要求同學列出相關問題以了解 ELERBE 公司的收入流程。在研讀釋例 2.1 之前，請你先研讀這個習題所提供的資訊，以及第 1 章對 ELERBE 公司所做的敘述說明，然後完成題目要求。

　　釋例 2.1 說明 Karen 在訪談過程中所得到的資訊。注意她是如何使用她自己對一般收入流程中的共同營運活動資訊，來架構她的問題。

釋例 2.1　ELERBE 公司：收入流程

與業務經理的訪談記錄

Karen：貴公司銷售的產品有哪些？

Martin：本公司的產品有兩大類，一類為光碟產品，另一類為網路產品。

Karen：貴公司的顧客有那些？

Martin：本公司大部分產品的銷售對象為大學書局。

Karen：貴公司的顧客如何了解貴公司所銷售的產品項目？

Martin：本公司的業務人員會巡訪各大學校園，向他們的教師說明本公司的產品。教師也可能會打電話和本公司的業務人員詢問，關於他們從他們同事口中所聽說到的產品。一旦本公司進行線上銷售，預期本公司的網頁本身將會扮演一個重要的角色，來提供產品的相關資訊給潛在的顧客。

Karen：您可以解釋貴公司目前是如何處理顧客訂單嗎？

Martin：書局經理向本公司下訂單，詳細說明他們所欲訂購的書籍 ISBN、作者、書名、出版年度、數量。本公司的訂單登錄部門負責處理所有的訂單，包括郵寄訂單、傳真訂單或網路訂單。首先，訂單經辦員決定訂單是否來自既有的顧客。如果該書局是既有的顧客，本公司電腦系統應該留有相關資訊，例如顧客名稱、聯絡人、地址等等。如果該書店為新顧客，那麼訂單經辦員則將新客戶的相關資料鍵入電腦系統中。一旦顧客資料被登錄，訂單經辦員輸入其他詳細資料在電腦系統中。然後，電腦列印出銷售訂單、撿貨單。在撿貨單上說明訂購數量和產品的庫存位置。

（續）釋例 2.1　ELERBE 公司：收入流程

Karen：貴公司如何裝運顧客訂單？不同類型的產品其處理流程是否不同？

Martin：目前，本公司裝運訂單系統對於所有產品的處理是類似的。就光碟產品而言，包裝內有一份使用者操作手冊和一片光碟。就網路產品而言，包裝內有一份安裝手冊和取得網路服務的密碼。一張訂單可以包含不同的產品。訂單登錄後列印出揀貨單，然後將揀貨單交給倉儲人員。倉儲人員依揀貨單提取被訂購的產品，並且將這些產品裝進箱子中，在箱子外面貼上揀貨單副本（如果實際發貨數與訂購數不符，則更正為實際發貨數），然後交給運送部門。

一旦運送部門的經辦員收到倉庫部門轉來的產品和揀貨單後，便編製包裝單，寫明運出的產品。一份包裝單副本將轉交給應收帳款經辦員。原始的包裝單則附隨產品交給運輸人員。運輸人員負責將產品運交給顧客。

Karen：貴公司如何寄發帳單給顧客？

Martin：本公司帳單部門比較包裝單和銷售訂單的資料。如果兩者存有差異，並且不清楚差異的原因為何，那麼應收帳款經辦員則向相關人員進行詢問。寄發帳單給顧客之必需資料被登錄於系統中。系統儲存這些資料並且列印銷售發票。在銷售發票上指明運出的產品品名、數量、總金額和帳款到期日。帳單部門將銷售發票連同匯款通知單寄發給書店，書店收到後，撕下匯款通知單連同支票寄送給本公司。匯款通知單包含顧客編號、發票號碼，以及帳款到期日。

Karen：貴公司如何收取帳款？

Martin：一旦產品和發票被書店收到，書店便開立支票連同匯款通知單寄送給本公司。收款經辦員比較支票金額與發票金額。收款經辦員在系統中記錄該筆收款。然後，支票被存入銀行。

Karen：對於計畫的線上銷售應用程式，貴公司的目標為何？

Martin：本公司想要設置電子商務網站的目標為，透過網路（1）讓顧客可以接取本公司的產品資訊；（2）收集顧客的訂單／付款資訊；（3）將訂單送至本公司的資料庫，以及（4）寄送確認函給顧客。本公司認為實施綜合性的電子商務應用程式，其成本可能相當大。公司可能決定同時實施公司自己的系統。而且，線上銷售正在徹底的改變本公司的企業流程，並且影響許多員工。因此，對於仔細規劃、管理這些改變，提供適當的訓練，以及協助員工適應新的系統等，本公司正在關切中。

2.1.2　採購循環

　　如同收入循環，不同型態的組織其採購循環是類似的，並且包含下列一部分或是全部的營運活動：

1. **與供應商商議**：在採購之前，公司可能詢問多家供應商，以了解產品、勞務和價格。
2. **處理請購**：請購文件可能先被員工編製好並且經由主管核

准。然後，這些請購文件被採購部門用來向供應商下訂單。

3. **和供應商協議以購買產品或勞務**：與供應商間的協議包含採購單和與供應商簽訂的合約。

4. **驗收產品或勞務**：組織必須確認正確的產品已經被驗收而且產品的品質良好。在大型的組織中，驗收單位負責產品的驗收。驗收部門驗收產品，並且將產品轉交給請購部門。

5. **認列已驗收產品和勞務的付款義務**：在驗收產品後，供應商寄送發票。如果帳單是正確的，那麼應付帳款部門則記錄此發票。

6. **選出要付款的發票**：許多公司根據時間表（通常是以週為基礎）選出要付款的發票。

7. **開立支票**：在選出要付款的發票後，開立支票並且在支票上簽章，然後寄送給供應商。

本章其餘部分將會把焦點放在收入循環。第 8 章和第 9 章將會詳細的說明採購循環。

2.2　辨認企業流程中的事件

會計根本上是一個資訊系統，會計人員需要知道資訊系統如何運作。這樣的知識將使他們可以提供系統諮詢和設計的服務，並且讓他們能擔任評估者與審計人員的角色。一家公司資訊系統的品質和特質會影響其績效，並且影響審計人員在驗證其財務報表時，對其資訊系統所輸出報表的信賴程度。當然，當會計人員身為使用者時，也必須了解會計系統。

會計人員在具備評估或設計會計資訊系統能力之前，必須先熟悉企業的流程。我們已經看到，對收入和採購循環的基本了解，可以作為收集一家公司流程的開端。 Karen 對於收入循環的了解，讓她可以詳細解釋 ELERBE 公司的收入循環。然而，企業流程可能是複雜的，所以我們必需找出一個方法，來簡化、組織我們所收集到的企業流程的相關資訊。這一小節提供一個有系統的方法，來將流程分割成一系列的事件。

2.2.1 辨認事件的指引

在本書中，你將常常需要辨認事件。通常，一個組織中的多個人員和部門會涉及到收入和採購循環。下面的指引將焦點置於企業流程中責任的轉移，以辨認事件。常見地，某一企業流程暫停了，然後又再開始。在辨認事件時，一流程的停止和繼續也常被使用。

指引 1：當一組織中的某個人員或部門負責這個活動時，成為辨認流程的第一個事件。為了辨認事件，當組織中的某個人員或部門開始行動，流程就開始了。此後，我們將負責某事件的人員或部門稱之為**內部代理人（internal agent）**，也可稱為內部負責人。內部代理人對於事件發生以前的一些活動訊息，並不需觀察與記錄。舉例來說，顧客在與公司員工接洽前，可能閱讀目錄、等候被服務，或瀏覽店裡的產品。這些活動並非由組織直接控制，所以我們在辨認事件的時候，不會將這些活動的資訊列入考慮。

> **內部代理人**
> **（internal agent）**
>
> 組織裡負責各種企業流程之事件的人或部門。例如，銷售員、運貨員以及接受訂單的人。

指引 2：將不需內部代理人參與的活動予以忽略。這個指引和指引 1 是類似的，除了這個指引適用於在流程中任何時點所發生的活動。舉例來說，假設顧客要租一輛車兩個星期。在租車期間，即使顧客可能已經將車子開了好幾千哩、給汽車加汽油，和修理洩了氣的輪胎，租車公司並不知道這些活動，也無法控制這些活動。因此，這些活動不會被視為收入循環中的一個事件。直到顧客歸還車子與公司接洽時，前述種種需被辨認後事件才發生。

指引 3：當責任由某一內部代理人轉移到另一個內部代理人時，視同辨認一個新的事件。當流程中所發生活動的責任，由某一內部代理人轉移到另一個內部代理人時，通常會發生一個重大的改變。分配工作給員工，通常需要組織予以妥善的規劃。當我們研讀內部控制的時候，需要關切責任的移轉。

指引 4：當流程被中斷後，然後又由同一內部代理人重新繼續時，視同辨認一個新的事件。在中斷後，組織或流程外的某個人員可能重新開始這個流程。或者，在既定時間表下這個流程可能繼續。之前指引的焦點，在於不同內部代理人間的責任移

轉。有時候一個內部代理人完成一組活動後，再繼續這個流程前會等待一段時間。通常，繼續這個流程的方法有兩種：（1）由公司外的人員或組織開始繼續這個流程，和（2）在既定的時程表（例如：每天工作結束時）繼續開始這個流程。通常辨認一個新事件的開始是適當的，即使同一個內部代理人涉及兩組活動。因此，當你研讀由單一內部代理人所執行的一組活動之說明時，你應該找尋這個流程中的任何中斷和重新繼續的部分。我們現在考量一下，在中斷一段時間後，再重新繼續的共通方法。

1. **由公司外的人員或組織開始繼續這個流程。** 舉例來說，假設某一會員圖書館走近圖書館的參考室，並且借閱一本近期的期刊兩個小時。如同前面討論的指引 1 和 2，我們不會將焦點關注於在這兩個小時內會員對該本期刊的使用。站在圖書館的立場來看，在該本期刊交給會員之後，該流程便「停止」，直到期刊被歸還，流程才又繼續。當期刊被歸還時，一個新的事件需要被辨認。即使同一個內部代理人（圖書館館員）可以已經涉及兩個事件，將借出與歸還視為兩個事件是有用的。事實上，圖書館的資訊系統支援這樣的分離事件。基於控制目的，在借出期刊這個時點，便產生一筆記錄，註明借出的時間和會員名稱。當該本期刊被歸還時，記錄會被更新，以顯示期刊已被歸還。注意，組織外的人員（如：圖書館會員）重新繼續被中斷的流程。這個指引也適用於在指引 2 中所討論的租車例子。在車子被出租後，企業流程暫時中斷；當顧客歸還車子時，流程重新繼續。車子的出租和歸還應該被視為兩個事件，即使同一個內部代理人涉及這兩個事件。再一次說明，當顧客歸還車子時，顧客啟動了第 2 個事件。

2. **在既定的時程表開始繼續這個流程。** 當一企業流程被暫時中斷，然後在既定時程表開始繼續時，在這個情況下，你可能會發現這個指引是有用的。舉例來說，在一天之內，現金可能是陸續被收取的。出納員收取這些現金，記錄收現，然後將這些現金存放在安全的地方。接著，收入流程就被中斷了。在一天工作快要結束時，出納可能開始繼續這個流程，

編製存款單並且將存款單和現金交給負責存款的人員。在這裡，第 2 個事件（編製存款單）是按既定時程表被執行，不是由組織外面的人員來啓動這個流程。

指引 5：使用事件名稱和說明，來反應事件的廣義性質。要辨認內部代理人相當的容易，但是要替一個事件（可以包含幾個活動）找到一個適當的名稱困難許多。爲事件選擇一個簡短的名稱，並且反應該事件主要的目的。

要點 2.1 是上述所討論的五個指引的簡短清單，供讀者參考。

要點 2.1　辨認事件的指引

1. 當組織中的某個人員或部門，負責這個活動時，成為辨認流程的第一個事件。

2. 將不需內部代理人參與的活動予以忽略。

3. 當責任由某一內部代理人轉移到另一個內部代理人時，亦即辨認一個新的事件。

4. 當流程被中斷後，然後又由同一內部代理人重新繼續時，視同辨認一個新的事件。在中斷後，組織或流程外的某個人員可能重新開始這個流程。或者，在既定時間表下這個流程可能繼續。

5. 使用事件名稱和說明，來反應事件的廣義性質。

釋例 2.2 描述 Angelo's Diner 的收入循環，並且說明上述的五個指引。請仔細研讀這個例子，它是本章不可缺少的部分。

釋例 2.2　Angelo's Diner 的收入循環

顧客到達餐廳，然後坐在餐桌席位或坐在櫃臺前。如果沒有空的餐桌席位，顧客在等候區等候。當有空餐桌時，顧客坐在餐桌席位。當顧客準備好開始點餐時，會叫服務生過來。服務生在預先編號的點菜單上面，記錄顧客所點的餐點。服務生將該點菜單交給廚房的廚師。廚師使用點菜單上的資訊來做餐點。當餐點做好後，被放在介於廚房和餐廳間的一個架上。服務生從架上拿取餐點和點菜單，然後將餐點送給顧客。當顧客在用餐時，服務生在點菜單上寫上價錢，然後放在顧客的桌上。

顧客將錢和已完成的點菜單拿給收銀員。收銀員輸入每一項目的代碼。收銀機自動參照到儲存在電子系統中的價目表，然後顯示價錢。在每個項目被鍵入系統後，系統顯示總價款。收銀員儲存一天當中有關各項目銷售的資訊。收銀員將現金放在抽屜裡，然後適當的找零給顧客。每次輪班結束時，出納員結算收銀機。收銀員印出銷售彙總表，並且將銷售彙總表和現金交給經理。經理驗證

☁（續）釋例 2.2　Angelo's Diner 的收入循環

當天所有預先編號的點菜單是否已被收取，然後計算所有點菜單的總金額。接著，經理點數現金，並且將這個金額和銷售彙總表上的金額，以及點菜單的總金額，做一個比較。

Angelo's Diner 收入循環中的第 1 個事件			
事件	承擔責任的內部代理人	開始時點	事件中的活動
1	服務生	顧客準備好要點餐	在點菜單上面，記錄顧客所點的餐點

指引 1：

當一組織中的某個人員或部門負責這個活動時，成為辨認流程的第一個事件。當顧客尋找空桌、等待空桌、坐下來和看菜單的時候，Angelo's Diner 的流程說明便開始了。雖然這些活動可能是流程中必需發生的，但是當公司內部的某人（如：此個案中的服務生）開始行動時，流程中重要的、可控制的部分才開始。因此，對 Angelo's Diner 而言，當服務生接下顧客的點菜單時，第一個事件才發生。下表彙總了這個事件。

指引 2：

將不需內部代理人參與的活動予以忽略。如同指引 1 所說的，服務生或是其他員工對於顧客的到達、等待空桌、選座位並不參與。在該個案公司其收入循環一開始的說明中，並沒有其他顧客活動涉及到內部代理人的參與。

指引 3：

當責任由某一內部代理人轉移到另一個內部代理人時，視同辨認一個新的事件。在該個案中，第 1 事件發生後，內部代理人間有下列四個責任移轉：

2. 從服務生移轉給廚房的廚師。當服務生將點菜單交給廚房的廚師時，廚房的廚師開始他的責任。

3. 從廚房的廚師再轉回給服務生。當廚房的廚師將做好的餐點放在架上時，服務生的責任再度開始。

4. 從服務生轉給收銀員。當顧客找收銀員買單時，收銀員開始他的責任。

5. 從收銀員轉給經理。在收銀員列印銷售彙總表和銷售總金額後，經理開始他的責任。

我們繼續事件彙總表，下表係關於上述四個責任移轉的事件：

Angelo's Diner 收入循環中的事件			
事件	承擔責任的內部代理人	開始時點	事件中的活動
2	廚房的廚師	廚房的廚師收到點菜單	烹煮餐點
3	服務生	服務生在架上拿取餐點	拿取餐點並轉交餐點
4	收銀員	顧客找收銀員買單	從顧客手中收取現金和點菜單，找零，列印銷售彙總表，拿銷售彙總表給經理
5	經理	收銀員拿銷售彙總表給他	點數現金，比較銷售彙總表與點菜單總金額

☁☁ **（續）釋例** 2.2　Angelo's Diner **的收入循環**

指引 4：

當流程被中斷後，然後又由同一內部代理人重新繼續時，視同辨認一個新的事件。 在中斷後，組織或流程外的某個人員可能重新開始這個流程。或者，在既定時間表下這個流程可能繼續。在敘述中，存在一個重要的中斷然後再由同一個內部代理人重新繼續。收銀員從顧客手中收取現金，在一天工作快結束前進行一些活動。下表列示這兩個事件。

由被中斷的流程辨認事件			
事件	承擔責任的內部代理人	開始時點	事件中的活動
4a	收銀員	顧客找收銀員買單	收取現金和點菜單，找零
4b	收銀員	輪班結束	列印銷售彙總表，拿銷售彙總表給經理

　　我們將上述兩個事件排好序號，列示在上表中，以幫助你將它與前面的表格連結。根據指引 3 所辨認出的事件 4，已經被分割為事件 4a 和 4b。事件 4b 在稍早沒有被辨認出來，是因為它不涉及責任的移轉。這 6 個事件會根據下一個指引來列示。

指引 5：

使用事件名稱和說明，來反應事件的廣義性質。 在下表中，我們已經將 Angelo 的事件予以命名，以反應重大的活動。注意，這些事件如何呼應典型收入循環中的事件。「收取訂單」這個事件，便是與客戶協議的一個例子。對於收入循環和採購循環的了解，有助於為具有資訊意義的事件命名。

Angelo's Diner 收入循環中已被命名的事件			
事件	承擔責任的內部代理人	開始時點	事件中的活動
收取點菜單	服務生	顧客準備好要點餐	在點菜單上面，記錄顧客所點的餐點
烹煮餐點	廚房的廚師	廚房的廚師收到點菜單	烹煮餐點
送餐點	服務生	服務生在架上拿取餐點	拿取餐點並轉交餐點給顧客
收款	收銀員	顧客找收銀員買單	收取現金和點菜單，找零
結清收銀機	收銀員	輪班結束	列印銷售彙總表，拿銷售彙總表給經理
調節現金	經理	收銀員拿銷售彙總表給他	點數現金，比較銷售彙總表與點菜單總金額

要點 2.2 提供了收入、採購循環中，常見事件名稱的例子。在要點 2.2 中，粗體字呼應所解釋的活動。

要點 2.2　常見事件名稱的例子

收入循環	採購循環
1. 回應顧客詢問	**1. 與供應商商議**
■ 顧客預約	■ 和供應商預約
2. 與顧客為協議以提供貨品和勞務	**2. 處理請購**
■ 收取顧客的訂單	■ 向供應商要求報價單
■ 簽訂合約	■ 請購
■ 編製報價單	**3. 和供應商協議以購買貨品或勞務**
■ 預先訂位（例如：航空公司和飯店）	■ 簽訂合約
■ 學生註冊	■ 預先訂位（例如：航空公司和飯店）
3. 提供勞務或運交貨品給顧客	**4. 驗收貨品或勞務**
■ 撿貨	■ 驗收貨品
■ 運貨	■ 遞送貨品給使用者
■ 出租貨品或借出貨品	■ 借入貨品或承租貨品
■ 提供勞務	■ 驗收勞務
4. 寄發帳單給顧客	**5. 認列應付帳款，選出要付款的發票，和付款**
■ 寄發帳單給顧客	■ 收到採購發票
■ 寄發帳單給第三人（例如：信用卡公司或保險公司）	■ 開立支票
5. 收取現金	■ 在支票上簽名，然後交給供應商
■ 收取現金，支票，或信用卡	■ 編製報告
6. 將現金存放於銀行	
7. 編製報告	

進一步舉例說明如何辨認流程中的事件，我們將前面要點 2.1 所述的指引運用於 ELERBE 公司的收入循環。首先，我們將訪談的結果重寫成敘述的格式，讓我們更方便分析。我們移除任何關於預計實施的線上銷售的訪談內容，因為那一部分並非我們正在討論的現行系統。我們將訪談結果重寫在釋例 2.3。

我們運用指引 1 來決定第一個事件，運用指引 3 來辨認剩餘的

釋例 2.3　ELERBE **公司收入循環的說明**

我們將釋例 2.1 中的訪談結果轉換成下面的表達方式，以幫助你辨認事件。

本公司的業務代表巡迴各大學校園，並且向教師說明產品。教師可能也會打電話給本公司的業務代表，詢問其從同事口中聽說的產品。隨後，教師通常會互相討論，並且決定要採用哪本書。

流程始於，書店的經理向本公司下訂單，詳細說明他們想要訂購的書（ISBN，作者，名稱，出版年度，和數量）。本公司的訂單登錄部門負責處理所有的訂單，包括從郵件，傳真或電子郵件而來的訂單。首先，訂單經辦員決定該訂單是否來自既有的顧客。如果該書局是既有的顧客，本公司電腦系統應該留有相關資訊，例如顧客名稱、聯絡人和地址等等。如果該書店為新顧客，那麼訂單經辦員則將新客戶的相關資料鍵入電腦系統中。一旦顧客資料被登錄，訂單經辦員輸入其他詳細資料在電腦系統中。然後，電腦列印出銷售訂單、撿貨單。在撿貨單上說明訂購數量和產品的庫存位置。銷售訂單被送到帳單部門，撿貨單被送到倉庫。

目前，本公司裝運訂單系統對於所有產品的處理是類似的。光碟產品和網路基礎產品是事先包裝好的。就光碟產品而言，包裝內有一份使用者操作手冊和 CD。就網路產品而言，包裝內有一份安裝手冊和取得網路服務的密碼。一張訂單可以包含不同的產品。訂單登錄後列印出撿貨單，然後將撿貨單交給倉儲人員。倉儲人員依撿貨單提取被訂購的產品，並且將這些產品裝進箱子中，在箱子外面貼上撿貨單副本（如果實際發貨數與訂購數不符，則更正為實際發貨數），然後交給運送部門。

一旦運送部門的經辦員收到倉庫部門轉來的產品和撿貨單後，便編製包裝單，寫明運出的產品。一份包裝單副本將轉交給應收帳款經辦員。原始的包裝單則附隨產品交給運輸人員。運輸人員負責將產品運交給顧客。

本公司帳單部門比較包裝單和銷售訂單。如果兩者存有差異，並且不清楚差異的原因為何，那麼應收帳款經辦員則向相關人員進行詢問。寄發帳單給顧客之必需資料被登錄於系統中。系統儲存這些資料並且列印銷售發票。在銷售發票上指明運出的產品品名、數量、總金額、帳款到期日和付款條件（例如：到期日、折扣期限和折扣率）。帳單部門將銷售發票連同匯款通知單寄發給書店，書店收到後，撕下匯款通知單連同支票寄送給本公司。匯款通知單包含顧客編號、發票號碼，以及帳款到期日。

一旦產品和發票被書店收到，書店便開立支票連同匯款通知單寄送給本公司。收款經辦員比較支票金額與發票金額。收款經辦員在系統中記錄該筆收款，然後，將支票交給經理，由經理負責將支票存入銀行，收取存款單。

事件。指引 2 沒有被運用的原因是，上面的敘述中並沒有提到由組織外部的人員所執行的活動。然而，如果敘述中有包含這樣的細節（例如：運輸公司所執行的活動），指引 2 可能是有用的。指引 4 是不需要的，其原因為是：並未發生由同一個內部代理人所執行的活動，被中斷後又再重新繼續的情況。事件列示在釋例 2.4。注意，收入流程中的事件呼應一般收入循環中的事件。

釋例 2.4　ELERBE 公司收入循環中的事件

事件	承擔責任的內部代理人	開始時點	事件中的活動
1.回應顧客的查詢	業務代表	業務代表拜訪教師或教師打電話來查詢	到校園拜訪或以電話討論產品和價格
2.接收訂單	訂單登錄經辦員	收到訂單	經由郵件、傳真或電子郵件收到訂單，登錄顧客和訂單的詳細資料，列印撿貨單和銷售訂單
3.撿貨	倉庫員工	收到撿貨單	在倉庫中找出被訂購的產品，撿貨，將產品送到運送部門
4.運貨	運貨員工	收到產品和已完工的撿貨單	產生包裝單，將產品包裝好交給運輸人員，將包裝單副本交給帳單部門
5.開立帳單給顧客	開立帳單經辦員	收到包裝單	比較銷售訂單和包裝單，記錄開立帳單資訊，列印銷售發票並送交給顧客
6.收款	收款經辦員	收到支票	記錄收款並儲存現金
7.將支票存入銀行	經理	從收款經辦員手中收到支票	將支票存入銀行，收取存款單

依照本章最後面的焦點問題 2.b 和 2.c 的要求，完成本章這個部分。你被要求辨認 Westport Indoor Tennis 和 Iceland 社區大學收入循環中的事件。

本章一開始便說明企業流程所包含的三個交易循環－採購循環、加工循環和收入循環。我們討論了這些流程中典型的功能，例如詢問、協議、運送／驗收產品和勞務、辨認請求權，和付款／收款。當你在看 ELERBE 的例子時，了解這些功能可以讓你知道如何開始收集一家公司的流程資訊。

因爲公司可以依照許多方法來組織這些功能，所以我們發展指引來幫助你將一個流程分離成一系列的事件。接下來的小節，將說明一個資訊系統如何支援一個流程中的各事件。一個資訊系統必須提供內部代理人執行職責時所需要的資訊。一旦某特定流程和內部代理人的職責被了解，分析者便可以進一步探究資訊系統本身。

2.3　組織會計資訊系統中的資料

之前的小節，主要是在強調事件的辨認。從企業流程的敘述性

描述來辨認事件的重要動機，是因為會計資訊系統中的資料與這些事件非常的相關。許多在先前小節討論過的會計資訊系統記錄資料，包含顧客（供應商）契約、提供給顧客（向供應商收取）的貨品或服務、顧客（供應商）擁有的數量以及顧客的支付（或支付給供應商），你可能會想起之前所學的會計課程，這些事件當中，某些是不用做日記帳的。例如，填寫訂單就不用做日記帳。我們先簡短的看看在人工系統裡有關會計資訊的記錄，然後再解釋現代的電腦化會計資訊系統是如何組織資料的。

2.3.1　人工系統下的收入循環和總分類帳

在本章的一開始裡，訪談備忘錄提出 ELERBE 公司已經使用電腦化系統去記錄會計資料。在討論電腦化系統（像是 ELERBE 正在使用的）是如何維持會計記錄之前，先由人工的複式日記簿開始。假設讀者在過去的課程裡已經學習過基本的複式日記簿。因此，討論將會簡短並且集中在人工會計資料系統下資訊的組織。

影響總分類帳的事件。如釋例 2.1 所描述的，企業流程是由事件所組成的。事件的例子有接受與記錄銷售訂單、運送、做成訂購單以及收取現金。

利用來源文件、日記帳以及總分類帳來組織資料。在傳統人工會計資訊系統裡，企業事件的資訊最先是從來源文件所獲取的。銷售訂單、裝箱紙以及發票都是來源文件。在釋例 2.5 中的

釋例 2.5　ELERBE 公司的發票

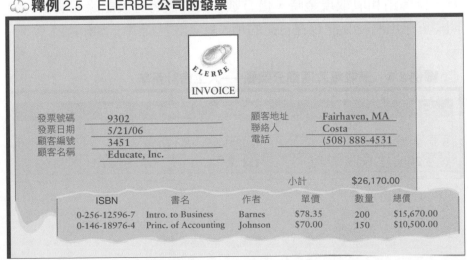

樣本發票可以看到來源文件提供事件詳細的描述。

雖然來源文件上有有關每一事件詳細的資訊，但是資料必須以其他的方式加以組織和儲存，以便提供有用的資訊。例如，公司的銷售金額和應收帳款都必需準備成財務報表和期中財務報告。從過去的會計課程裡，你可能已熟悉記錄某些事件的流程。隨著會計重大性原則，有關事件的資料將會被合計並記錄到日記簿裡。日記分錄再過帳到總分類帳，並且總分帳的總數隨時可以從期初餘額加減由日記過帳而來的借方數和貸方數而計算出來。因此，日記分錄與過帳是一項事件資料的記錄方式。

完成章節後面焦點問題 2.d 和 2.e 的要求，在往下看之前複習總分類帳會計，並且想想它的限制。

為了取得顧客應收帳款餘額，如同焦點問題 2.e 的要求，你必需分配有關特別顧客的銷售和支付款的來源文件。如果你有大量的來源文件，而且這些文件是按照時間排序的，那麼取得顧客應收帳款餘額或存貨餘額將會有些困難。當使用**明細分類帳（subsidiary ledger）**組織各個實體的資訊時（例如顧客、供應商以及產品），人工系統便出現這類的問題。在人工系統裡，明細分類帳經常使用應收帳款、應付帳款、存貨、薪資以及固定資產等科目。我們簡短說明其中一個明細分類帳為例。

應收帳款明細分類帳以顧客來作組織，為了追蹤應收帳款餘額，將一特別顧客的所有銷售和現金收取過帳到某一頁上，當然總數也會過帳到總分類帳。釋例 2.6 介紹在明細分類帳裡資訊是如何組織的。這例子列出一顧客的明細分類帳頁，期初餘額在該頁的最上方，當賒銷和收取現金時，借方數和貸方數將會被記錄。過帳的參照欄顯示出將交易記錄在日記的那一頁，並且提供了審計軌跡。

明細分類帳（subsidiary ledger）

一可以用來支持總分類餘額的紙張檔或列印輸出。例如，應收帳款明細分類帳可以提供各個顧客的資料，全部的應收帳款明細分類帳總數應該要等於應收帳款帳戶餘額。其他的明細分類帳種類有應付帳款、存貨、薪資和固定資產。

釋例 2.6　應收帳款明細分類帳──人工會計系統

日期	敘述	過帳參照	借方	貸方	餘額
	期初餘額				0
5 月 21 日	銷售	GJ21	26,170		26,170
6 月 20 日	收取現金	GJ22		26,170	0

2.3.2　電腦化會計資訊系統中的檔案

先前的小節強調人工作業下事件的記錄，在電腦化會計資訊系統裡可以看到稍早所描述過的資訊的基本流程。然而，在電腦化會計資訊系統裡，所用以儲存和組織的方式是和人工下的會計資訊系統有所差異的。

要點 2.3 簡短的介紹重要的檔案概念，這是你必需要去學習的，以便能夠了解在電腦化會計資訊系統下資料是如何組織的。仔細的閱讀例子裡的定義，在本章節裡稍後將可看到這些概念和名詞的討論。

> **實體（entity）**
> 儲存在會計資訊系統裡有關實體或主題的資訊，像是顧客、員工和銷售訂單。

> **欄位（field）**
> 一描述實體的資料項，欄位也可以描述一有相關特性的一群。例如，有關顧客的姓之信件。其他例子：有關發票之員工社會安全號碼與資料。

要點 2.3　檔案概念

實體（entity）	是指某些儲存資訊的主題（例如，顧客、員工以及銷售訂單）。
欄位（field）	是指單個有關實體的資料（例如，員工姓名和顧客名稱）。
記錄（record）	是指單一實體的相關欄位之集合。例如，員工檔裡的記錄可能包含像是姓、名以及支付率等欄位。
檔案（file）	是指相關記錄之集合。例如，一員工檔裡包含有組織裡每位員工的記錄。
交易檔（transaction file）	交易檔裡儲存有關事件的資訊。例如，交易檔可能包含像是訂單的日期、誰下的訂單以及銷售的金額等資訊。
主檔（master file）	主檔包含的資訊是有關於實體而非事件的資料。主檔包含兩種類型的資訊：（1）參照資料（2）彙總資料。
參照資料（reference data）	主檔裡的欄位某些包含著描述實體的參照資料，參照資料在相對上是永遠不變的且不會受到交易的影響。含有參照資料的欄位的例子，有產品名稱、顧客名稱以及地址。
參照欄位（reference filed）	是指包含有參照資料的欄位。
彙總資料（summary data）	彙總資料彙總過去的交易。例如，一個存貨檔可能包含手上持有數量的欄位。該欄位彙總所有可取得的存貨數量，包含考量過採購和銷售之後。
彙總欄位（summary field）	是指包含彙總資料的欄位。

> **記錄（record）**
> 包含有關於單一實體之資訊的檔案。例如，員工記錄可能包含如員工姓名、社會安全號碼、地址以及支付率等等的欄位。

收入循環裡組織資訊的例子。現在我們說明 ELERBE 公司如何在收入循環裡組織其所需要的資訊。我們焦點將放在收入循環裡的訂單事件，而不去考量其他的事件，像是撿貨、運送、寄帳單以及

收取現金等等。回想在釋例 2.1 裡所描述的訪談，該例子裡的銷售經理並沒有為特定檔案做任何的參照。這一點也不另人感到意外。該銷售經理只關心，對他而言可取得的資訊，而對諸如此類的詳細資料沒有興趣。從這訪談備忘錄裡，我們可以知道電腦裡儲存有訂單資料、顧客資料以及存貨資料，但是我們卻不知道該資訊是被儲存成單個或是多個檔案，以及這些檔案的名子為何？

　　有關於檔案設計的資訊可以由不同的來源取得，包含系統文件、軟體的參考手冊以及訪談負責公司資訊系統的員工。在系統裡，有多種選擇都可以用在組織資料。我們考量一種可能的設計，以幫助你對基礎的了解。

　　要點 2.3 指出，檔案裡的資料和實體有關，或是資訊儲存的主題有關。該定義是故意放寬的。實體可能是顧客、員工、存貨、訂單、發票或是其他任何在系統裡有價值的資訊。釋例 2.7 裡呈現 ELEBER 收入循環裡的三個實體的樣本資料。存貨、顧客和訂單資訊儲存如下：

- 在釋例 2.7 的 Panel A 裡，藉由存貨檔呈現存貨實體。
- 在 Panel A 裡，藉由顧客檔呈現顧客實體。
- 在 Panel C 和 Panel D 裡，分別由兩個檔呈現訂單實體。訂單檔是描述全部的訂單，而詳細訂單檔則指出訂購的是什麼產品以及多少數量。

2.4　檔案和資料的類型

　　主檔和交易檔是兩個重要的資料檔類型。一個會計人員，當其扮演系統設計者或是評估者時，需要知道什麼資訊被儲存，以及如何組織這些資訊。會計人員參與設計的流程時，需要了解這些檔案的類型，因為會計系統的改變係透過軟體的改變和資料檔案設計的改變來進行。審計人員需要了解一家公司資料檔案，以便他們可以評估產生財務報表之系統的可靠性。

　　在研讀會計資訊系統的時候，我們應該尋找主檔和交易檔。在這一小節，我們解釋主檔和交易檔的特性，並且運用釋例 2.7 所提到的檔案。

釋例 2.7　ELERBE 公司訂單處理應用程式所使用的檔案

A 組：存貨檔

ISBN	作者	品名	價格	持有數量	已分配數量
0-256-12596-7	Barnes	Introduction to Business	$78.35	4,000	300
0-127-35124-8	Cromwell	Building Database Applications	$65.00	3,500	0
0-135-22456-7	Cromwell	Management Information Systems	$68.00	5,000	50
0-146-18976-4	Johnson	Principles of Accounting	$70.00	8,000	260
0-145-21687-7	Platt	Introduction to E-commerce	$72.00	5,000	40
0-235-624-6	Rosenberg	HTML and Javascript Primer	$45.00	6,000	0

ISBN = 設計用於書本的獨特國際標準號碼；價格 = 標準銷售價格；已分配數量 = 還未運送但顧客已下訂單的書本數量。

B 組：顧客檔

顧客編號	品名	地址	聯絡人	電話
3450	Brownsville C. C.	Brownsville, TX	Smith	（956）555-0531
3451	Educate, Inc	Fairhaven, MA	Costa	（508）888-4531
3452	Bunker Hill College	Bunker Hill, MA	LaFrank	（617）888-8510

C 組：訂單檔

訂單號碼	訂單日期	顧客編號	狀態
0100011	05/11/2006	3451	開啟
0100012	05/15/2006	3451	開啟
0100013	05/16/2006	3450	開啟

訂單日期 =ELERBE 公司接到訂單的日期。

D 組：訂單明細檔

訂單號碼	ISBN	數量
0100011	0-256-12596-7	200
0100011	0-146-18976-4	150
0100012	0-135-22456-7	50
0100012	0-146-18976-4	75
0100012	0-145-21687-7	40
0100013	0-146-18976-4	35
0100013	0-256-12596-7	100

ISBN = 辨認書本的號碼；數量 = 已訂購數量。

2.4.1　主檔

主檔有下列這些特性：

- 他們儲存比較永久的檔案，這些檔案是關於**外部代理人**（**external agents**），內部代理人，或產品和勞務。例子包括：

> **外部代理人**
> （external agents）
>
> 公司外部的人或組織。

- 存貨檔（產品和勞務）
- 顧客檔（外部代理人）
- 員工檔（內部代理人）

■ 他們不提供個別交易的詳細資料。

■ 被儲存的資料，其特性可以是參照資料或是彙總資料。

- 參照資料是描述性的資料，比較永久並且不受交易影響。在釋例 2.7 的顧客檔中，顧客名稱便是一個例子。所有的主檔皆包含參照資料。

- 彙總資料會隨著事件（例如訂單或運貨）的發生而改變。存貨庫存數量便是一個例子。有些主檔可能僅包含一個參照資料，而沒有彙總資料。

　　會計資訊系統通常包含關於下列三個實體主檔，分別為產品和勞務、外部代理人，和內部代理人。對每一個主檔記錄而言，我們將參照資料和彙總資料予以區分。適當的時候，ELERBE 公司的系統會被我們用來當例子說明。

■ **產品／勞務**－在一個組織的採購和收入循環中，產品和勞務被取得，創造或出售。關於產品和勞務的主檔，通常包含參照資料和彙總資料。以 ELERBE 公司的存貨檔（釋例 2.7 的 Panel A）為例，說明如下：

- 在 ELERBE 公司的存貨檔案中，ISBN、作者、品名和價格係屬於參照資料的欄位。和前面所定義的參照資料一致，這些欄位將不會隨著事件直接改變。

- 庫存數量和被分配數量是屬於彙總資料的欄位。在存貨檔中，庫存數量欄位是一個彙總欄位，代表每個產品在任何時點的數量。和我們所定義的彙總資料一致，庫存數量欄位會隨著事件（例如：運貨或驗收）的發生而改變。

■ **外部代理人**－外部代理人係指公司以外的人員或組織單位。例如：顧客、供應商，和銀行。外部代理人檔案必須包含參照資料。以 ELERBE 公司的顧客檔為例，說明如下：

- 在 ELERBE 公司的顧客檔中，顧客編號、顧客名稱，地址，聯絡人和電話係屬於參照資料的欄位。這些欄位不會隨著交易而改變。

- 在 ELERBE 公司的顧客檔中，沒有任何的彙總資料欄位。

通常在這一類的檔案中，顧客到期帳款餘額係屬於彙總資料的欄位。當對顧客銷售行為發生時，這個欄位金額將增加；當顧客付款時，這個欄位金額將會減少。

■ **內部代理人**－內部代理人係指在企業流程中負責各項事件的人員或組織單位。會計資訊系統通常追蹤關於內部代理人在企業流程中，其所負責事件的相關資訊。

- 在主檔中的參照資料會描述這些內部代理人（例如：業務人員名稱和受聘僱日期）。

- 雖然這類型的實體或許較不常見，但是彙總資料欄位在內部代理人檔案中可能是有用的。舉例來說，餘額欄位可以被設置在業務人員檔案中，以追蹤該業務人員的總銷售額。

- 在釋例 2.7 中，沒有關於內部代理人的主檔例子。

完成本章最後的焦點問題 2.f 。在這個習題中，藉由一家提供服務以賺取收入的公司來說明主檔。如同存貨檔，服務檔像是一個「目錄」。

2.4.2 交易檔

第二個重要的資料檔類型便是交易檔。交易檔有下列這些特性：

■ 他們儲存關於事件的資料。例如 ELERBE 公司收入循環中的事件包含：
- 訂單
- 運貨
- 收款

■ 他們通常包含交易日期的欄位。

■ 他們通常包含數量和價格資訊。數量係指與該事件相關的產品或勞務數量（例如：所訂購產品的數量）。

■ 回想收入和採購循環中依序發生的事件。在循環中的第一個事件後接續另其他事件。例如：訂單後面接續撿貨、運貨和收款。組織通常想要追蹤後續事件的發生。檔案中可以包含一個狀態欄位，以顯示第一個事件後所接續發生事件的順序。舉例來說， ELERBE 公司的會計資訊系統包含一個訂單

狀態欄位。這個欄位最初的值是「開著的」。這個值會改變，以顯示訂單是否以被出貨、開立帳單或結清（在收到現金後）。

在釋例 2.7 中，訂單檔和訂單明細檔是 ELERBE 公司收入循環中，所使用的一對相關交易檔。在訂單檔中有日期；在訂單明細檔中有數量。如果要取得某一訂單完整的資訊，必須一起閱讀這兩個檔案。

要決定哪些交易檔是必需的，其初始點就是藉由辨認企業流程中的事件，來進行分析。釋例 2.4 中所辨認出的事件，被重複在釋例 2.8 中。在釋例 2.8 中，針對每個事件，簡短的評論交易檔的需要。第 10 章，會更詳細的討論收入循環中的交易檔。

任何事件所需要的資訊，應該被記錄在適合其類型的交易檔中。如果兩個事件同時發生，那麼系統設計者可以考量，在交易檔中將兩個事件記錄為單一記錄。

釋例 2.8　ELERBE 公司對交易檔的需求

事件	是否需要交易檔嗎？
1.回應顧客的詢問	可能的。如果業務人員希望追蹤顧客與公司的溝通意見，以了解顧客的偏好。
2.接收訂單	是的。需要訂單檔來記錄詳細資料，以便執行訂單。
3.撿貨	可能不需要。實際的撿貨數量可以被儲存在維護出貨的檔案中。
4.運貨	是的。需要運貨檔來記錄運出的數量，以便更新存貨數量餘額。
5.開立帳單給顧客	是的。需要銷售發票檔來記錄發票號碼、付款條件、和金額，以便（1）可以列印銷售報告；（2）更新顧客已到期的帳款餘額；（3）當收到帳款時，取得處理帳款的相關資料。
6.收款	是的。需要現金收款檔案來記錄顧客的付款，以便比對顧客所付款項與發票的勾稽，和更新顧客帳款餘額和現金餘額。
7.將支票存入銀行	可能的。產生存款檔案，以比對銀行對帳單上所列報的存款，雖然僅保留存款單可能能夠提供這樣的目的。

完成本章最後面的焦點問題 2.g，以考量事件時間點的差異，可以產生對交易檔的不同需求。

在第 8 章和第 9 章，我們將更深入的討論關於採購循環中的交易檔；在第 10 章，將更深入的討論收入循環中的交易檔。

2.4.3 交易檔和主檔間的關聯性

釋例 2.9 顯示，記錄訂單 #0100011 各檔案間的關聯性。為了簡單的表達，我們沒有顯示，與其他訂單相關的記錄。

如同釋例 2.9 的說明，ELERBE 公司所使用的其他四個檔案是相關的。這個圖的安排，係為了強調訂單檔和訂單明細檔。這四個檔一起運作，以記錄關於一個訂單相關資訊：

1.訂單檔記錄 ELERBE 公司接收訂單 #0100011 的日期。它也顯

釋例 2.9　ELERBE 公司收入循環中所使用檔案的關聯性（只有和釋例 2.7 所顯示的訂單 #0100011 相關的紀錄）

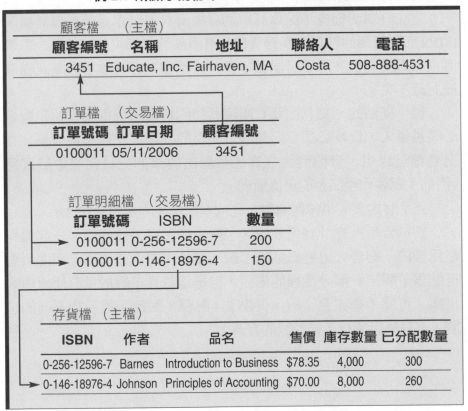

示了顧客編號 #3451。

2. 為了解下訂單的顧客，系統參照到顧客檔中關於顧客 #3451 的資料

3. 為了解所訂購項目。系統檢查關於訂單明細檔的記錄。我們可以看到，其中一本書被訂購 200 份，另一本書被訂購 150 份。

4. 為了解所訂購書的作者、品名和售價，系統根據 ISBN 參照到存貨檔的參照資料。

2.4.4 將資訊分離成主檔記錄和交易檔記錄的好處

即使資料的組織架構可能是麻煩的，但當有很多訂單要記錄的時候，資料的組織架構是有效率的。訂單的一般資訊被儲存在訂單檔案中。當記錄既存顧客的訂單時（亦即增加一筆記錄到訂單檔），訂單登錄員不需記錄顧客的名稱和地址，因為在顧客檔中已經有這些資料了。因此，即使接收到來自同一顧客的很多訂單，顧客名稱和地址僅需被記錄一次。

當在訂單明細檔中記錄訂單的詳細資料，訂單登錄員僅需輸入 ISBN 和所訂購的數量。在存貨檔中有產品的詳細說明。就某一本書而言，即使有很多訂單訂購該本書，該本書在存貨檔中的資訊僅需被記錄一次。

稍早提到的，交易記錄有兩個共同的特性，分別為日期和數量必需被輸入，以及必須參照到涉及交易的代理人和產品或勞務。在交易檔記錄中，參照到這些實體係藉由簡單的記錄歸屬於該實體（例如：顧客和產品）的辨識號碼。

為了解檔案間是如何關聯，完成本章最後的焦點問題 2.h。

對於分析一會計應用軟體，了解主檔和交易檔間如何一起運作是重要的。經理人可能概括的了解一家公司的企業流程，而使用者可能很了解某一部分流程的細節，但是這些員工對於所有使用中的檔案，可能不是完全了解。要點 2.4 解釋，對流程或系統不同的了解，其差異影響員工被訪談的方式。

要點 2.4 溝通的技巧：企業流程和會計資訊系統資料

如果你檢閱在釋例 2.1 中的訪談問題，你將會注意到，沒有一個問題是關於會計資訊系統中的資料。更確切的說，這些問題的焦點在於了解企業流程。然而，當受訪者描述流程時，他解釋資料如何被產生和記錄在會計資訊系統中。這並令人不訝異，因為會計資料被產生是例行性企業流程的一部分。然而，從溝通的觀點來看，該問哪些問題是一個重要的議題。當我們被要求研讀一個組織的會計資訊系統時，我們發現學生常常提出下列訪談問題：

1. 在你的系統中，你使用那些主檔？

2. 在你的系統中，你使用哪些交易檔？

3. 在這個會計資訊系統中，涉及哪些檔案維護活動？

4. 何時一訂單的資料被紀錄在交易檔中？

5. 何時主檔被更新？

這些問題也是試著找出哪些資料被儲存在會計資訊系統中，以及找出資料的組織架構。然而，這些問題有幾個困難點。

■ 我們解釋這些問題中的術語，並且期待他們對你將是有意義的。然而，受訪者可能並不了解會計或資訊系統。為了使訪談是有效果的，你應該試著減少不容易讓人了解的術語。

■ 公司可能正在使用會計套裝軟體，並且受訪者可能將會計資訊系統是為一個黑箱（將資料輸入電腦格式中，和複核報告）。他可能不知道什麼檔案被儲存在會計資訊系統中。

■ 這些問題的範圍是狹窄的。因為會計資訊系統是複雜的，你可能必須問好幾個問題，才能取得足夠的資訊。

一個較廣泛的問題（例如：你如何處理銷售訂單？）可能幫助你更容易的取得相同的資訊。再者，這個問題以企業活動的術語被表達出來，受訪者可能對它比較熟悉。因此，本書的方法強調從基本的企業流程，來了解會計資訊系統的要素（例如：本章強調會計資訊系統中的資料）。這個方法將幫助你將本書中的技術性教材運用於實務情況。如同稍早所提到的，從一家公司其系統的文件化，和承擔資訊科技責任的員工，取得關於檔案架構的資訊。

2.5 事件與活動

在了解企業流程裡，了解事件是重要的第一步。在本章的第一部分，我們提供五個指引以取得共識。然而，當你在看後續的章節時，必需要注意細節的部分。如同釋例 2.4（ELERBE 公司的收入循環），全部事件包含較低階層的活動。某些活動是實體流程的一部分。例如，在包裝事件裡的某個活動，包含在送到運送部門之前要先將揀好的貨品裝箱。在本小節中，我們特別關注的是，收集或使用資料的相關活動。本小節介紹三種活動，來幫你了解會計資訊系

統一記錄事件、更新,與檔案維護。

2.5.1 記錄

記錄(**recording**)指的是編製來源文件,或將事件資料儲存在交易檔中。通常,一份文件是在記錄的開始或是結束時產生。在傳統系統裡,事件資料首先記錄在來源文件裡。在現今的會計資訊系統裡,資料可能直接被鍵入在系統中的單個或多個交易檔裡,接著電腦可能會列印一份來源文件,它將在稍後的流程裡被用到。我們認為編製所有的來源文件是記錄活動的一部分。

2.5.2 更新

更新(**update**)指的是改變主檔裡的彙總資料,以反映事件的影響。例如,銷售之後,庫存數量欄位將會更新以減少餘額。當存貨被訂購時,也必須更新供未來交易的存貨項目的總數量。做本章最後的焦點問題 2.i 中,要求你說明有關存貨項目的資料。

2.5.3 檔案維護

檔案維護(**file maintenance**)活動掌管及組織有關主檔的參照資料。他們包含增加主記錄、更改主記錄裡的參照資料和刪除主記錄。在很多例子裡,在交易能被處理之前,實體的主記錄就必需先產生,一旦有新的產品或服務、顧客和供應商被核准時,主記錄將被加到主檔中。接著系統才會被允許記錄實體的相關交易。在維護活動裡,只有參照資料會被產生或更改,彙總欄位是不會被影響的。

運用你所學到的檔案維護活動,來回答本章最後面的焦點問題 2.j 之問題。

彙總

會計人員在扮演評估人員和設計人員時,需要了解一家公司的企業流程,以及資料是如何組織來支持那些流程。三個重要的流程類型是採購、加工和收入循環。採購循環典型的功能,包含與供應商協議(採購單或契約)、驗收貨品或服務、付款記錄請求權(應付

☁ 釋例 2.10　存貨項目的彙總欄位

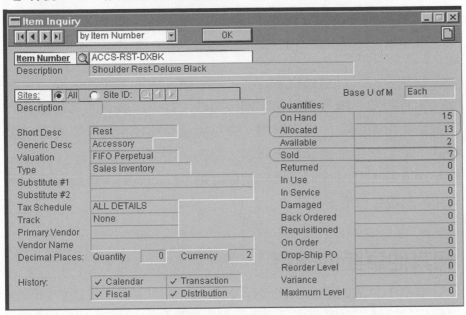

☁ 釋例 2.11　存貨項目的檔案維護

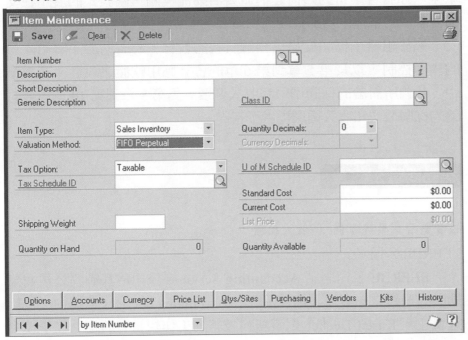

帳款）和支付現金。收入循環典型的功能是類似的,包含顧客詢問、與顧客協議(顧客訂單或契約)、提供貨品或服務,和收取現金。在學習會計系統時,了解交易循環可以幫助你提出正確的問題。

組織資料可以透過很多方法。在一個人工的系統裡,使用來源文件、日記簿、總分類帳和明細分類帳。在一電腦化的系統裡,公司通常使用來源文件和資料檔。主檔與交易檔是兩種重要的資料檔型式。主檔被用來儲存有關貨品、服務、內部代理人和外部代理人的參照資料。交易檔則是用來儲存有關事件的資訊,像是訂單、運貨單以及現金收取。

和其他章節的關聯

本章所討論的觀念引出後續章節所涵蓋的主題,後續章節將會更仔細討論那些主題。本章節所強調的事件和內部代理人以支援第 3 章的內容。第 3 章的焦點係將企業流程中的事件予以模型化。在第 3 章中,你將會學習到如何建構概要活動流程圖,圖表式的展示在交易循環中的事件、內部代理人和資料。

關於組織主檔和交易檔相關資料的教材,將有助於了解第 4 章的內部控制,以及第 5 章到第 6 章的會計應用軟體之設計。在本章中,我們所討論的採購循環和收入循環,為第 8 章到第 10 章所要討論的採購循環和收入循環提供了基礎。

焦點問題 2.a

※會計資訊系統實例──收入循環

ELERBE 公司

ELERBE 公司聘請 Accounting Services 公司為其顧問公司並幫助該公司建立一套線上銷售系統。 Accounting Services 公司中一位新進員工, Karen Decker 對資訊科技諮詢工作相當有興趣;在學校中他已完成一些有關資訊科技之選修科目,其中包括電子商務課程。Karen 被指派到 ELERBE 公司,她將對該公司之資訊系統,如顧客訂單處理系統、運送系統與收現系統進行了解。他將與 ELERBE 公

司的銷售經理 Martin Spear 會晤，將對該公司之系統整合做進一步的溝通與協調。 Karen 於 AIS 課程中學習到進行系統整合前事先規劃之重要性，因此，他決定於 Martin 見面前先準備好相關問題，以供其對 ELERBE 公司資訊系統進行相關了解。

問題：

1. Karen 需從與銷售經理會晤中獲得哪些重要資訊，以供其使用？
2. 試從 Karen 的立場想像，你需要準備哪些問題以供自身了解 ELERBE 公司的收入循環。

焦點問題 2.b

※分辨活動事項

Westport Indoor Tennis

　　Westport Indoor Tennis 為孩童及成年人提供網球課程服務。新顧客在課程開始前通常會詢問該公司相關課程內容。服務人員與顧客諮商時，會記錄顧客相關資料，如姓名、性別、年齡、先前網球經驗、嗜好等等，並將副本送與教練，教練會依據諮詢內容為顧客提供建議課程。

　　若某一顧客決定註冊該網球課程，該顧客必須於課程開始前至公司報名並繳交學費。服務人員會依約收取費用並與顧客姓名一併輸入電腦中。若該顧客曾經在 Westport Indoor Tennis 學過網球，則該客戶資料會自動顯現；若為新客戶，則必須為其建檔。最後，服務人員會將合約副本、繳費收據交予客戶。

　　課程即將開始前，服務人員會將各種網球課程的學員資料準備齊全；課程開始的第一天，服務人員會將學員資料送至教練手上，教練會依名單核對學員資料是否正確，並記錄其出缺席情形。

　　問題：

　　請運用課本「釋例 2.2」中所提之五大指標原則，來辨別上述內容中之交易事項。使用原則 1 來決定第一件事項，並填入下表中第一列；使用原則 3 來決定何者為第二交易事項並填入表中第二列；使用原則 2 、 3 、 4 來決定流程中之後續事項；使用原則 5 為每一事項簡單命名。

事項	流程內部負責部門（人員）	起始於	事項中之活動
1			
2			

焦點問題 2.c

※分辨流程事項——註冊流程

Iceland 社區大學

Iceland 社區大學企業主修課程註冊流程如下：

首先，學生必須和指導教授溝通下學期之課程學習計畫。學生的註冊單上須列出其所欲學習之課程科目給予指導教授過目。此外，學生亦必須將取得學位之所有必修科目列於學位取得計畫上，給予指導教授複查。學生完成上述動作後，指導教授確認學生之先修科目是否合乎修課要求及所選修之科目是否符合畢業要求後，始可於註冊單上簽名。

其後學生將已簽署之註冊單送至註冊組，組員將相關資料輸入電腦中。電腦檢查學生記錄後，才能輸入其所選修之科目名稱、編號及領域，電腦會檢查是否有開授此選修科目。輸入與檢查完畢後便完成註冊。電腦會列印出一份正式註冊單，內容包括學生資料與選修科目詳細資料。

註冊期間結束後，註冊組會列印出詳細學生註冊名單與各科選修學生資料，送至教務處。教務處複查開課資料與修習人數，修習人數過低之科目，會要求註冊組取消該科目之開課。

問題：

請運用課本「釋例 2.2」中所提之五大指標原則，將上述文中之事項填於表中。

焦點問題 2.d

※會計資料記錄

ELERBE 公司

ELERBE 公司於 2006 年發生下列事項：

A. 5 月 11 日收到 Educate 公司訂單。該公司訂購 200 本 "Introduction to Business by　Barnes"，每本售價 78.35 美元，及 150 本 "Principles of Accounting by Johnson"，每本售價 70 美元。

B. 5 月 19 日，倉儲部門將上述書籍送至運送部門。

C. 5 月 20 日，運送部門將書搬送上車並進行運送。

D. 5 月 21 日，財務部門開立發票及匯款通知單並郵寄予客戶。

E. 6 月 18 日， Educate 公司將支票郵寄至 ELERBE 公司支付貨款。

F. 6 月 20 日， ELERBE 公司收到支票，並存解至銀行戶頭。

問題：

1. 上述哪些事項應記錄於總分類帳中？

2. 根據第 1 題，請寫出分錄。

3. 依據問題 2.a 之訪談記錄，上述事項哪些記錄於 ELERBE 公司之電腦系統，並與問題 1 之比較，兩者是否相同？

4. 試使用 T 字帳將分錄過帳於總分類帳內。

5. 下列表中之文件表單曾使用於 ELERBE 公司之收入系統中：銷售單、撿貨單、裝箱單及發票。請填入於何種交易事項中必須使用該文件單據，並簡述其目的。

文件表單	於何事項建立	主要目的
銷售單		
取貨單		
裝箱單		
發票		

6. 若 ELERBE 公司欲準備財務報表（資產負債表與損益表），需增加哪些步驟或事項？

焦點問題 2.e

※會計資料記錄

ELERBE 公司

　　假設 ELERBE 公司使用人工會計資訊系統，其內容主要包括：傳票文件（如：訂貨單、銷售單、發票等）以追蹤會計資料；依照

時間順序記錄與總結會計事項；以總分類帳辨別會計事項之帳戶內容。

問題：

1. 假設某一客戶欲了解其於 ELERBE 公司內之帳戶餘額，如何透過人工會計資訊系統回答該客戶帳戶餘額為何，該流程你認為是否有修正之必要？

2. 假設管理階層欲立即知道某產品之庫存量，人工會計資訊系統能立即回答該問題嗎？若無法立即知曉，你認為該如何修正此會計資訊系統？

焦點問題 2.f

※ 主檔中之參照資料及彙總資料

Westport Indoor Tennis

參照問題 2.b 所述 Westport Indoor Tennis 之企業流程，其開課程資料記錄如下。每期課程為 8 週。每種課程皆有人數限制（請參閱人數限制欄），故參加者皆必須事先報名。

開課類型	對象級別	日期	時間	學費	報名人數限制	已報名註冊人數
CBeg	兒童－初級	一三	5pm	5	15	12
CInt	兒童－中級	一二	6pm	5	15	9
CAdv	兒童－高級	二四	7pm	5	15	14
ABeg	成人－初級	六	9am	5	10	6
AInt	成人－中級	六	10am	5	10	9
AAdv	成人－高級	六	11am	5	10	10

依據上表。

問題：

1. 哪些欄位資料包含參照資料？
2. 哪些欄位資料包含彙總資料？
3. Westport Indoor Tennis 的 AIS 中，需要哪個主檔供其使用？
4. 續問題 3，試舉一例於該主檔中之參照資料。
5. 續問題 3，試舉一例於該主檔中之彙總資料。

焦點問題 2.g

※交易檔案

Westport Indoor Tennis

　　根據問題 2.b 所描述 Westport Indoor Tennis 與顧客報名簽約及提供課程之流程，我們將此兩項流程做下列三種情形之改變：

a. Westport Indoor Tennis 於顧客報名簽約時一次收取所有學費，並要求顧客於報名時付清。

b. Westport Indoor Tennis 於顧客報名簽約時一次收取所有學費，惟只需在課程開始前付清即可，不一定要於報名簽約立即支付學費。

c. Westport Indoor Tennis 依顧客出席次數收取學費，有出席上課者便須支付該堂課程之學費，公司每月月底與顧客結算一次。

　　若報名簽約、現金收取及出席次數（有需要時）之活動事項均記錄於 Westport Indoor Tennis 收入循環中，假設每個活動事項均須記錄於交易檔中。

　　問題：

1. 上述三種情形各記錄於哪些交易檔？請簡略敘述其內容與目的（注意：若報名與收取學費同時發生，可視為單一活動事項）。

2. 網球課程檔案中之彙總資料何時會更新？

焦點問題 2.h

※計算某訂單總額

ELERBE 公司

　　請利用課本「釋例 2.7」所提供之資料，試計算訂單號碼 0100012 之總額為何。

焦點問題 2.i

※彙總欄位資料之更新

　　依據課本「釋例 2.10」所提供某特定存貨之事項如下：（a）現有存貨數：15；（b）準備出貨數：13；（c）可供出售數：2；（d）已出貨數：7。

　　問題：

1. 假設準備出貨數 13 個中已有 8 個運送出貨，此資料於存貨系統中更新，請問將對上述（a）到（d）之資料有何影響？
2. 假設除了問題 1 所發生之情形外，後續再接到一個新訂單，其數量為一個，此訂單資料立即記錄於存貨系統中，請問將對上述（a）到（d）之資料有何影響？

焦點問題 2.j

※某存貨事項之檔案維護與存取

ELERBE 公司

　　依據表 2.6ELERBE 公司之存貨資料。

　　問題：

1. 請舉出兩個該公司於會計資訊系統中需維護與存取之特定檔案，並說明其進行程序。
2. 請試述檔案之維護與存取對該公司會計資訊系統之影響。
3. 請列舉一活動事項，並說明該活動事項之記錄將更新何種檔案內容。
4. 請試述檔案之更新對該公司會計資訊系統之影響。

問答題

1. 列示出收入循環中典型的事件。對於這些事件的了解如何幫助你了解會計資訊系統資料？

2. 檢閱本章釋例 2.1 的敘述說明。辨識出 ELERBE 公司收入流程中，典型的收入循環事件。

3. 列示出採購循環中典型的事件。對於這些事件的了解如何幫助你了解會計資訊系統資料？

4. 回答下列關於一家銀行的會計資訊系統的問題：

   a. 仔細思考在銀行設立帳號、存款和提款的流程。舉例說明這個流程的相關主檔和交易檔。

   b. 什麼是記錄活動？舉個例子說明，銀行資訊系統中的記錄活動。

   c. 什麼是來源文件？舉個例子說明，銀行資訊系統中的來源文件。

5. 解釋「更新」這個術語的意義。舉個例子說明，銀行資訊系統中的更新活動。

6. 解釋「檔案維護」這個術語的意義。舉個例子說明，銀行資訊系統中的檔案維護活動。

7. 由主檔中不同型態資料之觀點，來解釋「檔案維護」和「更新」間的差異。

練習題

下列的習題是根據 Excel Parties Company 的敘述而來。在完成這個習題前，仔細檢閱該敘述。

Excel Parties Company 派對計畫

　　Excel Parties Company 銷售派對相關產品，例如，帽子、小禮物和 paper-ware，給正在規劃派對的個人和公司。他們的派對計畫訂單系統運作如下：

　　顧客發展一個計畫並且將該計畫交給顧客服務經辦員。該經辦員決定該項目是否可以即時取得。（如果不行及時取得，則該訂單會被拒絕。）該經辦員計算該計畫的成本。該顧客完成顧客表格上的名稱、地址和電話號碼，並且被指派一個顧客帳號。編製一張發票，以辨認該計畫，並且顯示總成本（包含稅金）減去 10 ％的頭期款，顧客必須立即支付頭期款。該顧客在一張發票副本上簽名，並交回給該經辦員。該顧客拿現金或支票給經辦員，來支付 10 ％的頭期款。該經辦員將該顧客的相

關資訊登錄於電腦系統中。該派對的詳細資料（訂單日期、派對日期、派對所需項目、發票總金額，和現金支付）也被記錄在電腦系統中。在派對計畫訂單系統中的狀態欄位被設定為「開放的」。

該顧客可以在任何時點支付帳款，但是全部帳款必須在 30 天之內付清。付款可以是採取現金收銀機的方式或是郵寄的方式。該經辦員在電腦系統中記錄付款。當收到最後一次付款時，經辦員改變派對計畫訂單系統中的狀態欄位為「已付清」。該顧客會收到一張收款單，收款單上顯示顧客名稱、派對所需項目和已付金額。當顧客來撿取派對所需項目的時候，他會出示發票。該經辦員使用電腦來確認最後一次帳款已經付清。將該派對所需項目交給顧客，並且在系統中記錄銷售。派對計畫訂單狀態被改變為「結清」。顧客在發票副本上簽名，以顯示貨品已經被驗收領取，然後將發票副本還給經辦員。存貨庫存數量被減少。一個星期兩次，經理針對已到期派對計畫訂單編製退款支票，並且郵寄給顧客，以退還向該顧客所收取的所有帳款（除了 $10 以外）。關於退款支票的資訊被記錄在電腦系統中。該派對計畫訂單狀態被改變為「已到期」。

E2.1

辨認 Excel Parties 企業流程中的事件。使用下列格式來編製你的答案：

事件	承擔責任的內部代理人	開始時點	事件中的活動

E2.2

在 E2.1 中所辨認出的事件，哪些事件被記錄在總帳系統中？為這些事件，編製日記分錄。由於你沒有關於金額的資訊，所以使用 XXX 來表示金額。

E2.3

根據上面的敘述說明，在 E2.1 中所辨認出的事件，哪些事件被記錄在 Excel Parties 的電腦系統中？這小題的答案和 E2.2 小題的答案相同嗎？解釋之。

E2.4

下面的文件被使用於派對訂單流程中：顧客表格、發票、和收款單。依照下列表格，回答下列問題：

- 在 E2.1 中所辨認出的事件，哪些事件導致每個文件的產生？
- 簡短的說明該文件的目的。

文件	在哪個事件中產生	目的
顧客表格		
發票		
收款單		

E2.5

辨認出 Excel Parties 公司會計資訊系統中的主檔。舉例說明參照資料和彙總資料。

E2.6

Party Plan orders File 是 Excel Parties 公司會計資訊系統中的一個交易檔。哪些欄位你將會包含在這個檔案中？辨認 Excel Parties 公司會計資訊系統中的其他交易檔。

E2.7

從 E2.1 中所辨認出的事件的觀點，來解釋每個檔案的目的。

E2.8

回答下列關於維護和檔案更新活動的相關問題。

1. 舉例說明 Excel Parties 公司會計資訊系統中這兩個檔案的維護活動。辨認被維護的特定欄位。
2. 討論這些維護活動對於 Excel Parties 公司會計資訊系統的影響。
3. 舉個例子說明更新一主檔的事件。
4. 討論第 3 小題中的更新對於主檔的影響。

3 會計系統文件化

○ 閱讀完本章，您應該了解：

1. 系統資訊流程能以「統一塑模語言活動圖」進行解析表達。

2. 「概要活動圖」與「細部活動圖」的差異所在。

3. 「統一塑模語言活動圖」的觀念與符號包含了活動事項流程、活動事項負責部門或人員、文件與文件流程、電腦檔案內資訊流程及分支等。

○ 閱讀完本章，您應該學會：

1. 閱讀「統一塑模語言概要活動圖」。

2. 編製「統一塑模語言概要活動圖」。

3. 閱讀詳細的「統一塑模語言細部活動圖」。

4. 編製詳細的「統一塑模語言細部活動圖」。

　　第 2 章中我們討論到企業流程及相關資料，相較於其他課程科目如財務會計所討論到的，本書就企業流程做更詳盡及深入之探討。我們以「事件」之觀念來幫助讀者組織企業流程之思考；最後我們從企業活動事件與交易循環之發生來解釋會計資訊系統資料之涵義。本章我們將延續第 2 章繼續深入探討企業流程與會計資訊系統資料。我們藉由圖表化之形式來幫助讀者以更簡單的方式來了解企業流程中資訊如何傳遞與轉換。後續章節中我們將以活動圖來做為解釋內部控制評估及收入／採購循環文件化之重要輔助工具。

　　系統流程圖有相當多之益處。對會計人員而言，擔任一位系統評估者或審計人員，活動圖提供一個更系統化的方式，分析企業的交易流程。流程圖中強調企業流程中各個重要事項，如責任區、活動事件、文件及表單等等；第 4 章中，我們將以此為基礎來了解企業流程中所存在之風險及內部控制問題。 SAS No. 94 認為系統文件化是相當具實用性的，尤其是面對繁雜的系統程序及大量的交易資料處理時，建議審計人員使用文件化技術。對設計者及系統諮詢顧問者而言，系統流程圖幫助其確認該資訊系統之完整性。會計人員通常可藉由各種管道獲取了解某一資訊系統所需資訊，並藉由蒐集到資料進行綜合性分析及活動圖之編製，俾使對該資訊系統有更進一步之了解。對活動圖之使用者而言，流程圖之編製相當簡單亦不需長時間之訓練，因此也提供了解有關企業流程與會計系統之資訊傳遞，一個相當有效率之管道。

3.1　統一塑模語言活動圖

統一塑模語言
（unified modeling
language, UML）

建立資訊系統文件化之標準化流程。

　　企業流程文件化有相當多的方法，本章將使用「**統一塑模語言**」（**unified modeling language, UML**）來建立資訊系統文件化之標準化流程。統一塑模語言是由 Grady Booch 、 Jim Rumbaugh 及 Ivar Jacobson 三位學者所創立的一種實體分析法。統一塑模語言適用於了解與建立任何資訊系統文件化之流程，現今各種企業中亦廣泛使用。我們使用統一塑模語言來建立資訊系統文件化，另一個重要的原因是因為統一塑模語言能將任何資訊流程以圖表化之方式顯現出來。於本章中，我們將使用統一塑模語言來建立各種不同的活動圖。本章著重於統一塑模語言活動圖，後續章節則將為讀者介紹統一塑模語言分類圖（class diagrams）及個案圖（case diagrams）。下

一段我們將以一簡單之例子，為讀者介紹活動圖中一些重要特徵。

假設某一天你心血來潮，準備開車至某觀光勝地旅遊，此時你必須蒐集相關交通資訊才能抵達目的地。假如這些必要的資訊是以文字敘述，相信是令人難以理解與記得的；若是以地圖方式表現出來，其理解與記憶效果就會大大不同，也較容易循此地圖抵達目的地。

當我們鑽研會計資訊系統時，我們面臨如同上述旅行例子中一樣的難題。假如我們以文字敘述方式來說明一企業之營運流程，並藉以探究其內部控制及風險，相信即使說明再如何詳盡，也是令人難以理解的。假如我們以圖表的方式表達出來，相信就能幫助使用者以更簡單之方式來了解企業流程。在企業流程分析上，**「統一塑模語言活動圖」**（**UML activity diagram**）扮演了「地圖」的角色，將企業流程以圖表形式具體表達出來。釋例 3.2 就是一個例子。這就說明了即使讀者從未學過「統一塑模語言活動圖」，你也能依其邏輯了解其概念。「統一塑模語言活動圖」與我們一般常用的地圖有下列共同之特徵，使其具實用性：

1. 兩者皆以「圖示」法表述其觀念，比起敘述法，讀者更容易理解。
2. 兩者皆以「標準符號」展現其資訊，地圖上之圖示用來標示道路、距離、停車場等；活動圖則是以符號代表事件、負責部門或人員、檔案等。
3. 讀者不需經過專業訓練，便能了解其用途及觀念。
4. 兩者皆能提供概要活動圖及細部流程圖供使用者使用。細部地圖提供城市內細部之街道地標以供使用者使用。概要地圖只提供使用者該目的地之主要幹道及代表性地標。同樣地，活動圖可提供概要活動圖顯示整個企業流程，亦可以提供細部流程圖表達單一事件活動之細部流程。

3.1.1 概要與細部活動圖

我們將活動圖分為下列兩種：

■ **概要流程圖**（**overview diagram**）：以流程內主要事件文件化、事件流程順序化及事件間資訊流向之表達等方式，來顯示整體企業流程。

■ 細部流程圖（**detailed diagram**）：如同一個鄉鎮或市區之詳盡地圖，顯示出概要流程圖中某特定或攸關活動事件內之活動或資訊流程。

統一塑模語言可使活動圖，能依使用者不同程度需求作彈性規劃與編製流程圖。我們將活動圖分為概要流程圖與細部流程圖，因為兩者不但能幫助我們將資訊系統文件化，更能幫助我們分析企業內部控制，這也是本章重要目標之一。

統一塑模語言是會計資訊系統文件化眾多方法之一。實務上我們也會遇到其他方法，如以資料流程圖（data flow diagrams, DFDs）與系統流程圖（system flowcharts, SFs）之方法，進行會計資訊系統文件化。回到上面所提到旅遊之例子，基本上我們可以發現不同方法或需求所繪出之地圖不盡相同。同樣地，不同之會計資訊系統文件化之方法，也使用不同符號；相對地，也編製出不同之文件內容及活動圖。不論使用何種方法，基本技巧與原則如分辨流程中的主要活動事件、活動事件負責部門或人員、文件及檔案之建立等是則是共通的。本章之目的在於幫助讀者了解上述之技巧原則及活動圖之整體組織。

3.2 概要活動圖

這一節分為兩個部分，第一個部分先了解概要活動圖；第二個部分則是編製概要活動圖的介紹。

3.2.1 了解何謂「概要活動圖」

在學習如何繪製活動圖前，先要了解該圖其所代表之意義。本節將引領讀者認識活動圖。回顧第 2 章 Angelo's Diner 之例子，釋例 3.1 以「事件」將 Angelo's Diner 的企業流程與予分項。請仔細閱讀釋例 3.1，因為我們將以其事件為主軸，來組成本章所介紹的統一塑模語言活動圖。

釋例 3.2 將釋例 3.1 所述繪製成概要活動圖（overview activity diagram），我們將詳盡地引領讀者逐一了解概要活動圖之細部組織及其中相關符號之使用。

各種不同的基本活動事件構成 Angelo's 企業流程，如釋例 3.2 所

釋例 3.1　事件敘述

Angelo's Diner

事件一：為顧客點菜。顧客抵達候位區並接受帶位。顧客就坐，閱讀菜單後便傳喚服務生進行點菜。服務生以預先編號之點菜單，記錄顧客所點的餐點。

事件二：準備餐點。服務生將顧客點菜單送予廚房人員，廚房人員依點菜單之資訊為顧客準備餐點。

事件三：為顧客送菜。當廚房人員將餐點準備好後，便放置在送菜區的架子上；服務生依點菜單為顧客送上餐點，並將點菜單送至顧客桌旁；當服務生為顧客送上餐點時，便將顧客所點餐點之價格填入點菜單內，並放置於顧客桌旁。

事件四：付款結帳。顧客依完成送菜之點菜單至櫃檯結帳。收銀員於電腦輸入顧客所點餐點之代碼，利用電腦內建之詢價表查詢各項餐點價格，並顯示於螢幕上；輸入完畢後電腦會自動加總；電腦亦會將當日餐廳顧客點過所有餐點之資訊儲存於電腦中，以供管理階層分析及使用。顧客結帳後收銀員將所收現金妥適放於置收銀機內，並正確找零給顧客。

事件五：關帳。每天營業結束後，收銀員必須關閉當日帳戶，並列印出銷售彙總表。

事件六：核對並調整現金收入。收銀員將銷售彙總表送至經理手上，經理核對當日收現之流水號顧客點菜單並確定收現；依序加總後再與銷售彙總表之金額相比較，核對其是否正確。

示，我們將依此為讀者一一解說。我們將詳盡說明各活動事件及其於概要活動圖中所對應之符號。

■ 釋例 3.1 所列六大事件中，屬內部主要負責人員為服務生、廚房人員、櫃檯收銀人員及經理。我們為這六大事件建立**「獨立欄位」**（**swimlane**），每個獨立欄位代表活動事件之負責部門或人員。

■ 活動事件若為企業組織外之部門或人員所負責引起，如釋例 3.1 中之「顧客」，亦須為其設立獨立欄位。

■ 企業流程中若有運用到電腦系統處理或記錄會計資訊資料時，亦須為該電腦系統設立獨立欄位。

■ 以實圓點（如下圖）表示企業流程之開始。繪於起始活動之負責部門或人員之獨立欄位中。在釋例 3.1 Angelo's Diner 的例子中，我們發現整個活動流程之起始點是從顧客點菜開始，所以在「顧客」欄中繪出實心圓點。

> **獨立欄位（swimlane）**
> 活動圖中用以代表活動事件之負責部門或人員的欄位。

■ 以橢圓長方形（如下圖）表示活動事件之發生。

送上餐點

■ 企業組織外的負責部門或人員進行的活動事件，通常為整個
企業流程的開端。於表 3.1 Angelo's Diner 的例子中，企業組
織外的活動事件人員為「顧客」：有兩事件發生於該「顧客」
欄中：「事件一」開始於顧客點菜；「事件四」開始於顧客
拿已完成送菜之點菜單至櫃台結帳。在資訊系統中，我們稱
「事件一」之顧客活動為「引發點」（trigger），因其後引發
後續的活動事項。釋例 3.2「顧客」欄中使用兩個橢圓長方形
對應「事件一」及「事件四」。

引發點（trigger）

引發後續之活動事項。

■ 以附有箭頭的實線（如下圖）將各活動事件依序連結起來，
請務必依照事件發生之先後順序與予連結，箭頭則代表活動
事件流程的流向。

■ 我們以「文件」符號（如下圖）來代表活動事件中的原始檔
案或報表。並於文件符號下方簡單註明其目前的處理狀態。
在釋例 3.1 Angelo's Diner 中的銷售單（點菜單）有兩種狀
態：「處理中」與「已完成」。前者是服務生為顧客點完菜
後，為該單進行下一階段之流程；後者則是服務生完成送菜
並填上價格後，表示該單流程已處理完畢。

銷貨單
（點菜單）

銷貨單
（處理中）

■ 以附有箭頭的虛線將活動事件及其產生或使用的原始檔案或
報表與予連結。箭頭代表活動事件與原始文件檔案間資訊之
傳遞關係。如釋例 3.1 Angelo's Diner 中，顧客點菜產生點菜
單，箭頭方向由「顧客點菜」指向「點菜單」；對「廚房人

釋例 3.2　Angelo's Diner 的概要活動圖

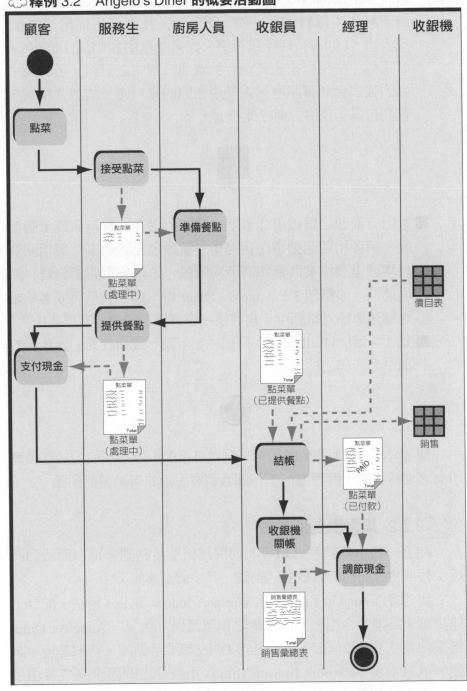

　　員」而言，點菜單為活動事件之起始憑單，故箭頭方向由
「點菜單」指向「準備餐點」。

■ 企業流程中所產生的資料，可能記錄於電腦檔案中或儲存於

資料庫中以供讀取。我們使用「表格」（tables）符號來表示該資料庫或電腦檔案，如下圖所示。我們可用檔案（files）或表單（tables）稱呼該符號。在第 2 章中我們以「檔案」，如主檔、交易檔來表達儲存於資訊系統中之資料；於本章中我們強調會計資訊應用系統中相關的資料庫。故於此章後，我們皆以「表格」稱呼此符號。

I：存貨

■ 以附有箭頭之虛線將「表格」符號所代表之資料庫或電腦檔案，與各相關活動事件相連結。箭頭代表活動事件與相關資料庫或電腦檔案間資訊的流向關係。如銷售單與銷售資料庫之連結。如釋例 3.1 Angelo's Diner 中，櫃檯人員將顧客結帳之點菜單輸入電腦中，再將這些資料儲存於銷售資料庫中。
■ 以「牛眼」（Bull's-eye）符號（如下圖）或稱紅同心圓代表整個企業流程之結束。

讀者可配合焦點問題 3.a，來測試自己對上述必須使用於活動圖所有必要符號的了解程度。下一節我們將討論如何編製活動圖。

3.2.2 編製概要活動圖

在上一節中我們教導讀者如何閱讀概要活動圖。這一節我們將逐步教導讀者如何編製概要活動圖，其步驟簡述如下：

我們將以 Angelo's Diner 與 Westport Indoor Tennis 為例，配合上述步驟來為讀者介紹概要活動圖之編製流程。課文以 Angelo's Diner 為主軸教導讀者如何編製 Angelo's Diner 概要活動圖。待熟悉後，請讀者依課本為 Westport Indoor Tennis 所設計之問題來完成各項步驟。待所有步驟完成後，相信讀者便學會如何編製概要活動圖。

初步步驟

　　步驟 1：詳讀流程內容並分辨出流程中重要活動事件。主要目的在於將流程中所發生的活動事件依序組織起來，以提供一清晰之

要點 3.1 **準備概要活動圖的步驟**

初步步驟：

步驟 1：詳讀企業流程內容，並分辨流程中重要活動事件。讀者可利用第 2 章所提之活動事件分辨原則，來分辨重要活動事件。

步驟 2：為流程內容進行註解及界定事件，並為該活動事件進行命名。

編製概要活動圖：

步驟 3：將企業流程中活動事件內部及外部負責部門或人員設立獨立欄位。

步驟 4：將流程中各活動事件以「橢圓長方形」繪製出來，並將其先後順序確實標示出來。

步驟 5：將流程中所使用或建立之文件以「文件」符號繪製出來。並將其與事件之流向及關係標示出來。

步驟 6：將流程中所使用或建立之資料庫或電腦檔案以「表格」符號繪製出來。並將其與事件之流向及關係標示出來。

流程輪廓。

　　Angelo's Diner ：我們利用第 2 章所提到活動事件分辨原則，來分析流程中之活動事件。釋例 3.1 已將事件一一分辨並敘述出來。

　　Westport Indoor Tennis ：詳讀焦點問題 3.b 之內容後，再進行活動事件分辨。

　　步驟 2：為流程內容進行註解及界定事件，並為該活動事件進行命名。其命名原則如下：

a. 使用淺顯易懂之文字，來說明活動事件之目的，如市場調查、貨品運送等。

b. 勿以事件內某一特定步驟來涵蓋整個事項，如輸入預約資料等。

c. 簡潔明了、定義清楚。勿用過於廣泛之名詞，為活動事件命名，導致使用者之誤解。如「資料處理」一詞便太過廣泛，使用者可能不知處理何種資料；改以「處理訂單」或「處理銷售單」便能一目了然。

d. 勿將活動事件的負責部門或人員名稱包含於事件命名中，如「處理訂單」而非「銷售人員處理訂單」。

Angelo's Diner ：釋例 3.1 中已為各活動事件命名。

Westport Indoor Tennis：參照釋例 3.1，依焦點問題 3.c 所述，為其流程事件命名。

編製概要活動圖

步驟 3：將企業流程中活動事件內部及外部負責部門或人員，設立獨立欄位。其原則如下：

a. 為各活動事件的內部負責部門或人員設立獨立欄位。

b. 為企業組織外的負責部門或人員設立獨立欄位，尤其是流程的起始點。

c. 為活動事件中的電腦系統設立獨立欄位。此欄著重於會計資訊系統之電腦化，其中包含各種軟硬體如終端機、處理器、印表機、會計軟體等等。理論上，我們將其視為一體。有些情況下如牽涉到重要資訊之傳遞，則必須將其分開，設立個別獨立欄位。舉例來說，如銷售人員使用一般電腦系統進行銷售處理，或使用筆記型電腦進行銷售處理便須分開說明，因為這兩種硬體能處理的情況不盡相同，甚至會有相當大之差異。為電腦系統設立獨立欄位原因在於顯示出電腦化會計資訊系統資料，於各活動事件中的處理及影響情形。本章第 3.3 節部分「細部活動圖」，將針對電腦系統之活動做更深入的探討。

d. 各獨立欄位的負責部門或人員需界定清楚，如收銀員、服務生、銷售部門等等；而非員工、公司部門。

一般於步驟 3 常見之錯誤應避免，以分類帳或文件憑證作為獨立欄位之設立基礎。請注意獨立欄位設立的要件，在於活動事件負責部門或人員，亦即活動事件的處理者與進行者；分類帳或文件憑證並非活動事件之進行者，而是活動之結果或輔助工具，切勿以此為設立欄位的依據。

Westport Indoor Tennis：依焦點問題 3.d 所述，為其設立獨立欄位。

步驟 4：將流程中各活動事件以「橢圓長方形」繪製出來，並將其先後順序確實標示出來。其原則如下：

a. 以實圓點表示流程中的起始事件，繪於起始事件的負責部門或人員欄位中。如釋例 3.4 中的實圓點位於「顧客」欄中。

釋例 3.3　Angelo's Diner 的概要活動圖：人員／設備（步驟 3）

顧客	服務生	廚房	收銀員	經理	收銀機

b. 於實圓點下方以橢圓長方形表示該起始事件的發生，並將步驟二中之命名填入橢圓長方形內，用以簡述發生何種活動事件。

c. 依流程中各負責部門或人員所發生的活動事件依序以橢圓長方形繪入各欄位中，並將步驟 2 中之命名填入橢圓長方形內，用以簡述發生何種活動事件。如釋例 3.4 中「取走點菜單」繪於「服務生」欄中。

釋例 3.4　Angelo's Diner 的概要活動圖：事件（步驟 4）

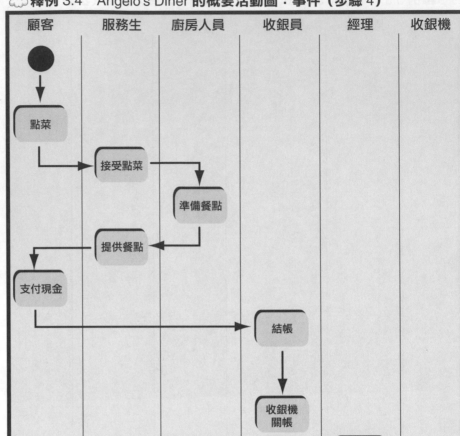

d. 將實圓點與代表起始事件的橢圓長方形以實線連接起來，表示此活動事件為流程的起始點。

e. 將各欄位中代表各活動事件的橢圓長方形以實線及箭頭連接起來，代表流程中活動事件的先後順序及資訊的流向。

f. 繪一「牛眼」表示流程之結束。於流程中代表最後事件的橢圓長方形下方繪此牛眼，並以實線連接，表流程之結束。

步驟 4 中常見之錯誤如下：

a. 於步驟 1 及步驟 2 中所需分辨出的活動事件，沒有出現在活

動圖上。

b. 步驟 1 與步驟 2 中未列舉的事件，卻在流程圖中出現。

c. 未以實線將活動事件依序連接起來。

d. 橢圓長方形中的活動事件命名加入該活動事件的負責部門或人員，這是畫蛇添足之舉，因各獨立欄位已明顯標示出該活動事件的負責部門或人員。

e. 活動事件的命名未與步驟 2 的命名相符。

　　試依據 Westport Indoor Tennis 各活動事件的敘述，完成焦點問題 3.e 。

　　步驟 5：將流程中所使用或建立的文件以「文件」符號繪製出來。其原則如下：

a. 將各活動事件中所建立或使用的必要原始檔案或文件，以「文件」符號繪製於代表該活動事項的橢圓長方形下方。

b. 以虛線將活動事件與相關原始檔案或文件連結起來。

　　■虛線末端以箭頭標示出資訊之流向。如釋例 3.5 中「拿取點菜單」與「點菜單」及「準備餐點」三者以虛線連結。表示「拿取點菜單」與「準備餐點」均與「點菜單」此原始文件攸關。「拿取點菜單」產生「點菜單」，故箭頭方向由「拿取點菜單」往「點菜單」；「點菜單」產生「準備餐點」此活動事件，故箭頭方向由「點菜單」往「準備餐點」。

　　■假如某原始檔案或文件在交易流程中出現兩次以上，則須於該檔案或文件下方標示其狀態，顯示於活動事項中的處理過程。如釋例 3.5 中之「點菜單」於不同事件中有「處理中」、「已完成」及「已付款」三種處理狀態。通常同樣文件若無經過修改或更新，則只需以一個「文件」符號表示，並註明其處理狀態即可。但為加深讀者之印象，只要各欄位中有相關原始文件出現之必要，即使是重複出現，我們也將為讀者繪製出來。

c. 我們著重於活動事件所使用、產生或修改之原始文件或檔案，而非原始文件或檔案於各活動事件中的實體轉移。若我們把箭頭方向從「準備餐點」繪往「點菜單」，「點菜單」繪往「送上餐點」，讀者可能會誤以為「準備餐點」此活動事件

釋例 3.5　Angelo's Diner 的概要活動圖：文件化（步驟 5）

改變了點菜單，雖然其另一層涵義是指廚房人員在準備餐點
完成後，將點菜單還予服務生，但此層涵義是眾所皆知的。
為避免混淆視聽，我們應注重原始檔案與文件與活動事件的

關係，而非其實體轉移。

步驟 5 中常見之錯誤如下：

a. 原始檔案或文件不應以動詞命名，如應以「銷售單」而非以「傳送銷售單」命名。

b. 原始檔案或文件與活動事件不相關。必須確認原始檔案或文件與活動事件的關係並正確連結，亦必須正確標示出資訊的正確流向。

　　Westport Indoor Tennis ：試依據步驟 5 ，將原始檔案或文件以「文件」符號繪入該公司的活動圖內，完成焦點問題 3.f 。

　　步驟 6 ：將流程中所使用或建立之表格或電腦檔案，並將其與事件之流向及關係標示出來。其原則如下：

a. 為電腦表格設立獨立欄位，表示唯有透過電腦系統才能讀取此資料表格或電腦檔案。

b. 將活動事件與所使用到或讀取的資料表格或電腦檔案以虛線相連結，並以箭頭表示其資訊流向。

c. 將活動事件與因活動事件之發生而更新或記錄的資料表格或電腦檔案以虛線相連結，並以箭頭表示其資訊流向。基於 b 與 c ，於 Angelo's Diner 例子中，我們可以發現「銷售」與「存貨」系統與活動事件所產生更新或記錄的關係。

d. 顯示資料表格或電腦檔案內實體改變情形。如銷售過程中實際存貨量的改變。

步驟 6 中常見之錯誤如下：

a. 「表格」符號以動詞來命名。「表格」符號須以名詞命名，如訂單或存貨資料庫，而非記錄訂單或更新存貨資料庫。

b. 「表格」符號說明以其屬性列舉，而非以資料表格或電腦檔案之代表性名詞命名。以屬性列示說明資料表格或電腦檔案之「表格」符號，會讓人難以了解。

c. 活動事件與資料表格或電腦檔案之相互關係，未正確標明。活動事件與資料表格或電腦檔案之相互關係及資訊流向，是幫助我們了解會計資訊系統及控制之重要工具，所以必須確實標明兩者間之相互關係及資訊流向。

　　Westport Indoor Tennis ：試依據步驟 6 ，將「表格」符號繪入該公司之活動圖內，完成焦點問題 3.g 。

釋例 3.6　Angelo's Diner **的概要活動圖：文件化（步驟** 6**）**

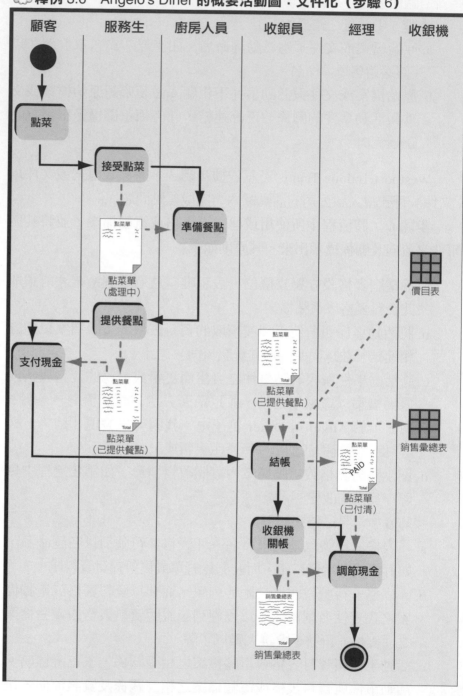

3.3　細部活動圖

　　與 3.2 相同，本節將分為兩個部分。第一個部分是導論，著重於了解細部的活動圖表。第二個部分著重於編製細部活動圖。

3.3.1　了解細部活動圖

　　本節介紹細部活動圖，前一節所介紹的概要活動圖，對於了解企業流程中的關鍵交易事件、交易事件的職責及交易事件間的資訊傳遞是非常有用的。雖然利用交易事件來思考企業的流程是非常有用的，但是會計人員也必須考量每一交易事件的細部活動內容。細部活動圖表示關於個別交易事件中活動的資訊。要點 3.2 列示出一個事件的典型活動內容。

　　釋例 3.7 列示 Angelo's Diner 附有註釋的描述。為了編製概要活動圖，我們認確出企業流程中的交易事項；為了編製細部活動圖，我們需要確認每一個交易事項中的個別活動。文句中的上標符號指的是具體的活動，例如，「接受訂單」的交易事項，包含了五個活動。

　　釋例 3.7 也列示了稱為**工作流程表（workflow table）**的簡單兩欄式表格的資訊；完成個別活動的人員被列在左邊的欄位上，相對

工作流程表（workflow table）
列示過程中的人員與活動的兩欄式表格。

要點 3.2　一個事件的典型活動

下列為第 2 章所確認的一般活動：

■ 記錄原始文件中關於交易事件的資訊（例如，日期、交易事件中的代理人、購買或銷售產品或服務之數量及價格）。

■ 記錄交易檔案中關於交易事件的資訊（例如，日期、交易事件中的代理人、購買或銷售產品或服務之數量及價格）。

■ 檢核電腦檔案內的資訊（例如，可供銷售存貨、是否顧客超過授信限額等）。

■ 核對文件（例如，提貨單與撿貨單）。

■ 建立關於交易實體的參照資料（例如，建立顧客或存貨資訊）。

■ 更新關於交易實體的參照資料（例如，更新顧客的應付餘額或存貨庫存量）。

■ 編製報表或列印文件。

釋例 3.7 （附註釋）—— 活動及工作流程表

Angelo's Diner

事件一：接受訂單。顧客到達餐廳，坐於空桌或櫃檯邊座位。如果沒有空桌可提供給顧客，顧客就在待位區等候。當已經有空桌可以提供給顧客的時候，顧客就會在空桌位置坐下。當顧客已經準備好可以點菜時，就會提示服務生，服務生會記錄顧客所點的東西於預先編號的銷售單（點菜單）上。

事件二：準備餐點。服務生交給廚房銷售單（點菜單），廚房人員會利用銷售單（點菜單）上面的資訊準備餐點。

事件三：供應餐點。當餐點已經準備好了之後，餐點會被放置在廚房及進餐區之間的出餐檯上，服務生會從出餐檯端起餐點及拿起銷售單（點菜單），並且將餐點送至顧客餐桌上。當顧客開始享用餐點時，服務生會在銷售單（點菜單）上記錄餐點價格，並留下銷售單（點菜單）於顧客的餐桌上。

事件四：結帳。顧客交給收銀員現金及已經提供餐點完成的銷售單（點菜單），收銀員輸入每一個項目的代碼，收銀機會利用儲於收銀機內的價目表去顯示價格。在所有項目被輸入完畢之後，收銀機會顯示出總金額。收銀機儲存一天中各種不同交易項目的銷售金額，收銀員會把現金放入收銀機的抽屜裡，並找零給顧客。

事件五：關帳。在每一輪班次結束時，收銀員會關帳，並且印出銷售彙總表。

事件六：調節現金。收銀員給經理銷售彙總表，經理會檢查是否所有在今日發出之預先編號的銷售單（單菜單）都已經回收，經理隨後計算所有銷售單（點菜單）的總金額。接著，經理會點算現金，並比較銷售彙總表上總金額與銷售單（點菜單）上的總金額。

人員	活動內容
	接受訂單
顧客	1.到達餐廳。
	2.坐至櫃檯／空桌。
	3.如果沒有空桌，則至待位區等候。
	4.待有空桌時，坐於空桌之位置上。
	5.提示服務生可以點菜。
服務生	6.在預先編號的銷售單（點菜單）上記錄顧客的餐點。
	準備餐點
服務生	7.將銷售單（點菜單）交予廚房。
廚房人員	8.準備餐點。
	供應餐點
廚房人員	9.放置餐點於出餐檯上。
服務生	10.端起餐點，拿起銷售單（點菜單）。
	11.供應餐點。
	12.在銷售單（點菜單）上記錄價格。
	13.留下銷售單（點菜單）在顧客的餐桌上。

☁️ （續）釋例 3.7　（附註釋）—— 活動及工作流程表

結帳

顧客	14.給予收銀員現金及已經提供餐點完成的銷售單（點菜單）。
收銀員	15.輸入項目代碼。
收銀機	16.顯示價格。
	17.顯示總金額。
	18.儲存銷售資料。
收銀員	19.將現金放入收銀機抽屜中。
	20.找零給顧客。

關帳

收銀員	21.關帳。
	22.列印銷售彙總表。

調節現金

收銀員	23.將銷售彙總表及現金給予經理。
經理	24.檢查預先編號的銷售單（點菜單）。
	25.計算銷售單（點菜單）上的金額。
	26.計算現金。
	27.比較現金收據與銷售彙總表及銷售單（點菜單）之總金額。

應完成的活動被列為右邊的欄位上。列示出來的活動皆以主動語態的動詞形式表達（例如，到達、坐著等位子）。因為交易活動是列在從事該活動人員的獨立欄位中，所以工作流程表格就讓編製細部活動圖變得容易了。

　　釋例 3.8 、 3.9 、 3.10 及 3.11 列示 Angelo's Diner 的細部活動圖。釋例 3.8 列示第一個交易事件（接受訂單）的流程圖，我們已經替接下來的兩個活動（準備餐點及提供餐點）編製了單一活動圖（釋例 3.9），因為這兩個交易項目是緊密關聯的，且在準備餐點的部分，並沒有太多的內容要描述。釋例 3.10 是接下來交易事件（結帳）的細部流程圖。最後，我們合併了接下來的兩個交易事件（關帳及調節現金）為一個細部圖（釋例 3.11）。相同的，這兩個交易事件是緊密關聯且交易事件 5 是沒有太多內容需要描述的。我們已經將工作流程表中帶有上標符號的活動編號，放置於這些圖表中。這些上標符號可以幫助你了解工作流程表、概要活動圖及細部活動圖之間的關係。因為這樣的註釋是非必要的，所以我們在本章最後的焦點問題中不會包含這些註釋。

會計資訊系統

釋例 3.8　**接受訂單事件的細部活動圖**

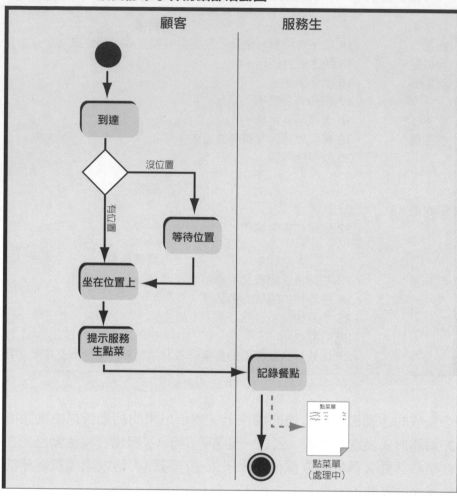

　　記得應用在細部流程圖的相同標誌符號，與在概要活動圖中是一樣的，橢圓長方形代表的是人員或部門在企業流程中所執行的動作。而不同的地方在於細節的部分，在概要活動圖中，我們以一個橢圓長方形表達全部的交易事件；而在細部流程圖中，我們列示以個別的橢圓長方形表示發生在交易事件內的每一個活動。相同地，交易活動的職責與資訊流向的表達方式，概要活動圖中也是以相同方式呈現。

　　在細部流程圖中，我們將會使用額外的兩個標誌：分支及註解。

分支點（branch）

活動圖中表示將處理程序分為兩個或更多個路徑繼續進行的點。

■ 在活動圖中，利用菱形表示分支，**分支點（branch）**表示將

☁ 釋例 3.9　準備食物和供應餐點事件的細部活動圖

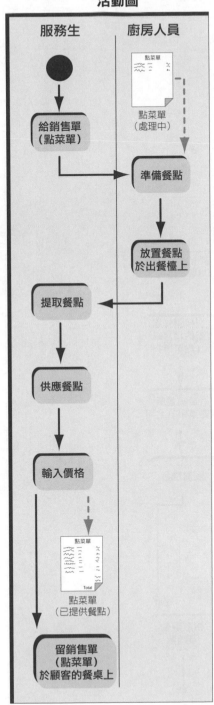

☁ 釋例 3.10　結帳事件的細部活動圖

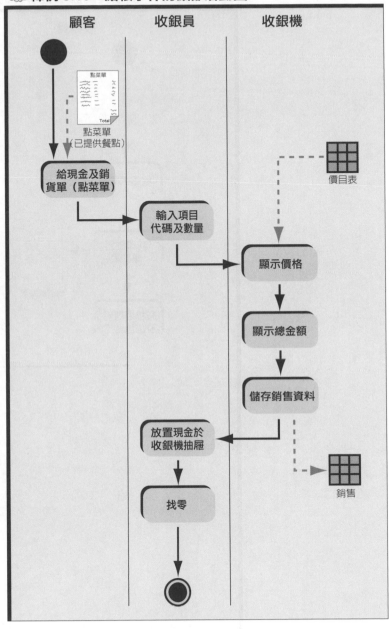

釋例 3.11　關帳與調節現金事件的細部活動圖

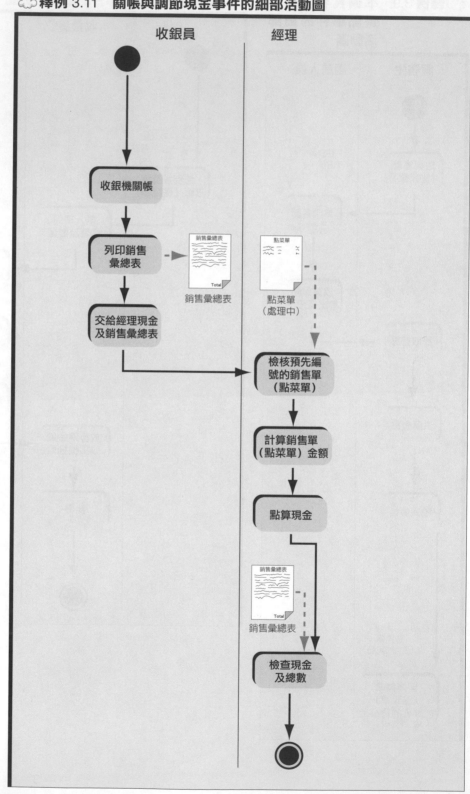

釋例 3.12　**連結** Angelo's Diner **的概要活動圖與細部活動圖**

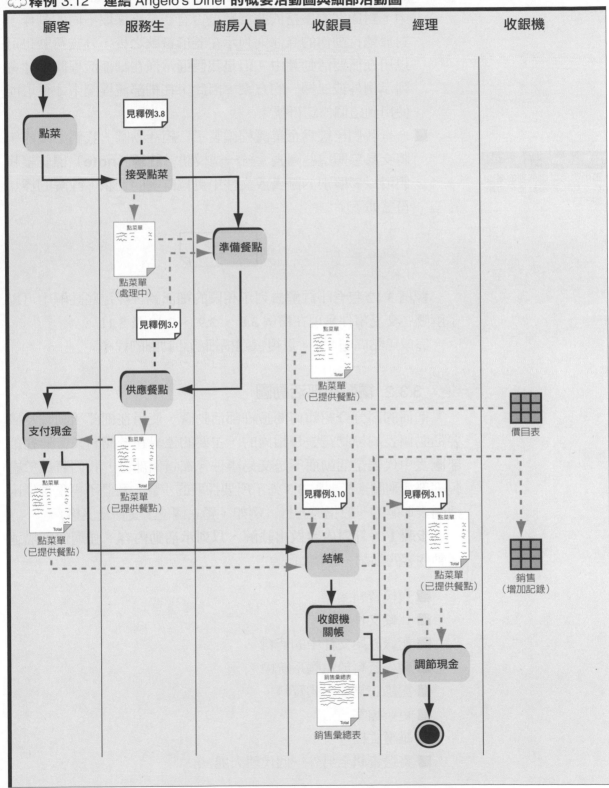

處理程序分為兩個或更多個路徑繼續進行。例如，在釋例 3.6 中，對顧客的服務依據餐廳是否有空桌來採取不同的動作，對於執行動作的條件則列示在菱形符號之後，分支符號也可以用在概要活動圖中。但是我們通常僅在細部流程圖中才會列示例外或二擇一的方案。因此，在細部流程圖中才更可能使用到這個標誌符號。

■ 一旦我們已經為企業流程編製了一組活動圖，我們必須能夠將交易參照這些圖表。統一塑模語言**註解（note）**標誌讓我們可以參照別的圖表或文件中更為詳盡的資訊。註解的標誌符號如下：

> 請看釋例 3.x

釋例 3.12 包含了註解去列示相關的細部圖，從這些註解中可以了解哪些交易事件呈現在釋例 3.8、3.9、3.10 及 3.11。

完成焦點問題 3.h，以複習建構細部活動圖的程序。

3.3.2 編製細部活動圖

前面的部分介紹如何閱讀細部活動圖，使用在細部活動圖及概要活動圖表的標誌符號是相同的，主要的差異在於橢圓長方形在細部圖表中代表是活動而不是交易事件。在這個部分，我們著重於編製細部活動圖。（要點 3.3 列示所要採取的步驟）我們不再重複這兩種圖表形態的一般指導方針（例如，獨立欄位、文件及表格）。

步驟 1：針對內容做出註解，以列示活動內容。強調你所描述活動內容的動詞，範例如下：

■ 複核資料。
■ 比較文件。
■ 記錄原始文件中的資料。
■ 輸入資料於電腦系統中。
■ 記錄交易檔中的資料。
■ 更新檔案。
■ 維護主檔。
■ 寄送資訊至另外一個代理人處。

要點 3.3　準備細部活動圖的步驟

步驟 1：針對內容做出註解，以列示活動內容。

步驟 2：編製工作流程表。

步驟 3：確認必要的細部流程圖。

步驟 4：對每一個細部流程圖，執行下列的子步驟：

　　4a 對於每一個在細部圖中參與交易事件的代理人，設立一個獨立
　　　　欄位。

　　4b 對交易事件中的每一個活動，新增一個橢圓長方形。

　　4c 使用連續線段去列示活動的順序。

　　4d 在圖表中，設立活動使用或建立的說明文件。

　　4e 使用虛線去連結活動及說明文件。

　　4f 記錄圖表中活動所設立、修改及使用的表格於電腦欄位內。

　　4g 使用虛線去連結活動及表格。

　　應用步驟 1 至焦點問題 3.i 的 Westport Indoor Tennis 題目中。

　　步驟 2：編製工作流程表。設立兩欄式的表格，如下所示。我
們確認交易活動相關連的企業交易事件。

人員	活動
1.	

2a. 在左手邊欄位上，輸入第一項從事交易活動的人員。

2b. 輸入此人員所從事的每一項交易活動於右手邊欄位上，利用
　　主動語態形容這些動作。例如，改變如「電話訂購被訂購輸
　　入職員所接受」的句子，改為「訂購輸入職員接受電話訂
　　購」。

2c. 確認下一個交易活動。

　　■ 如果下一個交易活動由相同的人員所從事，則記錄交易活

動在右手邊欄位上，但不要重複相同的人員於左手邊欄位
上。

■ 如果下一個交易活動由不同的人員所從事，則記錄適當的
人員於左手邊欄位，並且記錄交易活動於右手邊欄位上。

2d. 將交易活動作連續性的編號。

2e. 重複步驟 2c 及步驟 2d 直到記錄完所有的交易活動。

應用步驟 2 去編製焦點問題 3.j 的 Westport Indoor Tennis 之
工作流程表。

步驟 3：確認所需要的細部流程圖。你或許會選擇替企業流程
中每一個交易事件編製一個各別的細部流程圖。除此之外，如果在
相同交易事件當中，沒有太多細部的內容，你或許可以在一個細部
流程圖內包含一個以上的交易事件。

步驟 4：對每一個細部流程圖，重複執行 4a 至 4g。

4a. 對於每一個在細部流程圖中參與交易事件的代理人，設立一
個獨立欄位。

4b. 對交易事項中的每一個活動，新增一個橢圓長方形。參照工
作流程表去確認交易活動。概要活動圖中，在從事交易活動
的代理人獨立欄位上設立橢圓長方形。

4c. 使用連續線段去列示活動的順序。你或許會需要用到前一節
所介紹的分支符號。

4d. 設立圖表中，活動使用或建立的說明文件。

4e. 使用虛線去連結活動及說明文件。

4f. 記錄電腦欄位內圖表中活動設立、修改及使用的表格。

4g. 使用虛線去連結活動及表格。

使用步驟 1-4 去完成焦點問題 3.k。

3.3.3 概要及細部活動圖

我們使用 ELERBE 公司的概要及細部活動圖來介紹本章。下列
提供統一塑模語言活動圖的使用說明：

1. 描述交易事件及交易活動描述內容，並附有註釋。
2. 工作流程表。
3. 收入程序的概要活動圖。
4. 細部活動圖。

釋例 3.13 是對 ELERBE 公司的描述，上標符號指的是個別的交易活動，我們也列示公司的工作流程表於釋例 3.13 。

在釋例 3.14 、 3.15 及 3.16 中列示 ELERBE 公司的收入循環概要活動圖及兩個細部活動圖。

請練習焦點問題 3.1 。

釋例 3.13　ELERBE 公司：收入循環與工作流程

事件一：

接受顧客訂單。書店經理寄送了一份有所有書籍細部內容的訂單（ISBN 、作者、書名、出版年及數量）。訂單處理職員輸入這份訂單的資料至電腦內，電腦系統檢查是否來自於公司既有的顧客。如果訂單是來自於新的顧客，在電腦系統內就會建立一筆新的顧客記錄於顧客檔案內；然後，系統就會檢查是否存貨是可以滿足顧客的需求，而訂單細目會被記錄在訂購及訂購細目表格內。電腦系統也會由訂購所蒐集而來的數量，更新存貨表格資料。電腦會列印出兩份銷售訂單的複本，職員會寄送其中一份複本給倉庫（提貨單），而另一個複本則會作為裝箱單，職員會寄送裝箱單至運送部門。

事件二：

撿貨。倉管人員使用撿貨單去找出要撿取的貨品，除產品名稱及數量外，撿貨單上也會確認倉庫位置，讓倉管人員能夠容易的完成工作。職員為了運送顧客所訂購的貨品，要從倉庫中撿取貨品，倉管人員用包裝箱包裝貨品，並在撿貨單上註記實際提貨的數量，並且將包裝好的貨物寄送至運送部門。

事件三：

運貨。一旦運貨職員由倉庫收到了商品及撿貨單，職員就會核對調節撿貨單與裝箱單，並依據撿貨單上所註明的任何變動，更新裝箱單。隨後，職員編製貨物帳單，上面記載包裝、貨運公司、運送方式，並且這份帳單隨附於包裝上，職員會將包裝好的貨單給運貨部門，然後運貨職員就會輸入運貨資料於電腦系統之中，電腦會記錄運貨資料於運貨及運貨細目表格，並且更新庫存存貨數量，裝箱單會被寄送至 ELERBE 公司開立帳單的部門。

ELERBE 公司之工作流程表

人員	交易活動
	交易事件：**接受顧客訂單**
書店經理	1.書店經理寄送了一份有所有書籍細部內容的訂單（ISBN 、作者、書名、出版年及數量）。
訂單處理人員	2.將訂單輸入至電腦系統中。
電腦	3.檢查訂單是否來自於舊顧客。
	4.如果是新顧客，則建立一個新的顧客記錄。
	5.檢查是否有可供應顧客需求的存貨。
	6.將訂單細節記錄至訂購及訂購細目表格。

☁（續）釋例 3.13　ELERBE 公司：收入循環與工作流程

	7.由訂購資料更新存貨表格中的數量。
	8.列印兩份銷售訂單複本。
訂單處理人員	9.寄送兩份銷售訂單複本的其中一份至倉庫（撿貨單）。
	10.寄送兩份銷售訂單中的另外一份複本（裝箱單）至運送部門。
	交易事項：**撿貨**
倉管人員	11.找出要撿取的貨品。
	12.從倉庫中撿取貨品。
	13.包裝貨品。
	14.在撿貨單上記錄實際提領的貨品數量。
	15.將包裝好的貨品及更新過的撿貨單寄送至運送部門。
	交易事項：**運貨**
運貨人員	16.核對調整撿貨單及裝箱單。
	17.由撿貨單上的變動資訊做裝箱單之更新。
	18.職員編製貨物帳單，上面記載包裝、貨運公司、運送方式等。
	19.將帳單隨附於包裝上。
	20.將包裝好的貨品交給運貨人員。
	21.輸入運貨資料於電腦系統之中。
電腦	22.記錄運貨資料於運貨及運貨細目表格。
	23.更新庫存存貨數量。
運貨人員	24.將裝箱單寄送至開立帳單的部門。

彙總

　　如同先前所提到的，會計人員了解企業流程是非常必要的。第 2 章介紹了收入及採購循環，在一項企業流程中，我們發展並使用了一個方法去確認交易事件，我們也著重於對於交易事件負責人員的確認。將企業流程分割成幾個部分，對於了解這方面是非常重要的。

　　在本章之中，我們也介紹了如何使用統一塑模語言活動圖，對於交易事件做流程圖的表達。在第 2 章中，介紹的重點在於企業流程中的職責與交易事件。因為依據不同的使用情形，而需各種不同細部程度，所以發展出兩種活動圖：概要活動圖及細部流程圖。我們認為交易事件以流程圖方式表達的練習，對於流程可以有較佳的了解，且這些了解的傳遞資訊也可以更好。尤其是在第 4 章討論內

釋例 3.14　　ELERBE **公司收入循環的概要活動圖**

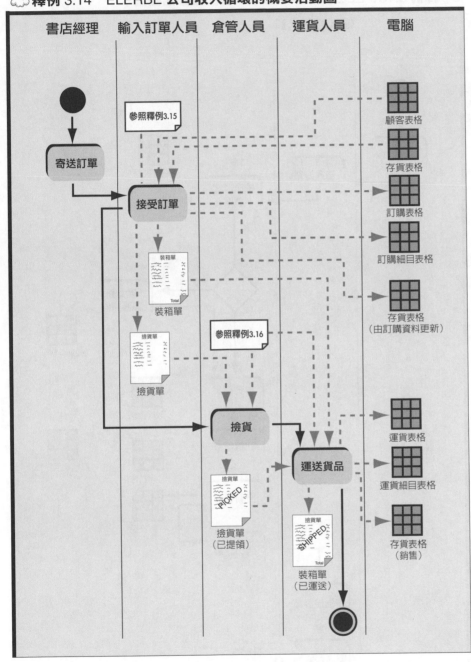

部控制時，及在 8 至 10 章深入討論採購與收入循環時。基於這些理
由，我們會持續的使用活動圖。

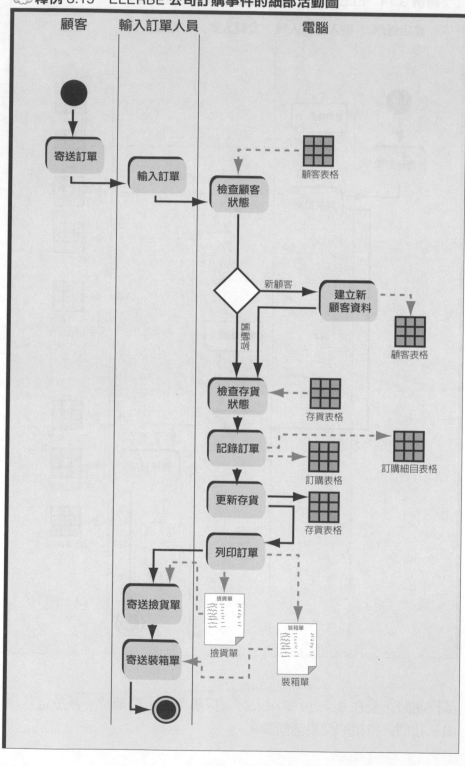

釋例 3.15　ELERBE 公司訂購事件的細部活動圖

釋例 3.16　ELERBE **公司撿貨與運貨事件的細部活動圖**

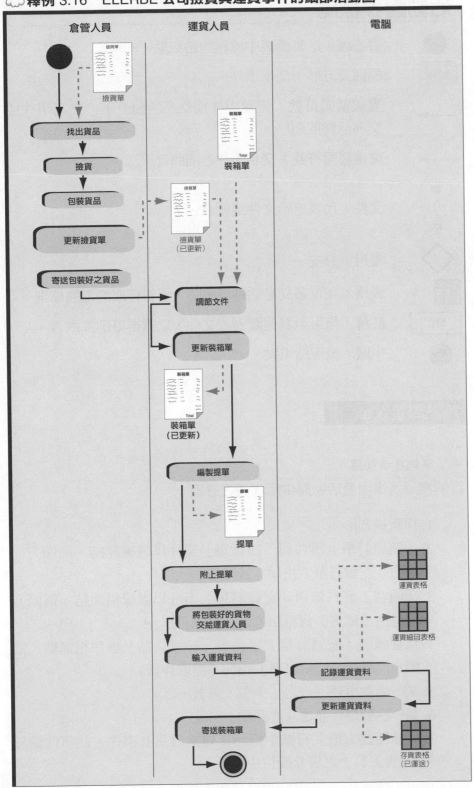

活動圖表標誌

 實心圖：活動圖表中流程的超始點。

橢圓長方形：交易事件。

 實線箭頭符號：交易事件或交易活動至下一交易事件或交易活動的順序。

 虛線箭頭符號：交易事件之間的資訊流。

文件：代表原始文件或報表。

 菱形：分支。

表格：在企業交易活動發生時，資料存取的電腦檔案。

 註解：指引至其他圖表或文件，以獲得更細部內容。

牛眼：流程結束點。

焦點問題 3.a

※了解概要活動圖

請解釋下列事項於活動圖中所代表之意義：

1. 橢圓長方形。
2. 「記錄訂單」事件與「撿貨單」文件以虛線連結。箭頭方向是由「記錄訂單」指向「撿貨單」。
3. 「顧客」資料庫與「記錄訂單」事件以虛線相連結。箭頭方向是由「顧客」資料庫指向「記錄訂單」。
4. 以實線將「記錄訂單」事件與「撿取貨品」事件相連結。箭頭方向是由「記錄訂單」指向「提取存貨」。
5. 某一活動事件下方之「牛眼」符號。
6. 某一活動事件前之「實圓點」符號。
7. 「橢圓長方形」符號中標示「運送貨品」事件，此事件繪於「送貨人員」之獨立欄位中。

焦點問題 3.b

※步驟 1：分辨活動事件

Westport Indoor Tennis

　　Westport Indoor Tennis 為孩童及成年人提供網球課程服務。新顧客在課程開始前通常會詢問該公司相關課程內容。接待員與顧客諮商時，會記錄顧客相關資料，如姓名、性別、年齡、先前網球經驗、嗜好等等，並將副本送與教練，教練會依據諮詢內容為顧客提供建議課程。

　　若某一顧客決定註冊該網球課程，該顧客必須於課程開始前至公司報名並繳交學費。接待員會依約收取費用並將顧客姓名一併輸入電腦中。若該顧客曾經在 Westport Indoor Tennis 學過網球，則該客戶資料會自動顯現；若為新客戶，則必須為其建檔。最後，接待員會將合約副本、繳費收據交予客戶。

　　課程即將開始前，接待員會將各種網球課程的學員資料準備齊全；課程開始的第一天，接待員會將學員資料送至教練手上，教練會依名單核對學員資料是否正確，並記錄其出缺席情形。

　　問題：

　　請列出 Westport Indoor Tennis 於上述企業流程中之主要活動事件。

焦點問題 3.c

※步驟 2：於企業流程敘述中加入註解

Westport Indoor Tennis

　　請利用焦點問題 3.b 中所敘述之 Westport Indoor Tennis 企業流程，為其事件進行敘述說明。請參照釋例 3.1 之格式分項說明。

焦點問題 3.d

※步驟 3：活動事件進行者與活動圖

Westport Indoor Tennis

請利用焦點問題 3.b 中所敘述之 Westport Indoor Tennis 企業流程，於概要活動圖中，為企業流程內主要活動事件進行者設立獨立欄位。

焦點問題 3.e

※步驟 4：活動事件與活動圖

Westport Indoor Tennis

請利用焦點問題 3.b 中所敘述之 Westport Indoor Tennis 企業流程，於焦點問題 3.d 之獨立欄位中以「橢圓長方形」符號繪入企業流程中各活動事件。於矩形中為該活動事件命名，並以實線箭頭符號建立其先後順序。

焦點問題 3.f

※文件與活動圖

Westport Indoor Tennis

請利用焦點問題 3.b 中所敘述之 Westport Indoor Tennis 企業流程，於焦點問題 3.e 所繪出之活動事件橢圓長方形旁，加入該活動事件所產生或使用之文件資料。並以虛線箭頭符號建立其關聯性。

焦點問題 3.g

※「表格」符號與活動圖

Westport Indoor Tennis

請利用焦點問題 3.b 中所敘述之 Westport Indoor Tennis 企業流程，以「表格」符號繪出流程中活動事件所使用或被更新之資料表格或電腦檔案，並以虛線箭頭符號建立其關聯性。

焦點問題 3.h

※ 閱讀細部活動圖

Angelo's Diner

　　依據課本釋例 3.8 至 3.12，請解釋下列事件於活動圖中所代表之意義：

1. 釋例 3.12 中「出納員」欄位內有一符號標示「參閱釋例 3.10」。
2. 釋例 3.8 中之「菱形」符號。
3. 釋例 3.8 中所標示「已帶位」與「未帶位」之流程狀況。
4. 釋例 3.10 中「詢價資料庫」之表格符號與「顯示價格」事件以虛線相連結，箭頭方向是由「詢價資料表格」指向「顯示價格」。
5. 釋例 3.9 中「點菜單」文件與「準備餐點」事件以虛線相連結，箭頭方向是由「點菜單」指向「準備餐點」。
6. 釋例 3.10 中「電腦」欄位內之一橢圓長方形符號標示「顯示總額」。

焦點問題 3.i

※ 細部活動圖之活動事件敘述與說明

Westport Indoor Tennis

　　請依照課本釋例 3.7 之格式，將焦點問題 3.b 中所敘述之 Westport Indoor Tennis 企業流程中之主要活動事件予以分項說明。

焦點問題 3.j

※ 工作流程表與細部活動圖

Westport Indoor Tennis

　　請依照課本釋例 3.7 之格式，將焦點問題 3.b 中所敘述之 Westport Indoor Tennis 企業流程建立工作流程表。

焦點問題 3.k

※編製細部活動圖

Westport Indoor Tennis

　　請為 Westport Indoor Tennis 以下的企業流程編製細部活動圖：從完成報名簽約開始，至將收據交予顧客結束（參閱焦點問題 3.b 之流程敘述）。請依據焦點問題 3.j 所編製之工作流程表來分辨上述流程中的活動事件。

焦點問題 3.l

※註冊流程

Iceland 社區大學

　　Iceland 社區大學主修企業管理課程的註冊情況如下：

　　學生填寫完註冊卡，表明他對下學期感到有興趣的課程。學生也更新其修課計畫表，以反映在前面學期中他已經修過的課程。修課計畫表列出學生主修的所有課程要求，當學生完成這些修課要求，檢查在計畫表中的要求。學生與顧問面談以完成註冊卡和修課計畫表的填寫。顧問查閱註冊卡和修課計畫表，等他確認學生已經完成了先修課程和選擇了適當的課程後，他就在註冊卡上簽名。

　　學生拿著顧問簽過名的註冊卡到註冊組，註冊組的職員將資料輸入電腦系統中，由電腦系統自動檢查學生記錄。然後，職員輸入可被選修課程。一旦所有課程被輸入選修後，職員接受註冊。電腦記錄了註冊資料細節、減少可被選修的座位數，和列印註冊條，職員再將註冊條交給學生。註冊條列出學生詳細資料（如身分證號碼、姓名等）和學生註冊課程的細節（課程編碼、名稱、日期、時間和地點）。一旦註冊期間結束，註冊組職員就列印註冊報告。註冊報告顯示各個課程的學生人數。職員寄發註冊報告給教務長，由教務長查閱註冊報告。如果一個班級的註冊人數過低，教務長會要求職員取消該課程。

問題：

1.為 Iceland 社區大學準備一張工作流程表格。

2.為註冊流程準備一張概要活動圖。

3.為註冊事件準備一張細部活動圖。

問答題

1. 為什麼企業系統流程圖表化對於會計人員而言是有用的？
2. 什麼是概要活動圖？
3. 什麼是細部活動圖？與概要活動圖有何不同？有何相似之處？
4. 如何在概要活動圖上表示交易事件的責任？
5. 在概要活動圖上如何表示交易事件及交易事件的順序？
6. 如何在概要活動圖上表示文件？交易事件與文件間虛線所代表的意義為何？
7. 在活動圖中，如何表示電腦檔案的資訊流出或流入？
8. 在細部活動圖中，橢圓長方形所代表的意義為？
9. 交互參照概要及細部活動圖的標誌符號為何？

練習題

　　下面的習題是由 Excel Parties 公司的範例而來，在開始此習題之前，請先仔細的閱讀此一範例。

　　Excel Parties 公司販售派對用品，像是帽子、小禮物、紙餐具，提供給個人或公司行號的派對使用。該公司的派對訂購系統運作如下：

　　顧客設計了一個派對企劃，並將此企劃交予客服人員，客服人員決定是否顧客所需要的派對用品，可以提供給此派對企劃單位（如果不行，將拒絕此訂單）。客服人員需要計算此項企劃的成本。顧客填寫顧客表格，包括名稱、地址及電話號碼，並且設定此顧客之帳戶編號。編製確認此項派對企劃的發票，並且列示出總成本（含稅），並註明顧客必須立即支付 10 % 的頭款。顧客在其中一張發票複本上簽名，並交回給客服人員，接著顧客以現金或支票支付 10 % 的頭款。客服人員將顧客的資料輸入於電腦系統中，派對的細節部分（訂購日期、派對日期、派對用品項目、發票上之未付款總額及付現金額）也輸入至電腦系統內，在派對企劃訂購記錄中的狀態欄位，被設定為「未結案」。

　　顧客必須在三十天內支付完所有的款項，可以採取親自到公司或是郵寄的方式支付款項。客服人員將顧客支付的金額記錄於電腦系統內，當顧客將最後的款項付清時，客服人員會將派對企劃訂購記錄中的狀態欄改為「已付清」，顧客會收到一張註明顧客名稱、派對用品項目及客戶支付金額的收據。當顧客來公司領取所訂購的派對用品時，會出示發票，客服人員利用電腦系統去檢查是否最後的款項已經結

清。然後，派對用品會交付給顧客，並在系統內記錄此筆銷售記錄，而派對企劃訂購的狀態欄再被改爲「已結案」。接著顧客在發票複本上簽名，表示已經收到所訂購的派對用品，並且此發票交回給客服人員。此時，減少存貨的庫存數量。經理以每個星期兩次的頻率，編製逾期派對企劃訂購的報表（在三十天內未完全付清的訂單），對於這些逾期訂單的處理是，扣除已收現金額的 10 ％，開立支票，並郵寄給顧客。關於退款支票的資料會記錄在系統中，派對企劃訂購中的狀態欄被變更爲「已逾期」。

Part Ⅰ

E3.1

爲 Excel Parties 公司企業流程中所包含的每一個代理人，建立一個具有獨立欄位的部分概要活動圖。

E3.2

修改 E3.1 的部分概要活動圖，列示交易事件及其順序，並列示出流程圖中起點與終點。

E3.3

修改 E3.2 的部分概要活動圖，列示出文件，並列示出這些文件的資訊流向。

E3.4

修改 E3.2 的部分概要活動圖，列示出表格，並列示出這些表格的資訊流向。

Part Ⅱ

E3.5

爲包含在派對企劃訂購中的交易事件，繪製一份細部活動圖。（這個交易事件包含從流程開始至派對企劃訂購之詳細內容被記錄，並設定狀態爲「未結案」爲止的所有活動。

E3.6

替 Excel Parties 公司的會計資訊系統修改概要活動圖，連結概要活動圖至 E3.5 所編製的細部活動圖。

4 辨認企業流程中的風險和控制

學習目標

○ 閱讀完本章，您應該了解：

1. 內控的架構：目標和組成要素。

2. 執行、資訊系統、資產安全和績效目標。

3. 有關採購循環和收入循環的執行和資訊系統風險。

4. 總分類帳系統的記錄和更新風險。

5. 使用工作流程控制以減少風險。

○ 閱讀完本章，您應該學會：

1. 辨識採購和收入流程的執行風險。

2. 辨識記錄和更新資訊的風險。

3. 運用敘述和活動圖方式來辨識其他控制的現有控制與機會。

第 4 章建立在第 2 章和第 3 章的基礎架構上，來討論風險與內控，第 2 章介紹的事件分析，用來幫助辨識風險。第 3 章介紹的活動圖，可以用書面說明以及評估工作流程控制。以下的內容將討論內部控制，這個章節所提出的內控將是以後各章內控的基礎。本章將討論企業的主要內控及相關風險，並且解釋如何使用先前的概念去測試風險，將會討論許多的辨認風險的內控技術。本章第一部分著重於內控目標及風險測試，接下來就是風險的控制。

4.1　內部控制與會計人員角色

內部控制（internal control）是一個流程，設計的目的是合理確保組織達成以下目標：（1）營運的效率、效果；（2）可信賴的財務報表；（3）法令的遵循。對於內控有充分的了解，對會計人員是很重要的。管理人員對內控的責任已經在 2002 年的沙賓法案及公開發行公司會計監督委員會（PCAOB）所發布的 2 號準則公報中說明。 2 號準則公報要求管理人員提出報告，說明該公司的內控及測試內控的結果，公開發行公司的年報應包含：

1. 公司的財務報告
2. 管理階層使用內控的說明
3. 內控測試的結果及重大缺失的揭露及改進
4. 會計師所簽證的內控評估報告

使用者必須了解內控才能適當應用，例如管理階層的政策要求發票應與訂單核對，亦即只有執行人員了解其涵意，並確實執行才會有效。會計人員在設計內控時，也扮演了一個很重要的角色，因為會計人員必須要測試風險，並設法去降低風險。對於評估者來說，內部的稽核人員和外部的審計人員都必須要了解、評估內控，以達成各自的審查目的。

4.2　研讀內控的架構：內控要素和控制目標

4.2.1　內控要素

要點 4.1 列示了內控的五大要素，該要素是根據 1992 年的

> **內部控制**
> **（internal control）**
>
> 是一個流程，設計的目的是合理確保組織達成以下目標：（1）營運的效率、效果；（2）可信賴的財務報表；（3）法令的遵循。

COSO 報告。審計準則公報和 PCAOB 所發行的 2 號審計公報，都根據 COSO 報告的基礎上，再加以延伸探討。

　　要點 4.1 列示了 5 個內控的相關要素：

（1）控制環境
（2）風險評估
（3）控制活動
（4）資訊與溝通
（5）監督

　　我們的重點是（2）、（3）、（4），因為這些都直接與會計資訊系統相關。（2）風險評估是本章的重點，我們將會學習有系統的辨認企業流程中的風險。（3）控制活動，也就是一些控制技術以減少風險，將於後面的章節討論。（4）資訊與溝通在第 2 章、第 3 章分別有提及，但第 2 章的焦點是關於流程中記錄交易事件資訊，第 3 章則是強調流程中每個負責單位的溝通。

控制環境
（control environment）

構成企業內部控制的核心，並且還影響了其他四個要素及組織成員對內控的認知。

風險評估
（risk assessment）

企業辨認、分析風險的過程，當作如何管理風險的依據。

控制活動
（control activities）

是一種組織用以降低風險的政策和程序。

職能分工
（segregation of duties）

包含了授權交易、執行交易、記錄交易和保管資產皆為不同人。

應用控制
（application control）

應用獨立的會計應用軟體。

☁ **要點** 4.1　COSO **報告的內部控制**

　　COSO 報告指出企業內部控制的五個組成要素：

1. **控制環境（control environment）**：構成企業內部控制的核心，並且還影響了其他四個要素及組織成員對內控的認知。它包含了：a.操守和價值觀；b.管理哲學和經營風格，c.權責劃分；d.組織結構；e.董事會對內控的態度。

2. **風險評估（risk assessment）**：企業辨認、分析風險的過程，當作如何管理風險的依據——這整體過程就是風險評估。

3. **控制活動（control activities）**：是一種組織用以降低風險的政策和程序，控制活動包含以下：

   a. **績效覆核**：分析績效的作業。舉例而言，比較預算數與實際結果。

   b. **職能分工（segregation of duties）**：包含了授權交易、執行交易、記錄交易和保管資產皆為不同人。

   c. **應用控制（application control）**：應用獨立的會計應用軟體。

   d. **一般控制**：對於多種應用軟體的主要控制。舉例而言，限制人員接近公司的主機、軟體、資料，就是一般控制。一般控制也包含了研發和維修應用軟體。

4. **資訊與溝通**：公司的資訊系統是一種收集、記錄、處理交易資訊、產生報表的程序。溝通是讓每個相關的負責人員了解資訊。

5. **監督**：管理階層應監督內控，以確保組織控制的功能正常運作。

4.2.2 控制目標

不同的利害關係人員可能會關心不同的目標，例如股東可能最關心公司股價的上漲，銷售經理最關心市場佔有率、銷售額、顧客滿意度。 COSO 報告指出內控的目標如下：

■ 營運的效率和效果
■ 可靠的財務報導
■ 相關法規的遵循
■ 維護資產安全

在此我們根據風險的類型設立控制目標，如要點 4.2，每一項將有更細步的討論。執行目標方面，在收入循環裡，「執行」指的是運送產品、收取帳款和處理現金，在某些產業也包含了使用資源去製造產品或是提供服務。因此，收入循環兩個目標是（1）確保恰當的運送產品；（2）確保恰當的收現和處理現金，雖然達成目標的方法不同，但是這兩個目標可適用於大多數企業的收入循環。

潛在風險測試的中心方法是「了解執行目標」，例如關於運送產品的潛在風險，有運送錯誤的產品、數量上錯誤、送交予錯誤的顧客。

攸關收入循環的潛在風險，我們列示在要點 4.3 以供參考。在採購循環裡「執行」指的是驗收產品、付款和處理現金，執行目標就是（1）確保恰當的驗收產品；（2）確保恰當的付款及處理現金。

資訊系統的目標在於記錄、更新、報告會計資訊系統。交易資料應被正確的記錄在文件及交易檔案裡，針對顧客主檔、供應商主檔應視情況而更新，最後能產生即時且有用的報告給予管理階層人員。資訊系統目標對於確保有效率的執行交易也是很有幫助的，舉例而言，有關供應商發票正確及時的資訊，可以增進付款流程的效率。

維護資產安全目標方面，主題是在執行目標和資訊系統目標，接下來的內容裡，這兩個目標與會計資訊系統的功能以及流程都是焦點。我們也會討論維護資產安全這個目標，因為會計人員本來就有責任防止資產遺失的風險，並且會計資訊系統對於資產保護扮演重要角色。

績效目標是指達成更好的組織績效，回想執行目標是強調恰當

的執行循環中的事件。但是即使是執行目標都達成，但是績效仍然
很有可能未達成。舉例而言，接受顧客訂單、送出產品、寄帳單予
顧客，這些程序都做的很適當，但是並沒有達成銷售目標。績效目
標和執行目標的相結合，可以促進營運的效率，在往後的章節我們
將會看到會計資訊系統所產生的報表，在評估績效時所發揮的重要
功用，例如比較本期與前期損益表就可知道本期的營運績效。

要點 4.2　內部控制目標與風險

目標：	
目標種類	目標敘述說明
執行	適當的執行採購循環和收入循環裡的交易
資訊系統	正確的檔案修改、記錄、更新及報導資訊系統裡的資料
維護資產安全	防止盜竊資產
營運績效	無論是個人、部門、產品等等，更好的績效
風險：	
風險類型	風險敘述說明
執行	無法達成執行目標的風險
資訊系統	無法達成資訊系統目標的風險
維護資產安全	無法達成為資產安全目標的風險
營運績效	無法達成績效目標的風險

4.3　評估執行風險：收入循環

這個部分提供一些指引，關於辨認收入循環的執行風險。**執行
風險（execution risks）**是指不正確執行交易的風險，要點 4.3 列
示了一些常見收入循環中的潛在風險，以及了解和評估執行風險的
步驟。

執行風險
（execution risks）
是指不正確執行交易的風
險。

4.3.1　個案範例：ELERBE 公司的收入循環

我們將應用要點 4.3 中的五個步驟到 ELERBE 公司（以下簡稱
E 公司），作為一個範例。

步驟 1：充分了解組織的流程。 我們在前面的章節中已經將 E
公司的收入循環書面化，而文字說明在釋例 4.1，請自行參閱。

步驟 2：辨認所提供的產品和收現是否處於風險之下。 E 公司
提供光碟機和網路產品給書店，然後收取現款。

要點 4.3　收入循環的評估執行風險指引

對於以下兩個收入循環中，交易的潛在風險列示如下：

1 運送產品
* 未授權的銷售
* 已授權的銷售未發生、延遲發生
* 或是非預期的複製
* 錯誤的產品類型
* 錯誤的數量或品質
* 送達錯誤的顧客

2.收現
* 無法收現或延遲收現
* 收現金額錯誤

以下有五個步驟，有助於我們了解和評估執行風險：

步驟 1：充分了解組織的流程

步驟 2：辨認所提供的產品和收現是否處於風險之下

步驟 3：重新評估每個可能的潛在風險，以更精確的確認某一特定流程的執行風險

步驟 4：測試剩餘風險的重要性

步驟 5：對於重要的風險加已辨認可能的原因，流程裡的事件可作為辨認風險的依據

步驟 3：重新評估每個可能的潛在風險，以更精確的確認某一特定流程的執行風險。並且排除一些較不相關或明顯不重要的風險。釋例 4.1 的 B 部分列示了 E 公司收入循環的執行風險

步驟 4：測試剩餘風險的重要性。現在收入循環中可能發生錯誤的型態已被辨識出來，接下來要考慮其相關的可能性及可能造成的損失和機會成本。舉例而言，運送產品到錯誤的地址，將會導致一個嚴重的後果，在目前的系統下是不太可能發生的。然而，延遲送貨、遺漏送貨的可能性卻高的多，這些情況可能都會導致公司聲譽的受損及銷售機會的喪失。

步驟 5：對於重要的風險加以辨認可能的原因，流程裡的事件可作為辨認風險的依據。這些事件在釋例 4.1A 部分的文字說明已提到過，請自行參閱，複習這些事件有助於找出造成風險的原因。舉例而言，運送錯誤的產品給顧客，找出收入循環中可能造成這樣錯誤的原因，原因如下：

1. 接受訂單時，訂單記錄錯誤
2. 撿出產品時，倉儲人員包裝時出錯
3. 運送產品時，運送部人員可能要同時處理好幾批送貨，因而搞混

　　設置控制以減少風險，一旦找出可能造成風險的原因後，評估者須決定在流程中增添哪些控制措施以減少風險，請練習焦點問題 4.a。

釋例 4.1　ELERBE 公司收入流程

A 部分：文字說明

接受訂單（事件 1）

一家書店經理向公司下了訂單，訂單輸入者會將相關的資料輸入電腦，電腦會確認該顧客是否為新顧客，若是新顧客的話，則先建立顧客檔，然後查詢或存檔。看存貨是否齊全，將資料記入訂單檔及訂單明細檔，然後更新存貨餘額，並列印兩份銷售單，一份送倉儲送部門作為核對撿貨單用，一份交與運送部門作為送貨單。

撿貨（事件 2）

倉儲部門的人員根據撿貨單，取出正確的產品及數量後，包裝檢查無誤後，將其送至運送部門。

運送產品（事件 3）

運送部門人員比對倉儲人員所送來的存貨及撿貨單、送貨單確認無誤後，開始進行送貨排程，如送貨內容說明、送貨人員、路線等。將送貨資料輸入電腦，記入送貨檔、送貨明細檔並且更新存貨檔。送貨單的影本將送入應收帳款部門，然後產品會送出。

B 部分：一般執行風險與個案公司收入循環的執行風險

一般執行風險	E 公司的執行風險
運送產品時	**運送光碟機和提供網路產品時**
未授權的銷售	產品出售未經授權
遺漏送貨、延遲送貨	延遲送貨、遺漏送貨、重複送貨
送出的產品種類錯誤	運送錯誤的產品
送出的產品數量錯誤	運送錯誤的數量或種類
送交給錯誤的顧客	送貨給錯誤的顧客或錯誤地址
收現時	**收現時**
無法收現或延遲收現	無法收現或延遲收現
收現金額錯誤	收現金額錯誤

4.4 評估執行風險：採購循環

在前面部分，我們提供了一些關於如何評估收入循環中的執行風險的指導原則，在這邊我們將討論有關採購循環的執行風險。要點 4.4 中列示了採購循環中的潛在風險及評估此特定流程中風險的步驟。

要點 4.4 採購循環的評估執行風險指引

對於採購循環中，兩項交易的潛在執行風險列示如下：

1. 驗收產品和服務

   ·收到未授權的產品和服務

   ·未收到訂購的產品/服務、延遲收取產品/服務、重複收取產品/服務

   ·收到產品/服務的種類錯誤

   ·收到產品/服務的數量錯誤

   ·錯誤的供應商

2. 付款

   ·未經授權卻付款

   ·未支付現金、延誤支付、重複支付

   ·付款金額錯誤

·付款對象錯誤

用於了解和測試執行風險的五個步驟：

步驟 1：了解組織的流程

步驟 2：辨認所提供的產品和收現是否處於風險之下

步驟 3：重新評估每個可能的潛在風險，以更精確的確認某一特定流程的執行風險，並且排除一些較不相關或明顯不重要的風險

步驟 4：評估剩餘風險的重要性

步驟 5：對於重要的風險，加以辨認可能的因素，流程裡的事件可作為辨認風險的因素

我們提供幾個範例，以辨認不同類型的風險，然而這些風險還是有相似之處。請試做焦點問題 4.b，以比較要點 4.4 和 4.3 之間的不同處（採購循環和收入循環），幫助你記得這些一般風險。

4.4.1 個案範例：E 公司的薪資處理流程

我們將應用要點 4.4 的指引到 E 公司的薪資處理流程，去辨認風險。

步驟 1：充分了解組織的流程。假定釋例 4.2A 部分的文字說明，是依據 E 公司的薪資處理流程所發展出來的。

　　步驟 2：辨認所提供的產品和收現是否處於風險之下。在文字說明裡，公司收到員工所提供的服務並且付出薪資。

　　步驟 3：重新評估每個可能的潛在風險，以更精確的確認某一特定流程的執行風險。並且排除一些較不相關或明顯不重要的風險。釋例 4.2B 部分顯示了 E 公司現有薪資系統中的潛在風險。

　　步驟 4：測試剩餘風險的重要性。一旦風險已被辨識出來，接下來要考慮其相關的可能性及可能造成的損失和機會成本。如果一個員工做錯了自己的工作，則這項動作可能會導致勞工成本的浪費，而且也可能影響到既定的進度。雖然付款給已離職的員工這種錯誤不太可能發生，但在規模龐大的公司裡，有可能員工離職而薪資部門卻還未獲得通知，因而給予了已離職員工薪資。

　　步驟 5：對於重要的風險加已辨認可能的原因，流程裡的事件可作為辨認風險的依據。辨認流程中的事件對於步驟 5 是很有幫助的。釋例 4.2A 部分是使用了第 2 章所提到的技術，辨認薪資流程裡的獨立事件。我們複習這些事件後，考慮哪些地方可能會發生風險。舉例而言，如果一個員工並未正確的執行其工作，那可能是（1）負責主管並未給予正確的指示（指派工作事件），或是（2）員工並未按照指示行動。如果付給員工的薪資金額錯誤，則可能是（1）工時記錄錯誤（記錄上下工時事件），或是（2）在填寫支票時的錯誤（印製支票事件）。

釋例 4.2　ELERBE 公司的薪資處理流程

A 部分：文字說明

事件 1：指定工作。 主管指派工作給員工。

事件 2：執行所指定的工作。 員工根據主管的指示，完成其份內的工作。

事件 3：記錄上班時間。 員工開始工作時會先在電子門禁系統上刷卡，並輸入自己的密碼，系統會記錄員工輸入時間，是為上班時間。

事件 4：記錄下班時間。 一如事件 3 所述，員工於離開時再刷卡及輸入密碼，系統會記錄員工輸入時間，是為下班時間。

事件 5：準備薪資。 每個星期結束後，薪資人員將門禁系統裡的資料列印出來，計算每位員工這星期的工作時數，將資料輸入薪資應用程式中，然後印製薪資報表。

事件 6：核准薪資。 薪資人員將薪資報表交給會計長審核；如一切無誤後，則核准支付。

事件 7：印製支票。 薪資人員印製支票。

（續）釋例 4.2　ELERBE 公司的薪資處理流程

事件 8：在支票上簽名蓋章。 薪資人員將印製好的支票，交由會計長簽名蓋章。

事件 9：寄送支票。 員工們領取屬於自己的支票。

B 部分：應用採購循環的潛在風險到 E 公司的薪資流程

一般執行風險	E 公司的執行風險
驗收產品（服務）：	**收到員工的服務：**
1.提供未授權的服務	1.員工提供未授權的服務
2.未提供應付出的服務、延遲提供或重複提供	2.員工未報告工作或是延遲報告非故意的重複是不可能
3.收到錯誤的產品或服務	3.做錯工作
4.錯誤的數量或品質	4.員工提供不正確的低品質服務，或是不恰當的薪資率
5.錯誤的供應商	5.未授權的員工提供服務
現金付款：	**現金付款：**
1.未授權的付款	1.未經授權的付款給員工
	2.付款給已離職的員工
2.未支付款項、延遲支付	3.公司並未支付員工薪資或是延遲支付
3.付款金額錯誤	4.支付給員工的金額錯誤
4.支付給錯誤供應商	5.薪資支付給錯誤的員工

4.5　評估資訊系統風險

資訊系統風險
（information systems risks）

資訊系統不當地記錄、更新或報導資料之風險。

　　前面的部分是著重於公司流程裡的執行風險，在接下來的這個部分我們著重於**資訊系統風險（information systems risks）**。因為資訊系統記錄著公司的交易，所以也並非與執行風險無關，即使這兩個風險有些相關，但辨認兩種風險的指導原則卻大不相同。我們將先討論有關於系統中的資料是錯誤的風險，和資料非即時資訊的風險，換言之，就是（1）記錄風險；（2）更新風險，在這個章節我們著重的是關於交易的風險，關於建立檔案的資訊系統風險，我們留待後面章節討論。

4.5.1 記錄風險

　　記錄的定義是輸入一些文件資料，或是交易檔的資料到一個事件裡。**記錄風險（recording risks）**就是事件資料沒有被資訊系統正確的捕抓記錄的風險，錯誤的記錄可能會造成嚴重的後果。舉例而言，若銷售時，訂購的顧客記錄錯誤，會使真正下訂單的顧客沒有收到訂單，公司將無法收到這筆銷售款。若有重複的記錄，則會造像同一顧客寄出兩次帳款，延誤記錄可能會造成機會成本的損失。例如賒銷延誤記錄，帳單將會更晚寄出，而收款也會延誤，這幾天的利息就是公司機會成本的損失。

> **記錄風險**
> **（recording risks）**
> 就是事件資料沒有被資訊系統正確的捕抓記錄的風險。

4.5.2 更新風險

　　更新風險（update risks）是主記錄中的加總欄位沒有被適當更新的風險，更新失敗可能會帶來高昂的代價。舉例而言，訂購單可能會被拒絕，因為存貨檔裡的存貨數量仍停留在零，然而實際上存貨卻足以應付本次訂單。更新失敗可能也會影響對於總分類帳上資產和負債的控制效率。舉例而言，應收帳款總帳應等於各顧客主檔裡的未付款餘額的總和，因此各顧客主檔更新之後，應收帳款總帳也應立即被更新。

> **更新風險**
> **（update risks）**
> 是主記錄中的加總欄位沒有被適當更新的風險。

　　這個部分告訴你如何有系統的辨認 AIS 中的記錄風險和更新風險，要點 4.5 提供了辨認記錄風險的指引，而要點 4.6 提供了辨認更

要點 4.5　辨識記錄風險的指引

收入循環和採購循環的潛在風險，列示如下：

1. 記錄未發生的事件
2. 事件未記錄、延遲記錄、重複記錄
3. 產品或服務的種類被記載錯誤
4. 數量或價格被記載錯誤
5. 內部、外部代理人被記載錯誤
6. 其他資料被記錄錯誤，例如日期、總分類帳或其他資料

在第 8 章至第 10 章我們將會有更多延伸的討論。

辨認記錄風險的三個步驟如下：

步驟 1：完成對內控的了解，辨識第 2 章所討論的事件。

步驟 2：複核這些事件，辨認這些資料來源來自於文書憑證或是交易檔。有時要注意，一個事件的過程中並沒有任何的記錄被記載。

步驟 3：記錄在原始文件或交易檔中的任何一個事件，考慮其潛在風險。重新敘述潛在風險，更詳細說明一個特殊事件的風險記錄，忽略任何不相關或不重要的風險記錄。

新風險的指引。

請練習焦點問題 4.c 比較交易風險和記錄風險。

4.5.3 個案範例：Angelo's Diner

我們將用要點 4.5 中的概念去列出一份 Angelo's Diner（以下簡稱 A 餐廳）的風險清單，參考釋例 4.3 了解餐廳的收入循環。

步驟 1：對內控有充分的了解，辨認第 2 章裡所提到的各個事件。事件如下：

1.接受訂單 4.收現
2.準備食物 5.登出系統
3.送上食物 6.調節現金

步驟 2：覆核這些事件，辨認這些資料來源，來自於文件資料或是交易檔，然而有時一個事件並不會有資料記錄。許多項目並沒有導致新的資料，釋例 4.3B 部分標明了 6 個事件中的記錄作業而只有事件 1、3、4 包含記錄作業。辨認和分析記錄風險時，我們將焦點放在事件 1 到事件 4。

步驟 3：對於每個事件考慮其潛在風險，以求更精確的分析某一特定事件，此處要排除不重大或是不相關的風險。接受訂單事件的記錄風險列在釋例 4.3C 部分，而收現事件的記錄風險列在釋例 4.3D 部分。一旦記錄風險被辨認，應考慮這些風險可能造成的損失和機會成本。舉例而言，點菜單記錄錯誤會煮出錯誤的食物造成浪費。

4.5.4 觀察電腦化資訊系統裡的記錄風險

雖然 A 餐廳使用電子收銀機，但是並未有關於真正電腦系統、交易檔、主檔的探討。另一方面，E 公司的收入循環扮演了一個更積極的角色，顧客主檔和產品主檔的修改，交易檔被用來記錄事件。下個部分將說明如何應用要點 4.5 中記錄風險的概念，到一個電腦化的資訊系統。

4.5.5 辨認更新風險

在前面的部分，我們提供的原則是辨認記錄；在這個部分，我們提供的原則是辨認更新風險，請見要點 4.6。

釋例 4.3　Angelo's Diner 的收入循環

A 部分：文字敘述

　　顧客到了餐廳，如果沒有座位就先在等候區等候，有位子後顧客被帶到位子坐下後開始點菜。服務生將顧客的點菜記錄在預先編號的點菜單上，點好菜後將點菜單交給廚房，由廚房烹煮食物，烹煮好後廚房人員將點菜單及食物放在廚房和用餐區間的櫃子上。服務生在將菜送上桌同時，也一並送上點菜單，並在點菜單上寫出金額。顧客用完餐後，將點菜單交給收銀員，收銀員將點菜單的編號及每項點菜的編號輸入電腦，由電腦自動去搜尋價格，並且將總金額列示在下方，系統也會將每項點菜的記錄記入系統。收銀員根據螢幕上所顯示的資訊開立發票、收現、找零。在每天營業結束後，收銀員登出系統，印製銷售彙總表交給經理，經理會確認所有的點菜單是否完全後，計算所有點菜單和開出發票的金額是否一致。

B 部分：事件記錄

事件	記錄
1.點菜	服務生將顧客的點菜記錄在預先編號的點菜單上
2.烹煮食物	按點菜單烹煮食物，無新增的資訊
3.提供餐點	服務生根據點菜單上的桌號將餐點送到該桌，並在點菜單上記錄金額
4.收現	收銀員輸入每項餐點的編號，然後收銀機的螢幕會自動列示該餐點的金額，收銀機還會儲存每項餐點的被點選記錄
5.收銀機關帳	這個事件使用先前的資訊
6.調節現金	這個事件使用先前的資訊

C 部分：餐廳在接受點菜的記錄風險

潛在的記錄風險	餐廳的記錄風險
1.未發生的事件被記錄	不可能發生此情形
2.發生的事件未被記錄、延遲記錄、重複記錄	服務生沒有記錄餐點，或延遲記錄甚至重複記錄
3.產品或服務的種類記載錯誤	服務生在點菜單上記錄錯誤的餐點
4.數量或價格記載錯誤	服務生記錄錯誤的餐點數量
5.外部或內部代理人記載錯誤	服務生並未記錄自己的名字在點菜單上；外部代理人不適用，因為顧客的名字不需被記錄

D 部分：餐廳在收現部分的記錄風險

潛在記錄風險	餐廳的記錄風險
1.未發生的事件被記錄	餐廳不可能發生此情形
2.發生的事件未被記錄、延遲記錄、重複記錄	收銀員沒有記錄該筆消費金額，或該筆消費金額被延誤記錄。舉例而言，在收銀機關帳後，才發現顧客將錢留在桌上。 一個收銀員不可能將同筆消費記錄兩次。
3.產品或服務的種類記載錯誤	輸入錯誤的產品編號
4.數量或價格記載錯誤	收銀員記錄了不正確的數量
5.外部或內部代理人記載錯誤	內部和外部代理人此處不適用。在小型的企業裡，顧客與服務生都不被記錄

要點 4.6　辨識更新風險的指引

在電腦系統的主檔，或人工系統的明細分類帳，更新系統風險是發生在更新彙總資料的時候。

潛在更新風險列示如下：

1.主檔的資料未更新或重複更新

2.在錯誤的時間更新主檔資料

3.彙總欄位的數目更新錯誤

4.所更新的主檔錯誤

以下的三個步驟有助於辨認更新風險：

步驟 1：辨認要點 4.5 裡的記錄風險。這個步驟是必要的，因為交易檔錯誤的記錄資訊會導致更新時使用了錯誤的資訊。

步驟 2：辨認包含更新作業裡的事件，辨認更新主檔裡的加總欄位。會被更新的主檔包括了（a）存貨檔；（b）服務檔；（c）負責人檔。

步驟 3：對於每個更新主檔的事件，考慮其潛在風險。重新評估每個相關事件的潛在更新風險，以更精確的評估特定事件的更新風險。此處仍然排除不重大和不相關的更新風險。

4.5.6　個案範例：ELERBE 公司的收入循環

由於 A 餐廳沒有需要更新的作業，所以我們以 E 公司來說明，請參考要點 4.6 辨認 E 公司收入循環的更新風險。

步驟 1：辨認要點 4.5 裡的記錄風險。這個步驟是必要的，因為交易檔錯誤的記錄資訊，會導致更新時使用錯誤的資訊。假定這個步驟已被用辨認記錄風險一樣的方式完成。

步驟 2：辨認包含更新作業裡的事件。辨認更新主檔裡的加總欄位。會被更新的主檔包括了（a）存貨檔；（b）服務檔；（c）負責人檔。

步驟 3：對於每個更新主檔的事件，考慮其潛在風險。重新評估每個相關事件的潛在更新風險，以更精確的評估特定事件的更新風險。此處仍然排除不重大和不相關的更新風險。

釋例 4.5A 部分列出五項更新作業，為了節省時間，我們將僅討論運送有關的更新風險，釋例 4.5B 部分辨認了不正確的更新存貨檔，請試做焦點問題 4.f。

釋例 4.4　ELERBE 公司的收入循環錯誤

樣版 A：訂單檔

訂單號碼	訂單日期	顧客編號
0100011	05/11/2006	3451
0100012	05/15/2006	3451
0100013	05/16/2006	3450

訂單日期 = ELERBE 接受訂單的日期

樣版 B：訂單明細檔

訂單號碼	ISBN	數量
0100011	0-256-12596-7	200
0100011	0-146-18976-4	150
0100012	0-135-22456-7	50
0100012	0-146-18976-4	75
0100012	0-145-21687-7	40
0100013	0-146-18976-4	35
0100013	0-256-12596-7	100

ISBN = 書籍的辨識碼；數量 = 訂購數量

樣版 C：運送檔

訂單號碼	運送日	顧客編號
0100011	05/11/2006	*3454*
0100012	05/15/2006	3451
0100012	*05/15/2006*	*3451*
0100015	*05/20/2006*	*3453*

錯誤的顧客

沒有此筆送貨資料

忘記運送某筆訂單（或是訂單號碼 0100013）

重複記錄

運送日 = ELERBE 接受訂單的日期

樣版 D：送貨明細檔

訂單號碼	ISBN	單價	數量
0100011	0-256-12596-7	78.35	200
0100011	*0-145-21687-7*	80.00	*100*
0100012	0-135-22456-7	68.00	50
0100012	0-146-18976-4	70.00	75
0100012	0-145-216-87-7	72.00	40
0100012	*0-135-22456-7*	*68.00*	*50*
0100012	*0-146-18976-4*	*70.00*	*75*
0100015	*0-256-12596-7*	*78.35*	*40*

錯誤的產品和錯誤的數量

重複記錄

沒有此筆送貨資料

ISBN = 圖書的辨識碼；數量 = 運送數量；錯誤的地方用斜體字表示

釋例 4.5　ELERBE 公司收入循環表中的錯誤部分

A 部分：辨認 ELERBE 公司收入循環的更新作業

事件	更新主檔	加總欄位的名稱和必要的更新
1.回應顧客的需求	無更新	
2.接受訂單	存貨檔	「訂購處理中」的欄位數量應增加
3.從倉庫撿貨	無更新	
4.運送產品	存貨檔	「訂購處理中」的欄位數量應減少，「現有存貨欄位」也應減少
5.寄出帳單	顧客檔	客戶餘額增加
6.收現	顧客檔	客戶餘額減少
7.將收到的支票存入郵局	無更新	

B 部分： ELERBE 公司收入循環中運送事件的更新風險

潛在更新風險	E 公司運送事件的更新風險
1.未更新主要記錄或重複更新	存貨檔裡「現有存貨」欄位和「訂購處理中」欄位沒有被更新或是被重複更新
2.更新時間錯誤	更新兩個加總欄位的時間延誤（會導致檔案中顯示的存貨與實際不符）
3.加總欄位更新的數量錯誤	存貨檔裡「現有存貨」欄位和「訂購處理中」欄位並無減少到正確的數量
4.更新了錯誤的主檔	錯誤的存貨記錄被更新

4.6　記錄和更新總分類帳系統

　　我們將絕大部分的注意力，放在採購和收入循環裡的執行功能的記錄和更新資訊，較不注重財務報導的記錄和更新資訊，因為這部分是透過總分類帳系統來處理。參閱釋例 4.6A 部分，三個事件將會更新總分類帳。需要有效地記錄這些事件，並且有順序地更新總分類帳，總分類帳才可以加入交易檔和主檔。

　　為了解如何使用總分類帳資訊被用來更新檔案，以下的交易分錄將被加入總分類帳系統：

銷售成本——企業產品	10,400*	
銷售成本——科技產品	7,200**	
存貨——企業產品		10,400
存貨——科技產品		7,200

*$52.00 × 200

**$48.00 × 150

釋例 4.6　ELERBE **公司收入循環部分**

A 部分：收入循環事件的財會重要性

事件	是否影響總帳戶的餘額
1.回應顧客的需求	否
2.接受訂單	否
3.撿取產品	否
4.運送產品	是，記錄減少存貨，增加銷售成本
5.寄帳單給顧客	是，記錄增加銷售，增加應收帳款
6.收現	是，記錄增加現金，減少應收帳款
7.存入支票	否

B 部分： ELERBE **公司增加總帳欄位及檔案範例**

樣版 A：存貨檔

ISBN	作者	書名	預設單價	成本	存貨	數量分配	G/L_Invty	G/L_OGS
0-256-12596-7	Barnes	Introduction to Business	$78.35	$52.00	3,700	0	2030	6030
0-135-22456-7	Cromwell	Management Info. Systems	$68.00	$45.00	4,950	0	2040	6040
0-145-21687-7	Johnson	Principles of Accounting	$70.00	$48.00	7,740	0	2030	6030
0-145-21687-7	Platt	Introduction to E-commerce	$72.00	$50.00	4,960	0	2040	6040

G/L_Invty = 總帳中存貨的會計科目編號；2030 = 企業產品；2040 = 技術產品；G/L_COGS = 總帳中銷售成本的會計科目編號；6030 = 企業產品；6040 = 技術產品

樣版 B：送貨檔

訂單號碼	運送日	顧客編號
0100011	05/11/2006	3451
0100012	05/15/2006	3451

樣版 C：送貨明細檔

訂單號碼	ISBN	單價	數量
0100011	0-256-12596-7	$ 78.35	200
0100011	0-146-18976-4	$ 70.00	150
0100012	0-135-22456-7	$ 68.00	50
0100012	0-146-18976-4	$ 70.00	75
0100012	0-145-21687-7	$ 72.00	40
0100013	0-146-18976-4	$ 70.00	35
0100013	0-256-12596-7	$ 78.35	100

（續）釋例 4.6　ELERBE 公司收入循環部分

樣版 D：總帳主檔			
編帳會計科目編號	會計科目名稱	類型	餘額
...	...	...	...
2030	存貨—企業產品	流動資產	$ 873,400
2040	存貨—技術產品	流動資產	$ 700,000
...	...	...	...
6030	銷售成本—企業產品	費用	$ 1,400,560
6040	銷售成本—技術產品	費用	$ 1,350,518

這個金額的計算在於運送明細檔（數量）和存貨檔（成本），在銷售產品時正確銷售成本是借方，存貨是貸方。這些分錄均是由系統自動製作的，所有的資訊已被儲存在存貨檔和運送明細檔中。

總分類帳檔儲存了有關總分類帳戶中的資料，更新的資料是直接進行的，銷售成本帳戶中的餘額減少了 $10,400，即為我們一般所稱的過帳程序，請試做焦點問題 4.g。

4.6.1　記錄以及更新總分類帳中資訊的風險

對於總分帳系統來說，記錄風險和更新風險列示在要點 4.5 和要點 4.6，其中一種風險是記入錯誤的帳戶或是金額錯誤；也有一種風險是總分類帳更新不完全、延遲更新、重複過帳。此外，也有可能更新到錯誤的帳戶或是更新流程出錯導致餘額錯誤。

公司更新帳戶的政策，對於風險控制有一定的幫助，在許多公司裡總分類帳的餘額，並不是在交易發生時立即更新，而是在當交易資料累積到一批次水準時才處理，這個部分我們在第 8 章有更詳細的探討。

4.6.2　控制風險

當辨認出重大風險，評估者就應考慮控制風險的措施。在很多的個案，公司會請會計師、審計人員、內部稽核人員評估現在的控制系統，並且提出建議可改善之處，下個部分我們就要探討一些控制風險的技術。

4.7 控制作業

在本章的開始就列出了 COSO 報告及 PCAOB 審計準則 2 號公報，所定義的內控組成要素（要點 4.1）。現在要探討第三個要素：控制活動。

控制活動是一種由組織制定的一連串政策和程序，以辨別風險達成組織目標。這些作業可能是人工的或自動的，而且存在於組織裡的各層級。要點 4.7 描述了 4 種型態的控制技術：（1）**工作流程控制（workflow controls）**；（2）**輸入控制（input controls）**；（3）**一般控制（general controls）**；（4）**績效覆核（performance reviews）**。

雖然本書的編排方式與 COSO 報告裡的編排不同，但是就以控制的內容來說，是很相近的。本章的重點在於工作流程控制，其餘將在後面的章節中討論。

4.7.1 工作流程控制

1.責任分工

責任分工是內控是設計時的核心概念之一，常見的是員工舞弊，員工能接近並盜竊資產後，還能在公司的記錄帳冊上加以掩飾。例如，A 餐廳的收銀員負責收取現金，又可藏匿發票。

為避免這種狀況的發生，公司應精心劃分：（a）授權事件；（b）執行事件；（c）記錄事件；（d）保存有關資料來源。所謂的授權事件指的是，某項認可該事件是否允許執行的作業。

以 Angelo's Diner 餐廳為例來說明如下：

- 將服務生和廚房人員分開，服務生將顧客點菜單交給廚房員工，廚房員工按點菜單烹煮食物，雖然將授權者和執行者分開。但是執行仍有風險，簡單來說廚師可能會偷工減料。

- 將服務生與收銀員分開，服務生將價格寫入菜單，而收銀員按菜單收取現金，收銀員也記錄收銀機的銷售。若收銀員與服務生為同一人時，產生的風險是，服務生向顧客收取更高的金錢，而將價差落入個人口袋。

2.使用前面事件之相關資訊來控制作業

前面事件的相關資訊，可以是文件或是電腦記錄。首先，我們

工作流程控制
（workflow controls）

用來協助管理流程中一事件進行至下一事件之控制。

輸入控制
（input controls）

用來控制輸入電腦的資料。

一般控制
（general controls）

對於多種應用軟體的主要控制。限制人員接近公司的主機、軟體、資料，包含了研發和維修應用軟體。

績效覆核
（performance reviews）

分析績效的作業。舉例而言，比較預算數與實際結果。

☁ 要點 4.7　控制活動的類型

1. 工作流程控制：是用來控制流程中一個事件到下一個事件。工作流程控制著重於事件與事件之間的連接、事件的順序、事件間資訊的轉移及每個事件的責任。
2. 輸入控制：用來控制輸入電腦的資料。
3. 一般控制：是一種可應用在多元流程的廣泛控制，應與工作流程控制、輸入控制相結合以提高效率。
4. 績效覆核：包含了比較實際結果與預算、預測資料、預設標準、前期資料。

每種控制作業的型態其內容如下：

● **工作流程控制**
　　a. 責任分工
　　b. 使用前事件的資訊來控制作業
　　c. 要求事件有一定的順序
　　d. 事件的追蹤
　　e. 文件資料預先編號
　　f. 記錄流程中每個事件的負責人
　　g. 限制人員任意接近資產和資訊
　　h. 定期調節帳載數和實體資產的差異

● **輸入控制**
　　a. 建立選單以提供可能的數值
　　b. 記錄確認已決定輸入的資料是否與相關檔案一致
　　c. 與其他參照之檔交叉檢查，以確定所需資料已經輸入
　　d. 獨立的事件記錄以確保正確的主檔
　　e. 格式限制以限制輸入的內容，如數字、日期
　　f. 有效性限制
　　g. 使用前期的資料或是某些標準作為預設值
　　h. 限制某些欄位留下空白
　　i. 建立主要索引鍵的欄位
　　j. 某些欄位的數據是由電腦產生的
　　k. 比較資料輸入前的批次控制總數和輸入後電腦所產生的電腦總數
　　l. 過帳前覆核編輯報告
　　m. 異常報告列示一些個案，表示錯誤被忽視，或異常值被輸入

● **一般控制**
　　一般控制由四個事件組成
　　a. 資訊系統（I.S）規劃
　　b. 組織系統功能
　　c. 辨認和發展資訊系統的功用
　　d. 加入和運作會計系統

● **績效評估**
　　a. 建立預算、預測、標準值或是前期的標準，作為參考的依據
　　b. 使用報告比較實際結果和預算、預測值、標準值、前期的標準之差異
　　c. 更正作業以改進績效或是修正標準

釋例 4.7　Angelo's Diner **的概要活動圖**

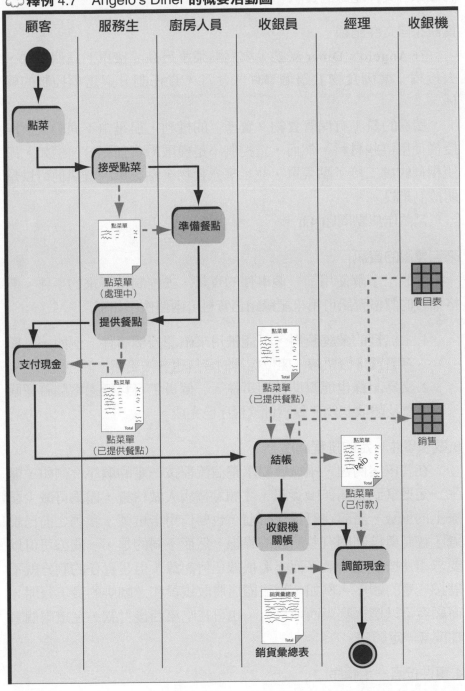

討論來自文件記錄的資訊。

資訊來自文件記錄

在 Angelo's Diner 餐廳，填寫點菜單是在「接單」這個事件，去授權「準備食物」這個事件。注意，責任劃分與這項控制的關係。

廚房的員工有保管食物（資產）的權利，但是由不同的人核准授權使用這些材料。然而，這控制不是僅限於責任劃分。例如，即使相同的員工接了點菜單，並且烹煮食物，點菜單的資訊仍可以幫助控制錯誤。

請試作焦點問題 4.h。

來自電腦的資訊

我們已了解使用前一個事件的資訊，去控制接下來的事件，價格檔裡的價格資訊可用來記錄銷售資料，兩個例子如下：

1. 主檔裡的彙總資料，可能被用來確認授權事件。例如，當顧客購買飛機票時，座位檔裡的資料也會被更新。
2. 交易記錄也能幫助控制事件。一個員工可以透過電腦確認購買及驗收記錄，驗證付款程序已完成。

3.要求事件一定的排程順序

在許多案例裡，組織會要求整個流程按一定的順序。例如，醫生一定要拿到相關保險資訊，才願意替病人做檢查，因為可減少醫療上的風險。旅館在訂房保留前，也要信用卡帳號。我們之前已說過，控制與控制間有些明顯的界線，然而不同的是，一間公司可以要求事件按一定的順序而不需根據任何記錄，但是責任的劃分就不需按一定的順序。例如，甜甜圈店將收銀員和煮咖啡的員工分開，而顧客可以選擇吃東西前付款，也可在吃東西後付款，在這兩個事件間無一定順序。

4.事件按照一定順序

一個組織應有自動化或是人工的方式覆核交易，這裡有些例子是需要作進一步跟催動作：

（1）顧客訂單還未交貨完成。
（2）銷售發票過期。

🕸️ **釋例** 4.8 **準備餐點和提供餐點的細部活動圖**

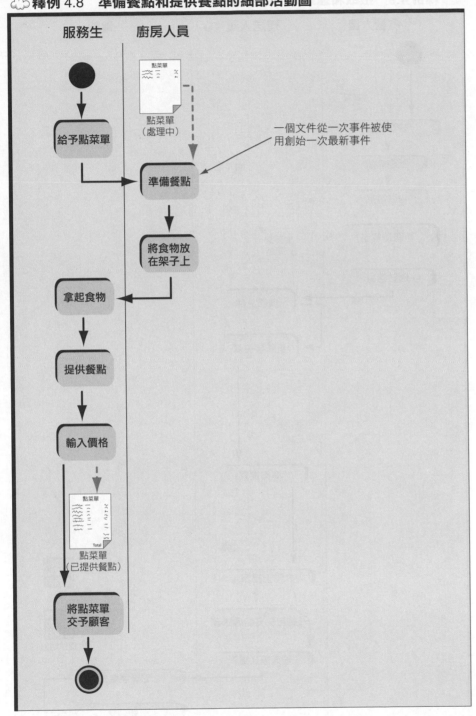

釋例 4.9　**撿取和運送事件細部活動圖**

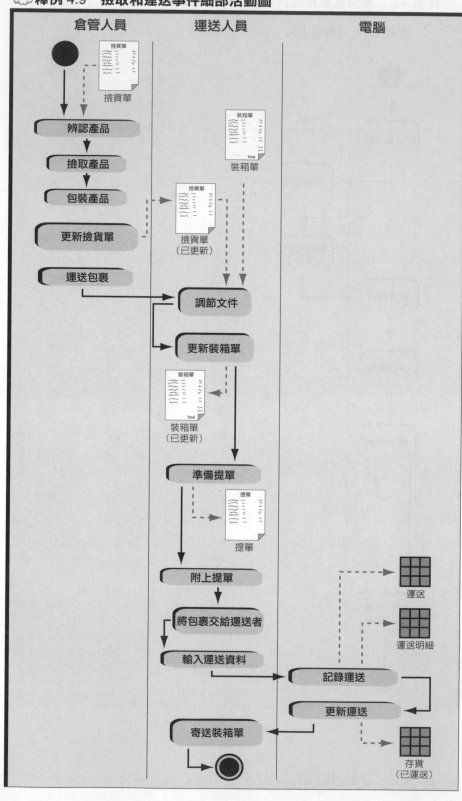

☁ 釋例 4.10　結帳事件細部活動圖

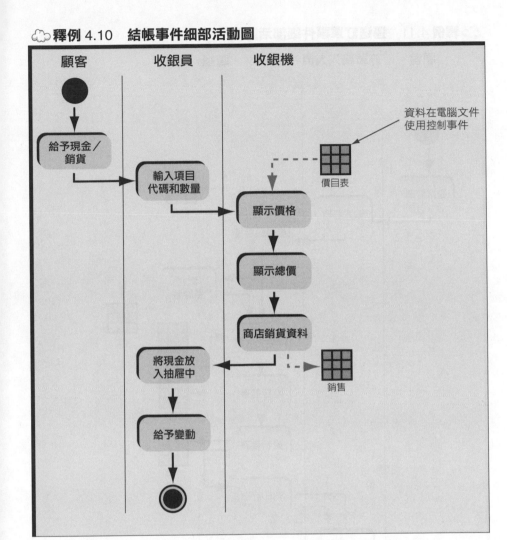

（3）請購單尚未核准。

（4）所提供的服務未完工（例如印刷、修理、查帳工作）

針對這些尚未完成的事件，可以報表方式依到期日期先後排序。例如，應收帳款帳齡表為此類型範例。我們可用第 6 章所討論的查詢功能來尋求資料，請練習焦點問題 4.j。

5.文件預先編號

預先編號的文件提供了機會去控制事件。確認編號順序可以幫助確保所需事件，被恰當的執行和記錄。舉例而言，A 餐廳比對預先編號的點菜單，確保所有的銷售被記錄，這個控制也可以幫助防止現金盜竊。

釋例 4.11　運送訂單事件細部活動圖

請作焦點問題 4.k。

6. 記錄流程中對一項事件的內部負責人

大多數的事件都有內部的負責人員。舉例而言,在 A 餐廳裡,服務生是負責替顧客點菜並且將價格寫在點菜單上,廚房的員工負

責烹煮正確的菜餚，內部控制的正確政策和程序是讓每個人都了解他們所負的責任，並且承擔該責任。所以主管的清楚說明和詳細的指導是很重要的。

　　在大型的企業裡，如 ELERBE 公司，要找出負責員工是很簡單的，只要尋找在記錄事件時所負責的員工就可以了。另一個例子，在一間大學裡，學生註冊分班時，將會使用學校的系統。當學生註冊時，其負責業務的教授的代碼也會被登入在學生的檔案裡，使他會負責糾正學生的錯誤，請練習焦點問題 4.l。

7. 限制人員接近資產和資訊

　　保護資產（如現金、存貨、設備和資料）的重要方式之一，就是限制人員隨意的接近，僅准許獲得授權的員工接近，而且實體資產也應被儲存在安全的地方。舉例而言，倉庫僅准許持有撿貨單、運送單、驗收單的員工進入；另一個例子，只有郵件人員可以被允許進入郵件室。要使用任何重要的資料或是進入資料庫，都必須要輸入帳號與密碼。

8. 調節帳載記錄和實體資產

　　調節作業是為了確保記錄事件和主檔中的資訊，與實際的資產狀況相符，餐廳調節作業的範例，調節總金額與收銀機裡的記錄數，確保現金並無被盜竊和損失。調節差異和控制事件有兩個主要關鍵：

- 調節是較廣泛的作業，不僅是比對單一支票，通常包含了多重事件裡的資料。
- 調節通常發生在事件記錄和執行後，如同先前提到的，文件被使用來發展事件。

請練習焦點問題 4.m。

4.7.2 績效考核

　　績效覆核是藉由比較實際結果與參考的標準（包括：預算數、標準數、前期數字），還包括了分析資料、辨認問題的所在和更正的動作。在這個部分我們將會列示這些控制的型態，此外還會列示如何將檔案修改加入其中。

釋例 4.12　關帳及現金調節細部活動圖

如前面部分討論的應用控制，這些作業是用來減少不正確的執行風險和不正確的記錄風險，除了日常的執行控制事件和記錄控制事件外，企業必須要總結績效覆核，以確保這些事件是符合企業的長期目標。

公司的資訊系統和會計資訊系統，是被設計用來記錄和儲存資訊，包含了實際結果、預計結果和標準結果，因此經理可以了解公

釋例 4.13　Angelo's Diner 餐廳的風險和流程控制活動的彙總

控制	敘述說明	辨認風險
1. 責任分工	服務生授權，由廚房員工執行	服務生為了小費送上超過顧客所點的餐點
2. 使用前事件資訊來控制作業	廚房員工依據點菜單的資訊準備餐點，收銀員使用完整的點菜單資訊收現	收現錯誤或是烹煮的餐點錯誤
3. 要求事件有一定的順序	直到收到點菜單為止，廚房員工才可開始做菜	煮錯餐點或是廚房員工盜竊食物
4. 事件的跟催	在餐廳較少需要	忘了填寫點菜單，喪失銷售的機會
5. 文件資料預先編號	經理確認服務生所填寫的預先編號點菜單	現金被盜竊
6. 記錄流程中每個事件的負責人	未在 A 餐廳的文字說明中提及，服務生可以一人給予一本有特定編號順序的點菜單，就可憑點菜單號碼得知誰是負責人	服務生可能盜走顧客的付款，並且毀損點菜單
7. 限制人員任意接近資產和資訊	可能的政策就是限制除了收銀員外無人可以接近收銀機	服務生或廚房員工無法盜竊現金
8. 定期調節帳載數和實體資產的差異	將收銀機總數與現金總數相調節	現金遺失或遭盜竊

司是否達成目標。為了控制績效，實際結果常常被用來與歷史經驗或標準結果做比較。然後分析差異，以下列出幾個績效考核的案例：

1. 銷售經理考核各種產品的銷售狀況，以決定哪種產品應停售。
2. 總裁詢問負責國際銷售的副總裁銷售成果。
3. 授信經理定期檢查過期應收帳款，以決定催收款所需付出的努力。
4. 授信經理定期地覆核已逾期的應收帳款，以評估授信相關政策。
5. 採購部門經理使用期間報告，確認是否公司應停止向退貨過高的供應商進貨。

　　　　績效考核檔和檔案建立作業在兩個方面是相關的。首先，規劃的標準和預算表通常是被記入在主檔裡；第二，彙總資料通常被記錄在主檔裡，而且常被使用做更新的作業。

　　　　舉例而言，在總分類帳檔案裡的銷售記錄，包含了 12 個欄位，按 1 至 12 月排序，預算表是參考資料而且會被輸入流程中的主檔，與實際結果拿來做比較。銷售人員的銷售目標一樣可被包含在員工記錄裡，而單一產品的銷售數量目標，也可以被記入存貨檔，標準成本也可以被使用在存貨記錄裡。

　　　　主檔裡的加總欄位可以被用來幫助考核績效，舉例而言，ELERBE 公司可以將進貨退回的資訊，記入每個供應商的記錄裡，每一段的期間考核一次該資訊，採購部門主管可從供應商名單裡移除不滿意的供應商。

　　　　請試做焦點問題 4.o。

彙總

　　　　本章開始以 COSO 報告來定義內部控制，討論其中五大要素，重點在於風險評估和控制活動。在風險評估方面，指引在於辨識收入和採購循環的執行風險，列示在要點 4.3 與要點 4.4。辨識記錄風險的建議列在要點 4.5，更新風險在要點 4.6。這些指引著重於流程的要素，包括事件、負責人、產品和服務，如同第 2 章與第 3 章所討論過的內容。此外，還討論總分類帳的記錄和更新風險。

　　　　在要點 4.7 的控制活動，包括輸入、流程、一般控制或績效考核。在此強調流程控制，輸入與一般控制的細節留在後面章節討論。

焦點問題 4.a

※分辨收入循環中之執行風險

Anglo's Diner

　　　　請參照下表中有關 Anglo's Diner 之收入循環，
　　　　問題：

　　　　1. 請為 Anglo's Diner 的收入循環以一般性風險原則（如課本釋

例 4.1）為其「執行風險」做更精確之敘述。請使用課本釋例
4.1 之型式表達。若課本釋例 4.1 之一般性風險原則於 Anglo's
Diner 不適用或不具重要性，請解釋其原因。

2. 請就其中至少兩種風險，說明可能發生的原因及相關活動事
件。

事件	流程內部負責部門（或人員）	起始於	事件中之活動
拿取點菜單	服務生	顧客準備點菜	於點菜單上記錄顧客所點之餐點
準備餐點	廚房人員	廚房人員接到顧客點菜單	進行料理
提供餐點	服務生	服務生端起餐點	為顧客送上餐點
收取現金	收銀員	顧客至櫃檯結帳	收取現金或餐券；結帳；找零
關帳	收銀員	結算當日帳單	印出營業日報表；將日報表及銷售彙總報表送至經理
結算並調整現金	經理	收銀員印製銷售彙總單	點算現金並與銷售彙總單之總數及當日結帳之顧客點菜單總額相比較

焦點問題 4.b

※執行風險之比較－收入循環與採購循環

試比較課本要點 4.3 與要點 4.4 之不同處，並說明其理由。

焦點問題 4.c

※記錄與執行風險之比較

試比較一般性記錄風險（如課本要點 4.5）與採購循環中「收到
貨物或接受服務」事件之執行風險（如課本要點 4.4），並說明其理
由。

焦點問題 4.d

※分辨錯誤記錄

　　課本釋例 4.4 中之錯誤記錄均以「書寫體」表示於各表單旁，如「錯誤的顧客編號」等。其錯誤之發現基於下列三種假設：（1）表單 A 與 B 是正確無誤的；（2）所有訂單已完全確定並運送；（3）此期間並無任何其他配送。

　　問題：

　　課本要點 4.5 中所提到一般性記錄風險於釋例 4.4 中何者發生，何者則無，請說明之。

焦點問題 4.e

※分辨錯誤記錄風險－薪資系統

ELERBE 公司

　　請細讀課本釋例 4.2 所提 ELERBE 公司之薪資處理流程。

　　問題：

1. 就「編製薪資表」該事件而言，人事部門將公司員工工時輸入薪資處理系統內。請利用課本要點 4.5 所提之一般性錯誤記錄風險原則，對人事部門處理薪資之流程試分辨其記錄風險，並說明之。若一般性記錄風險原則不適用於此流程或不具重要性，請解釋其原因。
2. 就上述之記錄風險，請說明可能發生的原因。

焦點問題 4.f

※分辨更新風險

1. 請利用課本釋例 4.4 之型式，試就 ELERBE 公司收入循環中「接受訂單」之活動事件可能產生之更新風險，敘述之。
2. 同問題 1，請就「收取現金」該活動事件可能產生更新風險，敘述之。

焦點問題 4.g

※記錄與更新總帳資料

請為課本釋例 4.5 中訂單之運送作適當之分錄。

焦點問題 4.h

※使用文件進行授權

就課本釋例 4.9 活動流程圖中「提取存貨」與「運送貨物」兩事件而言，試敘述如何使用文件授權上述兩項事件之發生，及如何利用已授權之文件進行控制。

焦點問題 4.i

※使用電腦檔案進行授權

就課本釋例 4.11 細部活動流程圖中「傳送訂單」事件而言，試敘述如何使用電腦檔案及資料庫，進行活動事件之授權及控制。

焦點問題 4.j

※活動事件之追蹤

就課本釋例 4.9 活動流程圖中「提取存貨」與「運送貨物」兩事件而言，試提出如何為此兩事件進行後續追蹤。

焦點問題 4.k

※利用預先編號文件

就課本釋例 4.9 活動流程圖中「提取存貨」與「運送貨物」兩事件而言，試敘述如何使用預先編號之文件來確保所有訂單上之貨物均運送至顧客手上。

焦點問題 4.l

※實施責任（Implemwnting Accountability）

　　就課本釋例 4.6 中 ELERBE 公司收入循環所使用到之文件檔案而言，應增加或修正哪些文件檔案流程，來改善或界定活動事件內部代理（負責）部門或人員的應負責任。

焦點問題 4.m

※調節

　　假設 ELERBE 公司定期進行存貨實地盤點，請試就盤點所得資訊，如何進行存貨控制，敘述之。

焦點問題 4.n

※分辨控制事件－註冊系統

Iceland 社區大學

　　Iceland 社區大學企業主修課程註冊流程如下：

　　首先，學生必須和指導教授溝通下學期之課程學習計畫。學生的註冊單上須列出其所欲學習之課程科目給予指導教授過目。此外，學生亦必須將取得學位之所有必修科目列於學位取得計畫上，給予指導教授複查。學生完成上述動作後，指導教授確認學生之先修科目，是否合乎修課要求及所選修之科目是否符合畢業要求後，始可於註冊單上簽名。

　　其後，學生將已簽署之註冊單送至註冊組，組員將相關資料輸入電腦中。電腦檢查學生記錄後，才能輸入其所選修之科目名稱、編號及領域，電腦會檢查是否有開授此選修科目。輸入與檢查完畢後便完成註冊。電腦會列印出一份正式註冊單，內容包括學生資料與選修科目詳細資料。

　　註冊期間結束後，註冊組會列印出詳細學生註冊名單與各科選修學生資料，送至教務處。教務處複查開課資料與修習人數，修習

人數過低之科目，會要求註冊組取消該科目之開課。

　　請細讀上述文章後，試分辨並敘述 Iceland 社區大學註冊流程中之控制事件。請參照課本釋例 4.6 的格式描述，所觀察到的控制事件，以釋例 4.13 之一般控制爲基礎，如有不足之部分請加以補充。

焦點問題 4.o

※績效評估

　　請參照問題 4.n 所述敘 Iceland 社區大學之註冊流程，試回答下列問題：

1. 舉一實例說明如何爲該流程進行績效評估。
2. 在評估過程中，如何使用主檔中的參照資料與彙總資料加以輔助其過程？

問答題

1. 簡述內控的五個要素。
2. 簡述本章所提及的四個控制目標。
3. 列出收入循環的潛在執行風險。
4. 列出採購循環的潛在執行風險。
5. 何謂記錄風險？列出你用來辨認流程中的記錄風險時，所考慮的潛在記錄風險。
6. 何謂更新風險？列出在辨認流程中的更新風險時，你所可能考慮的潛在更新風險。
7. 簡述本章中所描述的八個工作流程控制。
8. 何謂績效考核？討論在績效考核中報告和檔案修改所扮演的角色。

練習題

以下的練習是根據 Excel Parties 公司的說明（以下簡稱 EP 公司），請仔細閱讀說明並完成以下問題。

EP 公司的業務內容是販賣各種個人或公司派對所需要的物品，例如帽子、小禮物、紙做的飾品，也可以幫顧客籌辦派對。關於派對計畫的訂購系統如下：

顧客有了大概的派對企劃書後，將其交給 EP 公司的服務專員，該名專員會考慮公司能否供應該企劃所需的相關物品。若可以則接受，否則就拒絕，然後開始計算該企劃所需的成本。請顧客填寫顧客表格，包含了顧客名稱、聯絡電話、聯絡地址，然後設立該名顧客的顧客編號。在該專員估計完顧客的派對所需要的成本後，會要求顧客立即支付 10％的訂金，並開出一式兩份的發票，載明總金額及剩下未付現 90％的金額，而其中一份由顧客簽名後退回給服務專員留存。在上述的程序完成後，服務專員將顧客的資料及派對的詳細內容輸入系統，包含了訂購日期、派對日期、發票總數、派對項目、發票總數和付現數。顧客的狀態欄位是「未付清款項」。

顧客的付款期限是 30 天，可藉由直接支付現金給收銀員，也可郵寄支票，收銀員將付款記入系統內。當款項支付完成後，顧客狀態欄位會成為「已付款」，此時將會將收據寄給顧客，收據載明顧客名稱、派對項目、已支付金額，當顧客來領取派對所需項目時，必須出示發票。服務員使用電腦去確認款項是否付清，若已付清，而派對所需物品就可交給顧客。服務員將該筆銷售記入電腦，顧客在另一張發票上簽名，以示貨物均已收到，並退還給服務員，現有存貨數量將會減少。公司的經理一個星期會檢查兩次已過期的派對計畫（30 天內還未付清款項），將其定金退還，

但會扣取 $10 的手續費，這些過期的派對企畫將會進入電腦內，該企畫的狀態欄位會顯示「已過期」。

E4.1

列出課文中所討論的四項內控目標。簡述每個目標應用到 EP 公司的派對訂購系統時，所代表的涵義。

E4.2

使用釋例 4.2 的 B 部分重新評估每一個潛在風險，更精確的描述 EP 公司訂購流程裡的執行風險。如果有任何的不適用或是不重大的風險，請解釋之。至少列出兩項風險、可能的原因及相關的項目。

E4.3

建立顧客訂購派對需要哪些事件？利用要點 4.5 重新估計每一特別項目的潛在記錄風險。不考慮任何不重大與不相關的風險。

E4.4

利用以下的圖表去辨認 EP 公司流程裡的其他項目，並且指出該事件需要測試記錄風險。

事件	測試記錄風險

E4.5

使用釋例 4.4B 部分，辨認與顧客取貨時有關的更新風險。

E4.6

研讀 EP 公司的說明，去辨認內控。使用以下的表格作答，無論該項目是否被 EP 公司使用。若以下的控制是不適用於這個系統，請解釋。

工作流程控制	如何應用於 EP 公司的系統
責任劃分	
使用前面事件的資訊來控制活動力	
項目要按一定順序	
少一項	
文件預先編號	
記錄每一事件的內部負責人	
限制人員隨意接近資產和資訊	
調節實體資產和帳載數	

E4.7

請舉出兩個例子，說明工作流程控制如何減少 EP 公司的執行風險、記錄風險或更新風險。

第 2 篇

了解與發展會計系統

在第 1 篇中，介紹了要點 I .1 當作研讀會計資訊系統的組織架構，並強調企業流程的組成要素。因為在那些章節中，強調企業流程的辨識與文件化，以及流程風險和控制風險的方法。我們持續採用第 1 篇的內容作為基礎，繼續引用前面所介紹的觀念和工具。當你閱讀更多章節後，你會了解更多要點 I .1 的內容，以加深你對會計資訊系統的了解。

要點 II .1 強調了解和發展會計應用軟體，從中你將可以學習到，資料的設計、查詢和報告，以及輸入的格式。

要點 II .1　研讀會計資訊系統架構圖

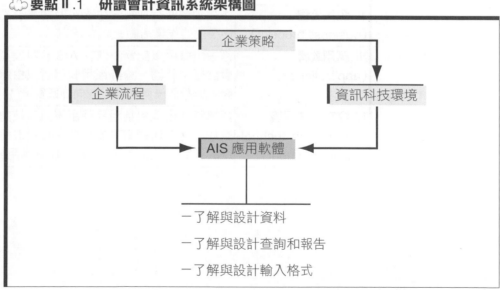

要點 II.2 列示了第 2 篇中會計應用軟體所強調的多樣化要素。

要點 II.2　各章內容概要

第 5 章	了解與設計會計資料	了解會計資料如何在應用軟體被組織,設計應用軟體的主檔和交易表格,再以統一塑模語言分類圖,將資料設計文件化。
第 6 章	了解與設計查詢和報表	了解會計應用軟體的查詢與報告功能,用來讀取、組織和彙總資料,為會計應用軟體設計多種的報告。

要點 II.3 簡要彙總說明要點 II.1 中所提及的四個要素。

要點 II.3　研讀會計資訊系統架構說明

I.企業策略 (business strategy)	係指企業達成競爭優勢的整體方法。企業達成競爭優勢的基本方法有兩種,其中一種方法為,以低於競爭者的價格來提供產品或勞務,亦即所謂的成本領導;另一種方法為,以較高的價格來提供獨特的產品或勞務,該獨特性的有利效果足以抵銷較高價格的不利效果,亦即所謂的產品差異化。
II.企業流程 (business process)	係指企業執行取得、生產,及銷售產品或勞務時,依序發生的作業活動。
III.應用軟體 (application)	係指組織用以記錄、儲存 AIS 資料及產生各種報表的會計應用軟體。會計應用軟體可以由組織本身自行開發、與顧問一同開發,或向外購買。
IV.資訊科技環境 (information technology environment)	資訊科技環境包括組織使用資訊科技的願景、記錄、處理、儲存溝通資料的科技,負責取得、開發資訊系統的人員,以及開發、使用、維護應用軟體流程。

5 了解與設計會計資料

學習目標

○閱讀完本章，您應該了解：

1. 資料屬性、主要索引鍵和外部索引鍵。

2. 實體關係（一對一、一對多、多對多）。

○閱讀完本章，您應該學會：

1. 辨識會計資訊系統資料庫的交易檔與主檔表格。

2. 指引主要索引鍵到相關的表格。

3. 辨識企業流程的關係。

4. 運用事件分析法來設計資料庫的表格與屬性，以及應用統一塑模語言分類圖，來將資料設計文件化。

　　第 2 章著重於確認企業流程中的重要因素，及說明組織會計資訊系統資料成爲主檔或交易檔的基本概念。同時，第 2 章也討論了會計事件與會計資訊系統間的關聯性。本章採用會計事件分析發展了一套制式的方法，設計會計資訊系統中的資料。在本章中，介紹一種新的分析工具——統一塑模語言分類圖（UML class diagram），這方法用來說明及組織會計資訊系統中的資料。

　　第 5 章說明如何設計資料檔，本章的焦點在於關聯性資料庫中資料的設計。在**關聯性資料庫（relational database）**中，資料以關聯性的表格呈現，儲存在表格中的資料等同於檔案，我們也會交替著使用這些名詞。表格中的行稱之爲**屬性（attributes）**，也等同於檔案中的欄位（fields），我們也會交替使用這些名詞。表格中的列，相當於檔案內的一筆資料，以下列表格爲範例：

關聯性資料庫
（relational database）

關鍵性資料庫的設計，是把所有資料都以表格的形式儲存，經由表格正交化（normalize），依照有效率的資料表設計流程，降低資料的重複，並將稽核記錄有效地儲存資料庫中，達到資料庫結構最佳化。

屬性（attributes）

對使用者有意義的最小單位資料，也等同於檔案中的欄位。

租賃交易表

設備編號	租賃日期	顧客編號
1235	05 ／ 11 ／ 2006	5501
1530	05 ／ 17 ／ 2006	5501
1235	05 ／ 22 ／ 2006	5502

　　上面表格利用彙集每筆租賃交易，聯結了各種屬性，包括設備編號、租賃日期及顧客編號，這表格有三列，或稱爲三筆記錄。

　　除了藉由彙集屬性來聯結表格內的資料外，亦可以藉由屬性來聯結表格間的關係。下列顧客主檔表中的記錄，可以藉由顧客編號 5501 聯結至租賃交易表中。

顧客主檔表

顧客編號	名稱	街	市	州	郵遞區號
5501	Joe Davis	309 Purchase St.	New Bedford	MA	02740

資料庫（database）

是一個關聯資料的集合。

資料庫管理系統
（database management system）

一組可以讓使用者從資料庫中儲存、修改及讀取資料的程式。

　　關聯性資料庫是會計系統的關鍵技術，**資料庫（database）**是一個關聯資料的集合，而資料庫由**資料庫管理系統（database management system）**所管理，這系統是一組可以讓使用者從資料庫中儲存、修改及讀取資料的程式。在許多新興科技，如電子商務、顧客關係管理系統等，資料庫都是非常重要的元素，在第 11 章也將會介紹。商業會計套裝軟體也使用資料庫技術去組織其基本的

資料。因此，若能透徹的了解關聯性資料庫，在許多情況下，對你來說都是非常有幫助的。

在本章中，是以會計人員作為系統發展者的角色，來準備本章的內容，著重於會計資訊系統中的資料設計。然而，這裡介紹的概念也有益於會計人員的其他角色，例如，財務長或許沒有實際發展會計軟體；但是，他可能需要與技術團隊溝通建立及維護會計系統的相關事務。基本的資訊知識，特別是關聯性資料庫，可以幫助會計人員更有效率地與技術團隊溝通。關聯性資料庫的知識也可以幫助會計人員進行評估，資料庫軟體提供許多電腦操作控制的機會。查帳人員需要了解資訊科技所引發的風險，及特殊科技應用於控制企業流程中的風險。

與交易事件及與代理人及產品／服務相關聯的資訊，通常是儲存在資料庫中的個別表格裡，本章將會協助你設計表格，以提供組織所需要的資訊。第 6 章會介紹如何選取、合併及組織整理由資料庫表格而來的資訊，以產生使用者所需要的資訊與報表。

5.1　檔案的辨識與文件化

本節利用第 2 章所介紹的概念，來介紹設計資料的基本原理。我們介紹統一塑模語言分類圖，如何用來設計資料。雖然在本章常使用此類的圖表法，但是必須要注意的是，本章並非專章介紹關於統一塑模語言分類圖，僅是只利用這些工具來學習設計的概念。

在第 2 章所討論過的，交易檔是用來記錄企業流程中的各種交易事件資訊，交易記錄中的屬性包括交易的日期、交易相關的代理人（顧客、供應商或銷售員），以及與交易事件相關的產品／服務的描述（價格、數量）。主檔則是儲存關於交易事件組織的各種參考彙總資料（公司產品／服務、內外部代理商，總帳等）。

在第 3 章，使用了活動圖表明各種企業流程的要素，也在第 4 章具體化職能分工及交易事件的結果。經由企業流程圖解方式的呈現，可以幫助讀者更容易理解企業流程的細節；基於相同的理由，本章也將使用圖表去繪製會計資訊系統資料的設計。

釋例 5.1 介紹如何用統一塑模語言分類圖，來顯示 ELERBE 公司之銷售收入交易檔及主檔間的關係。如圖所示，產品及服務主檔在左邊，交易檔在中央，代理商主檔在右邊。圖示中的每個方塊都

代表一個檔案，就一個檔案而言，圖表中顯示有兩個屬性「訂單號碼」及「訂購日期」，檔案間的連接線代表著他們彼此是相關連的。從釋例 5.1 可以看出，顧客記錄與訂購記錄是相關聯的，而訂購記錄與運送記錄亦是相關聯的。在釋例中，訂購檔與運送檔的既定關係是已假設好的，並以「1,m」標記，代表一筆訂購記錄中可以有許多運送記錄，但每個運送記錄只能有一筆訂購記錄。稍後將會說明這些彼此關聯的重要性。在本節，釋例 5.1 所要強調的是資料庫中的表單可以彼此連結，且以圖解化資料幫助我們表達資料庫中不同實體的關係。總而言之，統一塑模語言分類圖可以用來繪製（a）會計資訊系統中的表單；（b）表單之間的關係；（c）表單中的屬性。

釋例 5.1　ELERBE 部分 UML 分類圖：交易檔與主檔

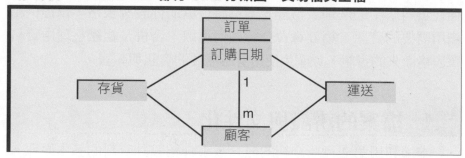

接下來將進一步仔細探討交易事件及所需要記錄在交易檔的一些事項，稍後我們也將仔細研究主檔在資料設計中所扮演的角色。

5.1.1　交易事件與交易檔

第 2 章也介紹過交易檔及交易事件的關聯性。一旦確認了企業流程中的交易事件，接著就可以確認會計資訊系統中交易檔的需求。釋例 5.2 彙總 ELERBE 收入過程中的交易事件及每一個交易事件的交易檔需求，這與釋例 2.8 相似。

我們在第二欄的地方加了「是否需要交易檔案」的欄位，有時儲存交易事項資料於兩個以上的交易檔中，是非常有幫助的，稍後會說明這樣儲存的理由。

釋例 5.2　ELERBE 公司事件與交易檔

事件	是否需要交易檔	是否執行檔案
1.回應顧客詢問	可能，如果業務人員想要獲得顧客意見，以了解顧客喜好	否
2.接受訂單	是的。需要檔案來記錄詳細資料	是
3.撿貨	可能不要。實際數量可在下一個事件記錄	否
4.運送	是的。檔案用來記錄送出貨品數量，更新存貨庫存量	是
5.計價入帳	是的。檔案用來記錄發票號碼、付款條件、所欠款金額，如此才能做到（1）列印銷售報表；（2）更新顧客欠款餘額；（3）收到款項時的資料處理	是
6.收現入帳	是的。檔案用來記錄收款金額以更新發票，顧客欠款餘額與現金餘額資料	是
7.支票存入銀行	可能，檔案記錄存入支票資料，以便核對銀行對帳單；也可能保留存款單作核對	否

5.2　交易檔文件化

　　釋例 5.3 是針對 ELERBE 公司的部分**統一塑模語言分類圖（UML class diagram）**，列示所有收入循環中的交易表格，及對於主檔表格的需求。此圖表與釋例 5.2 所列的資訊是一樣的，釋例 5.2 所列示的是訂購、運送、發票及帳款收現事件所需的交易檔。

> **統一塑模語言分類圖（UML class diagram）**
> 此圖形可將會計資訊系統中表格與表格間關係，及表格之屬性文件化。

　　如同你在釋例 5.3 所讀到的一樣，運送與訂購間是相關的，而發票與運送間，帳款收現與發票間也是相關的，我們可以在釋例 5.3 中列示其他的關係。例如，發票與訂購實際上也是相關聯的，可以藉由連結兩個方塊來表示這兩者的關聯性。然而，我們選擇強調某一事件對某一事件的立即優先處理程序，此類的關係在會計資訊系統中是非常重要的。例如，發票是送貨後之優先處理程序的關係是非常重要的，送貨資料用來授權開立發票與帳單，並且決定開立帳單所需的金額數字，雖然發票也跟訂購有關係，但這是比較後面的程序（實際上，有些訂購單上面的項目，是不會被運送出去的。例如，因為缺貨的關係）。

　　辨識交易表格需求的指導方針。先前章節所強調的部分，在於了解會計資訊系統交易事件所扮演的角色。在先前討論交易事件的

章節與本章有一個非常重要的差異，就是未必每一件交易事件都必須記錄在電腦系統之內。換句話說，並非所有的交易事件都與資料建立有關係。在本書的第二篇有一個關鍵的問題：什麼交易事件與發展工作有關（例如，資料設計、格式、目錄及報表）？現在提供四個可以幫助你確認資料設計時的攸關交易事件之指導方針，這些指導方針彙總在要點 5.2 中，要點 5.2 提供了本章中資料設計程序的大綱。

釋例 5.3　ELERBE 公司部分 UML 分類圖：交易表格（檔）

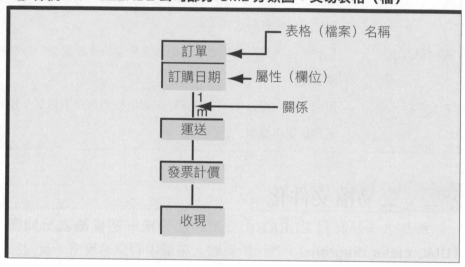

指導方針 1：決定流程中的交易事件。複習要點 2.1，及第 2 章中介紹如何確認交易事件的內容。釋例 5.2 中的第一欄，即顯示 ELERBE 企業流程中的交易事件。

指導方針 2：排除不需要記錄在電腦系統中的交易事件。資料設計的焦點在於設計儲存於電腦系統的表格，如果組織決定不需要記錄某些交易事件，你就可以將這些交易事件排除於統一塑模語言分類圖外。例如，記錄銷售人員在回應顧客查詢時的通訊內容；然而，ELERBE 公司不打算儲存關於這些交易事件，因此就可以排除客戶查詢的部分。另外，在其他的情況下，這個指導方針也是非常有用的，像交易事件最初僅是記錄在原始的文件表格內，而登錄至電腦系統則是稍後的動作。例如，銷售人員可以利用與顧客通話取得訂購的資料，並將原始的訂購資料記錄於訂購表格裡（交易事件 1），然後他們可以在當日營業的最後時刻，才將這些訂購資料輸入

於電腦系統內（交易事件 2），在這個情況下，交易表格僅在交易事件 2 時才需要加以建立。

指導方針 3：排除查詢及報告事件。因為這兩個項目所使用的資料，已經儲存於會計資訊系統裡。相反的，資料建立的基本目的，是確認什麼樣的資料在系統中被記錄（而不是被使用），且這些資料是如何被組織、整理的。

指導方針 4：排除維護交易事件。檔案維護交易事件通常不需要交易表格，從字面定義看來，檔案維護包含主檔表格的參照性資料改變。下列有兩個案例可供參考：

- 個案一：顧客開了一個銀行帳戶，假設未有存款動作。
- 個案二：顧客開了一個銀行帳戶，並且存了一筆存款。

第一個案例僅包含了檔案維護的交易事件，並沒有特別的產品／服務合約簽訂，也沒有任何的產品／服務項目取得、銷售及收取現金。因此，個案一不需要任何交易表格，其僅是增加新的資料於系統中，但是這些資料是儲存在主檔中（顧客主檔），而不是交易表格裡。有時候，如果維護性事件的資料多半是應用於交易表格而不是主檔表格的話，還是會傾向於儲存這些維護性的交易事件。例如，有些人可能會需要記錄銀行帳戶開設的日期及經辦該帳戶開立的行員等資料。這樣的資訊通常會被記錄在為顧客而設立的主檔記錄裡。此類的記錄如下：

個案一：顧客主檔記錄

帳號	名稱	地址	電話	餘額	開戶日期	銀行行員
34151	Jane Allen	11 Main St. Fairhaven, MA 02719	508-555-1035	$823	01/06/2006	John Brown

第二個案例包含了兩個交易活動：增加一個新的顧客及收到一筆存款。除了顧客主檔表格之外，也需要交易表格去記錄帳戶號碼、日期及存款金額。你會發現有許多案例都跟案例二一樣，維護性交易活動跟其他交易活動同時發生（例如，第一次接受新顧客的訂購，同時要建立新顧客的資料）。在這種情況下，系統通常會新增兩個記錄，分別是主檔記錄（為新顧客而建立），另外一個是交易記錄（為存款交易而建立）。因此，在案例二，主檔及交易檔都需要，

會計資訊系統

如下：

個案二：顧客主檔記錄

帳號	名稱	地址	電話	餘額	開戶日期	銀行行員
34151	Jane Allen	11 Main St. Fairhaven, MA 02719	508-555-1035	$823	01/06/2006	John Brown

個案二：交易記錄

存款單號碼	交易類型	帳號	交易日期	金額
5520	Deposit	34151	01/06/2006	$823

為了練習辨識交易表格的需求判斷，請練習本章最後部分的焦點問題 5.a。在練習完之後，再繼續研讀後面的部分。

5.2.1 事件及主檔表格

一般而言，支援處理程序的資訊系統需要交易表格及主檔表格，第 2 章已說明了主要表格常用的 2 種實體。在此先解釋收現檔及總帳檔等 2 種表格：

■ 產品／服務。用來形容、描述產品／服務的主檔表格，代表公司所提供的產品／服務的目錄，這類的主檔表格通常用於描述企業所提供的產品／服務，並確認產品／服務的價格及（或）成本。

■ 代理人。代理資訊的主檔是用來描述外部代理人，例如顧客或供應商（例如，名稱、地址及電話號碼），或內部代理人如職員（例如，社會保險號碼、名稱、地址及薪資率）。

■ 現金。現金主檔是用來描述現金存於何處的檔案。例如，主檔可以包含每一個銀行帳戶的記錄，表格內將會包括帳戶號碼、銀行名稱、目前餘額及其他資料。

■ 總帳主檔。

一般而言，主檔是用來儲存相對永久性的資料，利用主檔儲存此類型資料的優點，將在下一節說明。

主檔的用途。建立主檔的一個理由，是節省資料輸入時間及儲存空間。在以下的釋例中，會有兩個主檔表格，顧客及設備主檔，及一個交易表格，即租賃表格。使用者僅僅需要輸入設備編號 1235

及顧客編號 5501 ，不需輸入設備的描述及顧客的地址，如果需要此類的資訊，系統可以從顧客主檔表格裡讀取顧客編號 5501 的記錄，及從設備主檔表格讀取設備編號 1235 的記錄。還有其他的理由支持主檔的使用，如當顧客地址改變時，僅需要去更動一個記錄裡的資料，如果地址被記錄在交易檔裡，使用者將需要透過每一個檔案，並改變每一筆交易記錄的地址資料。當交易已經完成的時候，公司就要定期地刪除交易資料，否則，交易資料將會累積在伺服器，佔用空間，並且減低處理速度。如果顧客的名稱及地址沒有儲存在主檔裡，刪除交易資料將會導致刪除了未來可能與公司從事交易的顧客資料。

顧客主檔表格

顧客編號	名稱	街道	城市	國名	郵遞區號
5501	Joe Davis	309 Purchase St.	New Bedford	MA	02740

租賃交易表格

設備編號	租賃日期	顧客編號
1235	05/11/2006	5501
1530	05/17/2006	5501
1235	05/22/2006	5502

設備主檔表格

設備編號	規格	尺寸	每日租金
1235	Chain saw	14 寸	$20 ／天

其他使用主檔有益處的例子，還有如大學裡的學生記錄資料，學校的資訊系統可能會追蹤關於每一個學生的部分資訊（例如，姓名、主修科目、地址及成績平均值）。資料庫設計人員為了避免在註冊表格中重複這些資訊，只有學生證編號以及關於學生所註冊的年級資訊，會被儲存在註冊記錄中。例如，如果學生的姓名及主修科目被列印在傳送給教授的班級清單中，系統可以使用註冊記錄中的學生證編號，從學生主檔表格中讀取適當的學生資料。學生證編號是一個連結性的屬性欄位，它儲存於交易表格中，並可連結交易及主檔表格資料。

決定主檔表格需要的指引。當介紹統一塑模語言分類圖的正式化步驟時，將會討論一些關於確認主檔表格所需的細節。（請看要

點 5.2）

ELERBE 之 UML 分類圖的延續：我們已經擴展了釋例 5.3 去表達主檔表格，在這部分的內容，持續沿用釋例 5.4 所表達的 UML 分類圖，表達關於交易事件的代理人於交易事件的右方。如果 ELERBE 需要收現的主檔，則不能像存貨般被歸類於同一欄位中。我們假設 ELERBE 僅有一個銀行帳戶，所以不需要現金主檔表格。最後，我們列示總帳主檔表格在產品／服務的右方，雖然 UML 並不要求採取這樣方法的圖表分類，但是放置主檔表格在交易事件的任何一邊，可以更容易顯示出事件與其他各種主檔表格的關係。根據交易事件的順序安排交易表格，可讓圖表更加容易閱讀。

釋例 5.4　ELERBE 公司部分 UML 分類圖：交易與主檔表格

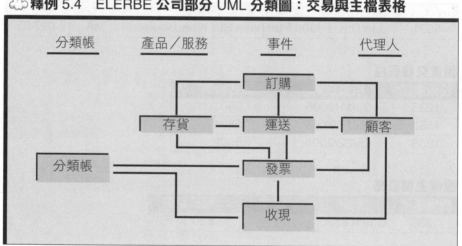

5.3　屬性及關係

最後考量一個問題：追蹤關於企業流程的資訊需要什麼表格？我們利用交易事件分析去確認要求的交易跟主檔表格，也介紹了連結交易表格至主檔表格的概念。本節說明三個重要的概念，將會幫助你從交易事件分析中，提昇初步設計的發展：（1）主要索引鍵；（2）連結性屬性（外部索引鍵）；及（3）多樣性關係這三個概念。同時可以幫助資料庫軟體連結儲存於表格中的資訊，以產生各種文件及報表。釋例 5.5 應用了這三個概念至 ELERBE 使用的收入循環表格中，主要索引鍵欄位明顯是表格中的第一個欄位，外部索引鍵的欄位名稱是斜體字的，在本節中，將會深入介紹主要索引鍵及外

釋例 5.5 ELERBE 公司訂單處理系統的表格

A 組：顧客表格

顧客編號	名稱	地址	聯絡人	電話
3450	Brownsville C.C.	Brownsville,TX	Smith	956-555-0531
3451	Educate, Inc.	Fairhaven, MA	Costa	508-888-4531
3452	Bunker Hill C.C.	Bunker Hill, MA	LaFrank	617-888-8510

B 組：存貨表格

ISBN	作者	書名	價格	庫存量	待送數量
0-256-12596-7	Barnes	Introduction to Business	$78.35	4,000	200
0-127-35124-8	Cromwell	Building Database Applications	$65.00	3,500	0
0-135-22456-7	Cromwell	Management Information Systems	$68.00	5,000	50
0-146-18976-4	Johnson	Principles of Accounting	$70.00	8,000	250
0-145-21687-7	Platt	Introduction to E-commerce	$72.00	5,000	40
0-235-62415-6	Rosenberg	HTML and Javascript Primer	$45.00	6,000	0

C 組：訂單表格

訂單號碼	訂單日期	顧客編號
0100011	05/11/2006	3451
0100012	05/15/2006	3451
0100013	05/16/2006	3450

D 組：訂單詳細表格

訂單號碼	ISBN	訂購數量
0100011	0-256-12596-7	200
0100011	0-146-18976-4	200
0100012	0-135-22456-7	50
0100012	0-146-18976-4	50
0100012	0-145-21687-7	40

部索引鍵。

5.3.1 主要索引鍵

　　主要索引鍵（primary key）是唯一確認表格中記錄的屬性欄位，當記錄要加入到表格中，每一個記錄都會設定一個主要索引鍵值，主要索引鍵值僅可以辨認這一筆記錄。

> **主要索引鍵**
> **（primary key）**
> 是唯一確認表格中記錄的屬性欄位。

　　顧客表格：如 A 組所說明的，顧客表格中的顧客編號欄為這個表格的主要索引鍵，如果我們以顧客編號 3450 搜尋顧客表格，我們

就會發現這筆唯一的記錄。

存貨表格：如 B 組所說明的，存貨表格中的 ISBN 欄位是這個表格的主要索引鍵，如果我們以 ISBN 為 0-256-12596-7 搜尋存貨表格，我們就會發現這筆唯一的記錄。

訂購表格：如 C 組所說明的，存貨表格中的訂單號碼欄位，是這個表格的主要索引鍵，顧客編號不是訂購表格的主要索引鍵，因為這個欄位並不是唯一可以確認表格中這個記錄的欄位。事實上，如果你想要以顧客編號 3451 搜尋訂購表格中的記錄，你將會發現在這個表格中，有兩筆記錄都是相同的顧客編號。訂購明細表格的主要索引鍵，將會在稍後部分介紹。

5.3.2 外部索引鍵

外部索引鍵（**foreign key**）是某一表格中的欄位，此欄位是某些其他表格的主要索引鍵。外部索引鍵被用來連結至其他表格，我們現在將探討連結表格的益處為何。

連結交易事件記錄至其他主檔表格的外部索引鍵，包括在交易事件記錄的外部索引鍵，可以連結交易事件至相關的代理人或產品／服務記錄。在下列的表格中，訂購表格有一個外部索引鍵，就是顧客編號。顧客編號連結訂購資料至顧客資料處，關於顧客的詳細資訊，並沒有記錄在訂購表格裡，因為訂購表格裡的顧客編號，讓使用者可以使用這個外部索引鍵，去讀取顧客表格中的顧客資訊。

> **外部索引鍵**
> **（foreign key）**
> 是某一表格中的欄位，此欄位是某些其他表格的主要索引鍵。

訂單表格一

訂單號碼	訂單日期	顧客編號
0100011	05/11/2006	3451

顧客表格一

顧客編號	名稱	地址	聯絡人	電話
3451	Educate, Inc.	Fairhaven, MA	Costa	508-888-4531

為了更進一步了解外部索引鍵，請練習焦點問題 5.b 的指示。在完成此項作業後，請繼續接下來的部分。

連結有兩個發生先後順序之交易事件的外部索引鍵。交易表格中，以較早發生之交易事件，作為主要索引鍵的欄位，可以作為較

晚發生交易事件的外部索引鍵。例如，假設訂購交易事件後是運送
交易事件，藉由包含訂單號碼作為運送表格的外部索引鍵，運送交
易事件可以被連結至訂購交易事件，此釋例於下面介紹。第二個交
易事件，也就是運送，使用訂單號碼，連結至前一個交易事件，也
就是訂購交易事件。

訂單表格一

訂單號碼	訂單日期	顧客編號
0100011	05/11/2006	3451

虛擬運送表格記錄

送貨單號碼	訂單號碼	送貨日期
5702	0100011	05/15/2006

在這裡介紹的連結兩個交易事件記錄的優點，跟連結主檔記錄
至交易記錄的優點相類似，因為運送記錄可以連結到訂購記錄，所
以不需要在運送表格中記錄顧客編號。

完成焦點問題 5.c 的要求後，會獲得更多的練習。在完成此作業
後，再繼續接下來的部分。

5.3.3　表格間的關係

在先前的部分，我們使用線段連結的方式，說明了表格之間的
關係。在資料庫系統中，關聯的多樣性對設計資料庫是非常重要
的，而此項基本的**多樣性（cardinality）**關係，代表了多種主體
（如：事件、資源等）與其他個體間的關係。現在我們考量下列幾種
資料庫設計的關聯性：（1）一對一（1,1）；（2）一對多（1,m）；
（3）多對多（m,m）。將會在此節稍後的部分，說明如何決定這些關
聯性，UML 分類圖對於處理程序中實體的關聯性，是一個非常好的
工具。

> **多樣性（cardinality）**
>
> 代表了多種主體（如：事件、資源等）與其他個體間的關係。

一對一關係。實體間一對一的關係不像一對多關係那樣的來得
密切，但在會計資訊系統中，這種關係不會發生，思考釋例 5.6A 中
所列示 ELERBE 公司運送及開立帳單的一對一關係。假設 ELERBE
公司（1）每次運送貨品後會開立一張發票，並（2）每一張發票僅
包含每一次運送貨品的資訊。將數字 1 放置於運送方塊旁，代表每

張發票包含一筆運送；相同的，將數字 1 放置於發票方塊旁，代表每筆運送一張發票。注意以兩個字句描述形容兩個實體間的關係。

　　一對多關係。一對多關係在會計系統中是非常普遍的。例如，代理人與交易事件之間的關係常就是一對多關係（一個交易事件通常僅與一個代理人有關，但是一個代理人可以被包含在多項交易事件當中）。釋例 5.6B 以圖形說明了這樣的關係，仔細檢閱註記及其代表的意義，將字母 m 放置於訂購方塊旁，代表隨著時間過去，一個顧客會有許多訂購；相同的，將數字 1 放置於顧客方塊旁，代表

釋例 5.6　ELERBE 資料庫的關係類型

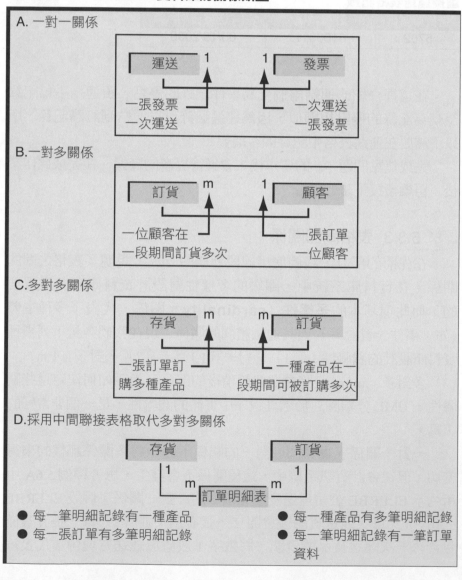

A. 一對一關係
B. 一對多關係
C. 多對多關係
D. 採用中間聯接表格取代多對多關係

每個訂單包含一個顧客。相同的，注意以兩個字句描述形容兩個實體間的關係。

多對多關係。想想 ELERBE 資料庫中，訂購及存貨實體之間的關係，一張訂單可以包含許多產品，並且相同的產品可以在許多的訂單之中出現。因此，這兩個實體之間的關係就如同釋例 5.6C 所說明的一樣，是多對多的關係。多對多關係可以藉由插入一個連接方塊後成為兩個一對多關係，如同釋例 5.6D 所列示的。

釋例 5.6D 舉了一個資料儲存在存貨及訂購表格的例子，連接方塊代表的是訂購明細表格，藉由包含可連結至存貨表格跟訂購表格的外部索引鍵，連結存貨表格至訂購表格中。在釋例 5.6D 中，有一個一對多關係存在於存貨及訂購明細表格中，因為存貨表格中的一筆記錄對上訂購明細表格中的一筆記錄。如同釋例 5.7 所列示的，每一筆在訂購明細表格中的記錄，只能有一個 ISBN（ISBN）碼。訂購表格與訂購明細表格之間也是明顯的一對多關係，一筆記錄對上任何訂購表格中特別的訂購號碼，但是在訂購明細表格中有許多訂購號碼 0100011 的記錄（在本例中，有兩筆），可以由釋例 5.7 看到這些關係。像 MS Access 這樣的資料庫軟體，可能會要求你使用這樣

☁️釋例 5.7　存貨、訂單及訂單明細表格中的資料及多樣性關係

存貨表格

ISBN	作者	備註
0-256-12596-7	Barnes	. . . .
0-135-22456-7	Cromwell	. . . .
0-146-18976-4	Johnson	. . . .
0-145-21687-7	Platt	. . . .

訂單表格

訂單號碼	訂單日期	顧客編號
0100011	05/11/2006	3451
0100012	05/15/2006	3451

訂單明細表格

訂單號碼	ISBN	訂購數量
0100011	0-256-12596-7	200
0100011	0-146-18976-4	200
0100012	0-135-22456-7	50
0100012	0-146-18976-4	50
0100012	0-145-21687-7	40

的方法，去消除掉多對多的關聯。

5.3.4 決定多樣性關係

決定關係的多樣性並不是一直都非常容易的，我們提供一個多樣性關係的釋例於要點 5.1，以幫助讀者對於這方面的了解。注意每一個釋例對於兩個實體之間的關係，都做了兩個獨立的說明，同時應注意其關係間之事件發生所代表的涵義，決定了多樣性關係的重要性之後，將會在稍後的部分說明。

要點 5.1　分析事件多樣性關係的模版

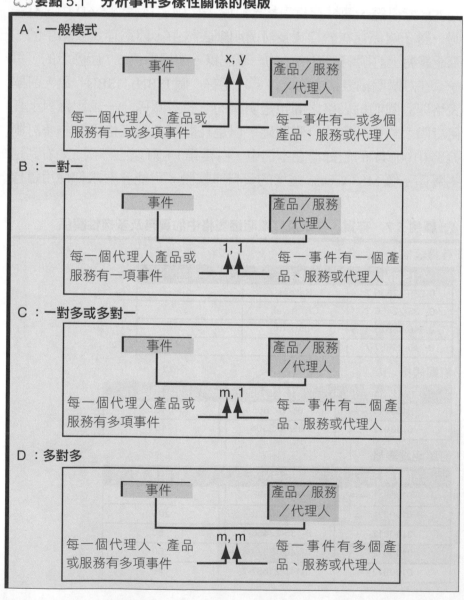

對於正確的決定兩個實體之間的多樣性關係，你需要多加練習，如同你在這個部分所看到的，有兩個案例可以讓你增加對於多樣性關係的了解。除了這些例子外，也有許多的例子在焦點問題及本章最後所附的一般練習當中。

個案 1：在軍隊中，後勤補給官發給每一個士兵一套軍服。軍隊預期士兵會去購買自己額外需要的軍服，因此不會再發給士兵任何額外的軍服，本例藉由辨識代理人，產品／服務及交易事件開始。

- 代理人：士兵及士官。這表格可以幫助你了解士兵及士官姓名。
- 產品／服務：軍服。想想這個實體會被列在有一系列各種軍服清單的表格中。
- 交易事件：發給軍服。想想這個實體會出現在一連串發給軍服事件的清單中，列示適當資訊的事件清單如下：

事件清單

日期	士官	士兵	制服
12/1	Smith	Jones	Dress uniform
12/1	Smith	Sylvia	Dress uniform
12/1	Smith	Stevens	Dress uniform
12/2	Brown	Costa	Dress uniform

問題 1a：士兵與軍服發放事件之間，有什麼關係？

問題 1b：士官與軍服發放事件之間，有什麼關係？

釋例 5.8A 及 5.8B 使用要點 5.1 所提示的範本，來說明這些關係的多樣性。注意圖表中隨著時間經過，在決定多樣性關係時，假設你正在計算經過一段時間的交易事件數量。

個案 2：Stevens 公司買賣飛機零件，採購人員下了一張訂單向供應商購買某些零件，這訂單可以包含許多不同種類零件的訂購。

- 代理人：採購人員及供應商。
- 產品／服務：存貨。想想存貨被列在一張待銷售存貨項目清單中。
- 交易事件：訂購。想想訂購實體為一份經過一段時間的一連串採購訂單。

問題 2a：供應商與訂購事件之間的關係為何？每張訂單僅有一個供應商，這是在採購人員不會同時寄送單一訂購單於多個供應商的合理假設之下。

問題 2b：存貨與訂購事件之間的關係為何？

釋例 5.9A 及 5.9B 說明了問題 2a 及問題 2b 的多樣性關係。

因為許多存貨項目可以列在單一訂單之中，所以這裡有一種多對多關係。例如，公司可能會寄送一份訂單，包含訂購螺栓及扳手，給一個供應商。隨著時間經過，會有許多的訂購是針對某一個特定的存貨項目。

為了可以針對多樣性關係做更多的練習，請完成焦點問題 5.d 的問題，在完成這項作業之後，再繼續接下來的部分。

5.3.5 資料庫應用程式概念的重要性

本節說明三個概念的重要性──主要索引鍵、外部索引鍵及關聯性，接下來要說明這些概念在報表設計、格式及控制的重要性。

釋例 5.8　個案 1：代理人與事件關係多樣性

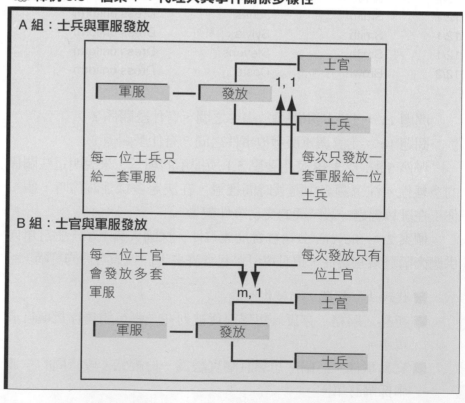

釋例 5.9　個案 2：代理人與事件關係多樣性

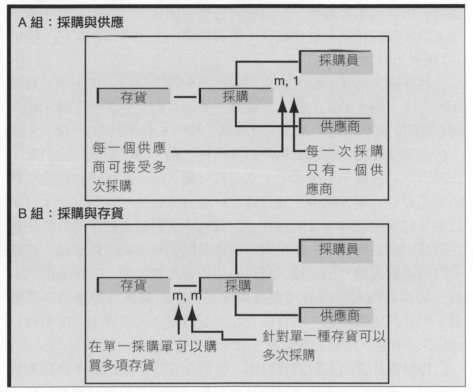

　　執行文件化及報告。如 MS Access 等的資料庫套裝軟體，可使用這三個概念結合表單資訊，來產出完整的使用者報告。在第 6 章，我們將會介紹表格中的資料如何被讀取來編製報表及文件。釋例 5.10 說明了關於主要索引鍵、外部索引鍵及關聯性的資訊，對於符合使用者資訊需求方面，有什麼樣的幫助，在本釋例中，使用者想要一份所有以顧客進行分類的的訂購清單，在圖表中所看到的顧客訂單報表，列出了包含所有顧客，其中詳細列出一連串所有訂購的資訊，此份報表所需要的資訊，分散於多個表格中。明確的說，為編製此份報表，需要顧客及訂購表格的資料。

　　釋例 5.10 顯示：（a）顧客及訂購之間是一種一對多的關係；（b）顧客表格的主要索引鍵是顧客編號；（c）訂購表格中，顧客編號是外部索引鍵。外部索引鍵儲存與此份訂單有關的顧客編號。

　　一對多的關係意謂著僅有一個顧客記錄相對應此項訂購，因為顧客編號是顧客表格的主要索引鍵，藉由配對訂購表格中的外部索引鍵，及顧客表格中的主要索引鍵，將會找到唯一正確的顧客記

錄。如果顧客編號不是主要索引鍵，則系統就會開放其他的顧客記錄擁有相同的顧客編號，但這樣對於哪個顧客下了訂單就會不清楚了。第 6 章對於使用這些概念，從資料庫中產生有用的資訊，提供了詳細的指引說明。

　　執行輸入格式。輸入格式規定是用來讓資料輸入更正確及有效率的方式。輸入形式的設計，依據主要索引鍵及外部索引鍵，和兩個表格間的關係而定。例如，就像你在釋例 5.5 所看到的一樣，記錄一份訂單需要使用訂購表格及訂購明細表格，為了記錄一份訂單，訂購表格將會顯示於螢幕上。當資料被輸入時，系統將會建立一個新的記錄於訂購表格中，並且建立一個訂單號碼給這筆訂單。訂購日期及訂單號碼將也會記錄在這記錄當中，訂購的細節需要被記錄在訂購明細表格當中。使用者可透過訂購表格中的訂單號碼，連結至訂購明細表格，但是輸入資料的使用者不需要擔心訂單號碼的編製，因為此程式已設計成根據兩個表格間的關係自動產生訂單號碼。關於訂購的細節，將會儲存在這記錄當中。事實上，使用者可能從來不知道，記錄訂購交易，會牽涉到兩張表格。

　　控制會計資訊系統的資料庫。參照完整性：在這節所介紹的概念，可以幫助你了解內部控制在資料庫應用程式的重要類型。在一對多關係方面，你可以指明是否在表格關係之間要設立**參照的完整性（referential integrity）**，假設你正使用 MS Access 軟體，並指明你想要在顧客表格及訂購表格間設立指示的完整性，而顧客表格是這樣一對多關係中的「一」邊，訂購表格則是「多」邊，為了執行這樣的關係，該應用軟體會採取下列方法：

> **參照的完整性**
> **（referential integrity）**
>
> 當新增或刪除記錄時，可保留表格間已確定之關係。

1. 在嘗試新增一筆訂購記錄的過程中，你需要輸入顧客編號，軟體將會檢查是否有相對應的顧客記錄存在，如果顧客記錄並不存在，則新的訂購記錄就不能新增，必須要有一筆記錄在顧客表格當中（一）與訂購表格中的每一筆記錄（多）相關聯。

2. 如果你想要刪除一筆顧客記錄，軟體將會檢查是否有任何未解決或未結束的顧客記錄，如果有的話，你將不能刪除這筆顧客記錄。在一對多關係中這樣的堅持，是因為每一個顧客記錄必須與每一筆訂購記錄相聯結。

　　參照完整性的第一個特點，可以用來確保只有經過授權的訂單

☁️ 釋例 5.10　編製報告、主要索引鍵、外部索引鍵、多樣性

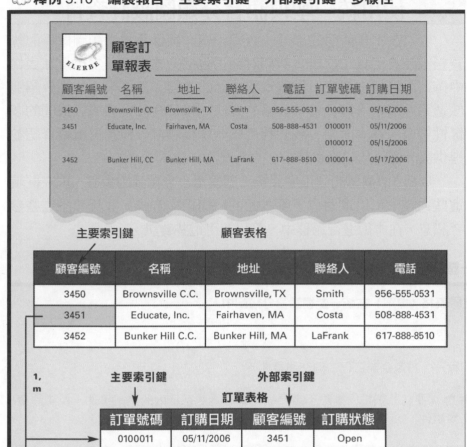

才能夠被輸入到系統中，此項控制在連結兩個其他的控制上，更具有效率：（1）職能分工，與（2）接近控制。假設（1）授信部門有責任維護顧客資訊，並且訂購部門有責任輸入訂單，與（2）已實施的接近控制，限制訂購部門不允許更改顧客記錄。有了這些控制，參照完整性代表了訂單輸入職員不能夠對於未經授信部門授權的顧客，新增一筆訂單。

第二個參照完整性的特點也是非常重要的，只要顧客還有未完成的訂單或發票，這筆顧客記錄就不能被刪除。顧客記錄當中，有顧客的地址及聯繫資訊，在寄送顧客月結單、請求付款時，需要這些資訊。

5.4 使用統一塑模語言分類圖設計資料

　　我們在本章前面的部分，介紹了統一塑模語言分類圖做為記錄資料設計的工具。之後，我們討論了包括交易表格、主檔及在表格中確認記錄的主要索引鍵等資料設計的主題。接下來，我們介紹關於透過外部索引鍵，連結表格的方法，以及介於實體或表格間的多樣性關係。在本節中，我們利用統一塑模語言分類圖再繼續介紹並提供設計資料及記錄資料設計的系統性方法。

　　要點 5.2 簡單的列出發展統一塑模語言分類圖的步驟，現在閱讀這些內容，可以幫助你了解本節的結構組織方式，並且熟悉這些參考訊息。在本節進行過程中，可以使用這些資訊。

要點 5.2　使用統一塑模語言分類圖去發展資料設計的四個步驟

步驟 1：放置需要的交易表格（檔案）在統一塑模語言分類圖中。

採取下列方法，以完成這個步驟：

■ 使用第二章所介紹的程序，辨識企業流程中的交易事件。

■ 決定哪一個交易事件會需要交易表格。排除不需要被記錄在電腦系統內的交易事件，及排除查詢、報告及維護性交易事件。

■ 藉著對於每一個需要交易表格的交易事件，列出方塊圖示，開始 UML 分類圖。在每一個方塊圖示中，列出交易事件的名稱，排序這些方塊圖示，一個接一個，按交易事件發生的次序排列。

步驟 2：放置需要的主檔表格（檔案）在 UML 分類圖中。

採取下列方法，以完成這個步驟：

■ 對每一個 UML 分類圖的交易事件（由步驟 1 而來），決定相關的產品、服務或代理人實體。

■ 決定哪一個確認的實體需要主檔表格。

■ 考慮使用主檔表格去追蹤現金的位置，及交易事件對於總帳帳戶餘額的影響。

■ 加入所需要的主檔表格至適當的 UML 分類圖位置中，並以線段連結主檔表格至相關的交易表格。

步驟 3：藉著下列方法，決定表格之間的關係。

■ 對每一條連結線段，決定表格之間的多樣性關係。你的多樣性關係應該是（1,1），（1,m），（m,1）或（m,m）。

☁（續）要點 5.2　使用統一塑模語言分類圖去發展資料設計的四個步驟

■ 在實體間的線段下，寫上多樣性關係。

■ 如果有任何的多對多關係，請利用新增一個連結表格，轉換成為一對多關係。在新的連結表格中，必須包含每一個此多對多關係中每一個表格的主要索引鍵。

步驟 4：採取下列方法，決定需要的屬性。

■ 指定每一個表格的主要索引鍵，並在方塊下寫出此實體或表格的主要索引鍵名稱。對於交易表格、連結表格及主檔表格，採取下列建議：

交易表格：主檔通常使用連續性的數字去辨識這些表格中的記錄，交易表格中的每一個新的記錄都被設定一個較前一交易事件更大一號的數字。例如，辨識訂購單記錄、發票記錄通常使用連續性的數字，連續性的數字有三個優點：（1）使用者可以確定每一個交易事件被賦予唯一的數字；（2）資料庫管理系統軟體可以自動的賦予每一件新的交易事件連續性的數字；（3）連續性的數字表示交易事件的順序。

主檔表格：在這裡，也是經常使用連續性的數字，但是在許多的情況下，更會使用有意義的代碼。例如，員工記錄的主要索引鍵經常是員工的身分證字號，因為一個代號確定只代表一名員工，且薪資稅務報表也需要身分證字號。總帳主檔表格裡的主要索引鍵，是基於會計科目表而設定，例如，所有設定流動資產帳戶的主要索引鍵，都會落在 1000-1999 之間。

■ 藉由增加外部索引鍵以連結兩個相關聯的表格。在方塊適當的位置，註明外部索引鍵。表格連結的方法，是根據多樣性關係而來。

一對一關係：如果兩個實體是交易事件，以順序的方式加入第一個交易事件的主要索引鍵至第二個交易事件的屬性裡。

一對多關係：連結「一」邊的實體至「多」邊的實體時，利用「一」邊實體的主要索引鍵至「多」邊實體屬性中。

多對多關係：利用連結表格將原本的多對多關係，分割成兩個一對多關係，將原本兩個表格的主要索引鍵，作為連結表格中的屬性。合併兩個表格的屬性，將會為這個連結表格創造出一個獨特的複合主要索引鍵。

為了提昇資訊內容，指定其它所需的屬性名稱：在 UML 分類圖中，可能沒有足夠的空間去輸入這些屬性。因此，可準備一個表格列示關於每一個實體的屬性資訊。

為了獲得對於四個資料設計步驟的充份了解，請完成焦點問題 5.e,f,g,h,i 及 j。利用樣本資料建立表格，對你已經設計的系統做最後的檢視。如果你已經完成這七個指定問題，請繼續回到本課文繼續接下來的部分。

釋例 5.11　Fairhaven 便利商店：發展 UML 分類圖的步驟

Fairhaven 便利商店販賣汽油和其他產品。顧客選擇產品後，並且帶到收銀台給經理。經理掃描顧客所選擇的產品，且產品總額會顯示在收銀機上。顧客將現金拿給經理，經理再找零（如果有的話）給顧客。四位經理在加油站服務，但只一位經理是隨時都在的，第三個經理負責將現金轉存到銀行中。

這個釋例將利用展示設計資料和準備 UML 分類圖的步驟。各步驟的詳細描述在要點 5.2 中已提供。當你觀看這個釋例時，可隨時參考要點 5.2 的內容。

步驟 1：放置需要的交易表格（檔案）在統一塑模語言分類圖中。

A.定義企業流程中的事件

　　Fairhaven 便利商店流程中的事件是「銷售」和「存款」。

B.決定哪一個交易事件會需要交易表格。以下表格是考慮 Fairhaven 便利商店的需要而決定的。

事件	是否需要交易表格？
銷售	需要。銷售和現金收款資料要記錄在會計資訊系統中。
存款	也許需要。公司要記錄存款日期、總額，以及是哪位經理去存款的資料

C.藉著對於每一個需要交易表格的交易事件，列出方塊圖示，開始 UML 分類圖。

步驟 2：放置需要的主檔表格（檔案）在 UML 分類圖中。

A.對每一個 UML 分類圖的交易事件（由步驟一而來），決定相關的產品、服務或代理人實體。

事件	產品／服務	內部代理人	外部代理人
銷售	存貨（產品）	經理	顧客
存款	現金	經理	銀行出納員

B.決定哪一個確認的實體需要主檔表格。

　　Fairhaven 便利商店認為，只有二個主檔表格是需要的：(1) 存貨主檔表格和 (2) 經理主檔表格。商店決定不製作下列主檔表格：

■ 顧客主檔：顧客名稱和地址是不需要的，因為公司不會發帳單給顧客，基於他們必須付現，而且公司也不會製作廣告傳單寄送給顧客。

■ 銀行行員：沒有必要辨認是由誰來處理存款動作的銀行行員。

C.考慮使用主檔表格去追蹤現金的位置，及交易事件對於總帳帳戶餘額的影響。

　　商店不需要現金主檔表格，因為所有現金被彙集放置在同一個銀行中。當前，總帳系統沒有自動化，因此總帳主檔表格不必要在系統中。

☁（續）釋例 5.11　Fairhaven 便利商店：發展 UML 分類圖的步驟

D.加入所需要的主檔表格至適當的 UML 分類圖位置中。

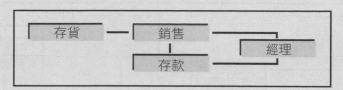

步驟 3：藉著下列方法，決定表格之間的關係。

A.對每一條連結線段，決定表格之間的多樣性關係。

對 Fairhaven 便利商店而言，每個連結線段被考慮如下：

■ 銷售：存款 =（m,1）。銷售和存款間的關係是多對 1 關係，因為每天只會存款一次，而存款是發生在許多筆銷售之後。

■ 銷售：經理 =（m,1）。每個經理可能經手多筆銷售交易；但在每個銷售交易中只會有一位經理。

■ 銷售：存貨 =（m,m）。在單一銷售交易中，可能有許多存貨選項，而且在特殊存貨選項中，可能有多筆銷售時間。

B.在實體間的線段下，寫上多樣性關係。

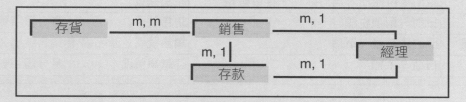

C.如果有任何的多對多關係，請利用新增一個連結表格，轉換成為一對多關係。

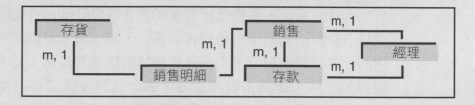

步驟 4：採取下列方法，決定需要的屬性。

以下圖表提供一張應用於 Fairhaven 便利商店中的完全 UML 分類圖。主要索引鍵被分配到實體中，顯示在表格名稱之下。銷售明細表格的主要索引鍵是一把複合索引鍵，包括主要索引鍵為二張表格被加入。

（續）釋例 5.11　Fairhaven 便利商店：發展 UML 分類圖的步驟

A 和 B，分配主要和外部索引鍵到 UML 分類圖。

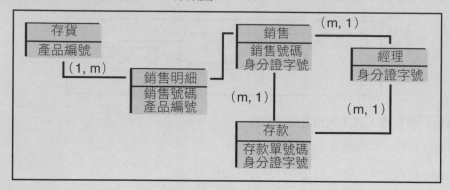

主要索引鍵先被顯示，外部索引鍵以斜體字表示。

明細表格使用二個外部索引鍵，作為一個複合的主要索引鍵。

C.依照必要分配其它屬性（主要和外部索引鍵都被顯示）。

表格	資料屬性需要	主要索引鍵	外部索引鍵
經理	姓氏、名字、地址、檔案狀態（納稅申報身分）、扶養親屬人數	身分證字號	
存貨	說明、供應商、再訂購點、存貨數量	產品編號	
銷售	日期、銷項稅額	銷售號碼	身分證字號
銷售明細	已銷售數量、單價	銷售號碼／產品編號	銷售號碼／產品編號
存款	日期、金額	存款單號碼	身分證字號

5.4.1 其他的資料設計執行問題

　　到目前為止，我們已經考量了概念性設計及執行的問題，但是並沒有針對這兩個部份做精確的區分，有些讀者發現做出區分是有用的。當我們使用交易事件分析建議所需要的表格，及考量產品、服務及代理人建議主檔表格時，概念性的設計是要被強調的。然而，當決定哪一個交易事件要記錄在交易檔中，及哪一個實體要保存在主檔中，則是執行的問題。例如，在 ELERBE 的案例中，我們決定不使用交易檔去記錄撿貨的交易事件，及在 Fairhaven convenience store case 的案例中，對於維護客戶資料，決定不去建立一個主檔表格。

　　在本章剩餘的部分，我們開始著重執行的部分，並提出四項建議。

☁️ **釋例** 5.12　Fairhaven **便利商店：表格範例資料**

經理					
身分證字號	姓氏	名字	地址	檔案狀態	扶養親屬人數
105-50-1234	Green	Cindy	Plainville, MI	單身	1
154-08-8304	Ola	Patrick	Newport, MI	已婚	3
012-50-1237	Barley	Thomas	Wareham, MI	單身	1
023-45-8921	Mello	Jay	Paris, MI	已婚	4

存貨				
產品編號	說明	供應商	再訂購點	存貨數量
101	Regular gas	Exxon	1,000	10,000
102	Engine oil	Mobil	50	100
103	Antifreeze	Dow	30	10

銷售			
銷售號碼	身分證字號	日期	銷項稅額
201	105-50-1234	12/15/2006	$0.85
202	105-50-1234	12/15/2006	$1.45
203	154-08-8304	12/15/2006	$1.00
204	154-08-8304	12/16/2006	$0.15

銷售明細			
銷售號碼	產品編碼	已銷售數量	單價
201	101	13	$2.00
201	103	1	$1.50
202	101	14	$1.50
202	102	2	$3.00
203	101	10	$2.00
204	102	1	$3.00

存款			
存款號碼	日期	金額	身分證字號
801	12/15/2006	$77.80	105-50-1234

　　建議 1：一個主檔而非兩個主檔。如果不同的表格有相似的目的，與相似或相同的結構，或許可以合併這兩個表格。想想在 Via Italia 餐廳的簡單部分 UML 分類圖。

　　這個部分的分類圖似乎是建議對於每一個代理人應該要有個別的表格；然而，服務生與廚師都是公司的職員，一個職員表格應該就足夠了。

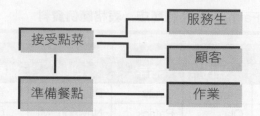

建議 2 ：使用一個交易事件表格（而不是兩個）。如果在一個有順序的交易事件情況下，且存在於交易事件之中是種一對一關係，程式設計者就有兩個選擇，分別是為每一個交易事件設立一個交易表格，或合併交易事件成為一個交易表格，利用 Top-Movies 錄影帶店的案例說明兩個選擇方式，如下。

選擇 A ：兩個記錄在兩個表格中

出租表格（僅記錄出租資料）

出租交易號碼	錄影帶編號	出租日	顧客編號
1035	5220	05/14/06	3201

歸還表格（僅記錄歸還資料）

歸還交易號碼	錄影帶編號	歸還日
2970	5220	05/17/06

選擇 B ：一個記錄在一個表格中

出租與歸還表格

出租交易號碼	錄影帶編號	出租日	歸還日	顧客編號
1035	5220	05/14/06	05/17/06	3201

建議 3 ：刪除多餘的關係。如果兩個表格間的關係可以從先前較早發生的其他事件決定的話，你就可以刪除這兩個表格間的連結線段。

舉例說明，On-Line Books 是一家網路書店，因為顧客與運送貨品之間的關係已經被畫出來了，分別是（訂購；顧客）及（訂購；運送），所以運送貨品及顧客之間的關係是不需要再列示的。只要在訂單裡的顧客與運貨單裡的顧客是同樣的，就不需要在顧客及運送之間再畫出關聯的線了。

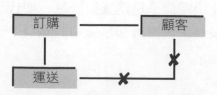

　　消除掉連結顧客及運送之間關聯線的益處有兩個：（1）減少分類圖中關聯線的數目，讓整個圖表更容易閱讀；及（2）稍後在決定什麼屬性欄將包括在運送表格時，關聯線的缺少可以幫助你了解到，在運送記錄中，你並不需要顧客編號欄位。

　　下列表格說明此釋例：

訂購表格記錄

訂單號碼	訂購日期	顧客編號	送貨單編號	數量
1035	11/05/06	5830	4583	8

運送表格記錄

送貨單號碼	訂單號碼	送貨日期	顧客編號	送貨員編號	數量
2820	1035	11/07/06	5830	8520	6
2821	1035	11/10/06	5830	8610	2

　　建議 4：加上未包含交易事件記錄的關係。到目前為止，我們已經了解到所有直接聯繫到交易事件的所有各種關係，至目前為止我們看到的，交易事件表格是直接位於 UML 分類圖的中間位置，並且所有的關聯線是直接的連結至各表格上。然而，在某些情況下，有些關係並不直接包含交易事件的，這裡以兩個範例說明。

　　個案 1：納稅申報服務中，電腦系統已經為每個顧客指派一名會計師。

個人報稅服務

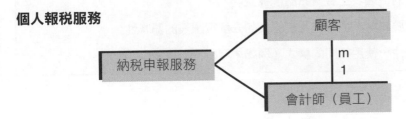

　　個案 2：在 Amelia Products 公司裡，每一個產品，都被指派給一名銷售人員。為了讓本例看來更簡單扼要，並不列示相關的細節。

個人報稅服務

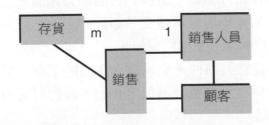

　　我們利用了要點 5.3 中的一些文件說明建議，完成了我們的指導方針說明，說明文件是用來傳遞訊息的。因此，準備清晰明瞭的說明文件對你而言，是非常重要的。

要點 5.3　傳遞資料設計

當你在使用前面的方法時，一定要記得，諸如 UML 分類圖這樣的工具，可以提昇傳遞能力。這些工具傳遞系統的訊息給使用者、管理人員及發展團隊本身的其他人員。因此，使用讓別人也可以閱讀並清楚了解的方法去組織你的說明文件，就是一件非常重要的事。在準備你的說明文件時，請考量以下的指導方針：

■ 在命名實體時，請保持一致原則。實體應該在企業流程描述中、 UML 分類圖中及相關的表格設計時，以相同的參照方式。

■ 在 UML 分類圖中，要記得將各方塊圖示命名，以便讀者可以輕易的聯結 UML 分類圖與先前的說明文件。

■ 幫助讀者了解說明文件的每一個部分是如何與其他部分有關。例如，如果你正要從圖表中拿掉某些實體，因為系統不會蒐集這方面的資料，因此就要說明哪一個實體已被拿掉及其原因。

適當的版面設計也可以提昇閱讀性：

■ 每一個主題單獨列示在一頁上。

■ 清楚地標記文件的每一個部分。

■ 簡要的寫下圖表上各資訊的解釋說明。

■ 使用簡要說明，而不是冗長的文句去解釋圖表的關聯性。

■ 整份文件，使用相同的樣式（例如，字型及標題）。

彙總

　　第 2 章發展技術來辨識一個企業流程的交易事件。使用交易檔和主檔來記錄代理人、產品、服務的交易資料和儲存資訊。第 3 章繼續著重於事件和介紹統一塑模語言活動分類圖，當作了解事件和控制的工具。第 4 章用來辨識交易事件的風險，以及控制交易執行和記錄與更新交易檔、主檔的資料。

　　本章繼續建立對事件、交易檔、主檔的了解。對會計資訊系統而言，了解資料檔案的整合是很重要的。我們討論過關聯性資料庫

方法，強調在同一個應用程式內，表格（檔案）之間屬性可以互動，並且強調多樣性關係分析。

一個新工具──統一塑模語言分類圖用來介紹表格之間的關係，包括四個步驟，用來文件化主檔和交易表格的設計要素，項目包括表格名稱、屬性的主要索引鍵、外部索引鍵，以及表格間的關係。

焦點問題 5.a

※決定交易檔之需求

請就下列事件，討論是否需要交易檔之存在。若不需要，請說明是依據何種原則決定。 Travel Helper 是一家提供會員旅遊服務的網路公司，內容包括線上預約房間、訂機位及租車等服務，相關事件如下：

1. 新訪客加入會員並填寫名稱、地址、 e-mail 等資料。
2. 使用線上服務者，每次收費 \$2.5 ，會員需輸入信用卡號碼作線上付款。
3. 會員每月會收到月報。公司會將該月為顧客所提供之服務，所收取之相關費用及為顧客因是會員所節省之費用印製於月報上，提供給顧客了解。

焦點問題 5.b

※使用外部索引鍵連結主檔及活動事件記錄檔

請就釋例 5.2 之內容回答下列問題：

1. 交易明細檔中之「外部索引鍵」為何？
2. 上述「外部索引鍵」之使用效益何在？

焦點問題 5.c

※主要索引鍵與外部索引鍵──收入循環

ELERBE 公司

假設 ELERBE 公司要依銷售人員檔來追蹤訂單流程，於是決定增加一「銷售人員」檔。

問題：

1. 「銷售人員」檔的主要索引鍵為何？
2. 就釋例 5.2 所提供的資料來看，如何設計「銷售人員」檔使其能與「訂單」檔作相關連結？

焦點問題 5.d

Newman School 提供多種免費戲劇演出給社會大眾欣賞。每一個戲劇由學校的學生提出腳本構想，每位學生被要求每年提交二個或更多戲劇的腳本構想。當腳本構想提出後，由另一個學生負責設計整組戲劇演出細節型式，其他學生需要配合演出戲劇。通常戲劇在二個週末的週五與週六演出。例如「How about That」這場戲劇由 Jane Robertson 提出腳本構想，Dan Stevens 負責設計整組戲劇演出型式細節，被安排在 10 月份的前二週的週五和週六演出，很多學生參與演出。下面以統一塑模語言分類圖來表達這個戲劇的演出流程。

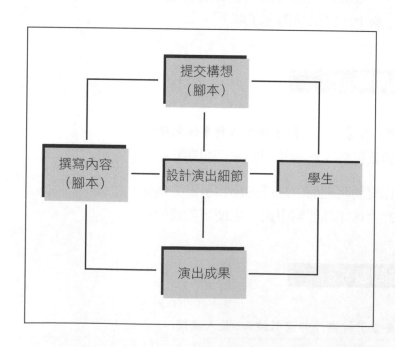

1.　__1__　每個演出設計事件與提出的戲劇腳本事件
　　__1__　每次所提出戲劇腳本事件與所進行的演出設計事件
　　　　多樣性 =（1, 1）
2.　_____　每次戲劇演出事件與演出設計事件
　　_____　每次戲劇設計事件與戲劇演出事件
　　　　多樣性 = _____
3.　__m__　每位學生與提出的戲劇腳本事件
　　__1__　每一提出戲劇腳本事件與學生人數
　　　　多樣性 =（1, 1）
4.　_____　每位學生與戲劇演出設計事件
　　_____　每次戲劇演出設計事件與學生人數
　　　　多樣性 = _____
5.　_____　每位學生與戲劇演出事件
　　_____　每次戲劇演出事件與學生人數
　　　　多樣性 = _____
6.　_____　每次提出戲劇腳本事件與撰寫腳本次數
　　_____　每次戲劇撰寫腳本與提出腳本事件
　　　　多樣性 = _____
7.　_____　每次戲劇演出設計事件與撰寫腳本次數
　　_____　每次撰寫腳本與演出設計事件
　　　　多樣性 = _____
8.　_____　每次戲劇演出與撰寫腳本次數
　　_____　每次撰寫腳本與戲劇演出事件
　　　　多樣性 = _____

焦點問題 5.e

※ UML 分類圖與交易檔案

H & J 稅務服務公司

　　H & J 稅務服務公司提供多種稅務服務，相關服務項目列在下面的稅務服務報告：

稅務服務報告

服務編號	服務內容	公費價格	至今收入餘額
1040	聯邦個人所得稅申報 1040 表（長式）	$100	$120,000
Sch-A	1040 表列舉扣除額計算	50	51,000
Sch-B	1040 表利息與股利計算	50	53,300
Sch-C	1040 表個人執行業務所得計算	110	84,000
State	州方所得稅計算	80	81,000
Corp	公司所得稅計算	30／小時	103,000

　　該公司有興趣發展一套自動化系統，用來記錄所提供服務的公費計價與收款。除了幫顧客計算稅款有報稅軟體外，目前處理方式為人工處理。收入循環從計算價格到收款，敘述在下一段。

　　一位顧客打電話到辦公室詢問稅務服務，秘書就安排顧客與會計人員見面。顧客與會計人員見面談過後，決定需要那些服務，然後會計人員準備服務需求單表示已經同意的服務項目，案例敘述如下：

服務需求單

需求單號碼 104　　　會計人員： Jane Smith
顧客： Robert Barton　日　　期： 2/10/2006

服務編號	服務內容	公費價格
1040	聯邦個人所得稅申報 1040 表（長式）	$100
Sch-A	1040 表列舉扣除額計算	50
Sch-B	1040 表利息與股利計算	50
State	州方所得稅計算	80
	合計	$ 280

　　顧客給祕書一份「服務需求單」，針對新顧客，秘書會在顧客資料表建新檔記錄顧客名稱、地址、聯絡人、電話號碼，再將其與顧客需求單放入資料夾內。

顧客資料表的部分資料如下：

顧客編號： 1001

顧客名稱： Robert Barton 　　　地址： 242 Greene St.

　　　　　　　　　　　　　　　　　　St. Louis, MO 63108

電　　話： 431-555-4530

　　會計人員獲得足夠資料來為顧客計算所得稅，所有報稅資料輸入 Mega-Tax 報稅軟體，自動計算出顧客的稅款計算，但與收入循環流程不相關。 H&J 公司目前不打算將報稅軟體與收入循環相結合，所以當會計人員將顧客稅務服務案件完成後將資料交給秘書，以準備公費請款單和價格計算明細資料，再通知顧客其服務已完成。

　　問題：

1. 試辨識該公司企業流程中之活動事件。
2. 就問題 1 中所分辨出之事件，哪些事件需要使用交易檔，請將相關資訊填入下列表格：

活動事件	可能使用檔案（表格）	是否需要使用交易檔（表格）

3. 以「方塊」繪出該流程事件所需之交易檔，做為繪製 H ＆ J 稅務服務公司 UML 分類流程圖之開始。

焦點問題 5.f

※ UML 分類圖與主檔

H ＆ J 稅務服務公司

　　請參照問題 5e.關於 H ＆ J 稅務服務公司之資料。

　　問題：

1. 請於 H ＆ J 稅務服務公司會計資訊系統中之資料，試分辨該公司流程中各活動事件之內部及外部代理（負責）部門或人員、產品或服務內容，並填入下表：

活動事件	產品或服務	內部代理部門或人員	外部代理部門或人員

2. 就各活動事件中之代理部門或人員、產品或服務內容，分辨其是否需要與主檔連結，填入下表並解釋其原因。（假設該公司並不需要「現金」或「總帳」主檔）

事件或實體	是否需要使用主檔

3. 於 H & J 稅務服務公司 UML 分類流程圖中繪入所需之主檔。

焦點問題 5.g

※決定所需關聯

H & J 稅務服務公司

請參閱問題 5.f 第 3 小題所繪製之 UML 分類流程圖，就下述事件更新該流程圖（如有需要）：

1. 企業流程只有「服務需求」與「發票」兩活動事件；相關主檔只有「顧客」、「會計人員」與「服務明細」
2. 假設每一顧客一年中會進行多次的服務需求。
3. 於圖中所有連接線以下述方式標示其關連性：（1,1）、（1,m）、（m,1）或（m,m）。

焦點問題 5.h

※設立連結檔案

H & J 稅務服務公司

於問題 5.g 之流程圖中，你會發現兩項「多對多」之關聯：服務－服務需求；服務－發票，請於 5.g 之分類流程圖中為上述兩項「多對多」關聯加入適當之「聯結」檔。

焦點問題 5.i

※分配事項實體屬性於 UML 分類流程圖中

H & J 稅務服務公司

1. 請就問題 5.h 之分類流程圖，除連結檔外，如課本釋例 5.10 為圖中各事件或實體加入所需之主檔。
2. 就連結檔而言，多個主檔之使用是必須的。在連結檔之下方加入其所需的主要索引鍵。不要在服務和發票實體加上連結檔。
3. 請舉例為分類流程圖中各事件或實體檔案加入外部索引鍵，表示其可連結性。

焦點問題 5.j

※加入事項實體之資訊屬性於 UML 分類流程圖中

H & J 稅務服務公司

　　試分辨報表中所需之資訊屬性，如顧客名稱等，請依課本焦點問題 5.e 之型式將答案填入下表：

檔案名稱	欄位屬性

焦點問題 5.k

※將樣本資料加入檔案中

H & J 稅務服務公司

　　試就下述假設為下列事件製作個別檔案，並說明檔案中之欄位屬性：

1. 「顧客」檔：三位顧客，其中一位為 Robert Barton。
2. 「會計人員」檔：其中一位為 Jane Smith。

3. 「服務需求」檔：共為顧客提供三種服務，其中一種如課本焦點問題 5.e Robert Barton 所要求之服務。

4. 「服務需求明細」檔：每一顧客需求單上均有兩種以上服務需求，此檔案亦須包含 Robert Barton 之服務需求細項。

問答題

1. 何謂統一塑模語言分類圖？比較統一塑模語言分類圖與活動圖。
2. 什麼實體會出現在統一塑模語言分類圖中？分類圖如何表達實體？
3. 統一塑模語言分類圖如何表現兩個實體間的關聯。
4. 何謂主要索引鍵？請舉例解釋。
5. 何謂外部索引鍵？請舉例解釋。
6. 何謂對應關係？三種對應關係分別為何？以一個釋例說明每一種對應關係。
7. 為何主要索引鍵、外部索引鍵及對應關係的概念對於資料庫設計人員而言是重要的？
8. 你如何消除資料庫設計中的多對多關係？
9. 列出編製統一塑模語言分類圖的步驟。

練習題

　　以下的練習是基於 Excel Parties 公司的範例而來，在完成此練習之前，請先仔細的閱讀此篇範例。

　　Excel Parties 公司販售派對用品，像是帽子、小禮物、紙餐具，提供給個人或公司行號的派對使用。該公司的派對訂購系統運作如下：

　　顧客設計了一個派對企劃，並將此企劃交予客服人員，客服人員決定是否顧客所需要的派對用品可以提供給此派對企劃（如果不行，將拒絕此訂單）。客服人員計算此項企劃的成本。顧客填寫顧客表格，包括名稱、地址及電話號碼，並且設定此顧客之帳戶編號。編製確認此項派對企劃的發票，並且列示出總成本（含稅），減去顧客必須立即支付 10 ％的訂金。顧客在其中一張發票複本上簽名，並交回給客服人員，接著顧客以現金或支票支付 10 ％的訂金。客服人員將顧客的資料輸入於電腦系統中。而派對的細節部分（訂購日期、派對日期、派對用品項目、發票上之未付款總額及付現金額）也輸入電腦系統內，在派對企劃訂購記錄中的狀態欄位，被設定為「未結案」。

　　顧客必須在三十天內支付完所有的款項，可以利用親自到公司支付或是郵寄的方式。客服人員將顧客支付的金額記錄於電腦系統內，當顧客將最後的款項付清時，客服人員會將派對企劃訂購記錄中的狀態欄改為「已付清」，顧客會收到一張註明顧客名稱、派對用品項目及顧客支付金額的收據。當顧客來公司領取所訂購的派

對用品時，會出示發票，客服人員利用電腦系統去檢查是否最後的款項已經結清。然後，派對用品會交付給顧客，並在系統內記錄此筆銷售記錄，而派對企劃訂購的狀態欄再被改爲「已結案」，接著顧客在發票複本上簽名，表示已經收到所訂購的派對用品，此發票再交回給客服人員。此時，系統會減少存貨的庫存數量。經理每個星期兩次，編製逾期派對企劃訂購的報表（在三十天內未完全付清的訂單）。對於這些訂單的處理，扣除已收現金額的 10 ％，再開立支票，並郵寄給顧客，關於退款支票的資料會記錄在系統中，而派對企劃訂購中的狀態欄被變更爲「已逾期」。

E5.1

a. 確認 Excel Parties 公司企業流程中的事件。針對每一個事件，討論是否需要一個交易檔去追蹤關於這些事件的資料。

b. 爲 Excel Parties 公司編製部分的統一塑模語言分類圖，列示資料會被系統追蹤的事件。

E5.2

a. 確認所有資料會被系統追蹤之事件有關的外部代理人（agents），內部代理人及產品／服務。參考你在 E5.1b 中的答案，使用下列的表格彙總你的答案。

事件	產品／服務	內部代理人	外部代理人

b. 考慮每一個你在先前問題中確認的交易實體（外部代理人、內部代理人及產品／服務），決定交易實體對於主檔表格的需要情形。使用下列的表格彙總你的答案。

交易實體	對於主檔的需要情形

E5.3

修改你在 E5.1 所編製的部分分類圖，列示出主檔。並列示出各個交易實體間的關係，忽略逾期訂單及現金與總帳實體的流程。

E5.4

修改你在 E5.3 所編製的部分分類圖，列示出對應關係。假設顧客的派對企劃訂單只會訂購一項派對用品。

E5.5

修改你在 E5.4 所編製的部分分類圖，消除所有的多對多關係。

E5.6

修改你在 E5.5 所編製的部分分類圖，列示出主要索引鍵及外部索引鍵。

E5.7

為 Excel Parties 公司設計其他的屬性欄位。

6 了解與設計查詢和報表

學習目標

○ 閱讀完本章，您應該了解：

1. 關聯性資料庫中查詢的需求。

2. 查詢的要素（所需輸出屬性、標準及表格）。

3. 報表模式（簡單報表、分類明細報表、彙總報表及單一事件報表）。

4. 交易報表、參照列表及狀態報表。

○ 閱讀完本章，您應該學會：

1. 由資料表中設計一個查詢獲取資料。

2. 設計報表內容及報表組織。

3. 設計交易表格。

4. 設計參照列表及狀態報表。

第 5 章的焦點在於將會計資料編入表格中，而關於代理人、產品、服務及交易事件的資訊，是分別儲存在不同的表格之中，一旦這些表格能夠適當的連結，資料庫管理系統就可以透過不同的方式容易的擷取這些資訊。**資料庫管理系統（database management system, DBMS）**是一組程式的集合，這些程式讓你可以進入資料庫，並組織、擷取資料庫中的資訊。例如，你可以檢視表格的特別記錄（列）或特別屬性（行），你也可以合併許多不同的表格。為了擷取這些資料庫中的資訊，你必須了解查詢的概念。**查詢（query）**是對於資料庫中資訊的請求，本章也將由查詢開始介紹起。在稍後的部分，將會介紹如何利用表格中的資料及查詢功能產生有用的、彙整良好的報表，給管理者或報表使用者。資料庫管理軟體提供創造表格、輸入資料至表格，及藉由查詢功能獲得資料等功能。大部分的資料庫軟體也提供設計顯示或列印查詢資料報表設計的軟體。微軟的 Access 軟體就是一個資料庫軟體的例子，本章也會利用這個軟體做參照介紹，其他的資料庫軟體供應商包括了 Oracle 、 IBM 及 Informix 。

要點 6.1 彙總了表格、查詢及報表之間的關係，如同我們在第 5 章所看到的一樣，報表所需要的資料儲存在表格當中，查詢是從表格中擷取資訊的指令。被擷取的資料以符合使用者需求的報表形式顯示或列印，**報表（report）**是一種格式化或組織化呈現的資料。在本章中，我們將會討論多種報表的設計。

企業流程中，報表的編製及使用是不可或缺的一部分。報表包含了以許多不同方式呈現關於交易事件、代理人與產品／服務資訊的總計、彙總與整理，而報表可以顯示於螢幕上或列印出來，本章將說明由會計資訊系統所產生的一般報表。會計資訊系統的使用者、程式設計師及評估人員與會計人員都被預期能夠了解並解釋各種不同的報表。由會計資訊系統所產生出來的報表，通常都不為學生所熟悉，因為學生對於報表的概念通常僅限於資產負債表、損益

資料庫管理系統
（database management system, DBMS）

是一組程式的集合，這些程式讓你可以進入資料庫，並組織、擷取資料中的資訊。

查詢（query）

是對於資料庫中資訊的請求。

報表（report）

是一種格式化或組織化呈現的資料。

☁ 要點 6.1　**表格、查詢和報表的關係**

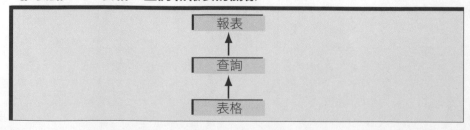

表、股東權益變動表及現金流量表。

　　了解各種會計資訊系統的報表，可以讓你成為一個會計資訊系統的使用者。例如，熟知典型及一般報表的格式，可以幫助你了解套裝軟體所產生的特殊報表，學習新的會計軟體，更有效率的編製設計報表，分析現有的系統報表，並給予改善的建議。

6.1　查詢

　　查詢是關聯性資料庫中一個重要的因素，要有效率的使用資料庫管理系統軟體，你必須非常了解查詢的特色。要點 6.2 彙總了一些在討論查詢時會使用的基本詞彙。

> **結構化查詢語言**
> （**structured query language, SQL**）
>
> 一種查詢關聯性資料庫的標準化語言。

> **範例查詢**
> （**query by example, QBE**）
>
> 一種以範例對文件進行查詢的方法；範例可為文字或圖案。

要點 6.2　查詢相關資庫

查詢語言

　　會計資訊系統發展者與使用者需要能夠將資訊需求傳達到資料庫管理系統，查詢語言已經發展成可以讓使用者以更結構化的模式，使用資料庫管理系統去取得資料。

結構化查詢語言（structured query language, SQL）：

　　結構化查詢語言是一種查詢關聯性資料庫的標準化語言，熟悉結構化查詢語言可以讓你能夠操作非常多種的資料庫管理系統軟體。基本的結構化查詢語言查詢格式如下：

格式	結構化查詢語言範例
SELECT 屬性	SELECT Order # , Date, Customer #
FROM 表格	FROM Order
WHERE 準則	WHERE Date= # 06/01/2006 #

　　這個格式讓你可以（1）指定所要輸出的屬性；（2）依條件存取表格中的資料；（3）由屬性指定所需表格。關聯性資料庫的影響力隨著它由表格擷取資料及合併不同表格資訊的能力而提昇。如果要包含到許多表格的連結，則必須在結構化查詢語言敘述「FROM」後加入。

範例查詢（query by example, QBE）：

　　資料庫最終的目的是提供給我們有意義的資訊，所以了解表格的組織，並且在表格中輸入資料之後，接下來是如何在資料庫中取得您所要的資訊。例如，查詢某些條件下的資料、資料排序、資料統計等。擷取資料庫的資訊最常見的兩種方法是：SQL 資料庫語言和範例查詢 QBE 操作介面，其中 SQL 是標準資料庫的通用語言，可適用於大部分的資料庫軟體，但學習上較花時間；而 QBE 是視覺化的操作介面，且容易使用，但不同資料庫軟體之間會有不同操作方式。

本節中將會利用 ELERBE 的訂單資料庫來說明查詢功能，這個系統的使用者將需要下列的例子。

■ 查詢 A：指定作者的所有出版品清單。（例如 Cromwell）
■ 查詢 B：指定日期的所有訂單。（例如 05/15/2006）
■ 查詢 C：公司正計畫一本出版品的更新版（例如 ISBN=0-135-22456-7）

行銷經理想要聯繫在 2006 年曾訂購大量此版舊書的顧客。假設公司訂購表格裡面包含了許多年的訂購資料，行銷經理想要一份包含顧客名稱、地址、連聯人、電話及訂購數量的報表。

■ 查詢 D：與查詢 C 一樣的查詢要求，但是現在並不設定「年」的資訊，因此我們要去聯繫所有曾訂購此書的人，不管是在何年訂購的。
■ 查詢 E：同樣與查詢 C 一樣的要求，但是經理想要一份指定出版品名稱的報表（例如管理資訊系統），能夠使用出版品名稱做為查詢，代表使用者未必要先知道出版的 ISBN。

6.1.1 查詢格式

首先，我們先考慮單一表格的查詢，然後我們再考慮要由其他表格資訊的查詢。釋例 6.1 彙總 ELERBE 公司的資料庫設計，並提供簡單的資料。

6.1.2 單一表格查詢

首先，我們考慮查詢 A，查詢一份所有 Cromwell 所著所有出版品的清單，與要點 6.2 所列一樣，我們考慮了下列問題去分析此項查詢。

1.在使用者查詢輸出的條件下，所要求的屬性是什麼？

在本項查詢要求中，並沒有特別指定查詢輸出的資訊屬性。因此，在執行此項查詢時，必須決定藉作者名"Cromwell"去決定使用者想了解關於這本書的資訊。如同在本例中，你通常必須做出包括在此項查詢報表中的攸關屬性，如果包括了太多的屬性，則此份查詢報告就會變得非常難以閱讀。同時，也非常難以將此份查詢報表列

釋例 6.1　ELERBE 公司資料庫設計和樣本資料

表格的設計

表格名稱	主要索引鍵	外部索引鍵	其他屬性欄位
存貨	ISBN		作者，書名，價格，庫存數量，分配數量
顧客	顧客編號		名稱，地址，連聯人，電話
訂單	訂單號碼	顧客編號 （連結至顧客表格）	訂購日期
訂單明細	訂單號碼 ISBN*	訂單號碼 （連結至訂購表格） ISBN （連結至存貨表格）	數量

* 複合主鍵

存貨表格

ISBN	作者	書名	價格	庫存數量	分配數量
0-256-12596-7	Barnes	Introduction to Bussiness	$78.35	4,000	300
0-127-35124-8	Cromwell	Building Database Applications	$65.00	3,500	0
0-135-22456-7	Cromwell	Management Information Systems	$68.00	5,000	50
0-146-18976-4	Johnson	Principles of Accounting	$70.00	8,000	260
0-145-21687-7	Platt	Introduction to E-commerce	$72.00	5,000	40
0-235-62460-0	Rosenberg	HTML and Javascript Primer	$45.00	6,000	0

顧客表格

顧客編號	名稱	地址	聯絡人	電話
3450	Brownsville C.C.	Brownsville, TX	Smith	956-555-0531
3451	Educate, Inc.	Fairhaven, MA	Costa	508-888-4531
3452	Bunker Hill C.C.	Bunker Hill, MA	LaFrank	617-888-8510

訂單表格

訂單號碼	訂購日期	顧客編號
0100011	05/11/2006	3451
0100012	05/15/2006	3451
0100013	05/16/2006	3450

訂單明細表格

訂單號碼	ISBN	數量
0100011	0-256-12596-7	200
0100011	0-146-18976-4	150
0100012	0-135-22456-7	50
0100012	0-146-18976-4	75
0100012	0-145-21687-7	40
0100013	0-146-18976-4	35
0100013	0-256-12596-7	100

印於標準格式的紙張上面；另一方面，如果你在查詢報表中沒有包含足夠的資訊，你的報表或許就沒有包含使用者所需求的資訊了。

在本例中，我們假設使用者僅想查詢每本 Cromwell 著作的 ISBN（ISBN）及書名。其所需求的屬性（ISBN、作者、書名）在存貨表格中可取得。

2. 產生輸出報表將會使用什麼查詢標準？查詢標準所使用的屬性為何？什麼樣的資料庫表格會包含我們所指定標準所需要的屬性？

存貨表格包含了所有 ELERBE 公司所有的出版品，我們只想查詢特別作者的出版品。因此，我們嘗試在指定條件下從存貨表格中獲取所指定的記錄，指定查詢標準所需的屬性為「作者名」。（標準：作者名 = Cromwell）。

我們彙總本項查詢的設計於釋例 6.2A，並設計一行作為本項查詢所需表格的描述，一列作為先前每一個所提問題的描述。查詢輸出所需求的各項屬性列示於每一列上，其行首標示包含這些屬性的表格，即存貨表格。假設同時也需要其他表格中的其他屬性，則額外的行資訊也必須增加。例如，使用者需要存貨表格中 ISBN、作者名及書名等屬性，問題二指定標準所需使用的屬性列示於標示包含這些屬性的表格行中。在釋例 6.2A 中，使用的查詢條件是存貨表格中的作者名，所以他被列在存貨行中。某些屬性會同時出現在兩列中。例如，作者名這個屬性在查詢條件時需要，在輸出報表時也會用到。因此，在存貨表格行下的兩列，都包含了作者名這個屬性。

注意釋例 6.2A 的查詢分析，如何將以英文表達的所需資訊（所有 Cromwell 的著作清單）連結至下列的表格設計。

一旦你已經做了如釋例 6.2A 的分析，你就可以使用 QBE 查詢去指定資料庫管理軟體中的已知資訊，或者你可以用 SQL 語法表達此類資訊。查詢所使用的 SQL 語法列示如下，此項資訊可以幫助你了解查詢表格分析與 SQL 之間的關聯。

選擇（SELECT）
從表格中指定所需屬性的 SQL 指令。

來源（FROM）
指定所需資料來源的表格的 SQL 指令。

指定（WHERE）
給予所需資料之條件的 SQL 指令。

SELECT ISBN, Title, Author（選擇 ISBN、書名、作者）
FROM Inventory（來源：存貨表格）
WHERE Author="Cromwell"（指定：作者為 Cormwell）

SQL 語法表達了一個請求資料庫給予作者 Cromwell 著作清單結

構化的方法，而此方法也是資料庫管理軟體所熟悉的，但 SQL 語法已經超出本書的範圍。此後，本書將會以 QBE 作為執行查詢工作的主要工具，僅偶爾會參照 SQL 語法。在微軟 Access 的 QBE 查詢方法下，系統會先以表格提示你；然後，你必須指定輸出標準輸入於方格中。釋例 6.2B 列示軟微 Access 完成與採用 SQL 方式完成查詢

釋例 6.2　ELERBE 公司查詢 A 及查詢 B

A. 查詢 A 的查詢設計

查詢 A：列出所有 Cromwell 的出版品

	存貨表格
1.查詢輸出中，使用者所要求的屬性為何？	ISBN ，作者，書名
2.產生輸出的標準為何？ 　標準所使用的屬性為何？	作者 ="Cromwell"

B. 查詢 A 的查詢範例（以 Microsoft Access Screen 為例）

查詢 A：列出所有存貨項目

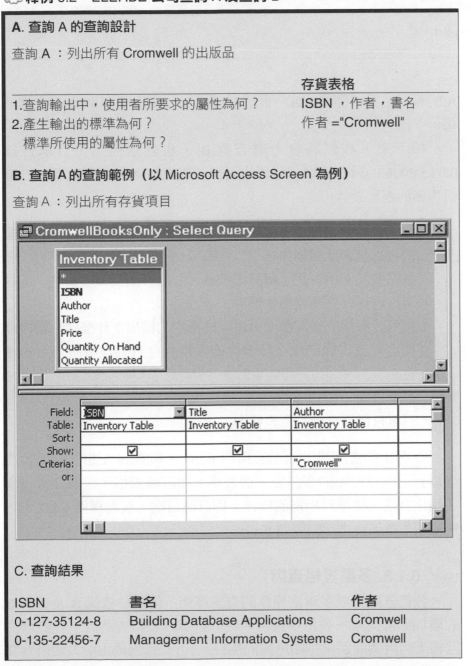

C. 查詢結果

ISBN	書名	作者
0-127-35124-8	Building Database Applications	Cromwell
0-135-22456-7	Management Information Systems	Cromwell

（續）釋例 6.2　ELERBE 公司查詢 A 及查詢 B

D. 查詢 B 的查詢設計	
查詢 B：列出所有在 05/15/2006 的訂單	
	訂單表格
1.查詢輸出中，使用者所要求的屬性為何？	訂單號碼，訂購日期，顧客編號
2.產生輸出的標準為何？	訂購日期 =05/15/2006
標準所使用的屬性為何？	

A 的相同結果。釋例 6.2C 列示執行釋例 6.2A 及釋例 6.2B 的查詢結果。

　　接下來，我們將會考慮查詢 B，也就是列示出訂單日為 05/15/2006 的所有訂單，我們也同樣使用查詢 A 的兩個問題，去導引本題的查詢設計：

1. 在此查詢輸出條件下，使用者所要求的查詢屬性為何？什麼樣的表格包含此類屬性？
   我們假設使用者想了解訂單號碼、訂購日期及顧客編號。這些屬性可以在訂購表格中獲得。
2. 使用什麼樣的查詢標準可以完成指定的輸出？什麼樣的屬性會使用在查詢標準中？什麼樣的表格包含查詢標準所使用的屬性。
   訂單日期 =05/15/2006
   訂單日期儲存於訂單表格中

　　查詢 B 的查詢設計列示於釋例 6.2D。與查詢 A 相同的，我們可以獲得所有需要的資訊於一個表格，即訂購表格。這個表格包含了輸出及輸入標準時所需的屬性，即訂購日期，複習釋例 6.2D，然後完成本章最後之焦點問題 6.a。

6.1.3 多重表格查詢

　　我們已經完成了兩個簡單的查詢釋例，使用於查詢 A 及查詢 B 的屬性，可從單一表格中獲得。在分析單一表格查詢時，我們藉由回答下列兩個問題來指明所需的屬性：（1）查詢輸出中，使用者要

求的屬性為何？（2）什麼樣的標準用來產生輸出？什麼樣的屬性用來作為查詢標準？

然而，某些查詢可能包含了多重表格的資料，我們必須確定查詢中的不同表格，是適當的彼此連結，並且回答第三個問題：（3）在查詢中，連結表格中資訊至其他表格主要索引鍵的外部索引鍵為何？如第 5 章所討論的，外部索引鍵是處於一個一對多關係中的「多邊」位置，並且聯繫著多邊中的記錄到此項一對多關係中「一邊」的適當記錄。在本節中，我們將會進行三個要求多重表格查詢的問題：分別是查詢 C、查詢 D 及查詢 E。

考慮查詢 C，新出版品（ISBN=0-135-22456-7）的更新版正在計畫，行銷經理想要聯繫在 2006 年曾訂購大量此書的顧客。假設訂購表格中包含了很多年的訂購記錄，行銷經理想要一份包含顧客名稱、地址、聯絡人、電話及數量的報表。讓我們看 ELERBE 公司如何從釋例 6.1 中的資料庫獲得這些資訊。同樣的，我們利用下列的問題去導引本題的查詢設計：

1. 在查詢輸出條件下，使用者要求的屬性為何？什麼樣的表格包含了查詢輸出所需的屬性？

如同查詢要求所描述的一樣，行銷經理想要一份包含顧客名稱、地址、聯絡人、電話及數量的報表。在輸出報表中，我們需要顧客名稱及地址，因為行銷經理需要去聯繫這些顧客，訂購數量也是需要的，因為經理僅計畫聯繫那些曾經訂購大量書籍的顧客。

下列表格包含輸出所要求的屬性：
訂購日期在訂購表格中可以取得。
名稱、地址、聯絡人及電話必須從顧客表格中取得。
訂購數量可以從訂購明細表中取得。

顧客表格

顧客編號	名稱		地址	聯絡人	電話

訂單表格

訂單號碼	訂購日期		顧客編號	狀態

訂單明細表格

訂單號碼	ISBN	訂購數量

2.輸出報表中所需的屬性爲何？查詢標準所使用的屬性爲何？又
什麼表格將會包含查詢標準所使用的屬性？

考慮本題的查詢標準，我們不需要列出所有的訂單，我們只要
考慮 2006 年的訂單即可。除此之外，我們也僅需複核特殊書籍的訂
購資訊。不像查詢 B ，在查詢 C 中我們沒有一個單一的查詢日期；
相反的，我們需要一段起始日期。在訂單表格中我們可以獲得日期
資訊。

指定的訂購日期範圍
訂購日期 >12/31/2005 且訂購日期 <01/01/2007
指定的 ISBN
ISBN=0-135-22456-7

訂購日期可以從訂單表格中取得， ISBN 在訂購明細表格中提供
每筆訂單訂購何種書籍的資訊。我們可以透過檢查這一欄，進而找
出訂購 ISBN 爲 0-135-22456-7 的訂單。

3.爲了解決多重表格資訊的查詢要求，我們額外考慮一個問題：
連結表格中資訊至其他表格主要索引鍵的外部索引鍵爲何？

如同先前所提到的，因爲在查詢要求中，資料庫管理軟體應該
要能夠連結不同表格的資訊，因爲這個問題顯得非常的重要。在查
詢 C 中：

■ 訂單表格中的顧客編號讓資料庫管理系統，能夠連結每一次訂
購記錄的正確顧客資料，並且檢索顧客名稱及其他參考資料。
■ 訂單明細檔案中的訂單號碼讓資料庫管理系統，能夠連結記
載詳細內容的所有訂單記錄。

查詢 C 的查詢設計列示於釋例 6.3A ，在此查詢所需要的所有表
格都分別列在不同的行，輸出所要求的屬性列在下一行。如果查詢
標準的條件是基於某一行中的一個表格屬性，此將被列在特別的一
行裡。例如， ISBN 應該是一個確定值的這個條件，是列在訂購明細

表格的這一行，因為 ISBN 是訂單明細表格內的一個屬性。

　　一旦你已經採用一些必要的表格，來組織好一個查詢功能之後，資料庫管理系統通常會幫你針對特殊的屬性做排序動作，或將輸出報表中的記錄限制在某一個數量之內。因此，你可以輸出一份遞減數量排序的報表，也可以僅列出前十大的訂購顧客。

　　接下來，轉換到查詢 D 的部分。行銷經理想要一份列示所有 ISBN 為 0-135-22456-7 的訂單，不論訂購的年份為何，報表上面所需的資訊包含顧客名稱、地址、聯絡人、電話及訂購數量。釋例 6.3B 列示查詢 D 的查詢設計。如同你從查詢條件描述所了解的一樣，我們不需要限制訂單於某一年的條件。因此，在這個特殊的查詢標準條件之下，我們不需要訂購日期這個屬性。除此之外，因為沒有任何的訂購表格屬性要列在輸出報表上面。因此，我們可能會認為訂單表格在這個查詢之下是不需要的。然而，當你考慮到表格的設計時，你就會注意到，在訂單明細表格中的外部索引鍵（訂單號碼）連結訂單明細表格到訂單表格，而不是連結到顧客表格。換言之，訂單明細記錄並不能確認訂單上的顧客，而唯一可以確認每筆訂單上顧客資料的方法，就是透過訂單表格。訂單明細表格中的訂單號碼讓資料庫管理系統，能夠連結每一筆訂單明細記錄到相關聯的訂單記錄，一旦訂單明細記錄連結到正確的訂單記錄，訂單表格中的顧客編號就能夠讓資料庫管理系統連結到適當的顧客記錄中。因此，我們在輸出報表中使用不到任何訂單表格中的任何屬性，但是我們仍在查詢 D 的查詢設計中考慮了訂單表格。

　　現在，考慮查詢 E 的題目，行銷經理想要一份所有在 2006 訂購「管理資訊系統」訂單的報表，經理不知道該書的 ISBN，輸出報表所要列示的資訊包括顧客名稱、地址、聯絡人、電話及訂購數量。

　　釋例 6.3C 列示查詢 E 的查詢設計，與查詢 C 及查詢 D 的唯一不同之處在於，經理指定出版品名稱而不是 ISBN。訂單表格或訂單明細表格中都沒有書名這個屬性欄位，每一份出版品的 ISBN 列在訂單明細表格內，在我們回答查詢 E 的查詢設計問題之前，我們必須連結每一個有著對應出版品名稱的訂單明細記錄，而這出版品名稱在存貨表格中可以查詢得到。如同我們在釋例 6.3C 中已經看到的，我們將存貨表格包括在查詢設計當中，就是為了以出版品名稱做為搜尋條件，這個適當的外部索引鍵幫助資料庫管理軟體在四個表格中正確連結所需的資訊。

釋例 6.3　ELERBE 公司查詢 C 及查詢 D

A：查詢 C 的查詢設計

行銷經理想要一份列示在 2006 年間，ISBN 為 0-135-22456-7 的報表，其中的資訊必須包含名稱、地址、聯絡人及數量。

表格	訂購	訂購明細	顧客
1. 在查詢輸出條件下，使用者要求的屬性為何？		數量	名稱、地址、聯絡人、電話
2. 輸出報表中所需的屬性為何？查詢標準所使用的屬性為何？	訂購日期 >12/31/2005　<01/01/2007	ISBN=0-135-22456-7	
3. 連結表格中資訊至其他表格主要索引鍵的外部索引鍵為何？	顧客編號（確認適當的顧客）	訂單號碼（連結至訂單記錄）	

B：查詢 D 的查詢設計

行銷經理想要一份列示不管哪一個年度，ISBN 為 0-135-22456-7 的報表，其中的資訊必須包含名稱、地址、聯絡人及數量。

表格	訂購	訂購明細	顧客
1. 在查詢輸出條件下，使用者要求的屬性為何？		數量	名稱、地址、聯絡人、電話
2. 輸出報表中所需的屬性為何？查詢標準所使用的屬性為何？		ISBN=0-135-22456-7	
3. 連結表格中資訊至其他表格主要索引鍵的外部索引鍵為何？	顧客編號（確認適當的顧客）	訂單號碼（連結至訂單記錄）	

C：查詢 E 的查詢設計

行銷經理想要一份列示在 2006 年間，書名為「管理資訊系統」的報表，經理不知道此本書的 ISBN 碼，其報告中的資訊必須包含名稱、地址、聯絡人及數量。

表格	訂購	訂購明細	存貨	顧客
1. 在查詢輸出條件下，使用者要求的屬性為何？		數量		名稱、地址、聯絡人、電話
2. 輸出報表中所需的屬性為何？查詢標準所使用的屬性為何？	訂購日期 >12/31/2005　<01/01/2007		書名＝管理資訊系統	
3. 連結表格中資訊至其他表格主要索引鍵的外部索引鍵為何？	顧客編號（確認適當的顧客）	訂單號碼（連結至訂單記錄）ISBN（連結至存貨記錄）		

6.1.4 指定多重查詢條件

像在查詢 D 及查詢 E 時一樣,你將會經常需要多重條件的查詢。在 SQL 中,這些查詢條件以"AND"運算符號做爲連結,如下:

（訂購日期 >12/31/2005 AND 訂購日期 <01/01/2007） AND
Title = "管理資訊系統"

AND 是布林運算符號,代表了所有的查詢條件都必須被滿足。在 QBE 查詢中,你僅輸入查詢條件於表格中即可,且在 Access 中的預設值爲 AND 。查詢條件也可以是 OR 運算符號。例如,查詢條件（Title="Building Database Applications" OR Title="Management Information Systems"）將會找尋有這兩本書的表格。

表達查詢設計的樣版格式

本節的最後部分,將介紹一個指定查詢設計的格式,如要點 6.3 。仔細的檢視要點 6.3 ,並且完成本章最後的焦點問題 6.b 。

6.1.5 複雜的查詢及導航表

有時在複雜的查詢當中,很難決定所需要的表格有哪些。例如,在查詢 D 當中需要訂單表格（爲了取得顧客編號）,即使在這個

要點 6.3 查詢設計樣版格式

表格	表格 1	表格 2	表格 3
1.在查詢輸出條件下,使用者要求的屬性爲何?			
2. 輸出報表中所需的屬性爲何? 查詢標準所使用的屬性爲何?			
3.連結表格中資訊至其他表格主要索引鍵的外部索引鍵爲何?			

說明:將下列的項目置入行中。

1.在每一行首的部分（表格 1 ,表格 2 等）置入查詢所會使用到的表格名稱。

2.在問題一的那一列上,列出使用者對於每一個表格所需要的屬性。

3.在問題二的那一列上,列出查詢條件。

4.在最後一列上,列出特定表格外部索引鍵的屬性,此表格連結資訊至任何其他表格。

表格當中的所有屬性，並沒有輸出報表所需要的屬性。一個新的方法，導航表（navigation template），可以幫助確認所有需要的表格。

6.2 報表的種類

前個章節介紹了查詢的使用，從資料庫中彈性的擷取資訊。查詢處理程式可以呈現被選擇的資訊，以一種類似空白表格式的設計方式呈現，如同釋例 6.2 所示。在某些情況下，是足夠符合使用者的需求；但是在有些情況下，包含超過一個表格的查詢，執行完查詢之後輸出資料於螢幕，可能就不太足夠了。資料庫管理系統除了有查詢處理程式之外，通常也有報表的撰寫功能，報表的撰寫功能讓使用者可以任意的編排表格或查詢輸出模式，以符合決策制訂者的需求。設計一份報告是超乎你想像的複雜，大部分的報表都有表頭、頁首、頁尾及報表附註說明。除此之外，一份報表可能還有分類表頭、分類明細、分類表尾（附註）部分。這些文件名詞將會做簡短的介紹。

在本節部分，我們將會繼續沿用先前所介紹的查詢設計觀點。除此之外，我們也會討論許多不同報表組織及呈現的方式。熟悉一般由會計資訊系統所輸出的報表，可以讓你更輕易的了解由其他套裝軟體所輸出的報表，或者為會計系統設計的報表。會計資訊系統的使用者、設計者及系統評估者和會計人員，都被預期能夠去了解各種不同的報表。會計資訊系統所輸出的報表，一般都是學生所不熟悉的，因為學生對於報表閱讀的經驗，僅限於損益表、資產負債表及現金流量表。

本章的焦點在於使用資料庫軟體，去排序會計資訊系統資料、查詢與產生報表。然而，我們所介紹的觀點，即使你沒有使用資料庫套裝軟體，對你還是非常有幫助的。會計套裝軟體中的標準化報表，可以節省很多報告設計的時間，因為使用者並不需要從開始畫表格做起；然而，標準化的報表模式不如使用者自行設計的報表模式來得具有彈性，而且特殊格式標準的提供，是套裝軟體在提供更彈性的報告模式上的一種方法。

要點 6.4 列示了基於報表中資料組織而來的四種報表模式，分別是：簡單報表、分類明細報表、彙總報表及單一事件報表。考量 Fairhaven 便利商店的銷售交易報表。在這個情形下，**簡單報表**

（**simple list**）是銷售交易記錄的一份清單。繼續這個釋例，**分類明細報表（grouped detail report）** 的報表形式，是銷售交易按照銷售產品分類，並有每種產品小計的清單。**彙總報表（summary report）** 給的僅是彙總性的銷售數字，像每種產品的總銷售金額，而不會列出個別的銷售記錄。最後，**單一個實體報表（single entity report）**，只會提供單一交易事件的細詳內容，像銷售發票一樣。

　　我們也以資料的型態作爲報表的分類基礎，有些報表或許被設計來表達交易事件，其他種類的報表可能主要是表達主檔表格的資料，及主檔記錄中參照與彙總性的資料。

　　首先，我們複習報表的格式，以便了解典型會計資訊系統報表的組成要素。然後，我們會考量下列關於報表設計的問題：（1）報表中要包含哪些資料？（2）資料要如何組織？當然我們在討論這些問題時，我們會發展出一個基本格式，你可以使用這個基本格式去完成會計資訊系統的報表設計。在接下來的兩個小節，我們也會利用這個基本格式做其他報表設計的討論。

　　我們利用 Fairhaven 便利商店作爲報表的討論主體，在作進一步的閱讀之前，先檢視釋例 6.4A 所列示的表格資料設計及釋例 6.4B 的資料；此外，也檢視釋例 6.5A 的報表狀態。我們也會持續使用這些釋例，作爲相關報表資料、組織及格式設計的釋例。

6.2.1 報表版面設計

　　釋例 6.5A 列示典型的分類式明細報表，大部分的報表都有表頭、頁首、頁尾及表尾。**表頭（report header）** 顯示的資訊適用於整張報表（例如，報表及公司名稱、報表日期及頁碼），在我們所有介紹的報表格式裡，表頭資訊對於了解報表來說，是不可或缺的。

簡單報表（simple list）
銷售交易記錄的一份清單。

分類明細報表（grouped detail report）
銷售交易按照銷售產品分類，並有每種產品小計清單的一種報表形式。

彙總報表（summary report）
彙總性的銷售數字，例如每種產品的總銷售金額，而不會列出個別的銷售記錄。

單一個實體報表（single entity report）
只事件提供單一交易事件的細詳內容，像銷售發票一樣。

表頭（report header）
顯示適用於整張報表資訊的報表部分（例如，報表及公司名稱、報表日期及頁碼）。

要點 6.4　四種報表模式

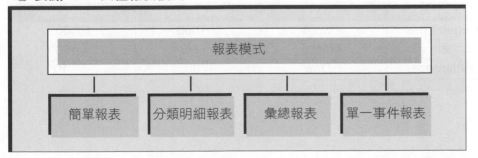

報表模式

| 簡單報表 | 分類明細報表 | 彙總報表 | 單一事件報表 |

☁ 釋例 6.4　Fairhaven 便利商店：資料設計

A. Fairhaven 便利商店的統一塑模語言分類圖與屬性

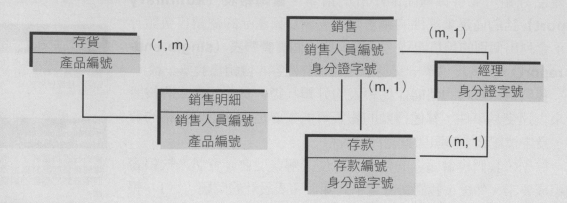

明細表使用兩個外部所引鍵當作複合主要索引鍵。

表格	資訊屬性	主要索引鍵	外部索引鍵
經理	姓氏、名字、地址、婚姻狀態、扶養親屬人數	身分證字號	
存貨	產品內容、供應商、再訂購點數量、庫存數量	產品編號	
銷售	銷售日期、營業稅款	銷售人員編號	身分證字號
銷售明細	銷售數量、價格	銷售人員編號、產品編號	銷售人員編號、產品編號
存款	存款日期、存款金額	存款單編號	身分證字號

B. 樣本資料表格

◎經理表格

身分證字號	姓氏	名字	地址	婚姻狀態	扶養親屬人數
105-50-1234	Green	Cindy	Plainvile, MI	單身	1
154-08-8304	Ola	Patrick	Newport, MI	已婚	3
012-50-1237	Barley	Thomas	Wareham, MI	單身	1
023-45-8921	Mello	Jay	Paris, MI	已婚	4

◎存貨表格

產品編號	產品內容	供應商	再訂購點數量	期初庫存量
101	Regular gas	Shell	1000	10000
102	Engine oil	Mobil	50	100
103	Antifreeze	Dow	30	10

（續）釋例 6.4　Fairhaven **便利商店：資料設計**

◎**銷售表格**

銷售人員編號	身分證字號	日期	營業稅
201	105-50-1234	12/15/06	$0.85
202	105-50-1234	12/15/06	$1.45
203	154-08-8304	12/15/06	$1.00
204	154-08-8304	12/16/06	$0.15

◎**銷售明細表格**

銷售人員編號	產品編號	庫存數量	價格
201	101	13	$2.00
201	103	1	$1.50
202	101	14	$1.50
202	102	2	$3.00
203	101	10	$2.00
204	102	1	$3.00

◎**存款表格**

存款單編號	日期	金額
801	12/15/06	$77.80

註：在本章的釋例中，我們假設庫存數量是定期性的更新；因此，存貨表格中的庫存數量欄位，已經由期初庫存數量所取代。期初庫存數量代表的是期初的庫存數量，系統會利用期初庫存數量減去銷售數量來計算現存的數量。

應該使用具有資訊價值的報表名稱、列印報表日期、資料選取的標準，都應於報表上明確的列示。例如，釋例 6.5A，報表名稱、日期及選取標準（產品 101-103）都列示出來。

　　頁首（page header）可以用來明確說明出現在每一頁最上方的資訊。例如，釋例 6.5A，我們可能想要在每一頁的最上面，列出屬性的名稱（而不僅是在報表的上面而已）。**頁尾（page footer）**出現在每一頁的最底端，而通常是包括了頁碼；**表尾（report footer）**出現一次，在報表的最底端，表尾通常用來表示彙總性的結果，例如總計數。**報表明細（report details）**的部分包含了報表中最主要的資訊，這個部分表達的是各種不同個別項目的內容（交易事件、代理人、產品及服務）。

　　除此之外，由釋例 6.5A 也可以看出，分類式明細報表也有分類表頭、分類明細及分類表尾。由於分類式明細報表包含了許多報表格式所沒有的額外組成要素，在這個部分我們只會介紹各種報告的種類。針對此種報表模式所發展的報表設計導航表，亦可以為其他種類的報表型態所採用。

頁首（page header）
用來明確說明出現在每一頁最上方的資訊。

頁尾（page footer）
出現在每一頁最底端的資訊。

表尾（report footer）
在報表的最底端出現一次，通常用來表示彙總性結果的報表部分。

報表明細（report details）
報表中最主要的資訊部分，包含各種不同個別項目的內容（交易事件、代理人、產品及服務）。

標籤格與內文格

任何報表都有兩個重要的組成因素，就是標籤與資料。在 Access 裡，是以**標籤格（label boxes）**及**內文格（text boxes）**表示。釋例 6.5B 列示了利用 Access 所做的報表設計。注意到，在版面設計上，有許多的長方形，標籤格顯示的是描述性的文字，並且不會受到表格內資料的影響。在釋例 6.5A 及釋例 6.5B 中，標籤包括了報表名稱及銷售人員編號、日期、及銷售數量等標題。內文格則顯示了從表格擷取的資料，在釋例 6.5A 及釋例 6.5B 中，內文格顯示了例如產品內容、供應商、銷售人員編號、銷售日期、期初庫存量等資料。標籤格是靜態的，並且不會隨著所採用的資料變動而變動；而內文格是動態的，顯示於內文格的資料依現在所採用的表格內容而變。

標籤格（label boxes）

顯示描述性文字，並且不會受到表格內資料影響的長方形方格。

內文格（text boxes）

顯示從表格擷取的資料的方格。

分類屬性

分類式報表是以某種的標準去分類。在釋例 6.5A 及釋例 6.5B 中，你可以看到此份報表是按照產品編號做分類，參照資料及交易事件相關資料就按照特定產品做分類，第一個分類列示的是產品 101，而第二個分類是產品 102。在分類明細報表中，有三個相關的部分，分別是分類表頭、分類明細及分類表尾。

分類表頭

分類表頭
（group header）

用來呈現某分類中共通的資訊的表格部分。

分類表頭（group header）用來呈現某分類中共通的資訊，在釋例 6.5A 及釋例 6.5B 中，例如產品編號、產品內容、供應商及期初庫存量，都列示於報表表頭的地方。在表頭的地方將這些資訊分別列示，增加了報表的表現清晰程度。

分類明細

關於各個分類的交易內容，都列在交易明細當中。從資料設計的觀點來看，釋例 6.5A 及釋例 6.5B 所列示的細節（例如，關於銷售人員編號 201 的資料）來自於許多的表格，表頭的資訊來自於一個表格。對於每一個表頭中的產品而言，許多的交易都被列在分類明細當中。

分類表尾

分類表尾
（group footers）

用來提供關於分類報表的有用資訊的表格部分，通常用來列示彙總性的資訊。

分類表尾（group footers）可以用來提供關於分類報表的有用資訊，通常分類表尾都用來列示彙總性的資訊（例如，訂單數目或

釋例 6.5 **分類明細狀態報表的設計**

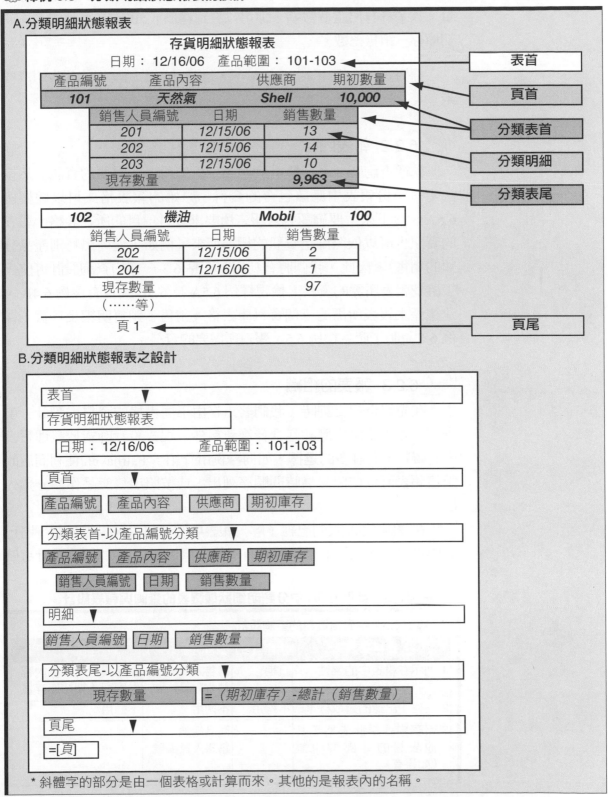

A.分類明細狀態報表

存貨明細狀態報表

日期：12/16/06 產品範圍：101-103 ← 表首

產品編號	產品內容	供應商	期初數量
101	*天然氣*	*Shell*	*10,000*

← 頁首
← 分類表首

銷售人員編號	日期	銷售數量
201	*12/15/06*	*13*
202	*12/15/06*	*14*
203	*12/15/06*	*10*

← 分類明細

現存數量	*9,963*

← 分類表尾

102	*機油*	*Mobil*	*100*

銷售人員編號	日期	銷售數量
202	*12/15/06*	*2*
204	*12/16/06*	*1*
現存數量		*97*

（……等）

頁 1 ← 頁尾

B.分類明細狀態報表之設計

表首 ▼

存貨明細狀態報表

日期：12/16/06 產品範圍：101-103

頁首 ▼

產品編號 產品內容 供應商 期初庫存

分類表首-以產品編號分類 ▼

產品編號 產品內容 供應商 期初庫存

銷售人員編號 日期 銷售數量

明細 ▼

銷售人員編號 日期 銷售數量

分類表尾-以產品編號分類 ▼

現存數量 ＝（期初庫存）-總計（銷售數量）

頁尾 ▼

=[頁]

* 斜體字的部分是由一個表格或計算而來。其他的是報表內的名稱。

訂購金額的總數或平均數）。在釋例 6.5A 與 6.5B 中，表尾是庫存數量，為了計算出這個數字，你可以看到釋例 6.5B 的計算公式：＝期初庫存－銷售總數。

釋例 6.5B 列示了在 Access 下，以設計觀點所呈現的報表組成要素。

6.2.2 報表內容

執行查詢時，系統設計師應該分析使用者所需要的資訊，然後決定每一份報表中應該包含的資料，原始的報表格式可以像釋例 6.5A。接下來，要確認包含報告所要求資料項目的所在表格。報表的資訊也可以依照篩選資訊的標準而來（例如，僅列出特別產品分類的銷售）。因此，我們將會利用跟要點 6.3 一樣的查詢設計導航表去確認報表所需的資料。檢視釋例 6.5A 及 6.5B，還有釋例 6.4B，建議產生報表所需的三個資料庫表格：銷售、銷售明細及存貨，釋例 6.6 說明了產生釋例 6.5A 報表所需要的資料。

6.2.3 報表的組織

在先前介紹查詢時，我們著重在由不同表格的資料去設計一項查詢，除了要決定應該包含什麼資料外，程式設計師對於整理報表內的資料，有許多的選擇，如同釋例所介紹，Fairhaven 便利商店的銷售報表可以按照交易時間順序列出，或按照出售產品作為分類列出。

在釋例 6.5A 我們已經了解，報表中的資訊也可以被分類，將已經做過的設計記錄下來是非常有用的。釋例 6.6B 中的報表設計導航

釋例 6.6　釋例 6.5A 中分類明細狀態報表的查詢與報表設計

A. 釋例 6.5A 中表格資料的查詢設計

表格來源	銷售（S）	銷售明細（SD）	存貨（I）
1.列示在報表中的屬性	日期	銷售人員編號 銷售數量	產品編號／產品內容 供應商／期初庫存量
2.表格中記錄的選取標準	不適用	不適用	不適用
3.報表中連結此表格至其他表格的外部索引鍵（如果有）		產品編號 銷售人員編號	

☁（續）**釋例** 6.6 **釋例** 6.5A **中分類明細狀態報表的查詢與報表設計**

B. 釋例 6.5A 分類明細狀態報表的設計

| 表首 ▼ |

| 存貨明細狀態報表 |
| 日期：12/16/06 　　　　　產品範圍：101-103 |

| 頁首 ▼ |

| 產品編號　　　產品內容　　　供應商　　　　期初庫存量 |

| 分類表首—以產品編號分類 ▼ |

| I:*產品編號* 　 I:*產品描述* 　 I:*供應商* 　 I:*期初庫存量* |

| 銷售人員編號　　日期　銷售數量 |

| 明細 ▼ |

| S:*銷售編號* 　 S:*日期* 　 SD:*銷售數量* |

| 分類表尾—以產品編號分類 ▼ |

| 現存數量 　 = 現存數量 1 |

| 頁尾 ▼ |

| =[頁] |

| 表尾 |

說明：
表格：I= 存貨表格，S= 銷售表格，SD= 銷售明細表格
外部索引鍵：銷售明細表格中的產品編號及銷售人員編號
標準：產品編號 >100 及產品編號 <104
計算：1.現存數量 = （[I:期存庫存]-總計[SD:銷售數量]）

表記錄了釋例 6.5A 報表的組織整理，這跟釋例 6.5B 非常類似，除了（a）資料項目前的首寫字母代表該資料所儲存的表格，例如：I: Product；（b）個別的標籤格可以合併；（c）在報表下方會有附

要點 6.5 報表設計版型

表首 ▼

報表名稱
日期：　　　　　　　標準：

頁首 ▼

表格 1　　　　　表格 2　　　　　表格 3　　　　　表格 4

分類表首-以屬性 1 分類 ▼

T1:*屬性* 1	T1:*屬性* 2	T1:*屬性* 3	T1:*屬性* 4

表格 5　　　　　表格 6　　　　　表格 7

明細 ▼

T2:*屬性* 1	T2:*屬性* 2	T3:*屬性* 3

分類表尾 - 屬性 1 ▼

標籤 8（例如：小計）	= （公式）1

頁尾 ▼

=[頁]

表尾

標籤 9（例如：總計）	= （公式）2

說明：

表格： T1= 表格 1，T2= 表格 2，T3= 表格 3

外部索引鍵： 表格 2 中的屬性 1（屬性 1 是表格 2 中的外部索引鍵）

標準：

計算： 1. = （公式）2. = （公式）

註釋：

1. 資料屬性前必須以屬性所儲存的表格（英文）首字字母大寫表示。

2. 標籤方塊僅代表標籤名稱，且不以表格名稱（英文）首字字母表示。

3. 在表格編排中有清楚的列示公式時，在說明的地方未必要列示公式。

4. 如果報表格式是沒有分類的，分類表首及表尾未必是需要的。

註，說明報表內的查詢條件標準及所使用的計算方式。藉由釋例
6.6B 的報表設計導航表，可以決定下列事項：

- 以產品編號分類。
- 分類表頭有來自存貨表格的參照資料。
- 分類明細列出交易事件；這些資訊取自於銷售明細及銷售表格。
- 分類表尾包括了目前庫存數量的計算。
- 目前庫存數量的計算需要由兩個表格取得資料，並且以期初庫存數量（存貨表格）減銷售數量（由銷售明細表格而來）。

本節開始要介紹八種會計資訊系統報表的模式，針對每一個報表設計，我們會（1）準備一份範例報表，並（2）輸入資訊至要點 6.5 的報表設計版型。在進行下一節之前，請完成本章最後之焦點問題 6.c，確定你已了解基本的報表內容及相關整理組織問題。

6.3　交易事件報表

前面的章節介紹了報表的資訊內容及組織整理，在接下來的章節，我們將會利用先前介紹過的版面設計及報表設計導航表，來說明好幾種一般的會計資訊系統報表。我們將會著重在列出或彙總交易事件資料的交易事件報表。交易事件報表內的大部分資訊都由交易表格而來，交易報表內容包含採購單、採購發票、進貨退出、銷售訂單、銷售發票、銷售退回、運送單、現金收入及產品報告。要點 6.6 係根據先前要點 6.4 時所確認的四個報表模式，來分析交易事件報表。

標準是用來限定輸出於指定事件的工具。典型的標準包括指定代理人、產品或服務、交易型態等的範圍。例如，我們可以準備一

要點 6.6　結構分類下事件報告的四個模型

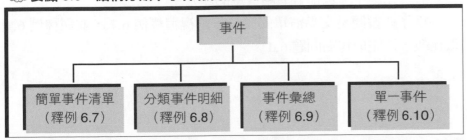

份特定地區顧客的訂購清單。在接下來的釋例中，我們已經針對交易事件報表指定資料範圍了。

在本節中，我們會使用第 5 章的釋例：

- 在介紹每一種報表型態的時候，我們將會以 Fairhaven 便利商店作為設計的範例。回顧它於釋例 6.4A 所介紹的 UML 分類圖表法及屬性，在釋例 6.4B 所介紹的樣本資料。
- 在本章最後，有一個以 H&J 稅務服務公司作為範例的焦點問題 6.d，透過練習這個案例，可以幫助你熟悉這些概念。

6.3.1 簡單事件清單

簡單事件清單
（simple event lists）

提供在一期間的交易事件資訊。

簡單事件清單（simple event lists） 提供在一期間的交易事件資訊。釋例 6.7 的項目是以交易號碼順序的方式被列出，釋例 6.8 則是分類之後的一種呈現方式。這些資料來自於釋例 6.4B 的銷售明細表格，查核人員可能會利用此類的報表，來測試損益表上所報導的銷售數字。

釋例 6.7 也根據所採用的表格及屬性，彙總報表的資訊內容及組織整理。如果我們想要的清單必須包含特定期間的交易事件，我們就需要銷售表格，任何用來做為選取資訊的標準都必須列示在報表上面，告知使用者這些標準有哪些，就像樣本報表所列示的一樣，交易事件的起迄時間都列在表頭上面。

注意列在報表上面的其中一個屬性，即總金額，並沒有儲存在任何一個表格裡，這個數字是由銷售數量及銷售價格這兩個屬性相乘而來的，詳細的公式列在導航表的最下端，全部總計的公式也列在表尾的部分。

請注意到，為使版面更加的簡潔，頁尾的部分並沒有包含在版面設計的地方，我們假設頁尾的部分僅會出現在表尾的上面，且只有頁碼一項資訊而已。相同的，為了讓版面簡潔，我們在接下來的報表設計範例中，也都會省略頁尾的部分。

為了練習簡易交易清單的設計，請複習釋例 6.7，並與釋例 6.4 做比較，以完成焦點問題 6.d。

☁ 釋例 6.7　簡單交易事件清單表格與設計

存貨銷售

日期：12/15/06-12/16/06　　排序方式：銷售人員編號

銷售人員編號	產品編號	銷售數量	價格	總金額
201	101	13	$2.00	$26.00
201	103	1	1.50	1.50
202	101	14	1.50	21.00
202	102	2	3.00	6.00
203	101	10	2.00	20.00
204	102	1	3.00	3.00
			合計	$77.50

表首 ▼

存貨銷售

日期：12/15/06-12/16/06　　　　排序方式：銷售人員編號

頁首 ▼

銷售人員編號	產品編號	銷售數量	價格	總金額

明細 ▼

SD:銷售人員編號	SD:產品	SD:銷售數量	SD:價格	總金額 1

表尾 ▼

合計		= 總計（[總金額]）

說明：
表格：I= 存貨表格，S= 銷售表格，SD= 銷售明細表格
標準：S:日期 >12/14/2006 及日期 <12/17/2006
外部索引鍵：銷售明細表格中的產品編號及銷售人員編號
計算：1.總金額 =SD:價格 × SD:銷售數量

✍ **6.3.2　分類事件明細報表**

　　分類事件明細報表（grouped event detail reports）列示出一段期間的交易事件清單，並且按照產品／服務或代理人分類。此類型的報表可以包含關於產品／服務或代理人的參照資料，及產品／服務或代理人相關的交易事件細節。一般來說，分類式交易明細報表會列示出小計。釋例 6.8 是此類報表的範例，其中除了銷售是以產

> **分類事件明細報表（grouped event detail reports）**
>
> 一段期間的交易事件清單，並且按照產品／服務或代理人分類。

釋例 6.8　**分類事件明細報表**

依產品編號分類的存貨銷售

日期：12/15/06-12/16/06　　產品範圍：101-103　　依產品編號分類

銷售人員編號	銷售數量	價格	總金額
產品：101			
201	13	$2.00	$26.00
201	14	1.50	21.00
202	10	2.00	20.00
小計 37			$67.00
產品：102			
202	2	$3.00	$6.00
203	1	$3.00	3.00
小計 3			$9.00
產品：103			
201	1	$1.50	$1.50
小計 1			$1.50
合計			$77.50

表首 ▼

產品編號存貨銷售

日期：12/15/06-12/16/06　　產品範圍：101-103　　依產品編號分類

頁首 ▼

| 產品編號 | 銷售數量 | 價格 | 總金額 |

分類明細—依產品編號分類 ▼

SD:*產品編號*

明細 ▼

| SD:*銷售人員編號* | SD:*銷售數量* | SD:*價格* | 總金額 1 |

分類表尾—依產品編號分類 ▼

| 小計 | = *總計* ([SD:*銷售數量*]) | | = *總計* ([*總金額*]) 2 |

表尾 ▼

| 合計 | | | = *總計* ([*總金額*]) 3 |

（續）釋例 6.8　分類事件明細報表

> **說明：**
> **表格：** I= 存貨表格，S= 銷售表格，SD= 銷售明細表格
> **標準：** S:日期 >12/14/2006 及日期 <12/17/2006 及產品編號 >100 及產品編號 <104
> **外部索引鍵：** 銷售明細表格中的產品編號及銷售人員編號
> **計算：**
> 1. 總金額 =SD:價格 × SD:銷售數量
> 2. 小計金額 = 每一類產品之總計（[總金額]）
> 3. 總金額 = 所有產品之總計（[總總金額]）

品編號做分類及計算出小計金額之外，其他包含了與釋例 6.7 相同的資訊。分類式的報表通常比非分類式的報表來得更好，因為分類式的報表更容易執行分析，並且加強了不同分類間的比較性。例如，在釋例 6.8 中，我們可以看到在報表中產品編號 101 ，是所有產品項目中最高的銷售金額，這些資料來自於釋例 6.4B 的銷售及銷售明細表格。

釋例 6.8 也根據所採用的表格及屬性，彙總報表的資訊內容及組織整理。如果我們想要一份包含特定期間的交易事件清單，就需要有銷售日期的銷售表格來獲得相關資訊，任何用來做為選取資訊的標準都必須列示在報表上面，告知使用者這些標準有哪些，就像樣本報表所列示的一樣，交易事件的起迄時間都列在表頭上面。

請複習釋例 6.8 的分類交易明細報表設計，並練習此類報表的設計，完成焦點問題 6.e 。

6.3.3 事件彙總報表

事件彙總報表（event summary report） 是根據不同的特徵來彙總交易資料，如按月份的銷售，或按顧客別的銷售。彙總式報表僅提供彙總性的資訊（例如，月銷售額）；並不會列出個別的交易事件。釋例 6.9 提供此類報表的釋例，銷售按照 12/15/06-12/16/06 的期間列示銷售，而關於這些銷售的個別資訊則不被提供。在有大量分類的情況下，交易彙總式報表是優於分類式交易明細報表的。假設我們有 200 個產品，分類式交易明細報表就會變得相當長，分類銷售的第一步，應該是先獲得彙總性的銷售資訊，然後再去檢視所

> **事件彙總報表（event summary report）**
> 根據不同的特徵來彙總交易資料。

需要個別產品明細資訊。

為了練習簡易交易清單的設計，請複習釋例 6.9，並與釋例 6.4 做比較，完成焦點問題 6.f。

6.3.4 單一事件報表

單一事件報表（single event report）提供關於單一交易事件的詳細內容。通常這類報表是作為憑證，或提供給顧客及供應商使用，這類型的報表有銷售發票及訂購單等，釋例 6.10 介紹了 Fairhaven 便利商店的單一銷售釋例。這份報表會給顧客，當作是一份收據。這份報表的資料來自於存貨表格（為了產品內容的目的），銷售表格（日期及支付資訊），銷售明細表格（產品、數量及價格資訊）。

為了練習簡易交易清單的設計，請複習釋例 6.10，並與釋例 6.4 比較做比較，完成焦點問題 6.g。

6.4 參照清單及狀態報表

交易報表是著重在組織及彙總交易事件的資料，而參照清單及狀態報表是著重在提供產品、服務或代理人的相關資訊。四種著重在彙總及組織主檔報告資料的報表模式，列示在要點 6.7。在本節中，都會以釋例介紹各種的報表模式。此外，我們使用了樣版報表及要點 6.5 的報表設計導航表去介紹每一種報表。

跟交易事件報表一樣，資料選取標準可以用來限制輸出於指定產品、服務或代理人。一般而言，在此類報表所使用的標準，通常是代理人、產品、服務及報表日期。

6.4.1 參照清單

參照清單（reference lists）報表僅提供由主檔表格而來的參照性資料，回想前幾章的說明，參照資料是不受到交易事件的影響。因此，關於結存或庫存資訊，並不會出現在此類報表之中。此類的報表有顧客名稱及地址的清單、供應商清單、產品清單、總分類帳。釋例 6.11 為一個參照清單的釋例，如果想要很快的找出哪一種引擎油是可銷售給顧客的，此類的清單是非常有幫助的（釋例 6.11

☁ **釋例** 6.9　**事件彙總報表的規劃與設計（Fairhaven 便利商店）**

依產品編號分類的銷售彙總

日期：12/15/06-12/16/06 產品範圍：101-103 種類：銷售 依產品編號彙總

產品編號	總銷售數量	總銷售額
101	37	$67.00
102	3	$9.00
103	1	1.50
合計		$77.50

表首 ▼

依產品編號分類之銷售彙總

日期：12/15/06-12/16/06 產品範圍：101-103 種類：銷售 依產品編號彙總

頁首 ▼

產品編號	銷售數量	總銷售額

分類細目—依產品編號分類 ▼

明細 ▼

分類表尾—依產品編號分類 ▼

SD:產品編號	= 總計（[SD:銷售數量]）	= 總計（[總金額]1）2

表尾 ▼

合計		= 總計（[總金額]）3

說明：

表格： I= 存貨表格， S= 銷售表格， SD= 銷售明細表格

標準： S:日期 >12/14/2006 及日期 <12/17/2006 及產品編號 >100 及產品
編號 <104

外部索引鍵： 銷售明細表格中的產品編號及銷售人員編號

計算：

1. 總金額 =SD:價格× SD:銷售數量

2. 每一類產品

3. 總金額 = 所有產品之總計（[總金額]）

並非符合實際狀況的，這份清單非常的簡短，且只有一種瓦斯、汽
油及防凍劑）。報表中的資料來自於存貨表格。

　　為了練習參照清單的設計，請複習釋例 6.11，並與釋例 6.4 做

釋例 6.10　單一事件報表的規劃與設計（Fairhaven 便利商店）

<table>
<tr><td colspan="5" align="center">收據
Fairhaven 便利商店</td></tr>
<tr><td colspan="3">銷售人員編號：201</td><td colspan="2" align="right">日期：12/15/2006</td></tr>
<tr><td>產品編號</td><td>產品內容</td><td>銷售量</td><td>價格</td><td>總金額</td></tr>
<tr><td>101</td><td>天然氣</td><td>13</td><td>$2.00</td><td>$67.00</td></tr>
<tr><td>103</td><td>防凍劑</td><td>1</td><td>1.50</td><td>1.50</td></tr>
<tr><td>小計</td><td></td><td></td><td></td><td>$27.50</td></tr>
<tr><td>稅</td><td></td><td></td><td></td><td>0.83</td></tr>
<tr><td>合計</td><td></td><td></td><td></td><td>$28.83</td></tr>
</table>

表首 ▼

收據

Fairhaven 便利商店

| 銷售人員編號 | S:銷售編號 | 日期 | SD:日期 |

| 產品編號 | 產品內容 | 銷售數量 | 價格 | 總金額 |

明細 ▼

| *I:產品編號* | *I:產品內容* | *SD:銷售數量* | *SD:價格* | *總金額* |

表尾 ▼

小計		*= 總計（[總金額]1）2*
稅		*=0.3 ×小計*
合計		*= 小計＋稅*

說明：

表格： I= 存貨表格，S= 銷售表格，SD= 銷售明細表格

標準： 現正處理銷售

外部索引鍵： 銷售明細表格中的產品編號及銷售人員編號

計算：

1. 總金額 =SD:價格 × SD:銷售數量
2. 小計 = 每一銷售項目之總計（[總金額]）

比較，完成焦點問題 6.h 的練習。

狀態報表
（status reports）
提供了關於產品、服務或代理人的彙總性資料。

6.4.2 狀態報表

狀態報表（status reports）提供了關於產品、服務或代理人的

要點 6.7　產品、服務、代理人的四種模式

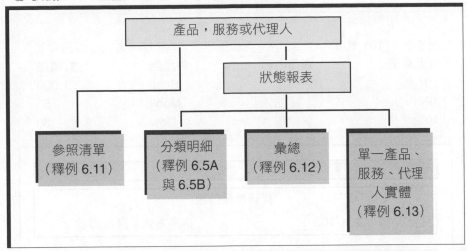

彙總性資料，彙總性資料是指彙總過去產品、服務或代理人交易記錄的資料。通常此類報表有庫存量、欠款餘額及至今銷售額累計數。狀態報表可以是明細式或彙總式的。

分類明細狀態報表

　　分類明細狀態報表（group detail status reports） 列示了彙總性的資料，與某些關於產品、服務或代理人的參照性資訊，以及造成彙總性資料變動的相關細部交易事件。此類報表由產品／服務／代理人記錄和交易事件記錄。例如，詳細的應收帳款帳齡報表列示顧客帳戶餘額及尚未支付的發票明細，報表內會以帳齡時間分別列示（例如，0-30 天，30-60 天，60-90 天及 90 天以上）。這個報表可以用來追縱長期未被支付的帳款、評估組織的授信政策與顧客維護作業。例如，如果未支付的帳款數額太高，可能就要修正授信政策了，一份詳細的總帳報表通常也就是一份分類明細狀態報表，因此它提供了每一個帳戶的詳細資訊（個別日記簿分錄）及餘額（彙總性數字）。外部查核人員經常使用詳細的狀態報表，像是應收帳款帳齡報表或詳細的分類帳報表，去驗證顧客資產負債表上的數字。

　　分類式明細狀態報表與分類式交易明細報表的主要差異之處，在於分類式交易明細報表不會出現餘額資訊。除此之外，分類式交易明細報表通常僅列出一種交易事件（例如，訂購或運送）。相反的，在主檔表格中的彙總欄位，會被多種的交易事件所影響，焦點問題 6.i 為此一報表的練習題。

> **分類明細狀態報表（group detail status reports）**
>
> 列示了彙總性的資料，與某些關於產品、服務或代理人的參照性資訊，以及造成彙總性資料變動的相關細部交易事件。

釋例 6.11　　參照清單的規劃與設計（Fairhaven 便利商店）

存貨參照清單

產品範圍：101-103　　　　　　　　　　　　　　　排序方式：產品編號

產品編號	產品內容	供應商	訂購點
101	天然氣	Shell	1,000
102	機油	Mobil	50
103	防凍劑	Dow	30

表首 ▼

存貨參照清單

產品範圍：101-103　　　　　　　　　　　　　排序方式：產品編號

頁首 ▼

產品編號	產品內容	供應商	訂購點

明細 ▼

I:產品編號	I:產品內容	I: 供應商	I: 訂購點

說明：
表格：I= 存貨表格
標準：產品編號 >100 及產品編號 <104
外部索引鍵：無
計算：無

　　為了練習分類明細狀態報表的設計，請複習釋例 6.5A 及 6.5B，完成焦點問題 6.i 的練習。

彙總狀態報表

　　彙總狀態報表（summary status reports）列出關於產品、服務或代理人的參照及彙總性資料，與彙總性交易事件資料不同的是，彙總性交易事件是彙總及匯集交易事件資料；而彙總式狀態報表是彙總產品、服務或代理人的狀態。釋例 6.12 提供了此類型報表的範例，這份報表列出每一種存貨項目及其庫存數量。請注意，此報表提供了釋例 6.5B 中的彙總性資訊，但並不同時提供細節部分資

☁️釋例 6.12　彙總狀態報表的規劃與設計（Fairhaven 便利商店）

存貨狀態彙總報表				
日期：12/16/06			產品範圍：101-103	
產品編號	產品內容	供應商	訂購點	庫存數量
101	天然氣	Shell	10,000	9,963
102	機油	Mobil	50	97
103	防凍劑	Dow	30	9

表首 ▼

存貨狀態彙總報表
日期：12/16/06　　　　　　　　　產品範圍：101-103

表首 ▼

產品編號	產品內容	供應商	訂購點	庫存數量

分類表首—產品編號分類

明細

分類表尾—產品編號分類 ▼

I:產品編號	I:產品內容	I:供應商	I:訂購點	=庫存數量1

說明：
表格：I= 存貨表格，S= 銷售表格，SD= 銷售明細表格
外部索引鍵：銷售明細表格中的產品編號及銷售人員編號
標準：產品編號 >100 及產品編號 <104
計算：
1.庫存數量 =[I:期初庫存]-每一特定產品之總計（[SD:銷售數量]）

訊。如果一家公司同時擁有許多不同的產品存貨，此類型的報表就可以提供管理者何時該採購存貨的資訊。實際上，過多的資訊反而不好，有時缺乏細節反而可以讓報表變得更容易使用。如果需要進一步的個別產品資訊，管理者可以由特別的報表型態獲得需要的資訊。

為了練習彙總性狀態報表的設計，請複習釋例 6.12，完成焦點問題 6.j 的練習。

單一產品／服務／代理人狀態報表

單一產品／服務／代理人狀態報表（single product／service／agent status reports）

提供關於單一標的之詳細資料，通常包括參照性及彙總性的資料，像是顧客、供應商或存貨項目。

單一產品／服務／代理人狀態報表（single product／service／agent status reports） 提供關於單一標的之詳細資料，通常包括參照性及彙總性的資料，像是顧客、供應商或存貨項目，顧客月結單就是一個例子。釋例 6.13 列示了產品編號 101 的單一產品報表。

為了練習單一產品／服務／代理人狀態報表的設計，請複習釋例 6.13，完成焦點問題 6.k 的練習。

彙總

第 5 章的重點在於設計及了解資料表格，而本章則著重於利用查詢擷取資料，並且利用資料編製報表。「查詢」是指從一個或一個以上之表格擷取資料的動作，我們使用兩個方法表達查詢：分別是 SQL 及 QBE 。前者是一種利用指令從資料庫擷取資料的結構語言，而後者則是利用圖形使用者界面方式完成相同動作。無論是哪一個方法，查詢都可以利用下列方式指定（1）所需要的屬性；（2）儲存所需要資訊的表格；（3）用來決定擷取何種記錄的標準或條件。在 SQL 中，這些動作使用 SELECT 、 FORM 、 WHERE 等指令。一個查詢設計導航表（要點 6.3）可以幫助你執行查詢設計，單一表格跟多重表格的查詢都是可以採用的。

第二個部分著重於報表的設計，可以利用查詢報表所要需要使用到的資訊，而報表是一種編排資訊的呈現。我們著眼於報表要素的部分，像是表頭、表尾、分類表頭、分類明細及分類表尾。另外，也介紹了四種不同報表模式：簡單報表、分類明細報表、分類彙總報表及單一事件報表。這四種分類，主要應用於交易事件的報表，及著重於產品、服務及代理人的報表。報表設計導航表（要點 6.5）則可以幫助你組織資料，並針對不同報表需要彙總資料，在三個介紹會計資訊系統如何運作並如何發展的章節中，第 6 章是第二個部分，本章也是強調資料輸出的介紹。

☁ 釋例 6.13　單一產品/服務/代理人狀態報表的規劃與設計（Fairhaven 便利商店）

存貨狀態

日期：12/16/06

產品編號：101　　　　　　　　　　　　　天然氣

供應商：Shell

期初數量　　　　　　　　　　　　　　　　　　　　10,000

銷售編號	日期	銷售數量
201	12/15/06	-13
202	12/15/06	-14
203	12/15/06	-10

期末數量　　　　　　　　　　　　　　　　　　　　9,963

表首 ▼

存貨狀態

日期：12/16/06

| 產品編號 | I:產品編號 | | I:產品描述 |

| 供應商 | I:供應商 |

| 期初數量 | | I:期初數量 |

| 銷售人員編號 | 日期 | 銷售數量 |

明細 ▼

| SD:銷售數量 | S:日期 | SD:銷售數量 |

表尾 ▼

| 期末數量 | = 期末數量 1 |

說明：

表格： I= 存貨表格，S= 銷售表格，SD= 銷售明細表格

標準： 產品編號 =101

外部索引鍵： 銷售明細表格中的產品編號及銷售人員編號

計算：

1.期末數量 =[I:期初庫存]-總計（[SD:銷售數量]）

釋例 6.14　報告模式

A. 四種報告模式
單一事件清單（由釋例 6.8 而來）

存貨銷售				
日期： 12/15/06-12/16/06　排序方式：銷售人員編號				
銷售人員編號	**產品編號**	**銷售數量**	**價格**	**總金額**
201	101	13	$2.00	$26.00
201	103	1	1.50	1.50
202	101	14	1.50	21.00
·	·	·	·	·
·	·	·	·	·
·	·	·	·	·
			合計	$77.50

分類事項細目報表（由釋例 6.9 而來）

依產品編號分類之存貨銷售			
日期： 12/15/06-12/16/06　產品範圍：101-103　依產品編號分類			
銷售人員編號	**銷售數量**	**價格**	**總金額**
產品： 101			
201	13	$2.00	$26.00
202	14	1.50	21.00
203	10	2.00	20.00
小計	37		$67.00
產品： 102			
202	2	$3.00	$6.00
203	1	3.00	3.00
小計	3		$9.00
			·
			·
			·
合計			$77.50

事件彙總報表（由釋例 6.9 而來）

依產品編號分類之銷售彙總		
日期： 12/15/06-12/16/06 產品範圍：101-103 種類：銷售 依產品編號彙總		
產品編號	**總銷售數量**	**總銷售額**
101	37	$67.00
102	3	$9.00
103	1	1.50
合計		$77.50

☁（續）釋例 6.14　報告模式

單一事件報表（由釋例 6.10 而來）

收據

Fairhaven 便利商店

銷售人員編號：201　　　　　　　日期：12/15/03

產品編號	產品內容	銷售量	價格	總金額
101	天然氣	13	$2.00	$67.00
103	防凍劑	1	1.50	1.50
小計				$27.50
稅				0.83
合計				$28.83

B. 四種產品／服務／代理人報告模式

存貨參照清單（由釋例 6.11 而來）

存貨參照清單

產品範圍：101-103　　　　　　　排序依：產品編號

產品編號	產品內容	供應商	訂購點
101	天然氣	Shell	1,000
102	機油	Mobil	50
103	防凍劑	Dow	30

分類明細狀態報表（由釋例 6.5A 而來）

存貨明細狀態報表

日期：12/16/06　產品範圍：101-103

產品編號	產品內容	供應商	期初數量
101	天然氣	Shell	10,000

銷售人員編號	日期	銷售數量
201	12/15/06	3
202	12/15/06	14
203	12/15/06	10
現存數量		963

產品編號	產品內容	供應商	期初數量
102	機油	Mobil	100

銷售人員編號	日期	銷售數量
202	12/15/06	2
204	12/16/06	1
現存數量		97

（……等）

☁（續）釋例 6.14　報告模式

彙總狀態報表（由釋例 6.12 而來）

存貨狀態彙總報表

日期： 12/16/06　　　　　　　　產品範圍： 101-103

產品編號	產品內容	供應商	訂購點	庫存數量
101	天然氣	Shell	1,000	9,963
102	機油	Mobil	50	97
103	防凍劑	Dow	30	9

單一服務／服務／代理人狀態報表（由釋例 6.13 而來）

存貨狀態

日期： 12/16/06

產品編號： 101 天然氣

供應商： Shell

期初數量			10,000

銷售人員編號	日期	銷售數量	
-01	12/15/06	-13	
-02	12/15/06	-14	
-03	12/15/06	-10	-37
期末數量			9,963

焦點問題 6.a

※ SQL 與執行查詢結果

ELERBE 公司

請參照課本釋例 6.1 所提供之資料及課本中所提之「查詢」B。
問題：

1. 請依據課本要點 6.1 之型式，以 SQL 寫出執行「查詢」B 之指令。
2. 請編製執行問題 1 指令後之結果檔。

焦點問題 6.b

※查詢分析

ELERBE 公司

第 2 章所提關於 ELERBE 公司訂單檔案資訊中一項重要之運

用，即作者著作權的分紅政策。假設分紅比例爲該作者作品銷售額的 12 ％，只考慮 2006 年度之訂單資訊。

問題：

1. 請依據課本要點 6.3 之形式爲上述分紅事件設計一查詢表單，假設我們要查詢關於 Barnes 之分紅金額。（附註：各訂單總額並不儲存於檔案中；只有單價與銷售數量有存檔。請標示分紅金額之計算需根據哪些檔案之欄位屬性。）
2. 試計算 Barnes 之分紅金額。
3. 假設分紅比例依作品之不同介於 10 ％ ~15 ％，如何進行檔案內容調整以供查詢。

焦點問題 6.c

※ 報表內容與組織

假設管理階層決定「銷售日期」並非報表中之重要資訊。

問題：

1. 如何調整課本釋例 6.5A 之報表內容以反映上述假設？
2. 如何調整課本釋例 6.6A 與課本釋例 6.6B 之報表內容以反映上述假設？

焦點問題 6.d

※ 編製簡易事件報表

H & J 稅務服務公司

問題：

1. 請使用課本釋例 6.15 中之資料，試編製 H & J 稅務服務公司事件列表報表以表達顧客不同之服務需求，報表中應包含顧客需求單號碼、服務項目編號、收取費用及所有包含於 2006 年 2 月所有交易事件。
2. 請以課本要點 6.5 之形式將報表中所需之內容與組織描述出來。

3. 假設報表使用者欲將會計師編號列於顧客需求單號碼旁，有必要再增設一資料檔嗎？如何針對該假設修正問題 2 中之答案？

4. 假設報表使用者欲將「會計師姓名」列於顧客需求單號碼旁，如何針對該假設修正問題 2 中之答案？（提示：需再增設一資料檔）

5. 依據問題 4 中之假設更新問題 1 答案中之報表。

焦點問題 6.e

※編製分類事件明細報表

H & J 稅務服務公司

1. 請使用課本釋例 6.15 中之資料，試編製 2 月份 H & J 稅務服務公司樣本分類事件明細報表，以表達顧客不同的服務需求，報表中應包含顧客服務需求單號碼、服務項目編號、收取費用。並以服務項目編號為分類基礎，計算出各服務項目的總收取費用。

2. 請以課本要點 6.5 之形式，將報表中所需要的內容與組織描述出來。

☁釋例 6.15　H&J 稅務服務公司：資料設計

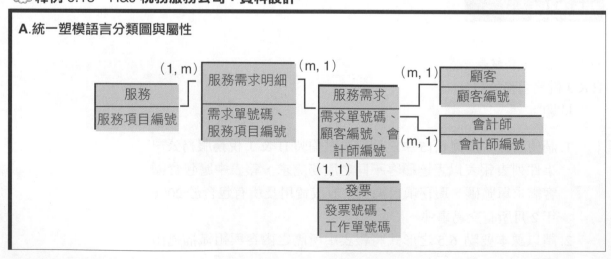

☁ **（續）釋例** 6.15　H&J **稅務服務公司：資料設計**

表格	主要索引鍵	外部索引鍵	資訊屬性
服務	服務項目編號		服務內容、公費、至今公費收費總額
顧客	顧客編號		顧客名稱、地址、電話、公費期初餘額
會計師	會計師編號		會計師姓名
服務需求單	服務需求單號碼	顧客編號、會計師編號	服務日期
發票	發票號碼	服務需求單號碼	服務日期、發票金額
服務需求明細	服務需求單號碼、服務項目編號	如同主要索引鍵	公費

B. **樣本資料**

服務表格

服務項目	服務內容	公費	至今公費收費總額
1040	Federal Individual Income Tax Form 1040（long form）	$100	$120,000
Sch-A	1040 Schedule A（itemized deductions）	$50	$51,000
Sch-B	1040 Schedule B（interest & dividend earnings）	$50	$53,000
Sch-C	1040 Schedule C（sole proprietorship）	$110	$84,000
Sch-D	State Income Tax Return	$80	$81,000
Sch-E	Corporate Income Tax	$30（每小時）	$103,000

顧客表格

顧客編號	顧客名稱	地址	電話	公費期初餘額
1001	Robert Barton	242 Greene St., St. Louis, MO	314-222-3333	$0
1002	Donna Barton	123 Walnut St., St. Louis, MO	314-541-3322	$0
1003	Sue Conrad	565 Lakeside St., Louis, MO	314-5416785	$0

服務需求表格

服務需求單號碼	顧客編號	會計師編號	服務日期
104	1001	405-60-2234	02/12/06
105	1003	405-60-2234	02/15/06
106	1002	512-50-1236	02/16/06

發票表格

發票號碼	服務需求單號碼	發票日期	金額
305	104	02/13/06	$280
306	106	02/22/06	$390
307	105	02/23/06	$180

會計師表格

會計師編號	會計師姓名
405-60-2234	Jane Smith
512-50-1236	Michael Spear

服務需求明細表格

服務需求單號碼	服務項目編號	公費
104	1040	$100
104	項目 A	$ 50
104	項目 B	$ 50
104	州政府稅	$ 80
105	1040	$100
105	州政府稅	$ 80
106	1040	$100
106	項目 A	$ 50
106	項目 B	$ 50
106	項目 C	$110
106	州政府稅	$ 80

焦點問題 6.f

※編製分類事件彙總報表

H & J 稅務服務公司

1. 請使用課本釋例 6.15 中之資料，試編製 2 月份 H & J 稅務服務公司樣本分類事件彙總報表，以表達顧客不同的服務需求，報表以服務項目編號為分類基礎，並計算出各服務項目的總收取費用。表中僅需列出「服務項目」編號及各服務項目收取費用總和。

2. 請以課本要點 6.5 之形式將報表中所需的內容與組織描述出來。

3. 請將問題 1 答案之報表，與問題 2 答案之表格，與焦點問題 6.e 問題 1 答案之報表，與問題 2 之表格相比較，說明其異同處。

焦點問題 6.g

※編製單一事件報表

H & J 稅務服務公司

1. 請為 H & J 稅務服務公司編製適當之「發票」報表。發票號碼為 305，服務需求單號碼為 104。

2. 請以課本要點 6.5 之形式，將報表中所需要的內容與組織描述出來。

焦點問題 6.h

※編製參照報表

H & J 稅務服務公司

1. 請為 H & J 稅務服務公司編製參照報表，以顯示該公司所提供的各種服務。

2. 請以課本要點 6.5 之形式，將報表中所需要之內容與組織描述
　　出來。

焦點問題 6.i

※編製分類明細狀態報表

H & J 稅務服務公司

1. 請使用課本釋例 6.15 中之資料，試編製 H & J 稅務服務公司
　　分類明細狀態報表。報表中應顯示參照資料與顧客應收餘
　　額；發票與收款日期亦須列示。該公司唯一收現記錄如下：

現金收取檔

收現號碼	發票號碼	收款日期	支票號碼	金額
285	305	02/20/06	123	$280

2. 請以課本要點 6.5 之形式，將報表中所需要的內容與組織描述
　　出來。

焦點問題 6.j

※編製彙總狀態報表

H & J 稅務服務公司

1. 請使用課本釋例 6.15 中之資料，試編製 H & J 稅務服務公司
　　彙總狀態報表。報表中應顯示參照資料與顧客應收餘額；發
　　票與收款日期則不需列示。該公司唯一收現記錄如下：

現金收取檔

收現號碼	發票號碼	收款日期	支票號碼	金額
285	305	02/20/2006	123	$280

2. 請以課本要點 6.5 之形式，將報表中所需要的內容與組織描述
　　出來。

焦點問題 6.k

※編製單一產品／服務／代理人狀態報表

H & J 稅務服務公司

1. 請使用課本釋例 6.15 中之資料，試編製 H & J 稅務服務公司
   顧客： Robert Barton 的單一產品／服務／代理人狀態報表。
   報表中應顯示參照資料與顧客應收餘額；發票與收款日期亦
   須列示。該公司唯一收現記錄如下：

現金收取檔

收現號碼	發票號碼	收款日期	支票號碼	金額
285	305	02/20/2006	123	$280

2. 請以課本要點 6.5 之形式，將報表中所需要的內容與組織描述
   出來。

問答題

1. 何謂查詢？為什麼資料庫軟體中需要查詢語言？
2. 說明 QBE 與 SQL 之間的差異。
3. 列出用來設計查詢的三個問題。
4. 何謂報告？報告與查詢有何不同？
5. 列出四種報告的模式。
6. 說明分類事件明細報告與事件彙總報告的不同。
7. 列出著重主檔資料的四個報告模式。
8. 說明分類事件明細報告與分類明細狀態報告的不同。
9. 在報告中的（a）分類表頭；（b）分類明細及（c）分類表尾內，通常包含哪些資訊？
10. 為了編製一份報告，有時候需要表格中的外部索引鍵，即使這個外部索引鍵本身並不會出現在報告中。請解釋此原因。

練習題

以下的練習是基於 Smith's Video Shoppe 範例而來，在完成此項練習之前，請先仔細閱讀此範例。

釋例 6E.1　Smith's Video Shoppe

Smith's Video Shoppe 經營出租錄影帶的業務，在顧客租錄影帶之前，必須先申請一張會員卡。顧客在填寫完申請表格之後，將此表格交給店經理。經理在顧客總帳上為此顧客建立一個新檔案，並在頁首的地方，輸入顧客的資料，隨後經理準備一張會員卡並交給顧客。顧客從超過一百部片中，選出一支錄影帶，並隨同會員卡交給櫃台人員，櫃台人員收取現金，並將此錄影帶的出租記錄於出租總帳中。然後，櫃台人員在存貨總帳上登帳，以顯示此錄影帶已經出租予顧客，並且在顧客總帳中登帳，以顯示此錄影帶已經出租予顧客。每一部出租出去的錄影帶，被視一個個別的出租交易事件。這也就是說，如果一個顧客租兩部片，就有兩個出租交易事件。

之後，顧客將要歸還的錄影帶放置於還片箱中，櫃台人員會記錄歸還的錄影帶，並將錄影帶的出租狀態由「未歸還」改為「已歸還」，並更新顧客及存貨總帳。如果有延遲歸還的情況，就會計算延遲歸還費用，並在顧客檔頁面內記錄此項費用。

Smith's Video Shoppe 現在正在執行電腦化系統，資料設計使用如下列所示的樣本資

☁（續）釋例 6.E.1 Smith's Video Shoppe

料。假設這些資料是完整的，也就是該店只有三位顧客，三部片，五筆出租及兩筆歸還錄影帶記錄。

顧客表格

顧客編號	名稱	地址	租片數量	延遲歸還費用
101	Joe Brown	Fairhaven	0	$0
102	Jane Smith	Fall River	2	$0
103	Lisa LeBlanc	Dartmouth	1	$0

影片表格

影片編號	影片名稱	分類	影帶數量
201	Gone with the Wind	PG	30
202	Star Trek	PG-13	10
203	Austin Powers	R	16

出租表格

出租單號碼	出租日期	影片編號	影帶編號	顧客編號	收取金額	影片狀態
301	12/14/03	201	21	101	$4.00	已歸還
302	12/14/03	203	2	103	$4.00	已歸還
303	12/15/03	201	12	102	$4.00	未歸還
304	12/15/03	202	10	102	$4.00	未歸還
305	12/15/03	203	6	103	$4.00	未歸還

歸還表格

影片編號	影帶編號	歸還日期	延遲歸還費用
201	21	12/18/03	$0
203	2	12/19/03	$0

E6.1

設計一個滿足下列每一個資訊需要的查詢。請使用要點 6.3 的格式。

■ 列出所有 Jane Smith 所租的影片。

■ 列出在今年中，所有錄影帶編號為 201 的所有出租記錄。

E6.2

編製一份 Smith's Video Shoppe 公司的簡易事件清單，請使用適當的格式及表格中的資料，報表的設計請使用要點 6.5 所提供的格式，包含最底下所列示的總金額。

E6.3

編製一份 Smith's Video Shoppe 公司的分類事件明細報表，請使用適當的格式及表格中的資料。請以影片名稱做為分類標準，報表的設計請使用要點 6.5 所提供的格

式，包含每一個分類的總金額。你的報表要包含影片的名稱。

E6.4

編製一份 Smith's Video Shoppe 公司的事件彙總報表，請使用適當的格式及表格中的資料，請以影片名稱做為彙總標準，報表的設計請使用要點 6.5 所提供的格式，報表包含每一個分類的彙總數字，並在最底下列出總數。

E6.5

編製一份 Smith's Video Shoppe 公司出租單號碼 301 的單一事件報表，報表的設計請使用要點 6.5 所提供的格式。

E6.6

編製一份 Smith's Video Shoppe 公司的參照清單，請使用樣本資料及適當的格式。報表的設計請使用要點 6.5 所提供的格式。

練習題 E6.7 至 E6.9，考慮下列假設：

a. 報表應該包含彙總數字（影帶數量），在計算這些數字時，假設資料庫軟體可以計算一個分類中的記錄，使用總數（出租單號碼）去計算出租交易的數量。

b. 報表中不包括已歸還的影帶。

E6.7

編製一份 Smith's Video Shoppe 公司的分類明細狀態報表，以影片名稱做為分類，報表的設計請使用要點 6.5 所提供的格式。

E6.8

編製一份 Smith's Video Shoppe 公司的彙總狀態報表，其他編製條件如 E6.7。報表的設計請使用要點 6.5 所提供的格式。

E6.9

編製一份 Smith's Video Shoppe 公司的單一產品／服務狀態報表，你所編製的報表應該以影片編號 201 或 203 做為編製基礎，報表的設計請使用要點 6.5 所提供的格式。

第 3 篇

交易循環與會計應用軟體

在第 1 篇中的課文內容，根據企業流程發展了一個概念性基礎。第 2 篇中將焦點集中於會計應用軟體的設計。第 3 篇則是綜合和建置包含在前面章節中所提到的所有概念、模型和技術。我們引用企業流程和應用軟體，強調這個章節彙集這些元素。

第 3 篇描述典型的採購和收入流程，和使用會計應用軟體在這些流程。不同於第 2 篇強調會計系統的發展，第 3 篇將焦點置於會計應用軟體的使用。我們討論會計應用軟體（資料、輸入表格、查詢與報表）的不同元素，使用在採購和收入流程，風險和控制在這部分也被強調。

要點 III.1　研讀會計資訊系統架構圖

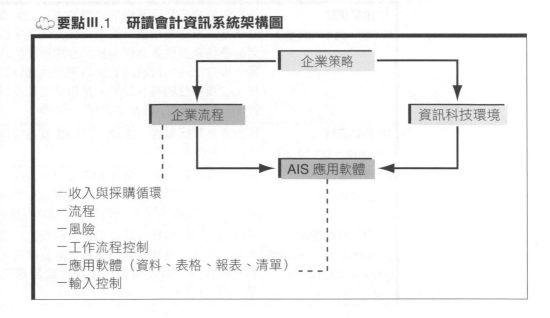

- 收入與採購循環
- 流程
- 風險
- 工作流程控制
- 應用軟體（資料、表格、報表、清單）
- 輸入控制

要點III.2 列示了在第 3 篇各章內容中,我們如何學習會計應用系統中各式各樣的元素。

要點III.2 各章內容概要

第 7 章	使用會計應用軟體	了解收入和採購循環典型的應用清單。了解處理帳戶資料的不同方法(例如批次與即時)。
第 8 章	採購循環──採購和驗收	了解採購和驗收的過程和申請,包括相關的資料、形式、報告、清單、風險和控制。
第 9 章	採購循環──採購發票和付款	了解對記錄應付款管理和支付供應商的過程和應用軟體,包括相關的資料、形式、報告、清單、風險和控制。
第 10 章	收入循環	了解收入過程和應用軟體,包括相關的資料、形式、報告、清單、風險和控制。

要點III.3 簡要彙總說明要點III.1 中所提及的四個要素。

要點III.3 研讀會計資訊系統架構說明

Ⅰ.企業策略 (business strategy)	係指企業達成競爭優勢的整體方法。企業達成競爭優勢的基本方法有兩種,其中一種方法為,以低於競爭者的價格來提供產品或勞務,亦即所謂的成本領導;另一種方法為,以較高的價格來提供獨特的產品或勞務,該獨特性的有利效果,足以抵銷較高價格的不利效果,亦即所謂的產品差異化。
Ⅱ.企業流程 (business process)	係指企業執行取得、生產,及銷售產品或勞務時,依序發生的作業活動。
Ⅲ.應用軟體 (application)	係指組織用以記錄、儲存 AIS 資料,及產生各種報表的會計應用軟體。會計應用軟體可以由組織本身自行開發、或諮詢顧問人員一起開發,或向外購買。
Ⅳ.資訊科技環境 (information technology environment)	資訊科技環境包括組織使用資訊科技的願景、記錄、處理、儲存、溝通資料的科技,負責取得、開發資訊系統的人員,以及開發、使用、維護應用軟體的流程。

7 使用會計應用軟體

學習目標

閱讀完本章,您應該了解:

1. 會計應用軟體和模組。

2. 一般會計資訊系統的基本要素。

3. 四種處理模式。

4. 會計套裝軟體在即時處理和批次處理的應用。

5. 過帳到總帳的處理。

6. 記錄的清除。

閱讀完本章,您應該學會:

1. 辨認會計應用軟體上,不同選單代表的涵義。

2. 分辨不同處理選項,對於各事件以及主要圖表的影響。

3. 不同的處理過程對於報表的影響。

4. 辨認在不同處理過程下,對於風險的控制。

本章是要介紹會計應用系統的使用，先在此對**會計應用軟體**
（**accounting application**）下定義：一組套裝軟體用以記錄、儲
存、整理會計資料，並且產生報表。會計應用軟體來源有三項：（1）
由組織內部自行開發；（2）委託管理顧問公司專門設計；（3）購
買市面上一般通用套裝軟體。

在第 2 篇裡，我們討論構成 AIS 的基本要素。本章先以一般通
用會計應用軟體為討論焦點，從基本觀念出發，以期望讀者對於會
計應用系統有概略的認識。首先，我們思考會計應用系統的兩個層
面，組成架構以及記錄、更新和刪除資料等應用層面。

7.1 會計應用軟體的組成架構

一般會計應用軟體是由許多模組所構成的，**模組（module）**即
是由許多相關功能所彙聚成的功能組。例如，一個採購模組，可用
於記錄採購單、收到進貨發票、記錄付款以及維護供應商資訊。其
他常見的模組，包括銷售模組、總帳模組、薪資模組、存貨模組、
分批成本模組。會計模組間均建立連結，使得資訊能在每個模組間
流通整合，並更新相關的記錄。例如，記錄收到進貨發票，將會使
採購模組更新供應商帳戶餘額，以及總帳模組中的應付帳款餘額。
對於會計應用軟體模組架構的基本認識，有助於更進一步了解收入
循環以及採購循環，將於往後的章節中討論。

通常會計模組中的組織功能是很有幫助的，在一個模組的主選
單提供了許多可供選擇的功能選項。例如，使用銷售模組時，選單
中會有選項：增加新顧客、記錄銷售訂單、列印報表。如你所看到
的，各種會計應用軟體間選單是相類似的。

7.2 使用會計應用軟體

在本章的第二部分，我們將討論會計應用軟體，如何用來記錄
或更新重要的事件以及主要圖表。現將主題放在探討記錄更新，以
及資料處理的不同方法。系統大略分為（1）及時處理系統和（2）
批次處理系統，兩種不同的方法對於會計記錄、主要圖表和重要報
表的即時性有不同的結果。在即時系統下，代理人和產品的主要圖
表，於交易資料被輸入電腦時同步更新；而批次處理則是於交易資

料輸入後，過一段時間後才更新。

　　會計應用軟體可將不需使用的資料，列入歷史檔案。在會計年度結束時，交易事件被記錄以及主要記錄被更新後，不再需要的資料會被複製到離線裝置中儲存，例如磁片、光碟等，然後線上系統會將這些資料刪除。會計師需要了解會計應用軟體的組成，並且參與設計會計應用軟體的功能（例如：記錄、更新及處理）以及評估會計應用系統。

　　使用者需要知道資料更新是否已完成，以確定報表已包含了所有的訊息。設計者必須確認會計系統能符合企業的需求。舉例而言，如果企業計畫於記錄資料一段時間後才更新主檔，且更新需經一定程序的確認，那功能選單中就應該要有一個選項可以執行該更新程序。最後，評估者尚需考慮在不同處理過程下，內部控制的風險以及控制缺失發生的可能性。

7.3　會計應用軟體及模組

　　一般常見的會計應用軟體，大都由下面幾個模組所構成：

■ 採購模組：採購模組主要應用在採購循環，功能包括提供完整的供應商資訊、製作常用的採購單檔案、保存完整的驗收報告、記錄收付款情形及應付帳款餘額。

■ 銷售模組：銷售模組主要應用在銷售循環，功能包括保存完整的顧客資料、製作常見的銷售單、記錄銷售訂單的運送情形、記錄顧客的收現情況及應收帳款餘額。

■ 存貨模組：存貨模組的主要應用在存貨的管理，用以記錄現有存貨的數量、單位價格、存放地點以及存貨來自哪些供應商。

■ 總帳模組：本模組的主要功用是帳務處理，包括記載分錄、更新帳戶餘額、產生報表。

■ 薪資模組：本模組主要用來記錄員工薪資、稅款支付、扣抵稅額及其餘的費用支出。

■ 訂單／專案模組：本模組的功能在於，將成本以產品類別劃分，分別記錄歸屬，以提供不同產品的成本資訊。

7.3.1 模組之間的整合

以上的六個模組間並非獨立。舉例而言，現假設一間公司收到向史密斯供應商訂購的貨物（產品編號 402）10 單位，公司的記錄人員，使用採購模組記錄成本交易，則有關驗收報告的檔案會更新，有關史密斯供應商的帳戶餘額也會自動更新。以上的影響均發生在採購模組內，但是上述的進貨交易也同時增加了存貨的單位（屬於存貨模組的範疇）以及應付帳款（屬於總分類帳模組的範疇）。要點 7.1 說明了以上關係，即使交易發生同時影響三個模組的資料，但是使用者只需輸入一次，其餘模組的資料將會自動更新。

以上例子對於各模組間的影響，在此作進一步的探討：

1. 驗收存貨記錄於驗收報告檔案中。
2. 採購模組讀取到驗收報告中的購買存貨，將本資訊記錄於供應記錄中，更新來自史密斯供應商的進貨餘額。
3. 存貨模組讀取到驗收報告中的產品編號 402，將其記錄於存貨檔，更新存貨檔案的數量。
4. 總帳模組會在購買記錄輸入時，產生分錄於日記帳中。
5. 總帳模組更新存貨帳戶餘額以及應付帳款餘額。

除上述例子外，其他模組也能依此加以整合。當付薪資給員工時，薪資系統將會提供總帳系統，借：「費用」、貸：「現金」之資訊。從本章焦點問題 7.a 可了解銷售、存貨、總帳跨模組間整合之運用。

要點 7.1　整合進貨、存貨及總帳模組

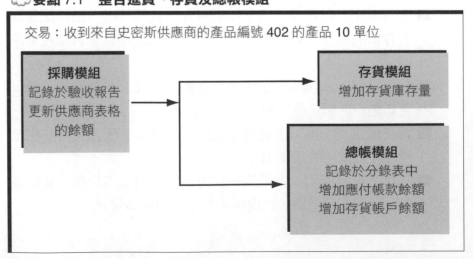

（續）要點 7.1　整合進貨、存貨及總帳模組

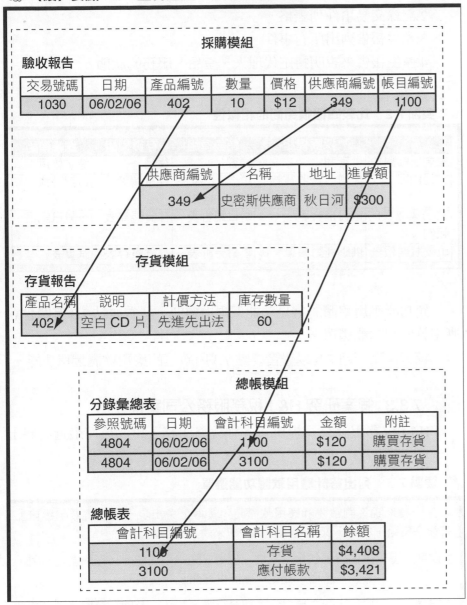

採購模組

驗收報告

交易號碼	日期	產品編號	數量	價格	供應商編號	帳目編號
1030	06/02/06	402	10	$12	349	1100

供應商編號	名稱	地址	進貨額
349	史密斯供應商	秋日河	$300

存貨模組

存貨報告

產品名稱	説明	計價方法	庫存數量
402	空白 CD 片	先進先出法	60

總帳模組

分錄彙總表

參照號碼	日期	會計科目編號	金額	附註
4804	06/02/06	1100	$120	購買存貨
4804	06/02/06	3100	$120	購買存貨

總帳表

會計科目編號	會計科目名稱	餘額
1100	存貨	$4,408
3100	應付帳款	$3,421

7.3.2　模組間的相似性

如要點 7.2 所示，採購、銷售、存貨以及總帳等模組，具有某些相當類似的特點，例如：

1.每個模組都至少有一類主要記錄事件表格，記錄代理人、產

品、服務資料。

2.記錄交易事件列表格。

3.產生報告列出所有事件。

4.產生報告來說明特定代理人、產品、服務的狀態。

☁️**要點 7.2　比較四個模組間的相似性**

	採購模組	銷售模組	存貨模組	總帳模組
主要記錄對象	供應商	顧客	貨品	總帳帳戶
交易內容	採購、驗收貨物、付款	銷售、運送貨物、收現	存貨調節	日記分錄
交易彙總表的範例	當日進貨表	當日銷售表	存貨調節表	一般日記帳
重要狀態報表	供應商對帳單	帳齡分析表	存貨庫存表	試算表

　　跨功能應用軟體的常見功能架構相類似，請看要點 7.3 有關會計應用軟體的功能選單。

　　練習焦點問題 7.b 以學習要點 7.3 所敘述的應用軟體選單功能。

7.3.3　個案研究 H&J 稅務服務公司案件

　　H&J 稅務服務公司提供了多種稅務服務，這間公司最近發展出

☁️**要點 7.3　列出會計應用軟體功能選單**

　　一般來說，開啟會計應用軟體時，螢幕上會出現一個主選單，選單上有很多模組，模組下又有子選項，一般來說其選項為：

1.檔案維護：這個選項包含了新增、變更或刪除等功能。以採購循環為例，其包括新增、變更或刪除供應商及存貨資料。

2.記錄交易事件：這個選項包含了記錄訂購、驗收，及開立發票等交易事項的功能。

3.處理運算：這個選項包含了更新、結帳、刪除等常見功能，還有一些特別功能，如估計手續費以及帳齡分析表。

4.列印報表：依不同模組會列印出不同的報表。

5.查詢：當現有報表的格式不符合使用者的需求時，這個選項是用來擷取需要的資訊。

6.結束：用來結束應用軟體的運作。

了一套系統，能自動記錄對顧客所提供的服務、對顧客發出帳單且記錄收現。除了銷售模組外，該公司還使用總帳模組來編製財務報表。

公司有關銷售循環的資訊，都是由一套會計應用軟體中的銷售模組所記錄，其步驟以下列例子說明，這個例子與之前章節有些許差異存在。

顧客接洽（事件 1）

當一位新顧客打電話至公司要求服務時，秘書人員將會安排顧客與公司內的會計師見面。

決定服務內容（事件 2）

當顧客與會計師商談完畢，會計師會決定其服務事件，並且準備服務需求單，記載服務的內容。

釋例如下：

服務需求單

服務需求單號碼： 104　　　　　承辦會計師： Jane Smith
顧客名稱： Robert Barton　　　　日期： 02/10/03

服務編號	內容說明	公費
1040	聯邦個人綜合所得稅	$ 100
項目 A	1040 項目 A（列舉扣除項目）	50
項目 B	1040 項目 B（利息與股利申報）	50
州稅項目	申請州政府退稅款	80
	加總	$ 280

當填寫服務需求單的同時，顧客也填寫顧客資料表，並允諾提供一切必要的相關資訊。

完成稅務申報（事件 3）

會計師輸入顧客資料至 Mega-Tax 系統，這套公司專門用來記錄、儲存並處理稅務服務的軟體，可幫助會計師在查詢有關稅務申請細節時，節省許多人力及時間成本。

寄帳單給顧客（事件 4）

一旦稅務申報完成後，會計師會將服務需求單、顧客資料表以及稅務申報等資料交與秘書，讓秘書將服務項目輸入電腦、計算出

公費,並記錄本次服務內容於發票明細檔中,確認無誤後過入發票主檔。此時電腦將會自動更新顧客帳戶中的餘額、更新各服務項目今年的累積收入,並列印出發票準備寄給顧客,同時通知顧客已完成稅務申報程序。

收現(事件5)

當顧客領取稅務申報書並以支票付款時,秘書人員會輸入顧客的發票代號、支票號碼、金額及日期,確認輸入無誤後過入主檔,此時主檔中顧客帳戶的餘額將會減少,發票檔中將會註記「已付款」。

釋例7.1更進一步說明了H&J的銷售模組,分為A、B、C、D四部分說明,也有助於讀者觀念的釐清與疑惑的解答。

7.4 處理模式

本章先前的部分是討論會計資訊系統、應用軟體的組成架構。接著的部分,則是討論會計應用軟體有許多不同的方法,去記錄、更新資訊以及產生報表。這裡所稱的**處理模式(processing mode)**,將交易記錄以該資料更新相關帳戶的過程。我們以記錄交易的時點,以及更新帳戶的時點,作為處理模式的劃分依據,主要分為四種模式:(1)即時記錄即時更新;(2)批次記錄(線上);(3)批次記錄(離線);(4)即時記錄批次更新。不論是何種處理模式,設計者均需考量相關的內控風險及控制活動。

> **處理模式**
> **(processing mode)**
> 將交易記錄且以該資料更新相關帳戶的過程。

7.4.1 即時記錄即時更新

在此種處理模式下,交易事件會在發生時立刻被記錄,模組裡的相關檔案也會同時被更新。例如,當銷售人員接到一通訂貨電話,於通話時就可將訂單資料輸入電腦,此時電腦會配合其他資料編輯成訂單(如自動搜尋存貨數量是否足夠);一旦確認無誤後,本項交易就會被記錄下來,且相關的主檔也會立刻被更新。

現在讓我們回過頭來看先前H&J稅務服務公司,有關處理、記錄資料的流程。前文中有提到,當會計師完成了稅務服務後,將各式資料交給秘書,秘書立刻將資料輸入電腦,這就稱之為「即時記錄」(real time recording)。

☁ 釋例 7.1　H&J 稅務服務公司的文件處理及資料設計

A. 事件所需表格

事件	可能需要的表格	是否使用事件檔	更新主檔
1. 顧客接洽	洽談行程檔	無	
2. 決定服務內容	服務需求檔	無，在本例中，服務項目的輸入，是在服務完成後，因此無須特別設立一個檔案。	
3. 完成稅務申報	已提供服務檔	無，稅務申報表乃存於大量資料庫中，相關完成報稅書面資料則由會計師交給秘書收存。	
4. 寄帳單給顧客	發票檔	有，提供服務的詳細說明此時需輸入電腦，電腦會自動製作發票。	顧客帳戶的餘額增加，個別服務項目的累積收入更新。因此更新顧客檔及服務檔。
5. 收現	收現檔案	有，收現日期、金額、發票號碼、支票號碼均有檔案記錄。	檔案中顧客餘額減少，因此更新顧客帳戶餘額。

B. UML 統一塑模語言分類圖與屬性（收入循環）

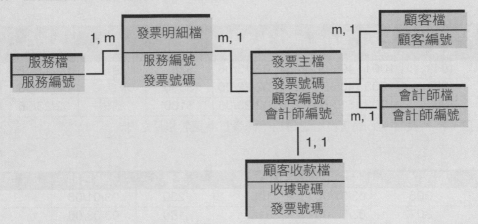

屬性檔案	主要索引鍵	外部索引鍵	資訊屬性
服務檔	服務編號		服務內容、公費、累積收入
顧客檔	顧客編號		顧客名稱、地址、電話、餘額
會計師檔	會計師編號		會計師姓名
發票檔	發票號碼	顧客編號、會計師編號	發票日期、金額、狀態、入帳日、過帳日
發票明細檔	服務項目編號 發票號碼	同左	公費
收現	收據號碼	發票號碼	收款日期、支票號碼、金額、入帳日、過帳日

（續）釋例 7.1　H&J 稅務服務公司的文件處理及資料設計

C. 樣本資料

服務檔

服務編號	說明	公費	今年度累積收入
1040	聯邦個人所得稅	$100	$120,000
項目 A	列舉扣除項目	$50	$51,000
項目 B	利息與股利申報	$50	$53,300
項目 C	個人執行業務所得申報	$110	$84,000
州稅項目	州政府稅	$80	$81,000
營利事業稅	公司所得稅申報	$30／小時	$103,000

顧客檔

顧客編號	顧客名稱	地址	電話	未付清餘額
1001	Robert Barton	242 Greene St., St. Louis, MO	314-222-3333	$0
1002	Donna Brown	123 Walnut St. Louis, MO	314-541-3322	$0
1003	Sue Conrad	565 Lakeside, St. Louis, MO	314-541-6785	$390

會計師檔

會計師編號	會計師姓名
405-60-2234	Jane Smith
512-50-1236	Michael Speer

發票檔

發票號碼	服務需求單號碼	顧客編號	會計師編號	發票日期	金額	狀態	入帳日	過帳日
305	104	1001	405-60-2234	02/13/06	$280	結帳	02/13/06	02/28/06
306	106	1003	405-30-2234	02/22/06	$390	未結帳	02/22/06	02/28/06
307	105	1002	512-50-1236	02/23/06	$180	結帳	02/23/06	02/28/06

註：入帳日，為將發票輸入銷售模組之日期；過帳日為更新帳戶之日。

收現檔

收據號碼	發票號碼	收款日期	支票號碼	金額	入帳日期	過帳日
275	305	03/01/06	125	230	03/01/06	
276	307	03/03/06	316	180	03/03/06	

發票明細檔

發票號碼	服務編號	公費
305	1040	$100
305	項目 A	$50
305	州政府稅	$80
306	1040	$100
306	項目 A	$50
306	項目 B	$50
306	項目 C	$110

發票號碼	服務編號	公費
306	州政府稅	80
307	1040	100
307	州政府稅	80

☁（續）釋例 7.1　H&J 稅務服務公司的文件處理及資料設計

D. 其他資料

新顧客的資料

顧客編號	顧客名稱	地址	電話	未付清餘額
1004	Roger Longman	922 Carlton, St. Louis, MO	314-986-1234	$ 0
1005	Jeff Parker	198 Hillside Dr., St. Louis, MO	314-689-5454	$ 0
1006	Jane Kimball	461 Tucker Rd., St. Louis, MO	314-322-4554	$ 0

關於最近完成的服務需求單

服務需求單號碼	顧客編號	會計師編號	發票日期	金額
107	1004	512-50-1236	03/03/06	$280
109	1006	405-60-2234	03/03/06	$180
108	1005	512-50-1236	03/03/03	$180

服務需求單號碼	服務項目編號	公費
107	1040	$100
107	項目 A	$50
107	項目 B	$50
107	州政府稅	$80
109	1040	$100
109	州政府稅	$80
108	1040	$100
108	州政府稅	$80

釋例 7.2 中列示了一張該公司的發票檔，相關的資料都已被輸入，發票號碼是由電腦自動編碼，每筆交易都有其發票號碼以供查詢參考，每位顧客也有其編號，只要輸入該編號，「顧客名稱」這個欄位將自動搜尋並顯示顧客名稱。「承辦會計師」和「服務說明」兩個欄位也是相同的，輸入編號，電腦會自動搜尋並顯示。

在釋例 7.2 的資料完成後，秘書會按下「過帳」鈕。我們定義**過帳（posting）**有以下兩種功能：（1）將該交易事件的資料更新相關的主檔；（2）將該筆交易記錄註明上記號，以免被重複過帳或刪除（因為該筆交易資料是交易發生的憑證）。

> **過帳（posting）**
>
> 有以下兩種功能：（1）將該交易事件的資料更新相關的主檔，（2）將該筆交易記錄註明上記號，以免被重複過帳或刪除。

釋例 7.3 列示了該公司「寄帳單給顧客」的詳細流程。

記錄和更新資料的影響。釋例 7.4 顯示 H&J 公司記錄了該項資料所產生的影響。文字說明如下

釋例 7.2　H&J 稅務服務公司發票號碼 308 的即時系統

發票檔		過帳

發票號碼	308	日期	02/20/06
服務需求單號碼	107		
顧客編號	1004	顧客名稱	Roger Longman
承辦會計師編號	512-50-1236	承辦會計師姓名	Michael Speer

服務項目編號	服務說明	公費
1040	聯邦個人所得稅	$100
項目 A	列舉扣除項目	50
項目 B	利息與股利申報	50
州政府稅	州政府稅	80
	總計	$280

- 交易記錄已過入發票檔。過帳日期的顯示,即代表該交易記錄已過入銷售模組中的相關主檔,此時發票檔的欄位中會顯示該筆帳款是否已被結清。

- 在 H&J 公司的系統裡,總分類帳的更新只有在月底才進行,注意,上文中的檔案更新僅為銷售模組裡的相關檔案更新,而總分類帳的更新是在月底時將各模組的資料過入總分類帳時才會更新。

- 四項服務項目被記入發票明細檔中,列示已提供的服務。

- 顧客主檔已被更新,該筆交易被過入顧客主檔,主檔已被更新,「Roger Longman」的帳戶餘額已為 $280 美元。

- 服務檔內的每項服務之累積收入餘額也被更新。

避免刪除已過帳的資料。在大多數的系統中(雖然另有功能使程式仍可執行刪除功能),已過帳的資料是不能被刪除的,這帶來兩點好處。第一個好處是,避免惡意的錯誤刪除。例如,藉由刪除收現檔案以掩飾盜用現金。第二個好處是可以避免成本計算錯誤。因為過帳的影響範圍很廣,也很複雜,任何無心或不經意的刪除資料,都會造成計算的不完整或缺失,導致成本的計算錯誤。

如果資料無法刪除,那要如何修正呢?通常是透過迴轉分錄。

釋例 7.3　H&J 稅務服務公司：記錄發票的細部活動圖（即時記錄）

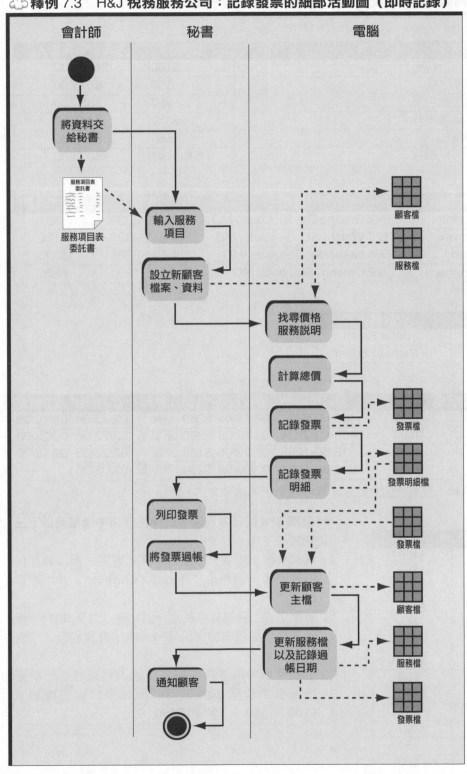

釋例 7.4　H&J 稅務服務公司：記錄發票號碼 308 的影響——即時系統

服務檔

服務編號	説明	公費	今年度累積收入
1040	聯邦個人所得稅	$100	$120,100
項目 A	列舉扣除項目	$50	$51,050
項目 B	利息與股利申報	$50	$53,350
項目 C	個人不動產申報	$110	$84,000
州稅項目	州政府稅	$80	$81,080
營利事業稅	公司所得稅申報	$30/小時	$103,000

顧客檔

顧客編號	顧客名稱	地址	電話	未付清餘額
1001	Robert Barton	242 Greene St., St. Louis, MO	314-222-3333	$0
1002	Donna Brown	123 Walnut St., St, Louis, MO	314-541-3322	$180
1003	Sue Conrad	565 Lakeside, St. Louis, MO	314-541-6785	$390
1004	Roger Longman	922 Carlton, St. Louis, MO	314-986-1234	$280

會計師檔

會計師編號	會計師姓名
405-60-2234	Jane Smith
512-50-1236	Michael Speer

發票檔

發票號碼	服務需求單號碼	顧客編號	會計師編號	發票日期	金額	狀態	入帳日	過帳日
305	104	1001	405-60-2234	02/13/06	$280	結帳	02/13/06	02/28/06
306	106	1003	405-60-2234	02/22/06	$390	未結帳	02/22/06	02/28/06
307	105	1002	512-50-1236	02/23/06	$180	結帳	02/23/06	02/28/06
308	107	1004	512-50-1236	03/03/06	$280	未結帳	03/03/06	

註：入帳日，為將發票輸入銷售模組之日期；過帳日為更新帳戶之日。

發票明細檔

發票號碼	服務編號	公費
305	1040	$100
305	項目 A	$50
305	州政府稅	$80
306	1040	$100
306	項目 A	$50
306	項目 B	$50
306	項目 C	$110
306	州政府稅	$80
307	1040	$100
307	州政府稅	$80
308	1040	$100
308	項目 A	$50
308	項目 B	$50
308	州政府稅	$80

將發票 308 記錄及過帳，對銷售模組中檔案有以下三點影響：

1. 檔案維護：因為此交易對象是新客戶，所以顧客檔中新增了一個欄位「Roger Longman」及相關資料。

2. 事件記錄：發票檔中新增一個記錄（號碼 308），而發票明細檔新增四個記錄。此時，發票檔顯示了入帳日期。

3. 主檔更新：服務檔中的累積收入項目餘額已被更新。發票號碼 308 的四個服務項目分別增加了 $100、$50、$50 和 $100。

⤴ **（續）釋例 7.4　H&J 稅務服務公司：記錄發票號碼 308 的影響——即時系統**

收現檔

收款憑據號碼	發票號碼	收款日期	支票號碼	金額	入帳日	過帳日
275	305	03/01/06	125	$230	03/01/06	
276	307	03/03/06	316	$180	03/03/06	

例如，要沖銷一筆錯誤記錄的銷售，通常是記錄銷售退回。

　　即時系統。在上述例子中，記錄發票後，系統將立刻更新顧客的帳戶餘額，以及各項服務的當年累積收入餘額。凡系統能立即於交易發生時加以記錄，並且立即更新相關交易主檔，則我們稱之為**即時系統（real-time system）**。即時系統對於許多企業的作業流程來說是非常重要且有重大幫助的，例如航空業的訂位保留系統，若採用即時系統，則可確保掌握最新的各航班座位情況，因此不會接受超額的訂位。

　　在即時系統下的狀態報告。一旦交易事件被記錄與過帳後，模組中主檔的資料已是最新的資訊。因此交易事件及狀態報表，將會反映這些系統裡的更新資訊，釋例 7.5A 詳細的說明了交易事件報告（與第 6 章所討論的服務委託報告不同）釋例 7.5B 也詳細列示了一

> 即時系統
> （real-time system）
>
> 凡一系統能立即於交易發生時加以記錄，並且立即更新相關交易主檔。

⤴ **釋例 7.5　H&J 稅務服務公司：即時系統的服務項目報告**

A. 詳細的交易報告

服務項目報告

日期：　02/01/06-03/10/06　　　　　　　　　　依發票號碼排序

發票號碼	合約號碼	顧客編號	承辦會計師姓名	服務項目編號	公費
305	104	1001	Jane Smith	1040	$100
305	104	1001	Jane Smith	項目 A	50
305	104	1001	Jane Smith	州政府稅	80
306	106	1003	Michael Speer	1040	100
306	106	1003	Michael Speer	項目 A	50
306	106	1003	Michael Speer	項目 B	50
306	106	1003	Michael Speer	項目 C	110
306	106	1003	Michael Speer	州政府稅	80
307	105	1002	Jane Smith	1040	100
307	105	1002	Jane Smith	州政府稅	80
308	107	1004	Michael Speer	1040	100
308	107	1004	Michael Speer	項目 A	50
308	107	1004	Michael Speer	項目 B	50
308	107	1004	Michael Speer	州政府稅	80

☁ **（續）釋例** 7.5　**H&J 稅務服務公司：即時系統的服務項目報告**

B. 分類明細狀態報告──即時系統

<table>
<tr><td colspan="5" align="center">顧客狀態詳細的報告</td></tr>
<tr><td colspan="5">日期： 03/03/06</td></tr>
<tr><td>發票號碼</td><td colspan="2">收費</td><td>付款</td><td>期初餘額</td></tr>
<tr><td colspan="4">1001　　Robert Barton</td><td>$0</td></tr>
<tr><td>發票號碼</td><td>服務需求單號碼</td><td>日期</td><td>收費</td><td>付款</td></tr>
<tr><td>305</td><td>104</td><td>02/13/06</td><td>$280</td><td></td></tr>
<tr><td>305</td><td>104</td><td>03/01/06</td><td></td><td>$280</td></tr>
<tr><td colspan="4">期末餘額</td><td>$0</td></tr>
<tr><td colspan="4">1002　　Donna Brown</td><td></td></tr>
<tr><td>發票號碼</td><td>服務需求單號碼</td><td>日期</td><td>收費</td><td>付款</td></tr>
<tr><td>306</td><td>106</td><td>02/22/06</td><td>$390</td><td></td></tr>
<tr><td colspan="4">期末餘額</td><td>$390</td></tr>
<tr><td colspan="4">1003　　Sue Conrad</td><td></td></tr>
<tr><td>發票號碼</td><td>服務需求單號碼</td><td>日期</td><td>收費</td><td>付款</td></tr>
<tr><td>307</td><td>105</td><td>02/23/06</td><td>$180</td><td></td></tr>
<tr><td>307</td><td>105</td><td>03/03/06</td><td></td><td>$180</td></tr>
<tr><td colspan="4">期末餘額</td><td>$0</td></tr>
<tr><td colspan="4">1004　　Roger Longman</td><td></td></tr>
<tr><td>發票號碼</td><td>服務需求單號碼</td><td>日期</td><td>收費</td><td>付款</td></tr>
<tr><td>308</td><td>107</td><td>03/03/06</td><td>$280</td><td></td></tr>
<tr><td colspan="4">期末餘額</td><td>$280</td></tr>
</table>

張顧客狀態表，注意這兩張圖表中有關新發票的部分。

讓我們回顧一下有關即時系統的特色：

1. 即時記錄：交易在發生時就被記錄。

2. 當資料被輸入電腦時，資料立即被彙整編輯。

3. 立刻更新（過帳）：一但資料被記錄，同一模組內相關的主檔
資料立刻會被更新。

4. 視其設定條件，可能立即過入總分類模組。

5. 模組中最新的交易記錄與狀態報告，可以隨時列印出來。

批次記錄
（batch recording）

在交易發生時資料不會立
刻被輸入電腦，反而是累
積到一定的數量後才會被
一次輸入。

⌕ **7.4.2　批次記錄（線上）**

在**批次記錄（batch recording）**系統下，交易事件通常被記錄

在紙上，直到將資料輸入電腦中。換句話說，在交易發生時資料不會立刻被輸入電腦，反而是累積到一定的數量後才會被一次輸入。雖然現在會計資訊系統的趨勢是走向即時系統，但在很多情況下，批次系統對管理人員仍有很大的幫助。

　　要點 7.4 中列示了許多批次處理的相關用語及說明。批次處理會累積一定數量的資料，並且計算資料的總和，一旦資料被輸入電腦，電腦除了處理資料外，也會計算所輸入的總數，並產生編輯報告，報告會列示輸入資料的明細以及輸入資料的總和。比較電腦所列示的輸入總和以及輸入電腦前所記載的總和，可發現資料的輸入是否有誤。待錯誤更正及複核後，輸入的資料才被過入總帳中。

　　輸入批次資料的步驟：

1.累積批次文件以及計算批次總數。
2.利用會計應用軟體，將批次中的資料輸入電腦。
3.列印本批次的編輯報告。
4.複核報告以及錯誤更正。

要點 7.4 批次處理之概念

批次（batch）：許多筆交易，通常都被給予編號以供識別，例子中的批次包含了銷售發票，進貨發票以及員工工時卡。

批次控制之總值：於交易記錄登入系統前，可用儀器計算批次交易控制總數。在所有交易記錄於系統之後，可以比對實際輸入資料總數與控制總數。用於與實際批次控制總數進行比對的批次控制數，可分為下列三類：

1. **記錄計算（record count）**：這個批次包含多少筆資料。

2. **批次總數（batch total）**：這個批次中，所有資料金額或是數量的總和。譬如，輸入一批發票，那該總數即為每張發票列示金額的總計。如果是倉庫收貨事項，總數即為次批次中所收到項目的數量。

3. **雜數總數（hash total）**：任意選定某一非金額、數量的數字項目，算出其數字總。例如，發票號碼、顧客編號。

編輯報告（edit report）：在批次處理下，編輯報告是一種特別形式的報告，其產生在一批資料輸入後，列示輸入的交易以及實際的批次總數。使用者或其主管可於過帳前先核閱此報告。

過帳：當執行此項指令時，相關交易資料即被更新入資料庫。一旦更新，資料仍會包含在同一模組中的詳細和彙總狀態報告中。當資料被更新後，該記錄視為永久性資料，意謂可能無法將其刪除。

批次（batch）
一組尚待記錄、更新，或其他處理程序之交易文件。

記錄計算（record count）
這個批次包含多少筆資料。

批次總數（batch total）
這個批次中，所有資料的金額或是數量的總和。

雜數總數（hash total）
任意選定某一非金額、數量的數字項目，算出其數字總和。

編輯報告（edit report）
在批次處理下，一個特別形式的報告，產生在資料輸入後，列示輸入的交易以及實際的批次總數。

5.過帳，亦即更新相關主檔。

接下來讓我們重新來看，在批次處理下，H&J 稅務服務公司會如何的記錄資料。釋例 7.6 中顯示了在這個狀況下，該公司收入處理以及發票編製的過程。

當稅務服務完成時，承辦會計師會將相關資料以及顧客檔案交給秘書，秘書會累積每天所收到的合約，直到累積量已達一個批次的標準。到了那天，秘書會計算每筆合約的總金額，以及雜數總和，然後將其輸入電腦中。若該顧客是首次接受委託則會先建立顧客的資料檔。當每項交易被輸入電腦後，電腦會自動計算總和，並於底部列示總額，在發票檔中增加交易記錄。

在這個部分我們檢視批次的資料輸入，以及採用批次輸入與即時系統兩者間，對交易事件以及主檔的影響。我們先假設在釋例 7.2D 中的項目代表了一批新的發票，在此先忽略數字上的差異。

資料處理人員計算出以下三個總數

輸入總數：		3
批次總數：	$280+$180+$180=	$640
顧客號碼之雜數總計：	1004+1006+1005=	3015

☁ 釋例 7.6　H & J 稅務服務公司：發票資料批次記錄

當納稅申報服務完成，會計師將服務申請表、顧客資訊表，和納稅申報交予秘書。秘書每天累積申請表。下班後，秘書計算填寫完申請表的人數，並計算所有服務申請書中的金額，以及所有無用的顧客編號的雜數總數。接著，秘書將服務提供者資料輸入電腦系統中。如果顧客是新的，顧客記錄將是首次被建立在電腦系統中的。當各項服務編號被輸入系統中，電腦會自動查找服務說明和收費標準。系統計算和在底部顯示總金額。記錄產生在發票檔中，狀態被設置成「未結帳」的狀況。所提供的服務被記錄在發票明細檔中，秘書繼續記錄完整申請表，直到批次中所有申請表都已被記錄了。

然後，秘書列印服務提供報告、複核報告，將之與控制總數相比較，並在原始的事件記錄中做必要的變動，秘書再列印發票的批次。秘書選擇「將這批發票過帳到主檔表格」(Post the batch of invoices to master tables)選項。當日的日期會被記錄在發票檔的入帳日欄位中，顧客的餘額會增加，提供各項服務的今年度累積收入金額也會更新。秘書最後通知顧客服務已經準備好了。

釋例 7.7　H&J 稅務服務公司：批次發票記錄的詳細活動圖

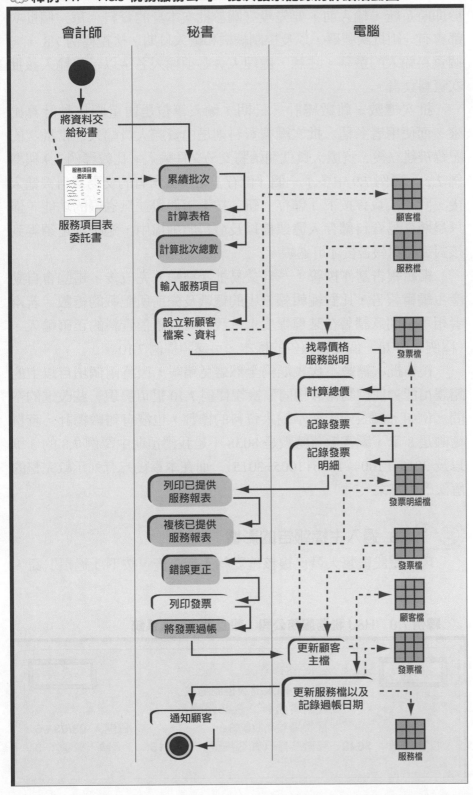

在計算完批次總數後，處理人員開始將該批次輸入電腦，不同於即時系統，輸入前，要先設立關於批次本身的資料。每一個批次都會有一組批次號碼，以及控制總數和輸入日期。檢視釋例 7.8，一個資料輸入的螢幕。注意，處理人員必須輸入名字以示爲輸入該批次資料負責。

批次總數、雜數總計、日期、輸入筆數是由電腦自動計算出來，而使用者名稱、批次編號資料則是由資處人員輸入。當批次的記錄被建立後，資處人員就開始將交易文件輸入。比較釋例 7.9 與釋例 7.2，釋例 7.9 中多了一個「儲存」鈕，當所有的交易資料被輸入後，資處人員會按下「儲存」鈕。按下這個鈕並無過帳的功能，僅只是將交易資料儲存入發票檔以及發票明細檔中，過帳則是須等到核對完編輯報告後才可過帳。

編輯報告當作控管：一旦交易批次被輸入完成後，電腦會自動產生編輯報告，比對編輯報告中的總數及先前所記載的總數。若兩者相等，則意謂著在某種程度上，我們可以確信資料的正確輸入。（釋例 7.10 是一個編輯報告的樣本，可參照釋例 7.10 。）

複核批次總數不代表能夠全然避免錯誤，因爲兩個項目以上的錯誤可能會使控制總數相同。檢視釋例 7.10 仍可發現一些改進的空間。例如，圖表中未顯示輸入資料的總數，也沒有雜數總計，資料總數是 8 筆，顧客編號總數是 8038 不是我們預期中釋例 7.8 的 3 筆以及 3015（1004+1006+1005=3015）。而在本章後方有列示較完整的解決改善方案。

7.4.3 過入主檔報告的影響

現在假設監督人員已複核確認輸入無誤後，按下「過帳」鈕，

釋例 7.8　H&J 稅務服務公司：設立批次記錄系統

儲存		過帳
	輸入批次控制總數	
	使用者名稱：Rstevens	
	批次編號：1073	日期：03/03/06
批次總數：$640	雜數總計（顧客編號）：3015	輸入筆數：3

釋例 7.9　H&J 稅務服務公司：發票檔（308）──一筆來自批次發票記錄被輸入

發票表		儲存

發票號碼：	308	日期：	02/20/06
服務需求單號碼：	107	批次編號：	1073
顧客編號：	1004	顧客名稱：	Roger Longman
會計師編號：	512-50-1236	承辦會計師：	Michael Speer

服務編號	內容說明	公費
1040	聯邦個人所得稅	$100
項目 A	列舉扣除項目	50
項目 B	利息及股利收入申報	50
州政府稅	州政府稅	80
	總計	$280

　　以上輸入發票表的資料，只是一批交易文件的其中一份所記載的，內容說明、批次編號、顧客名稱、承辦會計師是不需要輸入的，發票號碼是由電腦指定，而日期以及批次編號是由先前輸入發票時同時設定的。其餘如服務說明、公費、承辦會計師姓名等，都由電腦自動產生。總金額則由電腦自動計算產生。

釋例 7.10　H&J 稅務服務公司：批次記錄系統

已提供服務的編輯報告──未過帳 批次號碼 1073					
發票號碼	合約號碼	顧客編號	承辦會計師編號	服務編號	公費
308	107	1004	512-50-1236	1040	$100
308	107	1004	512-50-1236	項目 A	50
308	107	1004	512-50-1236	項目 B	50
308	107	1004	512-50-1236	州政府稅務	80
309	109	1006	405-60-2234	1040	100
309	109	1006	405-60-2234	州政府稅	80
310	108	1005	512-50-1236	1040	100
310	108	1005	512-50-1236	州政府稅	80
				總數	$640

釋例 7.11　詳細列示一份編輯報告

史蒂芬萊德公司
發票編輯報告

系統日期：12/31/06
使用者日期：12/31/06
批次編號：984
批次總數：$331.18　　　　批次總數：$331.18
輸入總數：2　　　　　　輸入總數：2
驗證：未　　　　　　　驗證人簽名：　　　　　　驗證日期：＿＿＿＿＿＿

使用者編號：Pereira, LT

種類	文件編號	文件日期	過帳日	顧客編號	名稱		業務員
	小計	交易折扣		運費	雜項費用	稅款	收費總額
IVC	IVC24	12/25/01	6/23/04	50551	Robinson 製造商		
	$69.65	$0.00		$0.00	$0.00	$4.88	$74.53
IVC	IVC25	12/25/01	6/23/04	美國 0001	American Science Museum		SEAN.W
	$239.85	$0.00		$0.00	$0.00	$16.8	$256.65
	$309.5	$0.00		$0.00	$0.00	$21.6.8	$331.18

資料將顯示如釋例 7.12A，交易檔的過帳日期將會被更新。當年度服務檔中的累積收入已被更新，而顧客檔中的顧客餘額也會被更新。但是，「過入總帳日」的這格欄位仍是空白。雖然銷售模組中的主檔已被更新，但公司的政策是於每月月底才更新總帳模組。

現在交易項目已過帳了，釋例 7.12B 顯示了更新後的顧客狀態表，釋例 7.12B 將會發現 7.12B 中，已包含了過帳的資訊。

分批過帳在某種程度而言，即附有內部控制的效果，批次過帳可以藉由以下幾點來加強內部控制的效果：

1.在過帳前複核編輯報告，將提昇資訊的準確性。
2.若系統是自動過帳，且無法將過帳前及過帳後的資料作區隔，則對內控的加強效果就很有限了。
3.若過帳之執行僅限於會計長或是其他特定相關主管，效果會大大提升。

如同先前在即時系統中討論的，一旦交易記錄被更新後，是無法刪除的，理由如前述。若要刪除錯誤的輸入，則需做迴轉分錄。迴轉分錄是必須經過複核的，因此得以強化內部控制功能。

釋例 7.12 H&J 稅務服務公司：批次記錄的影響

A.發票檔—批次記錄之前

發票號碼	服務需求單號碼	顧客編號	會計師編號	發票日期	金額	狀態	批次編號	過帳日	總帳過帳日
305	104	1001	405-60-2234	02/13/06	$280	關帳	1070	02/13/06	02/28/06
306	106	1003	405-60-2234	02/22/06	$390	開啟	1071	02/22/06	02/28/06
307	105	1002	512-50-1236	02/23/06	$180	關帳	1072	02/23/06	02/28/06

過帳日 = 發票資訊被過帳到銷售模組發票檔的日期（服務與顧客檔）；總帳過帳日 = 發票資訊被用來更新總帳模組資料的日期；狀態 = 如果尚未付款顯示「開啟」，已付款則顯示「關帳」。

B.發票檔—批次記錄之後

發票號碼	服務需求單號碼	顧客編號	會計師編號	發票日期	金額	狀態	批次編號	過帳日	總帳過帳日
305	104	1001	405-60-2234	02/13/06	$280	關帳	1070	02/13/06	02/28/06
306	106	1003	405-60-2234	02/22/06	$390	開啟	1071	02/22/06	02/28/06
307	105	1002	512-50-1236	02/23/06	$180	關帳	1072	02/23/06	02/28/06
308	107	1004	512-50-1236	03/03/06	$280	開啟	1073		
309	109	1006	405-60-2234	03/03/06	$180	開啟	1073		
310	108	1005	512-50-1236	03/03/06	$180	開啟	1073		

C.發票明細檔—批次記錄之後

發票號碼	服務編號	公費
305	1040	$100
305	項目 A	$50
305	項目 B	$50
305	州政府稅	$80
306	1040	$100
306	項目 A	$50
306	項目 B	$50
306	項目 C	$110
306	州政府稅	$80
307	1040	$100
307	州政府稅	$80
308	1040	$100
308	項目 A	$50
308	項目 B	$50
308	州政府稅	$80
309	1040	$100
309	州政府稅	$80
310	1040	$100

🔹（續）釋例 7.12　H&J 稅務服務公司：批次記錄的影響

D. 批次記錄系統—批次過帳之前

明細顧客狀態報告

日期：03/03/06

顧客編號	顧客名稱			期初餘額
1001	**Robert Barton**			*$0*

發票號碼	服務需求單號碼	日期	收費	付款
305	104	02/13/06	$280	
305	104	03/01/06		$280
期末餘額				$0

顧客編號	顧客名稱			期初餘額
1002	**Donna Brown**			*$0*

發票號碼	服務需求單號碼	日期	收費	付款
306	106	02/22/06	$390	
期末餘額				$390

顧客編號	顧客名稱			期初餘額
1003	**Sue Conrad**			*$0*

發票號碼	服務需求單號碼	日期	收費	付款
307	105	02/23/06	$180	
307	105	03/03/06		$180
期末餘額				$0

回顧批次記錄系統的特點

1. 交易記錄不立刻輸入電腦，直到累積達一批次水準。
2. 批次控制總數於輸入前，就先加以計算。
3. 每一批次都會被編列一個批次號碼，並且批次控制總數會被輸入電腦。
4. 批次裡的交易記錄於同一時間被輸入，當交易日期輸入時，相關的主檔資料會被編輯與比較。
5. 當所有的交易事件被輸入後，編輯報告會由電腦自動產生。
6. 編輯報告裡的總數會與控制輸入總數比較，如果結果是吻合與正確的，則將會進行下依步驟。
7. 在事件記錄的過帳日欄位內，批次資料被過帳，並且記錄過帳日。在同一模主檔內彙總欄位也會被更新。
8. 將交易資料過入總帳模組，與將交易資料過入模組中的主檔，可能是同一日或不同日，取決於公司的政策。在本例

中，H&J 公司是每月過入總帳模組一次。

9. 電腦中的交易記錄及狀態報告，並不是最新資訊，直到批次
　 資料完成過帳。

批次記錄的優缺點

優點

（1）藉由比較計算前的批次總數及編輯報告所顯示的總數，加
　　 強內部控制效果。

（2）過帳前須經過主管複核，責任劃分和增加有經驗的員工複
　　 核，可減少錯誤。

（3）批次輸入資料時，可能產生類似生產線的效率，亦即同一
　　 類型資料一起輸入，可提高輸入效率。

缺點

（1）資料通常不是由負責該筆交易的人員輸入，因此可能產生
　　 錯誤或誤解。

（2）帳戶裡的資料不是即時輸入，彙總餘額和狀態報告在批次
　　 記錄前，不會更新。

7.4.4　批次記錄（離線）

　　先前幾個章節我們所討論的焦點是**線上（on-line）**資料輸入。
當資料在線上輸入時，系統會自動儲存主要的記錄，以供將來核
對，有助於發現資料的輸入錯誤。另外一種選擇是**離線（off-line）**
資料輸入、批次更新。在這個方法之下，交易記錄仍是以電子方式
儲存。但是，卻不是直接儲存入主電腦。舉例而言，一個銷售員用
筆記型電腦記錄銷售，或是接到顧客的一批電子訂單，這個方法的
最大問題在於資料輸入的控制。譬如說，錯誤的顧客編號、產品編
號可能無法被偵測。當批次記錄完成後，資料會被上傳至主電腦，
主電腦裡的系統將會自動偵測並列印出偵測到的錯誤。例如，產品
編號跟存貨編號不符，當錯誤被更正後，該批次的資料會被重新編
排整理。

　　在進入下個部分前，讓我們先來想想關於即時系統及批次處理
系統，對於企業流程的影響，請看作業部分的焦點問題 7.i。

線上（on-line）

當資料在線上輸入時，系統會自動儲存主要的記錄，以供將來核對，有助於發現資料的輸入錯誤。

離線（off-line）

交易記錄仍是以電子方式儲存。但是，卻不是直接儲存入主電腦。

7.4.5 即時記錄批次更新

在以下部分，我們要討論的是一個不同的處理流程，立即記錄交易事件的發生，於稍後才將交易資訊過入主檔，稱之為「即時記錄批次更新」。以下簡稱**批次更新（batch update）**，這個方法兼具即時系統與批次系統的特性。

一般批次更新常見的程序：

1. 交易事件於發生後即被輸入，無需累積或設立批次。
2. 交易輸入的格式內容可參照釋例 7.2，但須注意的是，7.2 的

釋例 7.13　H&J 稅務服務公司：批次過帳的影響

A. 批次記錄：批次-1073 過帳後的檔案（可與釋例 7.1 比較）

服務檔

服務編號	說明	公費	今年度累積收入
1040	聯邦個人所得稅	$100	$120,300
項目 A	列舉扣除項目	$50	$51,050
項目 B	利息與股利申報	$50	$53,350
項目 C	執行業務所得申報	$110	$84,000
州稅項目	州政府稅	$80	$81,240
營利事業稅	公司所得稅申報	$30/小時	$103,000

顧客檔

顧客編號	顧客名稱	地址	電話	未付清餘額
1001	Robert Barton	242 Greene St., St. Louis, MO	314-222-3333	$0
1002	Donna Brown	123 Walnut St., St, Louis, MO	314-541-3322	$180
1003	Sue Conrad	565 Lakeside, St. Louis, MO	314-541-6785	$390
1004	Roger Longman	922 Carlton, St. Louis, MO	314-986-1234	$280
1005	Jeff Parker	198 Hillside Dr., St. Louis, MO	314-689-5454	$180
1006	Jane Kimball	461 Tucker Rd., St. Louis, MO	314-322-4554	$180

發票檔

發票號碼	服務需求單號碼	顧客編號	會計師編號	發票日期	金額	狀態	批次號碼	入帳日	過帳日
305	104	1001	405-60-2234	02/13/06	$280	結帳	1070	02/13/06	02/28/06
306	106	1003	405-30-2234	02/22/06	$390	未結帳	1071	02/22/06	02/28/06
307	105	1002	512-50-1236	02/23/06	$180	結帳	1072	02/23/06	02/28/06
308	107	1004	512-50-1236	03/03/06	$280	未結帳	1073	03/03/06	
309	109	1006	405-60-2234	03/03/06	$180	未結帳	1073	03/03/06	
310	108	1005	512-50-1236	03/03/06	$180	未結帳	1073	03/03/06	

註：入帳日，為將發票輸入銷售模組之日期；過帳日為更新帳戶之日。

（續）釋例 7.14　H&J **稅務服務公司：批次過帳的影響**

B.批次記錄系統─批次過帳後

詳細的顧客狀態報告

日期：03/03/06

顧客	顧客姓名				期初餘額
1001	**Robert Barton**				*$0*
發票號碼	服務需求單號碼	日期	收費	付款	
305	104	02/13/06	$280		
305	104	03/01/06		$280	
期末餘額					$0
1002	**Donna Brown**				*$0*
發票號碼	服務需求單號碼	日期	收費	付款	
306	106	02/22/06	390		
期末餘額					$390
1003	**Sue Conrad**				*$0*
發票號碼	服務需求單號碼	日期	收費	付款	
307	105	02/23/06	$180		
307	105	03/03/06		$180	
期末餘額					$0
1004	**Roger Longman**				*$0*
發票號碼	服務需求單號碼	日期	收費	付款	
308	107	03/03/06	$280		
期末餘額					$280
1006	**Jane Kimball**				*$0*
發票號碼	服務需求單號碼	日期	收費	付款	
309	109	03/03/06	$180		
期末餘額					$180
1005	**Jeff Parker**				*$0*
發票號碼	服務需求單號碼	日期	收費	付款	
310	108	03/03/06	$180		
期末餘額					$180

「過帳」鈕在本法之下應改成「儲存」鈕。

3.當交易記錄被輸入系統，系統搜尋相關的主檔以偵測錯誤。

4.交易被加入交易項目檔（過帳日期仍是空白的）

5.在交易項目被記錄後，於某個期間，或許是一天，系統會列

出一份清單,列示未過帳的發票。

6. 比對更正清單內未過帳發票。無須比較批次控制總數,因為一開始就沒有批次控制總數的計算。

7. 確認無誤後,將清單內的資料過入模組內的相關主檔。

8. 過帳後,過帳日期欄位會自動填入當天的日期,相關主檔也會被更新。

9. 模組內的各報表就會反應最新的資訊。

10. 過帳之後,模組中的狀態報告將會及時更新

11. 新的交易記錄有可能尚未被過帳至總帳中。

藉著本章後面的焦點問題 7.j 和 7.k 可以有助於了解即時系統、批次記錄、批次更新的不同。

要點 7.5 展示了四種處理模式的特色——即時系統、線上批次記錄、離線批次記錄、批次更新。

7.5　會計應用軟體的應用:其他議題

先前所討論的是一般常見會計應用軟體的組織架構,以及即時系統和批次系統的應用,在以下的部分我們要討論兩個其他的主題。

7.5.1 過入總帳

在先前的討論裡,過帳被視為一種處理流程,會更新相關的主檔,過帳也可以將更新的部分顯示在報告裡。但是,我們很少提及實際的總帳流程。

要點 7.5　立即記錄與批次記錄

	立即記錄		批次記錄	
	即時系統	批次更新	線上	離線
資料輸入:是否在交易發生時即記錄?	是	是	否	否
編輯:資料的編輯是否在資料輸入時?	是	是	是	否
編輯報告:過帳前是否需要編輯報告?	否	是	是	是
更新:是否各相關彙總檔案在記錄時即被更新?	是	否	否	是
狀態報告:是否顧客狀態報告的時間點接近於交易發生時?	是	否	否	否

　　假定 H&J 稅務服務公司有一套軟體可以將銷售模組及總帳模組連結。在這個情形下，一件銷售交易事件會影響到兩個模組，如要點 7.6 所示。

　　將這兩個模組結合起來，需要考慮過入總帳的流程。有兩種選項可供選擇。

　　選項 1 在這個選項下，系統會產生交易的分錄於分錄檔中，並且更新銷售模組內或是其他模組內帳戶的餘額。（在批次系統下，於過帳時更新帳戶餘額，在即時系統下，是交易發生時更新帳戶餘額。）然而，在我們所提的假設情形下，交易項目的影響會直達（through）總分類模組，因為銷售模組內的帳戶餘額與總分類帳主檔的餘額有建立連結，因此銷售模組內的過帳日，即為過入總帳的過帳日。

　　選項 2 在此選項下，當銷售模組裡的交易項目被過帳後，總分類帳交易分錄會產生與儲存在該模組內，但該模組內相關的主檔並不會立刻更新，而是等到該模組內的人員確認並決定要過帳後，才會更新。在這個情形下，交易是被過入（posted）總帳模組並不是直達（through），因此銷售模組內的過帳口，並不是總分類帳模組內的過帳日。

　　將釋例 7.14A 的部分重編為 7.14A，我們可看到六筆交易記錄已被過入銷售模組，而最後的三筆還未過入總帳模組。即為這間公司採取上述的「選項 2」的作法。如同我們之前課文中提過的，

☁ 要點 7.6　整合銷售和總帳模組

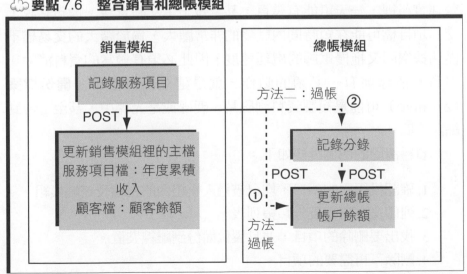

釋例 7.14　H&J 總帳過帳

A. 發票檔

發票號碼	服務需求單號碼	顧客編號	會計師編號	發票日期	金額	狀態	批次號碼	入帳日	過帳日
305	104	1001	405-60-2234	02/13/06	$280	結帳	1070	02/13/06	02/28/06
306	106	1003	405-30-2234	02/22/06	$390	未結帳	1071	02/22/06	02/28/06
307	105	1002	512-50-1236	02/23/06	$180	結帳	1072	02/23/06	02/28/06
308	107	1004	512-50-1236	03/03/06	$280	未結帳	1073	03/03/06	
309	109	1006	405-60-2234	03/03/06	$180	未結帳	1073	03/03/06	
310	108	1005	512-50-1236	03/03/06	$180	未結帳	1073	03/03/06	

註：入帳日，為將發票輸入銷售模組之日期；過帳日為更新帳戶之日。

B. 記錄和更新選擇：模組和總分類帳

處理模式	記錄項目	更新模組 *	更新總分類帳 *
即時系統	I	I	I
即時系統	I	I	B
批次更新	I	B	B
批次記錄	B	B	B

I= 立刻記錄（於交易發生時），B = 批次
* 模組更新當交易項目首次記錄時

H&J 公司於每月月底將銷售資訊過入總帳模組。

在釋例 7.14A 中列示了不同的記錄與更新數據。

7.5.2　資料清除

在我們的釋例中，我們僅有討論幾項交易而已。但是在真正的營運實務裡，一天可能有幾百，甚至幾千筆交易資料。換句話說，交易項目檔可能在短時間內就變的非常龐大，過於龐大的交易檔不僅佔據空間又拖慢電腦的處理速度，因此必須有適當的資料清除。但資料清除前有一必須的動作，就是建立備份檔案。**備份檔案（archive）**可能是複製資料到磁片、硬碟或是光碟中，甚至上傳到網路空間。

> **備份檔案（archive）**
>
> 複製資料到磁片、硬碟或是光碟中，甚至上傳到網路空間。

資料清除的四個程序如下：

1. 確認模組內的項目，均已被過入模組內的主檔及總帳模組。
2. 列印交易項目及分類帳列表。
3. 找出要刪除的項目，並且製做備份到離線裝置。
4. 刪除不再需要的項目。

彙總

會計應用軟體包括群組相關的模組。共同的模組包括銷售、採購、存貨和總帳模組。這些模組被使用在相似的地方，因此模組中的清單選項也是相似的。典型的清單選項包括維護主檔、記錄事件、處理資料、報告和查詢。我們顯示了模組如何整合，以便在一個模組中記錄一事件即可一同更新其他模組。

另一焦點在記錄和使用交易資料，以更新模組中的主檔。當交易事件在發生的同時立即記錄，而且相關模組中的主檔立刻被更新，這種記錄及更新的系統就是即時系統，此為第一種方法。第二種方法則是延遲記錄事件，直到已累積一批次文件。在這種情況下，主檔更新不發生在事件發生之時。雖然這似乎像是缺點，延遲更新有內部控制的好處，因為可以在資料輸入之前計算批次總數，然後將批次總數與資料輸入後系統產生的編輯報告比較。第三種選擇，是交易事件立即記錄但被延遲更新。上述三種方法，每種記錄與更新的優缺點已在課文中解釋。

最後，我們使用一個模組（例如採購或銷售模組）裡的資訊，來更新總帳的餘額。此外，我們也考慮歸檔和清除不必要記錄的程序。

焦點問題 7.a

※關係性紀錄橫跨不同模組

問題：

假設 ABC 公司訂單 101 號，運輸了 30 個單價為 $10 的給顧客。這次事件影響銷售、存貨、和總帳模組。使用您的想像力並創造記錄格式，顯示這些模組的綜合化，依據要點 7.3 為一個購買的模組。

焦點問題 7.b

※辨認典型的清單組合在會計應用軟體

問題：

1. 使用釋例 7.1 辨認選單項目，在大概對應於這些標準清單項目從要點 7.3 的微軟 Great Plains 和 Peachtree Complete 應用：文件保管、記錄的事件、處理、列印/顯示報告、和查詢。

2. 如果您使用其他會計套裝軟體，辨認在那個套裝軟體中的標準清單組成。

焦點問題 7.c

※ 事件記錄的解釋和相關性

問題：

使用釋例 7.2C，證明列在客戶表單中由 Sue Conrad 所做的欠款報告是準確的。

焦點問題 7.d

※ H&J 稅務準備服務清單

問題：

考慮會計應用軟體的典型組織如要點 7.3。回顧關於 H&J 稅務準備服務在記敘文和例子的釋例 7.1。設計一份最初的清單為收支循環（銷售模組）應用，五個部分概述於下。暫時留下 C 部分。在第 6 章，我們假設服務請求被記錄在電腦中。修改過的記敘文在這章中假設，唯一服務實際上被提供被記錄（在發貨票準備時間）。你可能需要修改一些報告和報告標題顯示服務被提供，而不是服務被請求。

收支循環清單

A. 維護

B. 記錄事件

C. 處理資料

D. 顯示／列印報告

　　事件報告

　　參考目錄

　　概略和詳細的情況報告

E. 離開

焦點問題 7.e

※在即時和批次記錄規程之間的差異

問題：

比較釋例 7.7 和釋例 7.3 。準備二種清單：第一個列示在各個過程中，每一個步驟的名字是相同的，另一個列示在釋例 7.7 但不是在釋例 7.3 中的步驟。

焦點問題 7.f

※批次控制的使用

計算批次控制的目的，在於定義資料輸入時的錯誤。為了發現錯誤，將批次總數由使用者計算並且與由電腦顯示或列印出的資料做比較。這項練習的目的是為了了解為何共計可能使用定義錯誤在資料輸入。在下列每個情況下，定義可能發生的錯誤（例：被錯過或重複的記錄）。

問題：

1. 電腦目錄表示，二個記錄被輸入了，並且批次總數是 $460 。
2. 電腦目錄表示，三個記錄被輸入了，但是批次總數是 $560 ，不是 $640 。
3. 電腦目錄表示，三個記錄被輸入了，但是無用資料總和是 3014 ，不是 3015 。

焦點問題 7.g

※批次控制的限制

計算批次控制的目的為在資料輸入時，及早發現錯誤。可能被查出的錯誤取決於建立在系統的批次總數。

問題：

1. 假設辦事員輸入錯誤發票 308 的會計資料（參見釋例 7.2）。

2.如果不是，何種修正能讓你查出這個錯誤？

焦點問題 7.h

※設計報告、做分錄記錄

問題：

1. 再設計服務被提供報告釋例 7.10，以便資訊由發票編組（如果有必要的話，回顧第 6 章，並找出一個被編組的詳細報告的例子）。被編組的報告是否比釋例 7.10 中的報告更好？
2. 假設應用套裝軟體只允許使用者列印概略資訊（服務細節被提供在各張發貨票中，並不顯示出來）。討論一個綜合報告為回顧批次資料的好處和壞處。
3. 根據釋例 7.10 中的資訊，準備分錄記錄記錄銷售。
4. 你怎麼可以確定，你的分錄記錄不包括任何已經記錄至日記簿中的交易？（提示：考慮系統如何選擇從交易到列印）。

焦點問題 7.i

不同企業流程下，對於即時系統的需求
問題：
在下列哪個功能中是需要即時系統哪個功能需要批次記錄

1. 記錄員工工時數
2. 使用 ATM 提款
3. 使用 ATM 存款
4. 記錄某一班級的學生成績
5. 旅館的訂位保留

焦點問題 7.j

了解即時系統、批次更新系統、批次記錄系統的差異
問題：

指出批次更新系統的 11 個步驟是否與批次記錄、即時系統相
似。

焦點問題 7.k

※批次更新的優缺點

複習即時系統和批次記錄系統的優缺點,然後再來分析批次頁
新系統的優缺點。

焦點問題 7.l

※選取該清除的資料

複習釋例 7.1C 的記錄編排,假定所有項目被留入銷售和總分類
帳模組,哪些事件記錄是需要歸檔,哪些是需要刪除的。

問答題

1. 什麼是會計應用軟體？什麼是模組？
2. 列示通用會計應用軟體主要的模組
3. 在一般通用會計應用軟體裡，存貨模組如何與採購模組連結？
4. 在一般通用會計應用軟體裡，銷售模組如何與會計總帳模組連結？
5. 列出通用會計應用軟體選單的主要部分。
6. 解釋即時系統和批次記錄系統，在記錄和更新的不同。
7. 說明即時系統和批次記錄系統的相對優點。
8. 解釋即時系統和即時記錄系統批次更新系統的差異。
9. 說明即時系統和批次記錄系統的相對優點。
10. 請解釋批次線上輸入和離線批次記錄的不同。
11. 對下列每一應用軟體，解釋是否應採用即時系統。

    a. 薪資

    b. 付清帳款

    c. 顧客收費

練習題

下面的練習題請應用釋例 7E.1 的資料。

ELERBE 公司資料處理方式

釋例 7E.1　ELERBE 公司：收入流程

    接受顧客訂單：書店經理寄給公司一份訂購單，公司收列訂單後，輸入員會將訂單內容輸入電腦，電腦會辨識該顧客是否為新顧客。若是新顧客，則先在顧客檔中先建立顧客資料，然後確認是否有足夠存貨，訂單詳細內容會被記錄在訂單檔中，系統會更新存貨檔中的已列入訂單的存貨。然後，處理人員印製二份銷售單，一份當作撿貨單送到倉儲部門，一份當做送貨單送到運送部門。

    領取貨物：倉儲部門的員工，按照撿貨單的記載取出正確的產品種類和數量，然後裝箱並於箱子上貼上憑條載明數量，送到運送部門。

    運送貨物：：一旦運送部門的員工，收到貨物和撿貨單，比對撿貨單和送貨單是否一致，然後送貨單送往 E 公司的帳款部門。送貨人員會填寫一張送貨清單，註明貨物的內容、運送人員、日期等，該單據將交給運送人員，運送部門人員將運送相關資料輸入電腦，將該筆運

（續）釋例 7E.1 ELERBE 公司：收入流程

輸資料記入運送檔，並更新存貨餘額。

寄帳單給顧客：每天帳款部門比較送貨單和撿貨單，若有差異則分析原因，相關的資料輸入電腦後，系統儲存後便印製銷售發票。發票上會註明運送的項目、數量，應付帳款總額，和付款方式，發票上附有匯票存根，顧客將其撕下後伴隨支票寄回給公司，匯票上一樣也包含顧客編號、發票編號、帳款餘額。

收現：一旦收到貨物和發票後，書店會寄出支票及匯票存根。收款員將該付款妥善放置，每天結束營業後，收款員會用另外的機器計算匯票總數，除了金額外，日期及批次資料也是需注意的。然後開始輸入收現的資料，輸入後印製編輯報告，該報告上顯示了所有輸入的收現筆數、收現金額。收款人員比較編輯報告與匯票總數，若一切無誤，支票將交由負責經理存入銀行。

E7.1

四種資料處理方式：即時系統，即時記錄批次更新，批次記錄（線上），批次記錄（離線）。請針對下列每一種情形。說明適用的系統或作業，並說明資料更新方法。

1. 接受顧客訂單，記錄顧客訂單到交易檔，更新相關主檔。

2. 運送貨品，記錄送貨資料到交易檔，更新相關主檔。

3. 寄帳單給顧客，記錄發票資料到交易檔，更新相關主檔。

4. 向顧客收現，記錄現金收入資料到交易檔，更新相關主檔。

E7.2

ELERBE 公司批次總數的應用。

1. 當記錄現金收入資料，批次總數如何計算？

2. 在使用批次總數時，下面哪些錯誤會被發現？

　a. 輸入匯款通知單資料時，顧客編號輸入錯誤。

　b. 匯款通知單上的匯款金額輸入錯誤。

　c. 當輸入批次總數時，匯款通知單遺失。

E.7.3

ELERBE 公司收現處理。

1. 設計記錄儲存收現資料的表格。如同釋例 7E.1 所敘述，收現資料是批次處理。假設要登帳到收現檔的資料，才能過帳到總帳。

2. 解釋收現資料批次記錄，對交易檔和主檔的影響。

3. 解釋收現資料批次過帳，對交易檔和主檔的影響。

E7.4

ELERBE 公司收現輸入螢幕。

1. 設計資料輸入螢幕畫面,以記錄批次收現的資訊。

2. 設計資料輸入螢幕畫面,以記錄每次收現資料。

E7.5

適當的處理方式

如同 E7.1 的四種資料處理方式,請說明下列各種情形的處理方式。

1. 顧客以電話或網路進行機票訂位,航空公司的訂位檔和航班可供銷售座位檔更新。

2. 各個分公司有其獨立的資訊系統,每日供應商發票資料由各分公司自行輸入,晚上傳回總公司資訊系統,才更新供應商的應付帳款檔。

3. 銀行收到顧客存款資料時即時記錄,在下班後更新到顧客存款主檔中。

8 採購循環──採購和驗收

學習目標

○閱讀完本章，您應該了解：

1.採購和驗收的典型事件與流程。

2.採購循環的執行風險以及記錄風險。

3.工作流程以及輸入控制，如何改善資料輸入及處理。

○閱讀完本章，您應該學會：

1.解釋活動圖，統一塑模語言分類圖和記錄設計。

2.辨認採購和驗收流程的執行風險以及記錄風險。

3.分析工作流程控制，如何能強調執行風險及記錄風險。

4.使用典型的採購循環應用軟體及控制。

企業的流程是由一系列的作業所串連而成的，例如採購作業、生產作業、銷售作業。第 2 章提到，會計人員以檢視交易循環的方式，來覆核企業的流程是非常有效率的。所謂的交易循環，是指彼此間有關聯的交易事件，通常以一特定的順序於日常營業中發生。本章與第 9 章及第 10 章將詳細的討論交易循環以及相關的應用軟體，第 8 章的主題是採購及驗收貨物，第 9 章的主題是記錄採購發票及付款與供應商，第 10 章的主題則是關於收入循環，包含接受訂單、裝運或是提供服務、寄出帳單及收款。

在每個章節裡，我們都會討論該章節的主題循環，以及相關的流程、資料、風險、控制和應用軟體。會計人員了解這些元素後，不管在設計或是評估軟體都相當有幫助。使用者要學習如何使用軟體去輸入資料和產生報表。在本章裡，將會介紹常見的採購及驗收活動中，使用的會計應用軟體。研發人員了解基本架構後，才能去設計出有效率效果的會計應用軟體，以儲存資料、產生報表，並且有適切的輸入控制，以確保資料的記錄無誤。

本章中將會應用到大量前面章節的觀念，包含統一塑模語言（UML）分類圖，風險及控制的環節點，由於第 8 章及第 9 章將會詳細的討論採購循環，以下將簡短的複習一些基本概念。

採購循環係指採購、驗收、付款的流程，這個循環也稱作採購循環。在第 2 章曾指出，在很多不同企業的採購循環裡，仍包含以下多數或是全部的作業：

1. 向供應商詢價：在採購前，企業通常會與幾家供應商詢價，保持貨源的不間斷，以及掌握產品價格的相關訊息。
2. 請購流程：請購單通常是由一般員工填寫，然後交由相關主管覆核，覆核後的請購單，才送往採購部門編制採購單。
3. 與供應商簽訂契約：和供應商訂定契約，包括簽訂採購單和採購契約。
4. 驗收產品、服務：確定所收到的產品、服務是符合採購單的要求，在某些大公司裡會有一專門的部門，負責處理驗收的作業，確認合格後轉送到申請採購的部門。
5. 確認所收到的產品和服務：當產品、服務驗收後，供應商送出發票，確定無誤後，就記入應付帳款。如果帳單相符，則應付帳款部門會將該筆發票記錄下來。

6. 按期付款：每一段時間就將應付帳款清償，通常是以支票的
　方式支付。

7. 簽發支票：選出要付款的發票，簽發支票再寄給供應商。

　先前提到，本章將會敘述從訂購到驗收貨物的流程（即上述的
2、3、4 項），而第 9 章則是討論記錄發票以及按期付款（即是
5、6 兩項）。

　以下是本章接下來的內容大綱：

1. 採購以及驗收功能的概述
　　A. 說明 ELERBE 的採購及驗收流程。
　　B. 文件化 ELERBE 的採購及驗收流程。
　　　　1. 辨認交易事件
　　　　2. 敘述流程範例
　　　　3. 概要及細部活動圖
　　C. ELERBE 資料設計的書面資料
　　　　1. 交易事件以及釋例的使用
　　　　2. 統一塑模語言（UML）分類圖以及記錄的設計
　　D. 採購及驗收處理流程中的風險及相關控制
　　　　1. 執行風險
　　　　2. 記錄風險
　　　　3. 採購和驗收相關控制
　　　　4. 工作流程控制
　　　　5. 輸入控制
　　E. 採購流程以及驗收的應用軟體的選單
2. 會計應用軟體在採購、驗收的應用
　　（這個部分的架構是根據程式中的應用軟體選單來劃分，而
　　每一個選單上的事件均可在更細的討論）
　　A. 與供應商往來記錄的維護。
　　B. 存貨記錄的維護。
　　C. 記錄交易資料。

8.1 採購及驗收功能的概述

在這個部分，我們談論的內容是概要性的，關於採購循環中的採購及驗收這兩個作業，我們會用 ELERBE 中的採購及驗收這兩個功能部分，作爲釋例。請仔細的閱讀釋例 8.1，其中涵蓋本章的核心概念，以及一般常見的採購循環，這些流程均是爲了達到某些內部控制目的而設立的。當我們討論到風險與控制時，讀者將更能理解這些流程設立的意義、功效以及合理性。

☁ 釋例 8.1　ELERBE 的採購及驗收流程

請購單
（purchase requisition）

通常是記錄產品或服務之採購請求的內部文件，而且後由負責的主管簽名核准。

一個員工發現有需求，因此填寫**請購單（purchase requisition）**，請購的項目可能是原料、存貨、文具用品，亦可以是服務。填完之後的請購單會轉交給該單位負責的主管覆核，若此請購是合理的並且在預算之內的，主管將會予以核准。

經核准的請購單會附上主管的簽名，然後交由負責專人輸入電腦。

負責人員於系統登錄後，將請購單輸入電腦，電腦會先檢查請購人員及該負責主管的員工編號。電腦比對了員工檔案及輸入的資料後，確認是有效的編號，接下來比對請購的廠商是否爲供應商檔案中的廠商，再確認檔案輸入是否完整，然後將資料輸入請購單檔中。

購買部門的主管，則會再覆核一次新增的請購檔案。

如果該請購單金額過大，或是還未與請購的供應商簽約，採購部門主管可能會退回這份請購單。該部門主管也可能會評估，是否能以更便宜的價格向其他與公司有簽約的供應商進貨。

採購單（purchase order）

根據已核准之請購所編製的文件，授權賣方提供產品或服務。

如果一切均屬滿意，採購部門的主管將會予以核准，並在電腦中留下核准的記錄，電腦辨識到核准的記錄時，就會以此爲依據編制採購單，並儲存在採購單檔案中。編製完成的**採購單（purchase order）**會印出且郵寄或是傳真給供應商。一般來說，供應商會將貨物送到公司主要的驗收地點，驗收員收到貨物後，會比對送貨憑條以及採購單號碼，這個編號以及收到的數量會被輸入電腦，建立驗收報告檔，現存存貨的數量餘額也會被更新。一切工作完畢後，貨物會被送去給請購的員工，請購的員工再於表單上簽名，以示收到貨物了。

🖱 8.1.1 將 ELEERBE 的採購及驗收流程文件化

會計人員及稽核人員通常會將其對會計資訊系統的了解予以文件化，例如活動圖的製作。首先，辨認整個流程中的各重要事件，

根據這些分析，會計人員可以建立一份說明文件及工作流程表，然後再根據工作流程表編制概要活動圖，顯示每個重要的控制事件及相關文書的流程順序。最後則是細部活動圖，上面附有每個重要事件的活動內容，於是會計人員及稽核人員便可以研究相關的內部控制。

　　以下為說明文件化的步驟：

辨認流程中重要的控制事件 （釋例 8.2A）	→	敘述說明 （釋例 8.2B）	→	工作活動圖 （釋例 8.2C）	→	概要活動圖 （釋例 8.3）	→	細部活動圖 （釋例 8.4）

　　辨認流程中的事件：如第 2 章所提及的原則，在辨認採購流程的事件，首先要了解其過程。公司經考慮後，需要設置控制的情況有：（a）當流程中責任轉移時；（b）兩個作業間有一段長時間的間隔時。注意釋例 8.2A 的事件編號，一旦事件編號決定後，接下的敘述說明、工作釋例、活動圖都應與其一致。

☁ 釋例 8.2　ELERBE 公司：流程文件化

A.辨認流程中的事件

事件編號	事件	活動內容
E1	準備請購單	請購人員填寫請購單
E2	核准請購單	相關主管覆核請購；評估預算是否足夠；核准請購單
E3	記錄請購	資訊處人員將該請購輸入電腦
E4	準備採購單	採購部門的主管覆核無誤後，核准
E5	驗收產品、服務	驗收人員驗收產品，並且記錄憑單

B.敘述說明

準備請購單（E1）：一個員工發現有需求，因此填寫「請購單」，請購的事件可能是原料、存貨、文具用品，亦可是服務。

核准請購單（E2）：填完之後的請購單，會轉交給該單位負責的主管覆核。若此請購是合理的並且在預算之內的，主管將會予以核准。

記錄請購（E3）：經核准的請購單會附上主管的簽名，然後交由負責專人輸入電腦，負責人員於系統登錄後將請購單輸入電腦，電腦會先檢查請購人員及該負責主管的員工編號，電腦比對了員工檔案及輸入的資料後，確認是有效的編號。接下來比對請購的廠商是否為供應商檔案中的廠商，再確認檔案輸入是否完整，然後將資料輸入請購單檔中。

準備採購單（E4）：採購部門的主管則會再覆核一次新增的請購檔案。如果該請購單金額過大，或是還未與請購的供應商簽約，採購部門主管可能會退回這份請購單。該部門主管也可能會評估，是

☁（續）釋例 8.2　ELERBE 公司：流程文件化

否能以更便宜的價格向其他與公司有簽約的供應商進貨。

如果一切均屬滿意，採購部門的主管將會予以核准，並在電腦中留下核准的記錄，電腦辨識到核准的記錄時，就會以此為依據編制採購單，並儲存在採購單檔案中。編製完成的採購單會印出且郵寄或是傳真給供應商。

驗收貨物（E5）：一般來說，供應商會將貨物送到公司主要的驗收地點，驗收員收到貨物後，會比對送貨憑條以及採購單號碼，這個號碼以及收到的數量會被輸入電腦，建立驗收報告檔，現存存貨的數量餘額也會被更新。一切工作完畢後，貨物會被送去給請購的員工，請購的員工再於表單上簽名，以示收到貨物。

注意：以上的編號將會沿用到以後相關的部分。

C.工作流程表

負責人員	活動內容
	準備請購單（E1）
請購人員	1.填寫請購單
	核准請購單（E2）
	2.將請購單交與主管
監督主管	3.覆核該請購單
	4.核准該請購單
	記錄請購（E3）
監督主管	5.將請購單交由資訊處人員輸入電腦
資訊處人員	6.輸入請購資訊
電腦	7.比對請購單上的員工資訊以及員工檔案中的資料是否符合
	8.比對供應商資訊以及供應商檔
	9.比對存貨檔中的資料
	10.確認請購單是否完整
	11.記錄於請購單檔案中
	準備採購單（E4）
採購部門主管	12.覆核新的請購單
	13.核准後記錄
電腦	14.將新的採購單記錄於採購檔案中
	15.列印採購單
採購部門主管	16.將採購單寄給供應商
	驗收貨物（E5）
供應商	17.寄出貨物
驗貨人員	18.驗收貨物
	19.檢查送貨的憑條是否與採購單號碼一致
	20.將採購單號碼輸入電腦
	21.輸入驗收數量
電腦	22.增添新的記錄於驗收報告檔中
	23.更新現有存貨的餘額
驗收人員	24.將驗收後的貨物送到請購部門
請購人員	25.點收後簽名

敘述說明：釋例 8.2B 是根據分析結果，對每一事件作出的敘述說明，為了簡便說明，對於有些第 3 章所提供的指引，在本章不使用。

工作流程表：工作流程表是根據釋例 8.2B 的說明編製，能有幫助會計人員列出相關的作業、有效率的編製概要活動圖。

概要活動圖：釋例 8.3 中的概要活動圖，包含了每項控制作業、與控制相關人員的責任以及資訊的流向。除了幫助讀者了解外，也能幫助該企業去設計工作流程的控制。

細部活動圖：如名字所述，細部活動圖提供了更多關於每項作業的細節，釋例 8.4 列示了事件 E1 、 E2 、 E3 的細部活動圖。在編製時，工作流程表可提供我們許多的幫助。為了更增進對於細部活

釋例 8.3 ELERBE 公司採購／驗收概要活動圖

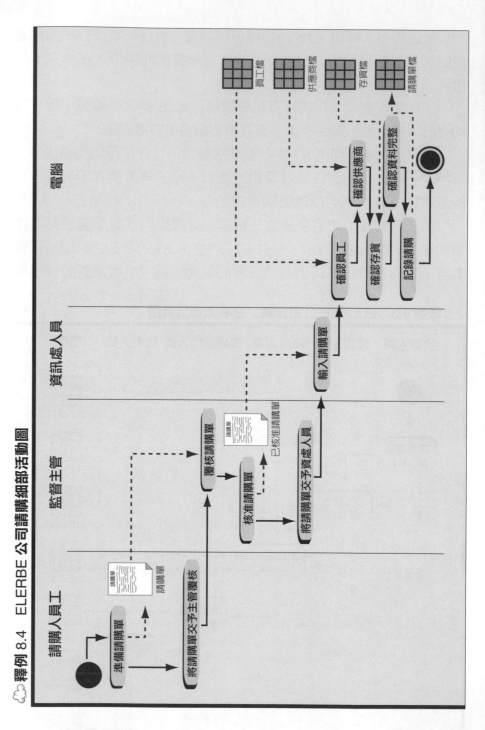

釋例 8.4　ELERBE 公司請購細部活動圖

動圖的了解，練習焦點問題 8.a。

8.1.2 ELERBE 的資料設計文件化

在先前的部分，我們研究的是採購及驗收流程裡的事件；以後

的部分，我們將使用以下步驟將 ELERBE 的採購及驗收功能的資料設計文件化：

重要事件以及
圖表的使用　→　UML 分類圖表　→　記錄設計
（釋例 8.5A）　　　（釋例 8.5B）　　（釋例 8.5C）

重要事件和憑據的使用：在釋例 8.2B 的說明裡，有五個重要個關鍵事件：準備請購單、核准請購單、記錄請購、準備採購單和驗收貨物，在此我們要討論的是執行和記錄相關功能時所需的資料檔。在 ELERBE 裡，前兩個事件是不需輸入電腦系統的，請購單是實體的書面單據，可直接手寫及覆核，因此資料檔內並無前兩個事件的資料。當助理將資料輸入電腦後，才開始正式使用電腦。這個動作將會增添一筆新的記錄於請購單檔中。接下來的採購及驗收也會被包含在其中。

釋例 8.5A 顯示 ELERBE 的資訊系統，交易事件和資料表間的關連。

統一塑模語言（UML）分類釋例：一旦我們將各重要事件以及資料檔做成書面資料後，我們可以開始準備一份簡單的 UML 分類釋

釋例 8.5　ELERBE 公司：資料設計

A. 事件與所使用的表格

事件	所需交易檔案	使用的主檔	備註
準備請購單（E1）	無	無	交易資料不需輸入電腦
核准請購單（E2）	無	無	交易資料不需輸入電腦
記錄請購（E3）	請購單	存貨檔 員工檔（請購人員） 員工檔（監督主管） 供應商	假定助理並無核對請購單
準備採購單（E4）	採購單	員工檔（採購部門主管）	供應商
驗收產品、服務（E5）	驗收報告	員工檔（驗收人員）	供應商

⟨⟩ **（續）釋例** 8.5　ELERBE **公司：資料設計**

B. 採購與驗收的 UML 概要分類圖

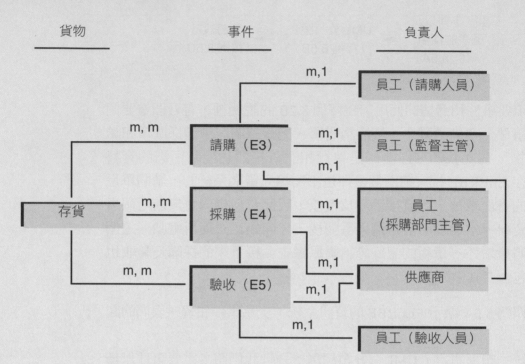

附註（A）：只要在事件 3、4、5 才會有員工檔，以示各事件的負責人員。

附註（B）：上面的 UML 分類圖，是被簡化的，在釋例 8.5C 中可以看到每個事件都應有兩個檔案，一個是主檔，一個是明細檔。

C. 採購與驗收的記錄格式

供應商檔

供應商編號	名稱	地址	聯絡人	電話號碼	總分類帳	付款期限	折扣期限	折扣率	應付餘額	本年度累積採購量
349	Smith Spply	Fall River	Jon Stevens	508-555-1851	1100	30	10	0.02	$0	$0

員工檔

員工編號	姓名	職稱
122-22-3333	Mike Morgan	存貨人員
613-20-7891	Deborah Parker	監督主管
074-31-2525	Stephen Larson	採購部門主管
131-31-3131	Kevin Smith	驗收人員

存貨檔

存貨編號	說明	數量單位	再訂購點書量	總分類帳存貨編號	總分類帳銷售成本	計價方法	供應商編號	訂購數量	庫存數量	最近購入成本
402	空白 CD	盒	10	1100	5200	FIFO	349	0	0	

（續）釋例 8.5　ELERBE 公司：資料設計

請購單檔（E3）

請購單號碼	請購日期	員工編號（請購人員）	員工編號（監督主管）	供應商編號
1077	05/15/06	122-22-3333	613-20-7891	349

請購單明細檔（E3）

請購單號碼	供應商產品	存貨編號	數量	價格
1077	C-731	402	12	$13
1077	M-1992	419	5	$18

採購單檔（E4）

採購單號碼	請購單號碼	訂購日期	員工編號	供應商編號	運送方法
599	1077	05/17/06	074-31-2525	349	UPS

採購單明細檔（E4）

採購單號碼	供應商編號	存貨編號	採購數量	收到數量	取消數量	價格
599	C-172	402	12	0	0	$11
599	M-1992	419	5	0	0	$18

驗收明細檔（E5）

驗收報告號碼	存貨編號	數量
1405	402	10
1405	419	5

驗收檔（E5）

驗收報告號碼	採購單號碼	驗收日期	員工編號（驗收人員）
1405	599	05/26/06	131-31-3131

例。有關製作 UML 釋例的程序在第 5 章已有所討論，在此就略過。

釋例 8.5 以及 8.5B 列示了上述的過程。

釋例 8.5B 將可被修正如下：負責人的部分可與員工檔部分直接合併，在釋例 8.5B 裡，員工檔出現了四次，為了要明確指出，在每個事件時，每個員工的責任。一份完整的 UML 分類釋例能夠列示出更多相關檔案。在記錄其設計這個部分，ELERBE 對於每個事件均使用了兩個檔案，一個主檔及一個交易明細檔。當然我們可依需要再做更進一步的詳細劃分，而詳細程度則是各公司的需求。

本章焦點問題 8.b 中，將說明概要活動圖和 UML 分類圖的差異，請讀者自行參閱練習。

記錄設計：釋例 8.5C 只是一個簡單的樣本資料，在現實狀況裡，每個檔案會有更多的附屬資料，而我們只說明關鍵的部分。

以採購單這個部分舉例說明，從 UML 分類圖可以看到，採購單檔與員工檔、供應商檔以及請購單檔，記錄設計可以顯示各檔之間的關聯。例如，我們看採購單檔，就可以了解該採購是由 Stephen Larson（採購部門主管，員工編號：074-31-2525）所批准，向 Smith 供應商採購，或是該採購是由請購單 1077 所申請採購。在稍後的部分，將會說明釋例 8.5C 的資料記錄以及控制。

8.1.3 採購與驗收的風險與控制

第 4 章中曾經談到許多企業流程的風險與控制，其概念將會應用於本章所討論的採購及驗收功能。執行風險與記錄風險是本章的主題，而更新風險是於第 9 章所討論。

執行風險：在這裡指的是實際驗收貨物和支付款項。對於採購循環來說，有兩個執行目標：（1）確保恰當的驗收貨物；（2）確保恰當的支付和處理現金。第 8 章將討論目標（1）完成的風險，目標（2）將於第 9 章討論。

釋例 8.3 的 A 部分顯示了有關於驗收貨物的執行風險，為了要

釋例 8.6　在採購循環中的執行及記錄風險

A.驗收貨物的執行風險

執行風險是一種與供應商實際交易貨物時所發生的風險，包括以下各種情況：

1. 未核准的貨物驗收。
2. 驗收的貨物與訂單規格不符（包含產品種類、價格、數量）。
3. 錯誤的供應商。
4. 沒收到貨物、遲交貨物、重複送貨。

B.記錄風險

記錄風險是交易資訊未被資訊系統正確捕捉的風險：

1. 不實的交易記錄。
2. 交易並無記錄、延遲記錄、重複記錄。
3. 記錄錯誤（包含產品的種類、數量、單價）。
4. 錯誤的內部或外部負責人員。
5. 其他記錄錯誤，例如日期、總帳金額等。

評估企業流程裡的執行風險，分析人員需要考慮許多因素。一旦認為有重大風險發生的可能，則分析人員應考慮執行前的各事件及執行時的事件，以決定發生可能性的大小。

看完釋例 8.6 的 A 部分後，請練習焦點問題 8.c。

記錄風險：記錄風險代表公司系統並無正確的記錄交易相關資訊的風險，對於採購及驗收這兩組功能而言，交易相關資訊包括填寫請購單、填寫採購單和驗收貨物。

釋例 8.6B 的部分是一張有關記錄風險的清單。錯誤的記錄會造成非常大的影響，例如，由於助理的輸入錯誤，造成驗收人員驗收時的錯誤。不當的記錄也會誤導了財務報表上的相關數字。

相關的控制：先前討論的是風險，而現在我們要注意的是相關的內部控制，以減少風險。一個企業將會建立其採購循環，以達成目標和將風險最小化，我們將會檢視 ELERBE 的採購循環，以了解內控。回顧第 4 章所提及的分類控制、輸入控制、工作流程控制和一般控制。我們將注意力放在工作流程控制和輸入控制，一般控制我們於第 12 章討論。

工作流程控制的類型：釋例 8.7 是一份工作流程控制的概述，我們將以採購及驗收兩項功能裡的一些釋例說明。

工作流程控制是根據員工的責任劃分及流程的順序，活動圖的設計是為了表示每位員工的責任及流程裡事件的順序，而且活動圖也是一理想的書面工具，去檢視現存的工作流程控項目及額外的控制機會。

釋例 8.7　工作流程控制

工作流程控制包含了以下各項：

1.職能分工

2.運用以前事件資訊來控制活動

3.事件依順序進行

4.事件的跟催

5.文件預先編號

6.記錄每一事件的內部負責人

7.限制接近資產或資訊

8.定期調節帳載數和實際盤點數

現將釋例 8.3 中每個事件，分別作進一步的解釋

1. 職能分工：釋例 8.3 顯示了在採購循環中，職能如何被劃分。原則是，當兩個職務具有能掩飾其中一者的（或是互相掩飾）不當行為時，就應由不同一人擔任。更確切的說，當資產或是流程裡的授權核准、保管或執行、記錄三者，由不同的人來擔任時，我們相信內控的功能更為有效。

2. 運用以前事件資訊來控制活動：這裡我們指的是有人員覆核流程裡前一控制事件的文書時，前者的錯誤將很有可能由後者所發現。

3. 事件依順序進行：活動圖有助於了解事件進行的順序。例如，請購單由請購人員提出，要經過主管核准，其中員工、供應商、存貨資訊要經過查核程序，才能核准採購作業。請練習焦點問題 8.f。

4. 事件的跟催：通常一個事件的發生，會預期未來有另一個事。例如，請購人員提出請購單，接著就是請購核准程序。這種流程設計是幫助員工監督預期事件是否發生，再跟催預期事件。請練習焦點問題 8.g。

5. 文件預先編號：雖然我們無法在活動圖上表示我們的文件已預先編號，不過讀者應了解這點，我們在釋例中所表示的文件，都已假設已預先編號。文件的編號可迅速查詢每份文件化的內容，並且留下記錄。請看焦點問題 8.h，試想在流程裡文件編號這個程序的使用。

6. 記錄每一事件的負責人：我們可以從活動圖中了解到每一個事件的負責人。舉例而言，請購人員、助理、監督主管均與申請、核准、記錄採購有關作業，系統應保持此三人之資訊。請試做焦點問題 8.i。

7. 限制接近資產或資訊：活動圖可以用來分析和控制對於資訊的接近，舉例來說，我們要求使用某些資產或資訊的人員填寫一些特別的檔案。請試做焦點問題 8.j。

8. 按期調節帳載數與盤點數的差異：按期盤點存貨對於每個組織而言都是很重要，這項控制是為了確保帳載的存貨數與實際盤點數相同。

請試作焦點問題 8.k，並針對執行風險提出一項內控措施。

　　輸入控制的類型：輸入控制是為了增進輸入資料的準確性及有效性，釋例 8.8 所列出的控制，將於稍後討論記錄資訊時，再進一步討論。

釋例 8.8　輸入控制

輸入控制是為了增進輸入資料的準確性及有效性，有下列幾項輸入控制：

　A.建立主要索引鍵。

　B.依據選單列示可能輸入的數值。

　C.先掃瞄資料再輸入。

　D.資料輸入時電腦會分析，比對輸入資料是否與相關檔案中的資料一致合理。

　E. 與相關檔案的資料核對，以確認使用者所輸入的資料。

　F.使用參考完整性控制確保記錄事件與正確主檔記錄一致。

　G.格式確認，限制資料輸入的內容、位數、日期等（確保有效性）。

　H.依靠驗證準則來限制資料輸入的數值。

　I.前期已輸入的資料系統自動出現。

　J.禁止留下某些空白欄位。

　K.在記錄中輸入電腦自動產生數值。

　L.提示使用者接受／拒絕資料。

　M.比較輸入前，輸入後的控制總數。

　N.過帳前覆核編輯報告。

　O.檢視異常報告，如預設值被拒絕或輸入不尋常的數值。

應用軟體的選單——對於採購及驗收

　　釋例 8.9 是一份系統使用選單，上面有五個功能選單

　　A. 維護檔案：供應商、存貨、員工
　　B. 記錄事件：請購、採購、驗收
　　C. 顯示／列印報告：（1）事件報告（新採購單報告，開放式採
　　　　　　　　　　　　　　　購單報告）
　　　　　　　　　　　　（2）負責人與產品／服務參考清單（供應
　　　　　　　　　　　　　　　商清單、存貨清單）

D. 查詢：事件、供應商、存貨

E. 結束

應用軟體選單提供了資訊系統中的主要作業，而排列順序也是依照一般的流程。

首先，建立員工檔、存貨檔、供應商檔。接下來，建立請購單檔、採購單檔、驗收報告單檔。本章的重點在於（A）檔案的維護及（B）記錄事件，這些資料處理前的動作是非常重要的，因為一旦輸入錯誤的資料，將會影響以後的所有結果。（C）資料處理（D）編制報告（E）查詢，這些議題已於前面的章節討論過，不再重複。

接下來我們將焦點放到，如何使用會計應用軟體去做檔案維護的工作，然後再說明如何去記錄請購單、採購單、驗收報告。

釋例 8.9　ELERBE 公司：採購循環清單──採購／驗收

採購循環之選單─採購及驗收

A.主檔維護
　1.供應商
　2.存貨
　3.員工

B.記錄事件
　1.請購單（選擇採購的產品或服務）（**E3**）
　2.採購單（**E4**）
　3.驗收報告（**E5**）

C.顯示／列印報告
　事件報告
　　1. 新的採購報告
　　2. 本年採購狀況報告
　負責人與產品／服務參考清單
　　3. 供應商清單
　　4. 存貨清單

D.查詢
　1.查詢事件
　2.查詢供應商
　3.查詢存貨

E.結束

8.2 使用會計應用軟體：採購和驗收

這個部分我們從檢視存貨及供應商維護的維護開始，然後討論的就是記錄交易事件。

8.2.1 供應商事件

請購單被記錄前，應先有供應商的資料。若採購新種類的存貨，那該存貨事件的資料應先被記錄。釋例 8.10 是一個建立新供應商的樣本，資料已被輸入。

資料輸入及記錄設計：釋例 8.10 顯示了有關供應商檔的資料輸入，螢幕及記錄設計。釋例 8.10 所有欄位都直接與總分類帳相關。當收到貨物時，系統會自動產生分錄，總分類帳系統會借記存貨，貸記應付帳款，灰色部分的欄位是不能輸入的部分，這個名稱是根據總分類帳檔而來，也就是當輸入會計科目編號 1100 時，會計科目會自動出現，而目前的餘額及年度累積餘額將會自動更新。一旦輸入且確認無誤後，就按下儲存鍵，該筆資訊將會加入供應商檔。

供應商維護檔在採購流程中，扮演了一個非常重要的角色，以

釋例 8.10 ELERBE 公司：維護供應商檔及記錄輸出（清單選項 A1）

供應商資料　　　　　　　　　　　　　儲存

供應商編號	349
供應商名稱	Smith Supply
地址	Fall River, etc.
聯絡人	Jon Stevens
電話	508-555-1851
預設總分類帳會計科目編號	1100
會計科目名稱	存貨
預設付款期限	30
預設折扣率	0.02
預設折扣期限	10
目前餘額	$0
今年度累積餘額	$0

供應商檔

供應商編號	供應商名稱	地址	聯絡人	電話號碼	總分類帳會計科目編號	付款期限	折扣率	折扣期限	目前餘額	累積餘額
349	Smith Supply	Fall River	Jon Stevens	(508) 555-1851	100	30	0.02	10	$0	$0

下就要來看供應商維護檔，如何去控制採購流程中的執行風險及記錄風險。

使用供應商維護控制風險，其討論如下：

A. 收到未授權的貨物、貨物來自錯誤的供應商：供應商檔可視為一份維護檔，公司僅准許向名單上的供應商進貨，因為名單上的供應商通常是公司認為值得長期合作的廠商，均與公司有緊密的聯繫。一旦有錯誤的情況發生，可立即與之聯繫，找出錯誤所在。

B. 錯誤的數量、價格、不符規格的貨物：檔案裡的供應商通常與公司簽訂長期契約，能以穩定且管理當局接受的價格，供應符合公司要求的貨物，並且少有交貨延誤或是數量、規格不符合的現象。

使用供應商檔控制記錄風險以及改進記錄效率，其討論如下：

A. 供應商或是內部負責人員的記錄錯誤：例如助理在輸入請購單時，會比對請購人員以及供應商是否為核准的供應商。

B. 效率：供應商檔可做成選單，於資料輸入時節省輸入時間。

供應商檔建立其本身的控制：供應商檔的建立固然是一項很有用的控制，但是該檔案本身也要有嚴格的控制，否則先前所討論的功能都將無用。舉例而言，如果每個員工均可任意維護、增添供應商檔，那到底哪些供應商才是真正值得信賴，且能長期來往的供應商呢？

供應商檔的建立並無牽涉到交易資料的記錄，或是彙總後的主檔餘額更新，因此第 4 章所討論的風險，並不適用於此。輸入控制的相關控制列出如下：

A. 設立密碼，僅有授權的員工才能獲知密碼，以進入資訊系統。

B. 對於增添或減少供應商，應限制只有少部分高級主管才能獲得授權並操作。

C. 建立一套標準化的程序，按期檢驗檔案內的供應商，以確保其供貨的品質。

D. 很多情況下，對於輸入準確性最有效的控制，就是仔細比較輸入前及輸入後的狀況。

8.2.2 存貨檔維護

在請購新的存貨事件時，應先建立該項存貨的相關資訊，釋例 8.11 是一個樣本，關於存貨內容的資料輸入。

資料輸入及資料設計：釋例 8.11 中，使用者建立一項新的存貨「空白 CD 片」，公司將使用它去製造產品。一旦資料輸入完成，使用者會點選「儲存」鍵，系統會將該筆資料輸入存貨主檔。（為了增進了解，請試做後面焦點問題 8.m。）

使用存貨檔案作為控制以減少執行風險：存貨檔建立在減少執行風險裡，也扮演了非常重要的角色。這個步驟可以減少下列兩項執行風險：

A. 收到錯誤的產品／服務：由於每種類型存貨都有其編號，並

釋例 8.11 ELERBE 公司：維護存貨檔（清單選項 A2）

存貨主檔	儲存
存貨編號	402
說明	空白 CD 片
數量單位	一盒（100）
再訂購點	10
預設總分類帳會計科目編號	1100
預設銷售成本會計科目編號	5200
存貨計價方法	FIFO
供應商編號	349
訂購數量	0
現存數量	0
最近一次採購成本	

灰色部分是自動顯示，無法輸入資料。

存貨檔

存貨編號	說明	數量單位	再訂購點	總分類帳會計科目編號	銷售成本會計科目編號	存貨計價方法	供應商編號	訂購數量	現存數量	最近一次採購成本
402	空白 CD 片	一盒（100）	10	1100	5200	FIFO	349	0	0	

有清楚的說明。

B.錯誤的數量、價格、不符合的規格：顯示有關存貨資訊，如再訂購點、採購數量、現存數量等，可以減少重複採購的可能，顯示有關訂單中貨物的價格數量等資訊，也可減少錯誤。

存貨檔與控制記錄風險增進效率

有關控制記錄風險，我們在此舉兩個例子：（1）將有關存貨檔的記錄與電腦內的存貨檔作比對，可以減少記錄風險。例如，助理於記錄請購單時，會比對所請購的存貨是否為存貨清單上的事件。（2）使用存貨檔裡的資料為預設值，使輸入人員可對所有輸入的資料查核有無不合理處。

增進效率：建立選單資料後，以後只要在輸入與存貨有關資訊時，點選選單上的事件即可，不必再將存貨的資料逐一輸入。

關於存貨檔案本身的控制：存貨檔案固然有很大的功用，但其本身亦須有相關的控制，而其中有許多部分需要依據經驗做判斷。例如，數量單位、再訂購點、計價方法等。此外，還需選擇正確的會計科目去記錄進貨、銷售成本，因此存貨檔裡應設置密碼，僅准許經驗足夠或受過適當訓練的員工使用。

8.3 會計應用軟體和控制：記錄交易檔的資料

先前我們介紹的兩個部分是屬於採購循環的主檔，接下來我們將探討會隨每次交易而有所不同的交易檔。

8.3.1 記錄請購

記錄請購在 ELERBE 裡，採購流程是始於請購人員填妥請購單，但是真正系統參與是從助理將資料輸入電腦開始。

資料輸入及記錄設計：釋例 8.12 是一個輸入請購單的樣本，灰色欄位是請購單的編號，是由電腦自動編列，一旦按下「儲存」鈕後，資料將會自動記入主檔及明細檔中。（主檔：關於採購交易的概要資訊；明細檔：關於交易的詳細資訊）

請購的記錄風險：

以下列出有關請購這項程序的三項風險：

釋例 8.12　ELERBE 公司：輸入需求（清單選項 B1）

```
輸入請購單                        ┌──────────┐
                                  │   儲存    │
                                  └──────────┘
```

請購單號碼	1077
員工編號（請購人員）	122-22-3333
員工編號（監督主管）	613-20-7891
負責部門	存貨部門
	控制
請購日期	05/15/06
供應商編號	349

供應商產品編號	存貨編號	數量	價格
C-31	402	12	$13
M-1992	419	5	$18

請購單檔

請購單號碼	請購日期	員工編號（請購人員）	員工編號（監督主管）	供應商編號
1077	05/15/06	122-22-3333	613-20-7891	349

請購單明細檔

請購單號碼	供應商產品編號	存貨編號	數量	價格
1077	C-731	402	12	$13
1077	M-1992	419	5	$18

存貨編號為 ELERBE 公司辨識產品的編號。

供應商產品編號為供應商辨識產品的編號。

A. 記錄不實交易或未授權請購單的風險，針對此點工作流程控制可降低該風險。例如，請購單輸入前，須先獲得監督主管的核准。

B. 請購單記錄不完整、延誤記錄、重複記錄的風險，工作流程的控制亦能避免此風險。舉例而言，要求助理於收到已核准的請購單後，立刻輸入電腦。或是要求助理列印一份清單，列示著已輸入的請購單，確保輸入無遺漏。而已記錄的請購單應放入獨立的檔案夾內，以免重複輸入。

C. 記錄資料時的資料輸入錯誤（錯誤的種類、數量、價格、供應商名稱、請購人員等）。我們建議對於上述的欄位可建立選

單，而欄位間應獨立。釋例 8.13 提供一份控制清單，可減少記錄錯誤。

釋例 8.13　ELERBE 公司：控制請購的記錄風險：輸入控制

請購單的資料	相關的輸入控制
請購單號碼	請購單號碼均由電腦產生，不得自行輸入。
員工編號 （請購人員）	於本欄位建立下拉式選單，該選單直接源於員工檔的員工。 員工檔與請購單檔間可執行參考完整性，確保請購單的員工編號與員工檔的實際員工一致。 一旦輸入有效的員工編號後，系統應自動列出該員工姓名。
員工編號 （監督主管）	於本欄位建立下拉式選單，該選單直接源於員工檔的員工。 員工檔與請購單檔間可執行參考完整性，確保請購單上的員工編號與員工檔中實際員工一致。 同樣地，一旦輸入有效的員工編號後，系統應自動列出該員工姓名。
負責部門	部門檔應包含部門編號、名稱以及其他細節，部門編號應建立下拉式選單，該選單直接源於部門檔的部門編號。 部門檔與請購單檔間可執行參考完整性，確保所記錄的部門編號與部門檔的實際部門一致。
請購日期	列示預設日期，利用格式檢查（format checks）以確保輸入有效的日期。
供應商編號	於本欄位建立下拉式選單，該選單直接源於供應商檔的供應商。 供應商檔與請購單檔間可執行參考完整性，確保請購單檔的供應商編號與供應商檔的實際供應商一致。 輸入供應商編號後，系統自動列示供應商名稱。
存貨編號	於本欄位建立下拉式選單，該選單直接源於存貨檔的項目。 存貨檔與請購單檔間可執行參考完整性，確保請購單檔的存貨編號與存貨檔的實際存貨項目一致。 同樣地，輸入存貨編號後，系統自動列示存貨名稱。
數量	設立格式檢查以確保輸入的資料為數字。 建立驗證準則（範圍限制），以確保不會訂購不合理的數量。
價格	設立格式檢查以確保輸入的資料為數字。 可以使用預設值，顯示存貨檔中的價格作為參考。

其他控制

回顧之前所提，監督主管在核准請購時，會考慮預算。系統將會設計要求助理輸入預算會計科目編號，然後比較該請購的金額及

預算餘額。如果該筆請購金額超過預算的餘額，系統會自動拒絕該請購；反之，則會接受。確認預算這項程序可能是很有效的控制，但是可能也需花費較高的成本。

許多控制被加入電腦中的預算確認流程，對於提升控制效果將會是很有效的。

首先，預算維護選項必須建立在應用軟體選單裡，關於日常進貨預算的建立、維護須由不同人負責。

適當的工作流程控制，對於確保系統適當的記錄也是很有幫助的，舉例如下：

A.助理應於輸入前，確定該請購單已被核准，如此一來可減少輸入未核准請購單的風險。
B.存貨狀況報告（包已採購存貨在內），可避免不當的採購決定。若某項存貨低於一最低水準，即會產生缺貨報告。

以上所有的控制活動，只為了更有效率地處理請購單。例如，使用者只需從選單上選取供應商，電腦會自動列出關於該供應商的細節。

請購和執行風險：請購事件對於確保不會收到未授權的採購貨物，也是具有很大的功效。要求監督主管先覆核請購單後，再行記錄，也是有效降低未授權採購的控制。一旦嚴密有效的請購單控制建立後，每一個控制事件均可察覺前一個控制事件的錯誤並更正。

8.3.2 準備採購單

一旦請購單被記錄以後，部門主管就有責任覆核它，如果該請購單合理，則電腦會產生一份採購單。這個流程起始於按下先前的採購選單中的鍵。我們將用與請購單流程相同的步驟，去說明採購單。

資料輸入及記錄設計：每天採購部門主管會覆核新的請購單，如果請購單已被核准，那該主管會按下選單中的「輸入採購單」選項，開始製作一份新的採購單。釋例 8.14 列示了資料輸入的螢幕，左手邊的部分是列示已記錄的請購單資訊。注意，採購部門主管有權更改供應商編號、事件、價格。

採購單及記錄風險：以下列出一些相關的記錄風險及相對應的控制。

☁釋例 8.14 ELERBE 公司：輸入採購訂單（清單選項 B2）

列示的資訊				資料輸入				儲存
輸入採購單								
請購單號碼	1077			請購單號碼	1077			
員工編號（請購人員）	122-22-3333			採購單號碼	599			
員工編號（監督主管）	613-20-7891			採購日期	05/17/06			
部門	存貨控制部門			員工編號（採購部門主管）	074-31-2525			
請購日期	05/15/06			運送方式	UPS			
供應商編號	349			供應商編號	349			

供應商產品編號	存貨編號	數量	價格	供應商產品編號	存貨編號	數量	價格
C-731	402	12	$13	C-731	402	12	$11
M-1992	419	5	$18	M-1992	419	5	$18

灰色的欄位是由電腦自動產生的數值。例如，採購單號碼是由電腦自動排序的號碼，請購部門主管的員工編號是電腦根據登入系統時，所輸入的員工資料，自動蒐尋抓出。

採購單檔（清單選項 B2）

採購單號碼	請購單號碼	採購日期	員工編號	供應商編號	運送方法
599	1077	05/17/06	074-31-2525	349	UPS

採購單明細檔（清單選項 B2）

採購單號碼	供應商產品編號	存貨編號	採購數量	收到數量	取消數量	價格
599	C-731	402	12	0	0	$13
599	M-1992	419	5	0	0	$18

A. 記錄未發生的採購單，意即有未授權的採購。採購部門主管的責任就是確認採購單為有效的，當限制請購人員與採購部門主管不能為同一人時，採購部門主管的控制效果將會大大提升。

B. 採購單記錄不完全、延遲記錄、重複記錄。採購單號碼在防止以上風險時，扮演了一個很重要的角色，這個系統會告知

採購部門主管任何新的採購，以減少遺漏或重複輸入的採購單。如果需要的話，還可列印顯示收到採購單的時間，以及下採購單的時間，是否超過延遲的最少時間。某些控制是用來避免重複採購的風險。假定單一採購單只對應一張採購單，當任何一人要根據已輸入的採購單編製採購單時，系統會自動提出警告。

C. 採購單的數據不正確。有關於這個問題的控制措施，請練習本章焦點問題 8.q。

採購單與執行風險：釋例 8.6 曾有提及一項風險「預計應收到的貨物沒收到或是延遲收到」，一個去控制該風險的方法，是按期覆核仍未採購的採購單。執行此項工作時，採購部門主管可使用採購循環選單（釋例 8.9）選擇 C.5「目前採購單報告」。

覆核該報告可了解目前採購單的狀態。釋例 8.15 是一個範例，顯示了採購日，原採購數量、待運送的數量。

8.3.3 驗收產品、服務

一旦採購了產品、服務後，循環中的下一個步驟就是驗收及記錄產品、服務。記錄已驗收的產品、服務的選項是應用程式選單的 B3 選項。不像請購和採購事件，驗收是一種交換交易並且包含執行風險和記錄風險。

資料輸入螢幕及記錄設計：釋例 8.16 顯示了一個記錄驗收的樣本螢幕，及記錄流程。

此外，存貨記錄及採購記錄相關的帳戶餘額需要更新。試作焦點問題 8.r 幫助你對此主題更了解。

驗收和執行風險：不像前面的部分，驗收包含了執行作業，主要的風險有下面兩項：

A. 收到錯誤的產品。
B. 價格、數量、品質不符合採購單。

驗收人員必須要確認收到良好的產品、安全地保存，在一定時間內將產品轉交給請購人員。如果在裝產品的箱子上貼上條碼，可增進驗收效率，縮短驗收的時間。

☁ **釋例** 8.15　Microsoft Great Plains **採購單狀態報告（修正）**

全球線上公司

採購單狀態報告

系統時間：　　　7/1/06　　9: 29: 03PM

使用者日期：　　7/1/06

採購單處理流程：

範圍：	從：	到：		從：	到：
供應商編號	第一個	最後	採購狀態	第一個	最後
名稱	第一個	最後	採購單號碼	PO1010	PO1011
文件日期	第一個	最後			

分類依據：採購單號碼　　　　　　　　　　列印選項：詳細列印

　　　　　　　　　　　　　　　　　　　　附帶：收執條

採購單號碼	種類	文件日期	供應商資料	名稱		採購狀況
網址 ID	數量單位	採購數量	取消數量	待運送數量	仍未開出的發票	單位成本
PO1010	標準	3/31/06	ADVANCED0001	Advanced office systems		新
+ACCS-CRD-12WH		Phone **Cord**- 12'White			CRD-12WH	
NORTH	每個	**10**	0	**10**	10	$3.29
+PHON-ATT-53BK		**Cordless-AT&T** 53BK-Black	ATT-53BK			
NORTH	每個	**12**	0	**12**	12	$90.25
		原始小計：		**$1,115.90**	剩下的總數：	
PO1011	標準	3/31/06	COMVEXIN0001	Comvex,Inc		新
+ACCS-HDS-1EAR		Headset-Single Ear			HDST-SINGLE	
NORTH	每個	14	0	14	14	$38.59
+HDWR-T1I-0001		T1 Interface Kit			T1INTERFACE	
NORTH	每個	1	0	1	1	$1,495.00
		原始小計：		**$2,035.26**		
	總計：	**2 份採購單**		**$3,151.16**		

　　除了執行風險外，組織還必須設立措施以減少資產被偷竊、不正常的損失。例如，限制僅有經過授權的員工才能進入倉庫。

　　驗收及輸入控制：有關於驗收程序的輸入控制，與先前其他程序的輸入控制類似，本處不再重複，請自行練習焦點問題 8.s。

 **8.3.4 其他討論**

這裡我們簡短的提及一些與先前章節不同的議題：

釋例 8.16　ELERBE 公司：產品記錄收據的資料輸入畫面（清單選項 B3）

列示的資訊		輸入資料	
		輸入驗收單	儲存
採購單號碼	599	採購單號碼	599
採購日期	05/17/06	驗收報告號碼	1405
請購單號碼	1077	員工編號（驗收人員）	131-31-3131
員工編號（請購人員）	122-22-3333	驗收日期	05/26/06
供應商編號	349		
部門	存貨控制部門		
			數量
存貨編號	402	402	10
存貨編號	402	419	5

灰色部分的欄位是不能輸入的，該欄位是電腦自動由採購單檔裡自行抓出，驗收報告號碼是由電腦自動排序，而驗收人員的員工編號是於登入系統時的人員編號。

驗收報告檔（清單選項 B3）

驗收單號碼	採購單號碼	驗收日期	員工編號（驗收人員）
1405	599	05/26/06	131-31-3131

驗收單明細檔（清單選項 B3）

驗收單編號	存貨編號	數量
1405	402	10
1405	419	5

　　採購及驗收流程的風險及配合控制，前面提到許多控制程序及相關的控制人員，但在小公司裡，常常一人身兼數職。例如，業主負責監督覆核以及執行作業，或是簡化很多控制流程，那是因為成本效益的關係。因此，即使在大公司也可能使用一些較低成本的控制來處理一些金額較小的進貨。舉例而言，公司可能會給存貨部門的監督主管一張進貨卡，在某個金額水準以下的進貨，就由該主管直接於進貨卡上記錄，不需再填請購單、採購單等程序，然後按期交由更高層的主管核對。

彙總

　　本章與第 9 章都是討論採購循環， ELERBE 公司的資料作為釋例。本章著重於採購，採購和驗收產品與服務。第 9 章著重於記錄採購發票，決定付款時間和付款。

　　採購循環的採購和驗收選單被討論，主檔的建立與維護當作一項控制機制，記錄請購、採購、驗收產品和服務等流程，都被詳細討論。有關交易檔的建立與維護有被討論，資料輸入步驟的風險和控制也有討論。

焦點問題 8.a

※活動圖

ELERBE 公司

　　問題：

　　回顧附註的記敘文為 ELERBE 的採購過程的釋例 8.1 ，和工作流程表格在釋例 8.2 。準備下列圖表：

1.「準備採購單」事件的細部活動圖。
2.「驗收產品」事件的細部活動圖。

焦點問題 8.b

※活動圖和分類圖

ELERBE 公司

　　回顧釋例 8.3 的概要活動圖，以及 UML釋例 8.5B 中的分類圖。
　　問題：

1. 什麼資訊的概要活動圖在分類圖中不提供？
2. 什麼資訊的分類圖在概要活動圖中不提供？
3. 這二張圖的關係如何？（提示：考慮事件被辨認在釋例 8.2.A 。）

焦點問題 8.c

※估計執行風險

ELERBE 公司

考慮以下執行風險：

產品和服務的預期發票後沒有發生、發生延遲、或有意無意地被複製。驗收錯誤類型的產品或服務。

問題：

為每個風險建議可能發生的原因，表明相關事件。 ELERBE 公司的事件列表在釋例 8.2A 中。

焦點問題 8.d

※責任分離

ELERBE 公司

根據你對內部控制技術的理解和回顧在釋例 8.2 ，回答下列問題：

問題：

1. 誰負責核准採購？
2. 誰對採購過程中所執行的活動負責？（注意：使用被使用在定義執行風險的同樣定義）
3. 辨認在 ELERBE 採購過程中記錄活動的負責人員。
4. 看起來，對被採購財產的接觸可能被限制到二個個體。他們是誰？
5. 你認為對財產的採購，由誰負責最後的監管？這是從活動概要圖中採購的資料嗎？

焦點問題 8.e

※從以前的事件中獲得資訊的用途

ELERBE 公司

問題：

回顧釋例 8.3 及釋例 8.4 中的活動概要圖，以及焦點問題 8.21 的解答。提供兩個事件案例，要求人工評估過去活動的資訊。

焦點問題 8.f

※事件的需求順序

ELERBE 公司

釋例 8.3 顯示出，在被記錄到系統之前，請購單被一位監督員先批准。其他可能性將要求秘書首先進入請購單，然後要求監督員審核請購單和電子簽核表示認同。

問題：

從控制立場來看，哪種方法是最好的？請解釋。

焦點問題 8.g

※後續事件

ELERBE 公司

問題：

1. 建議一項活動涉及前一事件的後續事件。
2. 哪些活動圖會需要被修改？如果這活動包括在 ELERBE 的採購過程？
3. 回顧在釋例 8.5C 中的記錄格式。建議在這些表格裡後續活動的使用資料。解釋你的回答。

焦點問題 8.h

※事先編號文件序列

ELERBE 公司

問題：

給予一個釋例解釋事先被編號的文件，可能被使用控制

ELERBE 的採購過程。

焦點問題 8.i

※權責範圍內負責人的記錄

ELERBE 公司

　　回顧記錄格式在釋例 8.5C ，辨認在內部代理人完整請購過程所有的責任，並由系統負責追蹤。

　　問題：

　　根據你使用概要活動圖表示的評估，在請購單記錄中是另外的代理人的資訊是否應該被記錄？討論之。

焦點問題 8.j

※接觸的限制

ELERBE 公司

　　問題：

　　哪些使用者被允許查詢其採購單記錄？什麼樣的 Access 程式（讀或寫）可以給每個使用者？試解釋之。

焦點問題 8.k

※發展的控制點

ELERBE 公司

　　問題：

　　建議一個控制點能幫助強調執行風險，有關產品或服務沒有驗收、延遲或發展無意地被複製了。

焦點問題 8.l

※活動圖、分類圖，和應用軟體清單

ELERBE 公司

　　回顧概要活動圖（釋例 8.3），UML 分類圖（釋例 8.5B），以及應用軟體清單（釋例 8.9）。

　　問題：

　　比較活動概要圖和應用軟體清單，哪個清單選項對應於事件被顯示在概要活動圖中？另外何種的項目出現在清單中？比較 UML 分類圖和應用軟體清單，應用軟體清單與 UML 分類圖中各個項目關係。

焦點問題 8.m

※檔案維護的本質

ELERBE 公司

　　問題：

1. 在維護存貨檔後三項目在螢幕上是灰色的，因為資料不輸入這些屬性資訊。為什麼在檔案維護期間，使用者被防止進入這些資料欄位中？
2. 什麼是有「5200」金額價值對欄位的用途？

焦點問題 8.n

※了解資料輸入螢幕的格式

ELERBE 公司

　　回顧資料輸入螢幕釋例 8.15.A，在那個螢幕裡只有以下項目需要由用戶輸入：日期、供應商編號、採購項目、採購數量和單位成本，其餘由系統顯示。

　　問題：

1. 哪些資料輸入欄位會被保存在採購單記錄中？
2. 哪些資料輸入欄位會被保存在採購單明細記錄中？
3. 什麼資料被顯示作為「確認」？

焦點問題 8.o

※為採購單確定必要的屬性

ELERBE 公司

問題：

1. 在請購記錄和現在採購記錄，供應商產品編號被儲存。為什麼 ELERBE 需要記錄供應商產品編號，當已經有他自己的產品編號，並分配到產品中？
2. 為什麼 ELERBE 不能簡單地使用供應商產品編號辨認項目，而是創造他自己的代碼做為證明產品編號？

焦點問題 8.p

※在事件記錄和產品／服務記錄之間的關係

ELERBE 公司

一個為存貨產品編號庫存記錄的省略版本，在完成請購單之前，隨之而來。

項目	說明	再訂購點	庫存數量	採購數量	最近成本
402	空白的光碟	10	0	8	

假設，庫存記錄是在採購單記錄被存檔了之後更新。

問題：

修改這些欄位的內容資料，以顯示檔案更新後的內容。

焦點問題 8.q

※採購單的輸入控制

問題：

回顧釋例 8.9 中爲記錄採購單所輸入的資料。辨認輸入控制。使用以下格式作爲你的答案。前兩項釋例資料輸入，幫助你開始回答。

採購單表格的資料項目　輸入控制

| 請購單號碼 |
| 採購日期 |

焦點問題 8.r

※以事件資料更新記錄

ELERBE 公司

問題：

顯示在更新驗收資料後，資料在二個記錄中如何改變。

存貨表格

項目	説明	再訂購單	庫存數量	採購數量	最近成本
402	空白光碟	10	12	8	$ 11

採購單資料表格

採購單號碼	供應商產品編號	存貨編號	採購數量	收到數量	取消數量	價格
599	C-731	402	12	0	0	11

焦點問題 8.s

※驗收的內部控制

ELERBE 公司

問題：

1. 回顧釋例 8.16 中資料輸入螢幕和驗收表格，回答以下問題：
   a. 什麼欄位保證這驗收者作為計數是負有責任？
   b. 注意資訊顯示不顯示項目的被訂購數量，亦不顯示項目的被訂購價格。為什麼 ELERBE 從驗收者保留這樣的資訊？
   c. 資料輸入更加容易和更加準確，當需要被記錄的資訊轉入，從一個早先期間。什麼資訊從其他記錄轉入對驗收記錄？
2. 為什麼期望驗收者輸入驗收產品量於電腦中，是不切實際的？請建議一個記錄驗收更好的流程。你的流程會是批次或是即時的？

問答題

1. 列出一般採購及驗收功能應用軟體中，常見的三個檔案，並簡短說明。
2. 請舉出兩個採購循環軟體中常見的主檔。
3. 列出採購循環軟體選單中，常見的主要選項。
4. 辨認採購流程中主要的執行風險。
5. 供應商名單的建立，如何能幫助辨認執行風險。
6. 辨認採購流程中主要的記錄風險。
7. 供應商名單的建立，如何能幫助辨認執行風險。
8. 參閱釋例 8.6，簡單說明其中的工作流程控制，如何用來降低執行風險或記錄風險。
9. 舉出三項輸入控制，解釋每項控制如何用來降低記錄風險。
10. （a）請舉出三項控制，確保請購是恰當產生且被記錄的。
　　（b）說明請購單如何用來控制（1）採購單（2）驗收貨物。

練習題

E8.1
這個章節並沒有考慮驗收貨物的批次處理，假定 E 公司使用批次系統去記錄驗收，流程開始於驗收者填寫驗收單，驗收報告要註明，驗收號碼、採購單號碼、交易編號和驗收數量。將以下的步驟按正確順序排列。

1. 每天營業結束後，計算驗收報告的數量和貨物送達的次數，以及收到的貨物總數與驗收報告總數是否相符。
2. 將驗收報告放入驗收報告檔案夾。
3. 覆核驗收報告和批次總數。
4. 印製每天的詳細驗收報告，包含驗收報告數和收到貨物總數。
5. 比較採購單和驗收的貨物。
6. 記錄關於每筆驗收的資訊。
7. 將電腦所列示的控制總數及貨物總數，與輸入電腦前所計算的控制總數及貨物總數。
8. 輸入驗收報告到電腦裡。
9. 將驗收報告的資訊過入存貨檔，已更新現有存貨數。

E8.2

請對下列五個情形提出相關的控制

1. 一個員工填寫請購單，為了私人用途請購一項束西。

2. 未經授權的員工填寫並送出採購單。

3. 收到的貨物數量在輸入驗收數量時，發生錯誤，輸入了 1000 單位，正確的採購
   數量是 10 單位，而且驗收時也是 10 單位。

4. 採購單以填寫並送出，但未收到貨物。

5. 輸入人員於輸入員工請購單資料時，發生錯誤。

E8.3

一間運動用品公司使用與 E 公司相似的應用軟體記錄存貨，該公司的經理使用缺貨
狀態報表，決定哪些存貨需要再採購。每一項存貨均設有再採購點，只要現存存貨
低於再訂購點，公司馬上再訂購。向供應商訂購的存貨應該被完整的適當地追尋記
錄到系統內。舉例而言，假定 2006 年 1 月 5 日，經理對於低於再訂購點的存貨項
目做了補充的採購，如果這份採購單沒有被完整的追蹤記錄的話，店經理在收到本
批貨物前，又覆核了一次缺貨狀態報告。在報告裡，已做了補充採購的存貨項目並
未註明已訂購，因此店經理很有可能再做一次補充採購（重複採購）。

a. 設計一份存貨檔的記錄編排，可以幫助公司做出正確的決定

b. 考慮以下事件：（1）填寫並送出採購單；（2）記錄驗收貨物。討論這些事件對
   於存貨檔的影響。

E8.4

沿用上題的資訊：

a. 準備彙總的缺貨狀態報表，並且說明該報表如何使用於採購決策。

b. 哪些條件可使該報告更有用。

c. 請說明詳細缺貨狀態報告和彙總缺貨報告的差異。

d. 請說明你覺得哪份報告在作採購決策時較有用。

E8.5

延續 E8.3，辨認存貨檔中的更新風險，考慮以下兩項目：（1）準備和記錄採購
單；（2）記錄驗收存貨

E8.6

E 公司要追尋關於供應商的資訊，以做供應商評比，內容包含了從訂貨到驗收的時
間、退貨次數。

1. 修改釋例 8.4C 以幫助公司記錄供應商的績效。

2. 哪個事件會導致你更新先前的屬性。

E8.7

複習釋例 8.4C 和釋例 8.4B（UML 分類圖），請列出以下程式的直接關係，請購單檔、請購單明細檔、採購單檔、採購單明細檔、供應商檔、員工檔、存貨檔、驗收檔、驗收明細檔。

相關檔案		檔案間連結的屬性
請購單據	員工檔	員工編號
請購單據	請購單明細檔	
請購單明細檔	存貨檔	產品編號
請購單據	採購單檔	

E8.8

複習釋例 8.4C，E 公司因為請購單 1077 號的請購，欠史密斯供應公司多少帳款。

E8.9

複習釋例 8.4C 的記錄編排，複習請購單、採購單、驗收記錄，並且填寫以下該存貨（空白 CD 片）的表格。

事件	已訂購數量	現存存貨
記錄請購後		
記錄採購後		
記錄驗收後		

E8.10

複習釋例 8.2B 和釋例 8.4B，使用以上的資訊去建立一張 UML 分類圖，描述 E 公司供應商名單和關於採購和驗收的記錄工作。

9 採購循環——採購發票和付款

○ 閱讀完本章，您應該了解：

1.記錄採購發票和付款的典型事件與流程。

2.改善資料輸入、處理的工作流程和輸入控制方法。

3.採購循環報告的總分類帳重要性。

4.採購循環報告的結束活動。

○ 閱讀完本章，您應該學會：

1.運用活動圖，統一塑模語言（UML）分類圖和記錄設計。

2.辨識採購循環的執行和記錄風險。

3.辨識減輕採購循環風險的控制。

4.運用會計套裝軟體來記錄採購發票、付款和印製報告。

5.解釋採購循環的一般文件與報告。

本章將延續第 8 章所討論的主題——採購循環，而本章的焦點放在收到供應商的發票及付款。本章一樣會用到許多前面章節的概念，包括事件分析（第 2 章）、工作流程表與活動圖（第 3 章）、風險辨認與控制（第 4 章）、 UML 分類圖（第 5 章）、標準應用軟體選單和批次處理（第 7 章）。由於我們會深入探討付款流程，並且使用很多工具。因此，我們先列出本章之組織架構（如釋例 9.1）。

釋例 9.1　本章組識架構

這個章節延續了第 8 章的內容，分成兩個部分：

1. 記錄發票及付款的概要流程，這個部分我們分成四個步驟來說明：

   a. 將公司的流程文件化：流程裡的事件會被標示出來，以及工作流程檔和文字說明，這部分包括概要和細部活動圖。

   b. 將公司的資料設計文件化： 說明 UML 分類圖及記錄設計。

   c. 風險和控制：有關執行風險和資訊系統風險，以及工作流程控制，可以幫助降低風險。

   d. 應用軟體選單：延續第 8 章的設計選單。

2. 使用會計應用軟體記錄發票和付款：對於記錄採購發票、按發票期限付款、準備支票的流程，我們將會詳細列示。並且將之前所提過的期間性作業做一總結，包含印製應付帳款分類帳和完成清除不需要的資料。

第一部分是一個典型的採購流程（在此假設我們均使用批次處理系統），從說明採購流程中的作業開始，然後過程的文件化，編制工作流程圖及活動圖。

第二個部分是對付款流程典型的資料設計，並且使用 UML 分類圖去記錄編排。當我們了解流程及資料設計，我們就可以開始記錄風險及執行風險，最後我們將會討論如何使用會計應用軟體去記錄發票、付款。

會計人員了解採購循環的流程資料、應用軟體、風險和控制是很重要的，不論會計人員的身分是使用者、設計者、會計資訊系統的評估者。使用者使用會計套裝軟體去記錄資料產生報告，研發者必須了解採購循環才能寫出應用軟體，適當的儲存資料、產生報表，並且有足夠的控制。採購循環相關的風險和控制，可用來評估企業採購流程的控制。

1. 記錄發票及付款的概要流程：

（1）將 E 公司的流程文件化
（2）文件化 ELERBE 公司的資料設計
（3）風險和控制
（4）應用軟體選單

2. 使用會計應用軟體記錄發票和付款。

9.1　記錄發票和付款的概要流程

如釋例 9.1 所示，本章開始於將處理供應商發票付款的事件、活動及資料設計文件化。接下來是流程中的風險與控制。

9.1.1　將 ELERBE 公司記錄發票及付款流程文件化

我們先以文字說明 ELERBE 公司的流程，了解流程後可辨認出一些重大的事件，編制工作流程圖，然後活動圖，最後是整個清楚的流程。

說明：釋例 9.2 敘述一個典型的記錄發票及付款給供應商的流程，承接了第 8 章所描述 ELERBE 公司的採購流程。我們討論到風險與控制時，讀者將更能了解這套流程設計的合理性。

辨認事件：我們辨認流程事件的第一步是了解它，我們將辨認的事件列示在如釋例 9.3，延續第 8 章的部分，因此本章的事件從事件 6（E6）開始。我們提及認定控制事件於流程中責任移交的時

釋例 9.2　ELERBE 公司採購循環：發票和付款

供應商將發票寄到應付帳款部門，該部門員工每星期會比對一次該星期的發票總額，雜數總計與採購單有無不同。如果發票無誤，那該資料會被輸入電腦中的發票檔。輸入完成後會產生分錄，並列印核對無誤後按下「過帳」鈕，將資料過入總帳，更新供應商檔的應付帳款餘額。會計人員會印製目前應付帳款的報告，了解尚未付款的帳單，會計人員會根據折扣日期、應付帳款日期排定付款的順序。應付帳款人員會印製現金需求表，包含要付清的帳款及所需現金，現金需求表將轉交予會計長複核。複核無誤後，將會準備支票，而此時電腦將會記錄這次現金支付，記入付款檔。支票交會計長簽名後，將會寄給供應商。並且，應付帳款人員印製現金付款分錄並過帳。

釋例 9.3　ELERBE 公司採購流程的事件

事件編號	事件	活動內容
E6	記錄供應商發票	應付帳款人員比對供應商發票與採購單、驗收單
E7	按發票期限付款	按照折扣日和到期日挑選發票付款
E8	核准付款	會計長核准將付款的發票
E9	準備支票	應付帳款處理人員列印支票
E10	支票簽名	會計長在支票上簽名
E11	完成付款	應付帳款處理人員將支票寄出並且過帳

點，但這個原則並不適用事件 7（E7）。因為這個事件並無責任移轉的問題，僅是按應付帳款到期日來付款。

　　文字說明和工作流程表：在釋例 9.4 和釋例 9.5 分別是文字說明和工作流程表，我們可以看到 30 個活動在 6 項事件裡，工作流程表使用相同數量的活動，並且標示活動和執行者的關係。文字說明和工作流程表，在第 3 章曾經討論過。

　　概要活動圖及細部活動圖：概要活動圖僅標明工作流程圖上所列示的事件。細部活動圖，敘述了記錄進貨發票的詳細過程，現在

發票（purchase invoice）

供應商所寄的文件，其記錄所提供產品或服務之單價、數量、金額。

釋例 9.4　ELERBE 公司採購發票和付款說明

記錄供應商發票（E6）

　　供應商將**發票（purchase invoice）**寄到應付帳款部門，該部門員工每星期會比對一次該星期的發票總額，雜數總計與採購單有無不同。如果發票無誤，那該資料會被輸入電腦中的發票檔。輸入完成後產生分錄，並列印核對無誤後按下「過帳」鈕，將資料過入總帳更新供應商檔的應付帳款餘額。

按發票日期付款（E7）

　　會計人員印製目前應付帳款的報告，了解還未付款的帳單，會計人員會根據折扣日，應付帳款日排定付款的順序。

核准發票（E8）

　　應付帳款人員會編制現金需求表，包含要付清的帳款及所需現金，現金需求表將轉交予會計長複核。

準備支票（E9）

　　複核無誤後，將會準備支票，此時電腦將會記錄這次現金支付，記入付款檔。

在支票上簽名（E10）

　　支票交會計長簽名。

完成付款（E11）

　　會計長簽名後，將會寄給供應商。應付帳款人員印製現金付款分錄並過帳。

☁ 釋例 9.5　ELERBE 公司資料設計的文件化流程

負責人員	活動
	記錄供應商發票（E6）
供應商	1.寄發票予公司
應付帳款處理人員	2.累積發票至批次水準
	3.計算發票總數
	4.計算發票金額總數及雜數總計
	5.比較發票及採購單、驗收報告的內容
	6.輸入採購發票
電腦	7.將發票資料記入發票檔
應付帳款處理人員	8.印製採購記錄
	9.印製採購記錄及比較批次總數
	10.錯誤更正
	11.將發票過帳
電腦	12.將記錄過入總分類帳，更新供應商應付帳款
	13.設立發票記錄裡的過帳日期欄位
	按發票期限付款（E7）
應付帳款處理人員	14.印製目前應付帳款報告
	15.按到期日挑選發票付款
電腦	16.設立付款日期發票的欄位
應付帳款處理人員	17.印製現金需求報告
	核准付款（E8）
應付帳款處理人員	18.將現金需求報告交給會計長
會計長	19.核准付款
	準備支票（E9）
應付帳款處理人員	20.作更正分錄
	21.印製支票
電腦	22.記錄付款入付款檔
	23.設立已付款記錄至發票檔的付款欄位
	支票簽名（E10）
應付帳款處理人員	24.將支票交給會計長
會計長	25.支票簽名
	完成付款（E11）
應付帳款處理人員	26.將支票寄出
	27.印製現金付款記錄
	28.在主選單按下過帳選項
電腦	29.更新各相關帳戶及供應商餘額
	30.設立過帳日期至付款記錄

大致上對 ELERBE 公司的流程有一定了解，接下來我們看 ELERBE 公司對於流程的資料設計，請練習焦點問題 9.a。

9.1.2 ELERBE 公司資料設計的文件化流程

我們將如釋例 9.2 中，會計資訊系統的資料設計以 UML 分類圖來說明它的文件化流程。

事件與表格：在第 2 章和第 5 章討論事件檔和主檔表格，在此用事件分析法來辨識事件檔和主檔表格的需求。事件編號用來表示流程中事件發生的順序。

資料設計：統一塑模語言（UML）分類圖，可供我們參考，設計 ELERBE 公司的採購循環。釋例 9.6C 中列示了部分樣本資料的編排。 UML 分類圖包含了事件 6 和事件 11，以及一些與採購、驗收有關的事件，因此我們可以延伸第 8 章的 UML 分類圖，至此作一些整合，增進了解。請注意以下幾點：

1. 分類圖中，請購者、經理、採購部門主管、驗收人員、應付帳款人員，分別列示在不同的格子內。這些人均是公司的員工，資料均在公司的員工檔裡，每一位員工有一個員工表格。
2. 在如釋例 9.8C 可以看到，事件的資料被儲存在事件檔裡，這些包含了發票檔、發票明細檔、付款檔、付款明細檔。發票檔和明細檔記錄的是主要資訊，例如事件日期、事件數量；明細檔則是更詳細的有關交易的分類帳檔案。
3. 每一個明細檔都與主檔作聯結，例如傳票號碼應包含在明細檔中，幫助系統聯結正確的發票。
4. 每一事件檔案應與先前的交易事件相聯結，例如採購單號碼應包含在發票檔中，可以幫助系統辨認相關的發票記錄。
5. 交易事件檔應與主檔分錄作聯結，例如供應商編號應被儲存在事件記錄，以便於供應商和每一交易事件作聯結。

釋例 9.6 **ELERBE 公司：概要活動圖──發票／付款流程**

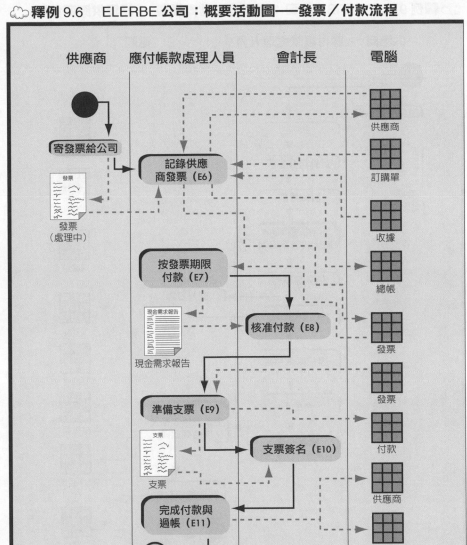

釋例 9.7 ELERBE 公司：詳細的活動概要圖──記錄供應商發票

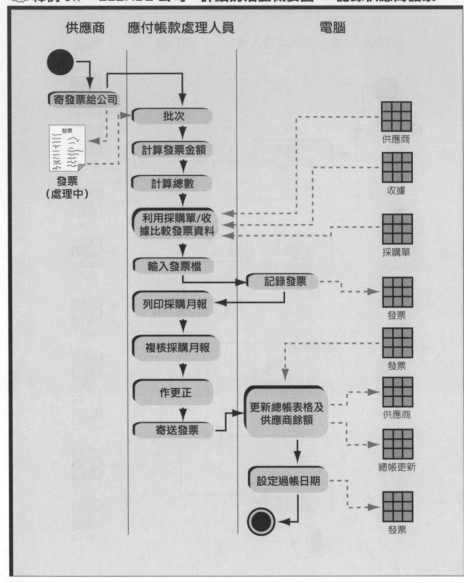

釋例 9.8　ELERBE **公司：事件和資料設計**

A.事件和表格

事件編號	事件	事件檔 *	主檔 **	註記
E6	記錄供應商發票（和過帳）	發票檔轉換到總分類檔	供應商主檔	
E7	按發票期限付款	無	無	事件使用先前發票的資料
E8	核准付款	無	無	人工事件
E9	準備支票	付款檔	無	更新在 E11 事件
E10	支票簽名	無	無	
E11	完成付款（和過帳）	轉換到總分類檔	供應商主檔	

* 交易檔名稱，記錄在此表上增減。
** 主檔名稱，當交易資料過帳後交易檔即更新。

B.ELERBE 公司 UML 分類圖：採購循環

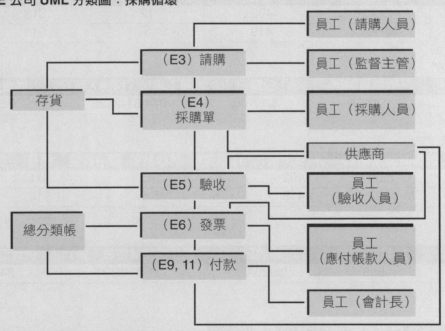

注意：（1）事件和負責人之間的所有基數為（m, 1）。所有的事件和存貨檔之間的基數，或事件和總分類帳轉帳檔之間的基數為（m, m）。
　　　（2）銀行現金檔可以連接到付款檔，放置在左邊，在此個案沒有如此做，因為此個案只有一個現金銀行帳號，所以沒有效益為一筆記錄增加一個檔案。

C.記錄設計
供應商主檔

供應商編號	名稱	地址	聯絡人	電話	會計科目編號	到期天數	折扣天數	折扣率	到期餘額	年累積餘額
349	Smith Spply	Fall River	Jon Stevens	508-555-1851	1100	30	10	0.02	$0	$0

(續) 釋例 9.8　ELERBE 公司：事件和資料設計

員工檔

員工編號	姓名	職稱
122-22-3333	Mike Morgan	存貨人員
613-20-7891	Deborah Parker	監督主管
074-31-2525	Stephen Larson	採購部門主管
131-31-3131	Kevin Smith	驗收人員
034-11-2222	Mary Brown	應付帳款人員

請購單檔 （E3）

請購單號碼	請購日	員工編號（請購人員）	員工編號（監督主管）	供應商編號
1077	05/15/06	122-22-3333	613-20-7891	349

請購明細檔 （E3）

請購單號碼	供應商產品編號	存貨編號	數量	價格
1077	C-731	402	12	$13
1077	M-1992	419	5	$18

採購單檔 （E4）

採購單號碼	請購單號碼	採購日	員工編號（採購人員）	供應商編號
599	1077	5/17/06	074-31-2525	349

採購單明細檔 （E4）

採購單號碼	供應商產品編號	存貨編號	採購數量	驗收數量	取消數量	價格	發票上數量
599	C-731	402	12	10		$11	10
599	M-1992	419	5	5		$18	5

驗收檔 （E5）

驗收單號碼	採購單號碼	驗收日	員工編號（驗收人員）	供應商編號
1405	599	05/26/06	131-31-3131	349

驗收明細檔 （E5）

驗收單號碼	存貨編號	數量
1405	402	10
1405	419	5

發票檔 （E6）

傳票號碼	採購單號碼	發票日期	員工編號（應付帳款人員）	供應商編號	到期日	折扣日	折扣率	過帳日	總分類帳過帳日	是否付款	付款金額
459	599	05/27/06	034-11-2222	＃5510	6/27	6/4	.02	05/29/06		是	$200

（續）釋例 9.8　ELERBE **公司：事件和資料設計**

發票明細檔

傳票號碼	總分類帳編號	金額
459	3100	（205）
459	1100	200
459	6500	5

付款檔（E9）

支票號碼	傳票號碼	付款日	過帳日	總分類帳過帳日	付清狀況
102	459	06/02/06	06/02/06		是

付款明細檔（E9）

支票號碼	總分類帳編號	金額
102	1000	（201）
102	3100	205
102	6050	（4）

9.1.3 記錄發票和付款的風險與控制

在這個部分，我們使用前面所提到的資訊，幫助我們了解文件化流程的風險。由於詳細的內容第 4 章及第 8 章都已討論過，在此只做簡短地說明。

執行風險：在第 4 章，我們使用「執行」這個名詞，係指實際驗收、付款、處理現金等這些作業。採購循環的兩個執行目標：（1）確保適當的產品／服務驗收；（2）確保適當的付款和現金處理。本章的重點在事件（2）。請練習焦點問題 9.b。

資訊系統風險：除了執行風險外，我們還需考慮記錄風險。注意，錯誤的記錄會造成執行上的錯誤。例如，錯誤的發票記錄會造成錯誤的付款。請練習焦點問題 9.c。

控制：一個組織建立採購流程時所設立的控制，是為了確保組織目標的達成及風險最小。回顧第 4 章所提及的控制，包含輸入控制、工作流程控程、一般控制、事後覆核等。我們現在先討論工作流程控制，再討論輸入控制。接下來，我們舉個例子說明，工作流程控制如何降低未授權付款風險。

要點 9.1　採購發票與付款流程的風險和控制評估

A. 風險評估的指引

1.一般執行風險（現金付款）

　　執行風險是在交易時會發生的錯誤。對於本章來說，交易是付現金給供應商。

　　　　a. 未授權付款

　　　　b. 現金未支付或延遲支付

　　　　c. 支付金額錯誤

　　　　d. 支付對象錯誤

2.資訊系統風險：一般記錄風險

　　記錄風險是代表資訊系統無法準確的捕捉組織系統裡的資訊，以下的風險可以適用於收入循環和採購循環。在本章裡，這個事件是有關記錄採購發票和付款。

　　　　a. 記錄了從未發生的交易

　　　　b. 交易事件未記錄、延遲記錄或重複記錄

　　　　c. 事件資料沒有正確的記錄

　　　　　・錯誤的產品或服務被記錄

　　　　　・錯誤的數量或價格被記錄

　　　　　・錯誤的外部人員或內部人員被記錄

　　　　　・其他錯誤的資料記錄

3.資訊系統風險：一般更新風險

　　更新風險是一種錯誤，發生在更新主檔電腦系統或是明細分類帳檔人工系統裡的彙總資料。

　　　　a. 更新的記錄被忽略或重複更新

　　　　b. 更新的時間錯誤

　　　　c. 更新的總額錯誤

　　　　d. 更新錯誤的主檔

B. 控制作業

　　第 4 章將控制分成四種：工作流程控制、輸入控制、一般控制、績效考核。在本章我們探討下列兩種控制。

　　工作流程控制：是一種應用控制（也就是一種處理各事件轉移的控制），這項控制連結了事件與責任，以及企業各事件間資訊的流動。

　　　　a. 責任劃分

　　　　b. 使用來自前一事件的資訊欲控制作業

　　　　c. 要求事件間有一定的順序

　　　　d. 後續事件

　　　　e. 事先編號的文件序列

　　　　f. 記錄流程間每個事件的負責人員

　　　　g. 限制人員隨意接近資產或資訊

　　　　h. 定期調節實體資產和帳載記錄

　　輸入控制：用來控制輸入電腦的資料。

　　　　a. 建立可能輸入值的選單

☁（續）要點 9.1　採購發票與付款流程的風險和控制評估

> b. 確認所記錄的資料是否與所輸入的相關檔案一致
> c. 列示所輸入的資料以供認證
> d. 輸入資料的格式限制，例如數字、文字、日期等
> e. 使用有效性限制
> f. 使用前期或是其他資訊作為預設值
> g. 限制某些欄位不能空白
> h. 建立主要索引鍵
> i. 某些欄位的值由電腦產生
> j. 比較資料輸入前和資料輸入後的控制總數
> k. 覆核編輯報告
> l. 覆核差異報告

使用工作流程控制去辨認風險：

1. 責任劃分在於避免未授權付款來說是很重要的。在 ELERBE 公司裡，應付帳款人員不能簽支票，這樣的責任劃分使得應付帳款人員去記錄偽造發票盜竊資產的可能性大幅降低。

2. 一定的流程順序，也可以避免未授權付款風險，支票的記錄一定發生在採購及驗收後。

3. 使用先前的事件資訊去控制。例如，應付帳款人員在記錄發票前，要先比對採購單和驗收記錄，會計長也要覆核將付款的發票。

4. 記錄負責人員亦可減少未授權付款，因為系統會追尋流程中每個參與人員的編號。

5. 限制人員接近各個系統。降低員工任意修改事件記錄，掩飾盜竊資產的風險。後面會討論到有關空白支票的控制，這也是很重要的控制之一。

6. 支票預先編號這項控制可用在空白支票上，降低現金被盜用或遺失的風險。

7. 定期調節實體帳冊與記錄，當銀行對帳單送來時，負責人員印製**銀行調節表（bank reconciliation）**，比較帳載餘額與銀行餘額之間的差異，如有任何異常狀況就要詢問相關人員，當然應付帳款人員與印製銀行調節表人員不能為同一人。

有關輸入控制，將於本章第 2 部分討論。

> 銀行調節表
> （**bank reconciliation**）
> 比較帳載數與銀行對帳單餘額之過程。

9.1.4 應付帳款和付款的應用軟體選單

採購循環的典型選單，請參考要點 9.2 。此選單與第 8 章選單不同之處為： B4.輸入採購發票（E6）、 B5.按發票到期日付款（E7）和 B 6.準備支票（E9）、 C1.過帳（E6 ， E11）和 C 2.清除記錄。

9.2　使用應用軟體去記錄發票和付款

本章的這個部分有二個主要目的：（1）增進對應用軟體的熟悉；（2）說明輸入控制和其他控制加入應用軟體中去改善內控。

要點 9.1A 的採購循環選單，列示了本章的組成架構，本章的焦點在於，記錄採購發票按期限付款。我們將會檢視過帳流程及多種報告，包含購置記錄、付款記錄、目前應付帳款餘額報告及現金需求報告。請練習焦點問題 9.d 。

要點 9.2　ELERBE 公司採購循環選單

採購循環之選單

A.維護
  1.供應商
  2.存貨
  3.員工

B.記錄事件
  1.請購單（採購的產品或服務（E3）
  2.採購單（E4）
  3.驗收報告（E5）
  4.輸入採購發票（E6）
  5.按發票到期日付款（E7）
  6.準備支票（E9）

C.處理資料
  1.過帳（E6 ， E11）
  2.清除記錄

D.列示／列印報告
  事件報告
  1.新的採購報告
  2.採購分錄（E6）
  3.現金付款記錄（E11）
  參照清單
  4.供應商清單
  5.存貨清單
  彙總和詳細的狀態報告
  6.目前採購單報告（E7）
  7.目前應付帳款狀態報告（E7）
  8.現金需求報告
  9.應付帳款詳細分類帳
  10.應付帳款彙總分類帳

E.查詢
  1.交易事件
  2.供應商
  3.存貨

F.結束

9.2.1 記錄採購發票（E6）

我們開始討論記錄採購發票的流程。

流程：假設 ELERBE 公司在貨物送達後收到帳單，雖然該筆負債於貨物送達後已存在，但 ELERBE 公司直到收到帳單後才記錄。甚至有的公司，應付帳款人員是一個星期才做一次記錄，回顧如釋例 9.2，ELERBE 公司使用批次處理去記錄發票，其資料輸入有五個步驟：

步驟 1.累積憑證文件和計算批次總數
步驟 2.使用應用軟體輸入憑證批次
步驟 3.列印批次裡各事件的編輯報告
步驟 4.覆核並且更正報告
步驟 5.將批次過帳（更新相關主檔）

步驟 1：累積發票至批次水準。每個星期應付帳款人員累積一定批次量發票。例如釋例 9.9A，這一周累積 3 張發票，所以計數為 3。

步驟 2：輸入發票。將一張張發票的資料輸入電腦。例如釋例 9.9B，此張發票的資料所敘述的交易來自第 8 章內容。

應付帳款人員按下選單（要點 9.2）裡的事件，列示了資料輸入的螢幕。已輸入的資料包含了採購單號碼、供應商產品編號、信用條件、採購發票日期和相關的總分類帳帳戶。當輸入完成後，這些記錄就會記入發票檔和發票明細檔。

步驟 3：列印編輯報告。在一個批次輸入完成後，應付帳款人員會列印所有輸入的資訊，這時就要返回主選單，按下選項「列印記錄」，然後選擇報告的格式。

由於只要求系統列印未過帳的事件，因此螢幕上只有輸入的批次相關資料。這個步驟可以讓負責人員於核對報告時，專注於所輸入的批次上，增進效率，列印出的**採購記錄（purchases journal）**，只顯示出未過帳的事件，而且總帳的資訊也都在裡面。此事件報告就是**分錄（journal）**，作為入帳基礎。請練習焦點問題 9.e。

步驟 4：覆核及更正。應付帳款處理人員列印報告後再加以核對，看是否有錯誤須更正。請練習焦點問題 9.f。

採購記錄
（purchases journal）
已記錄之採購發票清單。

分錄（journal）
一個交易事件報告，列出對總分類帳有影響的會計科目。

步驟 5：批次過帳。假定覆核採購記錄所顯示的總數，與輸入的批次控制總數相同時，代表錯誤的機率不高。處理人員將其過入電腦，一旦按下過帳後，採購記錄上的事件會被記入總分類暫存檔裡，使用者回到選單按下選項過帳到 ELERBE 公司的系統裡，過帳程序會導致以下的改變：

a.在所有採購發票裡的過帳日期欄位，將會填上過帳日期
b.採購記錄中不會存在先前的記錄
c.這筆記錄會包含在目前的應付帳款餘額狀態欄位
d.對於特定供應商的餘額也會被更新
e.總分類帳更新檔

這是由一些採購記錄所組成的，由於 ELERBE 公司的採購系統與總帳系統是分開的，因此不需人為的帳載記錄做比對。每過一定期間，資料轉檔到總分類帳檔裡，將更新總分類帳檔裡的資料。當過入總分類帳時，發票檔和總分類帳暫存檔裡，過帳日欄位將會填入當天日期。請練習焦點問題 9.g。

採購記錄和總分類帳暫存檔，如果儲存後，則會連接為一條**審計軌跡（audit trail）**，傳票在每個環節上，都有實體或電子文件作為憑證，審計人員可以從資產負債表上的存貨成本，追蹤查核到請購單。

<table>
<tr><td>**審計軌跡（audit trail）**
從原始交易文件到財務報表的一連串證據，稱為審計軌跡。</td></tr>
</table>

風險和控制：在這個部分我們考慮到 ELERBE 公司系統裡，有關記錄發票的風險和控制。我們主要關心的焦點是輸入發票資料的記錄風險，以及降低風險的控制。複習要點 9.1B，因為 ELERBE 公司發票處理是採批次資料處理的模式。根據要點 9.1A，我們討論以下 3 種記錄風險。

1. 記錄未發生的交易：一項預防這個風險的控制是，確認發票的有效性。工作流程控制，先製作驗收記錄，才能記錄採購發票。這項控制確保只有附有實際驗收記錄的發票，才能被記錄。當然，需配合責任劃分。

2. 供應商發票記錄錯誤：供應商的發票並沒有被記錄、延遲記錄或是重複記錄，甚至記錄失敗。若發票未記錄，則不得支付該款項。未支付的帳單應特別放置。在資料輸入前。而仍未有相關採購發票的驗收記錄，應註明之。要防止重複輸入

資料的方法有兩種：（1）設定系統會自動拒絕有重複的供應
商產品編號的發票；（2）系統會自動辨識發票中的採購單號
碼是否已存入電腦中。請練習焦點問題 9.h。

3. 所輸入的資料不正確：釋例 9.7 列示了一些輸入控制，可降低
該風險，閱讀釋例 9.7 可了解輸入控制如何降低輸入不正確的
可能性，我們將討論採購發票裡某些位欄位所需要的控制。

除了上述的控制外，批次總數也可以幫助減少資料輸入錯誤的
風險。請練習焦點問題 9.i。

發票記錄以及執行風險：如同請購、採購這兩個作業，記錄發
票並無真正牽涉到任何實際執行的作業（實際的付款和處理現金是
發生在其他的事件）。然而，不正確的記錄發票會造成不當的執行。
舉例而言，供應商編號輸入錯誤，那付款將會付給錯誤的供應商。
另一方面，有關正確記錄發票的控制，也有助於降低執行風險。有
關降低發票記錄以及執行風險，分別說明如下：

釋例 9.9　ELERBE 公司：處理採購發票

A. 發票資料輸入的批次總數

批次總數	價值
計數	3
總額	$ 440
雜數總計	1396（sum of Supplier#s）
日期	05/29/06

B. 包括在 A 部分批次資料中的其中一張採購發票

Smith Supply
Fall River, MA

發票號碼 5510

顧客名稱：ELERBE

發票日期：05/27/06

顧客採購單號碼：

產品編號	說明	數量	單價	複價
56-103	Blank CD	10	$ 11	$ 110
53-408	CD Labels	5	18	90
總計				$ 200
運費				5
總金額				$ 205
應付到期日			在 06/06/06 前付款享有 2 %的折扣	

☁ （續）釋例 9.9　ELERBE 公司：處理採購發票

C. 在 B 部分發票的採購發票螢幕及記錄格式

輸入採購發票（清單選項 B4）　　　　儲存

資訊顯示

採購單號碼	599	收據號碼	1405
採購單日期	05/17/06	員工編號（驗收者）	131-31-3131
請購單號碼	1077	驗收日期	05/26/06
員工編號（申請者）	122-22-3333	驗收數量	10
供應商編號	349		
部門	存貨控制		
存貨編號、數量、單價	402　12　$11	產品編號、數量	402　10
存貨編號、數量、單價	419　5　18	產品編號、數量	419　5

資料輸入部分

採購單號碼	599		總帳描述	
傳票編號	459	總帳會計科目編號	會計科目名稱	總帳餘額
供應商的採購發票號碼	5510			
採購發票日期	05/27/06	1100	存貨	200
到期日	06/26/06	6500	運費	5
折扣日	06/06/06	3100	應付帳款	（205）
折扣數	2 %			

當輸入採購單號碼後，資料由系統自動帶出來。在灰色色塊的資料不是由使用者輸入，是由電腦系統自動產生或從另一個檔案讀取出來。

發票表格

傳票號碼	訂單號碼	發票日期	員工編號（應付帳款處理人員）	供應商發票號碼	到期日	折扣日	折扣率	過帳日期	總帳過帳日	付款金額	已付款金額
459	599	05/27/06	034-11-2222	5510	6/27/06	06/07/06	.02				

發票明細檔（E6）

傳票號碼	總帳會計科目編碼	餘額
459	1100	200
459	6500	5
459	3100	（205）

（續）釋例 9.9　ELERBE **公司：處理採購發票**

D. 採購日記帳的標準

列印

採購日記帳（清單選項 D2）

會計應用程式	採購
報表名稱	採購日記帳
文件類型	採購發票
日期區間	▽ 全部
未過帳、過帳、或兩者都有	▽ 未過帳
延遲	▽ 沒有
必要的屬性	傳票號碼、採購單號碼、供應商編號、採購發票、採購發票號碼、總帳編號、總額
依序	▽ 傳票號碼
編組	▽ 傳票號碼
概略圖	▽ 到期金額總數
細節或彙總？	▽ 細節

被倒置的三角（▽）表示，使用者可從下拉式選單中選擇一個選項。當辦事員從清單中選擇了採購日記帳報告時，被遮蔽的項目被預先決定了。

E. 採購日記帳（第一、二列與發票關係在 B 部分）

採購日記帳 05/29/06

文件類型：傳票　　　　　　　　　　　只有未過帳的交易　　　　　　　　細節由傳票號碼編組

傳票號碼	採購單號碼	供應商編號	採購發票號碼	採購發票日期	總帳會計科目編號	總帳
459	599	349	5510	05/27/06	1100	$ 200
					6500	5
460	614	720	432	05/29/06	1100	20
461	602	327	322	05/29/06	6200	215
					總計	$ 440

*總帳會計科目編號 1100 = 零件存貨；總帳會計科目編號 6500 = 運費；總帳會計科目編號 6200 = 辦公用品費用

F. 在過帳後更新發票記錄（B 部分的發票）

傳票號碼	採購單號碼	供應商發票號碼	員工編號（應付帳款處理人員）	發票日期	到期日	折扣日	折扣率	過帳日	付款？	已付款？	總帳過帳日
459	599	5510	034-11-2222	05/27/06	6/27/06	06/07/06	.02	05/29/06			

（續）釋例 9.9　ELERBE **公司：處理採購發票**

G. 在過帳後更新供應商記錄（沒有領域被顯示）

供應商編號	名稱	街	城市	到期餘額
349	Smith Supply	1234 Adams St.	Fall River, MA 02816	$205

H. E 部分發票過帳後的總帳交易檔

日記帳分錄號碼	傳票號碼	日期	總帳會計科目編號	總額	來源	總帳過帳日
JEPJ01	459	05/29/06	1100	200	Purch	
JEPJ01	459	05/29/06	6500	5	Purch	
JEPJ01	459	05/29/06	3100	(205)	Purch	
JEPJ02	460	05/29/06	1100	20	Purch	
JEPJ02	460	05/29/06	3100	(20)	Purch	
JEPJ03	461	05/29/06	6200	215	Purch	
JEPJ03	461	05/29/06	3100	(215)	Purch	

a. 藉著記錄有效發票的步驟，未授權付款的風險也爲之降低。請練習焦點問題 9.j。

b. 有關於延遲付款、遺漏付款、重複付款的風險，都可因爲隨著既定程序的發票記錄而降低。

c. 付款金額錯誤的風險，可因爲列示較有問題的發票而減少。請練習焦點問題 9.l。

d. 付款給錯誤供應商的風險，可在記錄發票時被更正。

釋例 9.10　ELERBE **公司輸入控制：控制採購發票的記錄風險**

為這些資料表格的每個領域裡，提出輸入控制的建議。

發票表格

傳票號碼	訂單號碼	供應商發票號碼	員工編號（應付帳款處理人員）	發票日期	到期日	折扣日	折扣率	過帳日期	付款金額	已付款金額	總帳過帳日
459	599	5510	034-11-2222	05/27/06		6/27/06	06/07/06	.02			

發票明細檔

傳票號碼	總帳會計科目編碼	餘額
459	1100	200
459	6500	5
459	3100	(205)

☁️（續）**釋例** 9.10　**ELERBE 公司輸入控制：控制採購發票的記錄風險**

屬性	說明	輸入控制
傳票號碼	一組獨特順序的號碼	每張採購發票的傳票號碼是由電腦所產生的
請購單號碼	辨認採購發票的相關採購單	參照式整合
供應商發票號碼	由供應商所設定的號碼	這不是在公司的控制下，但是仍需仔細核對
發票日期	日期顯示在採購發票上	使用格式確認，以確保該欄位部會出現文字或數字
員工編號 （應付帳款處理人員）	應付帳款的帳款處理人員的員工編號	員工編號應根據登入系統時所輸入的資料，由電腦自動從員工檔中抓出，確保獨立完整
到期日	付款期限最後一天	供應商名單裡，可能根據不同供應商有不同的預設期限，使用格式確認以確保有效性
折扣日	折扣期限的最後一天	供應商名單裡，可能根據不同供應商有不同的預設期限，使用格式確認以確保有效性
折扣率	折扣比率	供應商名單裡，可能根據不同供應商有不同的預設期限，使用格式確認以確保有效性
過帳日	空白直到過帳後	在資料輸入完成並且過帳後，由電腦自動設定
總分類帳編號	總分類帳編號	在供應商名單裡，設有預設的總分類帳編號
金額	交易金額	檢查借貸方金額的正確性，確保輸入有效性
過入總分類帳日	更新總分類帳主檔的日期	電腦可設定自動過帳

🖱️ **9.2.2　按發票期限付款（E7）**

　　一旦所有的帳單被記錄，ELERBE 公司可以使用系統去付款。ELERBE 公司是一星期付款一次。有些公司的政策是，10 天內付款的顧客可取得一些折扣。

　　處理挑選發票付款的步驟：

　　步驟 1.印製目前還未付款的帳款清單。

　　步驟 2.挑選發票付款。

　　步驟 3.印製現金需求報表──步驟 2 的帳款清單。

應付帳款狀態報告
（open payables report）

列示所有未付款採購發票
之發票，以決定要先支付
哪一筆帳款。

步驟 1：印製目前應付帳款報告（未付款帳單清單）。應付帳款處理人員按下選項，然後進入現金需求報表的螢幕畫面。應付帳款處理人員是用目前的**應付帳款狀態報告（open payables report）**，去決定要先行支付哪些帳款，而該報告的設計應能提供相關的資訊，以及讓付款程序更有效率。請練習焦點問題 9.m。

釋例 9.11　ELERBE 公司：顯示開放性應付帳款報告和選擇發票付款

A. 開放性應付帳款報告的內容標準

顯示／列印開放性應付帳款（清單選項 D7）		列印
會計應用軟體	採購	
報告名稱	開放性應付帳款	
文件類型	採購發票	
是否付款？	▽ 否	
日期區間	▽ 全部	
必要的屬性	傳票號碼、供應商編號、折扣日、餘額	
排序方式	▽ 到期日或未到期的折扣日	
群組	▽ 否	
概略圖	▽ 否	
其他計算	▽ 否	

倒置的三角形標誌表示點擊這個領域，使用者可透過下拉式選單中選擇一個選項。

B. 開放性應付帳款報告

開放性應付帳款報告：06/02/06

文件類型：採購發票

已付款金額：否

日期區間：全部

供應商：全部

傳票號碼	供應商編號	折扣日	到期日	餘額	折扣	淨額	累積金額
459	349	06/07	06/27	$205	$4	$201	$201
430	103		06/05	$150		$150	$351
441	251	06/01	06/25	$200	lost	$200	$551
460	720		06/29	$20		$20	$571
461	327		06/29	$215		$215	$786
總計				$790		$786	

☁ (續)釋例 9.11　ELERBE 公司:顯示開放性應付帳款報告和選擇發票付

C. 利用發票記錄選擇需付款的發票

傳票號碼	訂單號碼	供應商編號	員工編號(應付帳款處理人員)	發票日期	到期日	折扣日	折扣率	過帳日期	是否付款?	已付款金額?	總帳過帳日
459	599	5510	034-11-2222	05/27/06	6/27/06	06/07/06	.02	05/29/06	是		

步驟 2:挑選發票付款:應付帳款處理人員按下選項,系統會列出一張未付款帳單的清單,處理人員會點選所欲付的帳單。公司的目標是準時付款,以維護公司良好的信譽,並取得一些折扣。請試做焦點問題 9.n。

ELERBE 公司的付款方法有兩種,使用者可以按一定的設定條件,讓系統選取符合條件的發票付款,或是使用者自行一一挑選發票付款。這些方法都可使用會計應用軟體達成。假定 ELERBE 公司每星期付款一次,每次列印出來後,要兩日才會送達給供應商,以 6 月 9 日為列印日,讓系統挑選發票付款。這應付帳款人員將會指示系統選擇符合下列條件:

a. 發票到期日在 6 月 11 日前
b. 折扣日期在 6 月 11 日前

在挑選發票付款後,系統會更新採購發票裡的「付款欄位」,一張被挑選付款的發票列示在螢幕上。

步驟 3:印製現金需求報表,由步驟 2 所挑選出的清單。應付帳款處理人員按下選單選項,系統會挑選發票中付款欄位標示「已付款」的發票,並且印製**現金需求報表(cash requirements report)**,這個結果是一張目前狀態餘額報告。ELERBE 公司的應付帳款處理人員將清單交給會計長或是監督人員覆核,且獲得允許印製支票。

執行風險:這項挑選的發票事件並無記錄在交易檔裡,交易檔裡的改變僅在於發票檔裡的付款欄位,然而電腦並不會自動改變。這個事件是去辦認執行風險的關鍵。請練習焦點問題 9.o。

> **現金需求報表**
> **(cash requirements report)**
> 列示所有被選出要付款之採購發票的報告。

9.2.3 準備支票（E9）

一旦帳單被選出並獲得核准付款後，應付帳款處理人員將準備印製支票。應付帳款處理人員準備預先編號的空白支票，並且按下選項「印製支票」，這個挑選結果會更新採購發票顯示已付款，並且將這筆記錄加入現金付款檔裡。配合先前提到的支票及支票存根，可以幫助供應商正確地處理付款，並且確保 ELERBE 公司可得到折扣。支票號碼出現兩次，一次在支票本身上，一次在支票存根上。除了過帳欄位和清除欄位，過帳日期欄位通常是空白，因為處理人員未將資料過帳，清除欄位通常也是空白，因為該筆資料還未被清除。請練習焦點問題 9.p。

控制風險：雖然現金付款的資料記入交易檔裡，大多數來自採購發票的資料，我們已經討論過關於記錄發票風險的控制風險。因此我們著重於控制，也就是說，組織需要增添控制，以避免損失或盜竊支票。

控制事件如下：

責任劃分：支票印製和郵寄，不可由同一人負責。

事件要按照一定的順序：如果沒有記錄相關的採購發票，則不可印製付款支票。

限制人員接近資產或資訊：僅允許某些員工接近空白支票。

預先編號的文件：支票上及支票存根上的號碼，是由電腦所自動產生並印製的，一旦有存根上的號碼與支票上的號碼不符時，則代表有錯誤。

正確的付款系統：公司寄給銀行允許付款的支票清單，那銀行也僅會支付清單上的支票。

效率：除了郵寄支票外，公司還可以選擇電子轉帳（ERT）服務去付款給供應商。在這個流程下，公司寄電子訊息給與供應商有往來的銀行或第三者，由銀行轉帳入供應商，同時減少公司存款帳戶裡的餘額，可增進效率。

9.2.4 完成付款──支票簽名和郵寄支票（E11）

支票印製後，應付帳款處理人員要將支票交給會計長簽名，簽過名的支票將會被寄給供應商，處理人員按下選項，並且印製**現金付款記錄（cash payments journal）**。這個記錄也是一種審計軌

現金付款記錄（cash payments journal）
列示某期間中每筆現金付款記錄之報告。

釋例 9.12　ELERBE 公司：發票的付款

A. 列印有存根支票部分的範例

ELERBE						
發票號碼	發票日期	傳票號碼	總額	取得折扣	付款淨額	支票號碼 **102**
5510	**05/27/06**	**459**	**$205**	**$4**	**$201**	日期：**06/02/06**

日期：**06/02/06**　　支票號碼 **102**
數額：**$201.00**

貳佰零壹美元
支付採購：
Smith Supply
1234 Adams Street
Fall River, MA 02816

粗體字的資料是由電腦列印出來，其他的資料則是預先被印製，檢查由公司提供的空白支票。

B. 在資料表中付款的作用

收效的記錄在付款表格裡

支票號碼	傳票號碼	付款日	過帳日	清除	總帳過帳日
102	459	06/02/06			

應付帳款明細表格

支票號碼	總帳會計科目編號	總額
102	1000*	（201）
102	3100	205
102	6050	（4）

*GL ＃ ＝現金，GL ＃ 3100＝ 應付帳款，GL ＃ 6050＝ 採購折扣

跡。請練習焦點問題 9.q。

　　應付帳款處理人員會按下選單裡的選項，將這些記錄過入總分類帳系統。這會減少供應商檔裡的供應商帳戶餘額，並且在發票檔裡的付款欄位中標上「付款」。

　　此外，記錄也會被加總分類帳暫存檔。顯示一個借方事件應付帳款（3100），貸方現金（1000）。也可能因有折扣，顯示借方事件應付帳款，但貸方事件現金，和借方事件採購折扣（6050）。

釋例 9.13　ELERBE 公司：現金支付記錄以及過帳的作用

A. 現金支付記錄

現金支付記錄

所有支票列印了過帳日 = 空白地方

日期	支票號碼	傳票號碼	供應商編號	借方餘額	貸方餘額	貸方餘額
06/02/06	101	430	103	150	150	
06/02/06	102	459	349	205	201	4
總計				355	351	4

B.總帳表格有五筆新記錄

日記帳號碼	轉帳文件號碼	日期	總分類帳會計科目編號	金額	資料來源	總帳過帳日期
JEPJ01	459	05/29/06	1100	200	Purch	
JEPJ01	459	05/29/06	6500	5	Purch	
JEPJ01	459	05/29/06	3100	(205)	Purch	
JEPJ02	460	05/29/06	1100	20	Purch	
JEPJ02	460	05/29/06	3100	(20)	Purch	
JEPJ03	461	05/29/06	6200	215	Purch	
JEPJ03	461	05/29/06	3100	(215)	Purch	
JEPJ04	101	06/02/06	3100	150	Purch	
JEPJ04	101	06/02/06	1000	(150)	Purch	
JEPJ05	102	06/02/06	3100	205	Purch	
JEPJ05	102	06/02/06	1000	(201)	Purch	
JEPJ05	102	06/02/06	6050	(4)	Purch	

G／L# 1000= 現金；G／L# 1100= 零件存貨；G／L# 3100= 應付帳款；G／L# 6050= 採購折扣；G／L# 6200= 辦公用品費用；G／L# 6500= 運費

9.2.5 最後的期間作業

應付帳款分類帳
（accounts payable ledger）

每個月公司會印製一份報告，報告上顯示了每一供應商尚欠的餘額，和詳細採購交易和付款交易。

印製**應付帳款分類帳（accounts payable ledger）**，每個月公司會印製一份報告，報告上顯示了每一供應商尚欠的餘額和詳細採購交易和付款交易。這樣的報告會對應付帳款處理人員和會計長很有用處。請練習焦點問題 9.r。

清除資料：假定 ELERBE 公司一年清除一次在作業中不再需要的線上事件資料，按下選單中選項。在清除前，資料要先完成離線的備份檔案，在這個程序中，也可決定哪些資料要保存，參閱要點

🔮 釋例 9.14　ELERBE 公司：應付帳款總帳

應付帳款總帳
標準：所有供應商、所有未付款的發票、所有在 6 月份與其他
供應商的交易、依供應商編號排序及分組。

供應商編號　　　供應商名稱

349	Smith Supply

傳票號碼	日期	總額
459	05/27/06	$ 205
459	06/02/06	(205)
583	06/14/06	302
所有欠款總額		$ 302

供應商編號　　　供應商名稱

460	Green Maintenance

傳票號碼	日期	總額
601	06/15/06	$ 425
所有欠款總額		$ 425

其他

總額	$5,432

9.2，它包含了 ELERBE 公司的事件記錄。

　　請練習焦點問題 9.s。

彙總

　　在第 8 章討論過採購循環的採購和驗收流程，本章完成記錄採購發票、付款和相關文件的記錄。會計人員如同資訊系統的使用者、設計者、評估者，有必要去了解採購流程，以及評估資訊工具和會計應用軟體。

　　本章運用採購循環選單來組織內容，記錄採購發票，挑選發票付款，以及付款程序，皆有詳細的介紹。在各個流程中，有關資料輸入的風險與控制也有討論。下一章將採用與本章類似的方法，討論收入循環。

焦點問題 9.a

※活動概要圖

ELERBE 公司

　　問題：

　　回顧附註的記敘為 ELERBE 的採購過程（釋例 9.4）以及工作流程表格（釋例 9.5）。準備一張詳細的活動概要圖做為事件介入選擇發票和付款（E7 到 E11）。你也許也希望回顧釋例 9.7 做為一張詳細概要活動圖的釋例。

焦點問題 9.b

※估計執行風險

ELERBE 公司

　　考慮以下風險：

- ■ 現金沒被支付或被延遲支付
- ■ 支付錯誤金額

　　問題：

　　為各種風險建議可能的起因和表明相關事件。 ELERBE 公司的事件清單列示在釋例 9.3 中。

焦點問題 9.c

※記錄風險

ELERBE 公司

　　問題：

1. 考慮事件「記錄供應商發貨票」由應付帳款付款人員完成。再聲明普通記錄風險描述在要點 9.1A 中，根據具體事件被記錄。排除毫不相關或不重要的所有記錄風險。
2. 考慮更新供應商的到期餘額，使用關於從供應商發票的資料。

　　為更新活動重寫要點 9.1A 的普通更新風險。

焦點問題 9.d

※ 文件工具比較

ELERBE 公司

　　問題：

　　回顧為了開發票和現金支付等採購循環部分所準備的文件。與這些概要圖相關的事件列示在釋例 9.3 中。如果事件顯現在活動圖中，填入「是」在適當的欄位。如果關於事件的資訊顯現在交易表格中，在 UML 分類圖的欄位中填入「是」。在最後欄位寫下從要點 9.1 的清單項目中，被使用在特殊事件的內容。

UML 活動圖、分類圖和應用程式清單的比較

事件編號	概要活動圖（釋例 9.6）	細部活動圖（釋例 9.7）	細部活動圖（焦點問題 9.a）	UML 分類圖（釋例 9.8B）	應用軟體清單（要點 9.2）
E6					
E7					
E8					
E9					
E10					
E11					

焦點問題 9.e

※ 使用報告推斷表格

　　我們考慮一個主要問題當設計第 6 章的報告時，其主要來源的資料是報告。特別是，我們指定了資料必需為各個報告的不同的表格。

　　問題：

　　在釋例 9.8 資料製表資訊有哪些資料表格，是從釋例 9.9 的採購日記簿中採購的部分？

焦點問題 9.f

※使用批次總數

ELERBE 公司

問題：

比較採購日記簿（釋例 9.9E）和批次控制總數（釋例 9.9A），由應付帳款處理人員提前輸入明細帳。他們同意嗎？如果他們沒有同意，你會怎麼做？

焦點問題 9.g

※使用採購日記簿作為分錄記錄或審計的來源

ELERBE 公司

問題：

在釋例 9.9 中做概略分錄記錄，記錄採購日記簿。

焦點問題 9.h

※使用批次總數強調被錯過或重複的記錄風險

ELERBE 公司

假設應付帳款明細帳累積了批次發票。明細帳正確地計算了記錄數量、無用資料總和，以及批次金額合計數。

問題：

1. 更早被討論的批次分錄過程，怎麼幫助發票被漏記風險 （沒進入系統中）？

2. 批次分錄過程，如何幫助避免發票在系統中被記錄兩次的風險？

焦點問題 9.i

※使用批次總數強調不正確資料風險

ELERBE 公司

　　假設應付帳款明細帳，累積了批次發票。明細帳正確地計算了記錄數量、雜數資料總計，以及批次金額合計數。

　　問題：

1. 被討論的批次分錄過程，幫助降低記錄發票金額不正確地被輸入的風險？
2. 批次分錄過程如何幫助降低一個錯誤供應商被記錄的風險？

焦點問題 9.j

※決定公司是否正確地被計價收帳

ELERBE 公司

　　比較採購發票和採購單與驗收單，檢視釋例 9.9C 所示螢幕上的採購發票和所輸入的資料。決定公司是否被正確計價收帳，考慮價格、所驗收數量、發票金額。

　　問題：

　　公司是否驗收原先採購的數量？如果沒有，驗收到的數量會影響付款嗎？

焦點問題 9.k

※將帳單「延遲」

ELERBE 公司

　　當公司接受了受爭議的供應商的帳單，公司政策是存放發票在一個安全地點，沒有記錄在系統中。這種方法的缺點是，紙本發票可能會消失。假設 ELERBE 公司想要記錄受爭議的發票在系統中，但想要確信它不會被付款的，直到特別審核通過後才付款。

　　問題：

你如何使用欄位，這些欄位已經存在採購發票表格，以放置有爭議的帳單。

焦點問題 9.l

※帳單付款和採購折扣時間

許多供應商給顧客折扣，如果他們在 10 天之內付款。需注意的是，許多公司每週支付帳單一次。

問題：

討論為什麼每週支付帳單是有效率的？為什麼公司支付帳單次數不願更加頻繁呢（如每天支付一次）？

焦點問題 9.m

※在一個開放應付帳款管理系統報告中的簽出發票

ELERBE 公司

問題：

審查開放應付帳款管理系統報告。在什麼順序下發票記錄應該被顯示，以幫助應付帳款處理人員選擇發票來付款？你認為釋例 9.11B 的報告指令資訊是這樣嗎？

焦點問題 9.n

※選擇付款帳單

ELERBE 公司

問題：

因為公司每週支付帳單，在釋例 9.11B 中哪張帳單公司應該在 6 月 2 日支付？你怎麼知道？

焦點問題 9.o

※適合內部控制目的報告標準

ELERBE 公司

問題：

1. 考慮在釋例 9.12 的發票選擇螢幕。報告標準在這螢幕如何幫助減少這些風險?

    a. 重複付款

    b. 忘記付款

    c. 延遲付款

2. 根據這些發票選擇標準，會起因於釋例 9.12 對審計人員是有用，試圖核實應付帳款金額報告在資產負債表上?

3. 什麼應該是應付帳款餘額? (提示：您能確定金額根據資訊在其中一個你已閱讀過報告的當中。)

焦點問題 9.p

※修改系統考慮到支付二張發票以一張支票來支付

ELERBE 公司

假設 ELERBE 有二張採購發票未支付，從同一個供應商。記錄在現金付款表一張傳票，哪些似乎不是爲支付這二張發票，並且以一張支票付款。因而，根據這個安排，看不出來支付一個供應商，以一張支票付清兩張發票。

問題：

你會怎麼再設計表格系統，以便於一次付款爲二張發票?

焦點問題 9.q

※解釋現金支付日記簿做分錄記錄

ELERBE 公司

仔細地回顧釋例 9.14.A 中現金支付日記簿。前三個欄位的標題定義帳戶爲借方或貸方，但他們未定義會計科目名稱。

問題：

那三個會計科目的名字是什麼？根據這個報告做概略分錄記錄。

焦點問題 9.r

※解釋應付帳款分類帳報告

ELERBE 公司

問題：

回顧釋例 9.14 的應付帳款分類帳。何種總分類帳帳戶餘額應該與總和相等？這種報告對查帳的審計人員有用嗎？

焦點問題 9.s

※清除記錄

ELERBE 公司

問題：

1.由什麼欄位這些表格組合連接？

　　a.供應商：請購單

　　b.請購單：採購單

　　c.採購單：驗收單

　　d.驗收單：發票

　　e.發票：付款

　　f.請購單：請購單明細

　　g.採購單：採購單明細

2.如果公司想節省硬碟空間，並且減少記錄查詢時間，可以先重複一些交易類型，然後刪除他們記錄。在釋例 9.9C 中，你可以看到採購單的數量未被接受。發票記錄中表明，發票只支付了收到的數量。在二個不同假設下，考慮何種記錄類型，公司也許會歸檔記錄，然後刪除之：

　　a.公司期望採購單的未驗收數量日後會補齊。

　　b.公司不期望接受任何額外的數量。

問答題

1. 列出當作用會計應用軟體記錄發票和付款時，會使用的兩個交易檔，並簡短說明。
2. 列出採購循環應用軟體中，兩個主檔的樣本。
3. 簡單的解釋以下名詞：開放應付帳款狀態報告，現金需求報告，現金付款記錄。哪些報告可作為有用的審計軌跡？哪些報告可作為編製分錄的基礎？
4. 辨認在記錄供應商發票和付款時，說明主要的執行風險。
5. 供應商名單檔的建立，如何減少執行風險。
6. 辨認在記錄供應商發票時，說明主要的記錄風險。
7. 有關先前事件的記錄驗收單，如何幫助辨認輸入發票時的記錄風險。
8. 請逐一解釋要點 9.1B 中的各項工作流程控制，如何減少執行風險和記錄風險。
9. 請舉出三項輸入控制，並說明每一項控制如何減少執行風險和記錄風險。
10. 請列出一項控制，使該控制能確保發票被適當的記錄。

練習題

E9.1

請將下列各個步驟，按流程順序先後填入 1 、 2 、 3…。

____ RR 　　輸入驗收單
____ PR 　　輸入請購單
____ PI 　　輸入購買發票
____ PO 　　輸入採購單
____ SPL 　輸入新供應商
____ PAY 　按發票期限付款
____ DEL 　刪除已付款發票的採購記錄
____ CRR 　印製現金需求報告
____ CHK 　印製支票
____ OPR 　印製開放應付帳款報告
____ CP 　　印製現金付款記錄
____ PJ 　　印製採購日期帳
____ COM 　比較驗收報告、採購發票、採購單

_____ JEB　　記錄帳款日

_____ JEP　　記錄付款日

_____ PD　　在「付款欄位」內標上已付款

E9.2

請說明開放應付帳款報告和現金需求報告如何幫助組織及時付款？

E9.3

請說明要如何使用會計應用軟體處理批次輸入的供應商發票？

E9.4

1.請參閱釋例 7.5 和釋例 7.13A ，有哪些檔案可加入批次處理系統？

2.請參閱釋例 9.8C ，這個檔案中，有哪些屬於釋例 7.13B 的其他屬性嗎？沒有的話，你何以自行將哪些其他的屬性加入釋例 9.8C 中？

E9.5

考慮以下的事件

* 準備和記錄請購單

* 準備採購單

* 驗收貨物

* 記錄供應商發票

* 付款給供應商

1.哪些事件是與第 4 章所討論的執行作業相關？

2.在事件執行時，哪項資產需被保護？

3.解釋在劃分如何幫助企業防止資產盜竊？

E9.6

1.列出記錄 E9.5 中的 5 個事件時所需的檔案。假定多種事件只使用一張請購單

2.討論這些檔案〔(1,1)，(1,m)，(m,1) 或（m,m）〕之間的關係和聯結。

E9.7

運用下列各種報告填入表格中，以辨識每種報告的類型：

A.簡單事件清單

B.分類詳細事件報告

C.分類彙總事件報告

D.單一事件報告

E.參照清單

F.分類詳細狀態報告

G.分類彙總狀態報告

H.單一負責人報告

請將下列各項報告列入上面的分類

報告	類型
1.採購發票	
2.新採購單報告	
3.採購日記帳	
4.現金支出日記帳	
5.供應商清單	
6.存貨項目清單	
7.開放採購單報告	
8.開放付款報告	
9.現金需求報告	
10.應付帳款明細帳	
11.應付帳款彙總明細帳	

10 收入循環

學習目標

○ 閱讀完本章，您應該了解：

1. 一般收入循環中，事件發生的順序。

2. 多種收入循環的系統。

3. 在收入循環中的一般文件和報告。

4. 開放項目系統與餘額結轉系統的不同。

5. 事件報告的總分類帳影響。

○ 閱讀完本章，您應該學會：

1. 辨識多種收入循環流程對記錄、更新、報告的影響。

2. 運用活動圖、統一塑模語言（UML）分類圖、記錄設計。

3. 辨識收入循環的執行和記錄風險。

4. 辨識降低收入循環風險的控制。

5. 運用會計套裝軟體來記錄收入循環資訊。

10.1　介紹

在第 8 章和第 9 章的內容，曾經討論過採購循環，本章則詳細的介紹收入循環。

10.1.1　收入循環

在不同的組織中，收入循環也是相似的，通常包含以下作業：

1. 回應顧客查詢：在某些產業裡，產品可能是很精密且複雜的，這時銷售人員的角色極為重要，因為銷售人員必須要根據顧客的需求提供適當的產品。
2. 簽訂長期的合約：一份合約可能包含目前的銷售及未來長期的供應，在這些功能裡，主要的相關人員是銷售單輸入人員及銷售人員。
3. 提供服務或運送產品給顧客：這個步驟是賺取利潤的最重要步驟，而主要的相關人員對於提供服務來說，是服務提供者；而對於提供產品而言，主要的相關人員是倉儲人員和送貨人員。
4. 記錄帳單應收帳款：將產品交予顧客後，借記應收帳款，並寄帳單給顧客。
5. 帳款收款：依公司政策向顧客收取帳款。
6. 將收取的現金存入銀行。代理人在這邊是出納員和銀行。
7. 準備報告：許多不同類型的報告相互核對，包含銷售清單、運送清單、收款清單。

以上除了第一項外，本章將全部討論。

10.1.2　多種的收入循環系統

以下我們將討論多種收入循環的系統，主要的分類方式是以：（1）訂購方法；（2）收款時間；（3）收款的形式來區別。本章的前題假設是，先訂購後送貨，送貨後付款，銷售方式為賒銷。請練習焦點問題 10.a。

釋例 10.1 列示了一些不同的產業，其收入循環的類型。請練習焦點問題 10.b。

要點 10.1　多種收入循環系統

特性	系統要求
訂購方法	
1.先訂購後送貨	有訂單記錄可供追蹤
2.即時取貨	不需追蹤訂單記錄
付款時間	
1.送貨前	查詢顧客預先付款的記錄
2.送貨時	記錄收款，但不一定要更改顧客餘額
3.送貨後	查詢顧客尚未付清的餘額
付款方式	
1.現金	必須要調節銷售收款以及減少應收帳款
2.支票	如同現金付款。若支票的帳戶餘額不足，則須向顧客追蹤。
3.信用卡或現金卡	必須有裝備辨識該信用卡的有效性 除了顧客、公司本身，還應有第三中間人持有交易記錄以待驗證 必須保留經過顧客簽名的收執憑條
4.賒銷	必須要追蹤顧客欠款 記帳單給顧客 賒銷後收款

* 本章討論著著重於有灰色色塊的主題。

釋例 10.1　多種收入循環範例

產業類別	訂購方法	付款時間	付款的形式
餐廳	先訂購後送貨	服務完成後	現金、支票、信用卡
便利商店	無訂購	購買時	現金
雜誌出版商	先訂閱	收到產品前	支票或信用卡

10.2　收入循環：流程和資料

　　本章仍是相當關切收入循環裡的風險與控制，而相關的風險及相對應的控制被列在後面。釋例 10.2A 是一段收入循環的文字說明，請詳加閱讀，這是本章的核心概念。釋例 10.2 中還包含了概要活動圖、UML 分類圖及流程的設計。

釋例 10.2　ELERBE 公司：收入循環

A. 文字說明

以下這段說明是由個別的事件所組成的，每一個段落即是一個事件。

接受訂單（E1）

一間書店經理向 ELERBE 公司下了訂單，訂單輸入員會將相關的資料輸入電腦，電腦會確認該顧客記錄是否為新顧客記錄，若是新顧客記錄的話，則先建立顧客記錄，然後存檔到顧客系統。接著，看存貨是否齊全，將資料記入訂單檔及訂單明細檔，然後更新存貨餘額並列印兩份銷售單，一份送倉儲部門作為核對**撿貨單（picking ticket）**用，一份交予運送部門作為**送貨單（packing slip）**。

> **撿貨單（picking ticket）**
> 記載特定顧客訂單的貨品項目及數量之文件。

> **送貨單（packing slip）**
> 記載詳細送貨內容之文件。

撿貨（E2）

倉儲部門的人員根據撿貨單，取出正確的貨品及數量後，包裝檢查無誤後將其送至運送部門。

運送貨物（E3）

運送部門人員比對倉儲人員所送來的貨物及撿貨單、送貨單確認無誤後，開始進行送貨排程，輸入資料包括送貨內容說明、送貨人員、路線等。將送貨資料輸入電腦，記入送貨檔、送貨明細檔，並且更新存貨檔。送貨單的影本將送入應收帳款部門，然後貨物會送出。

寄帳單予顧客（E4）

應收帳款部門人員會核對送貨單和顧客訂單，一旦確認無誤後，資料會自動記入發票檔及發票明細檔，並且列印出**發票（sales invoice）**產生分錄。如果一切經覆核無誤後，發票將會被寄給顧客，並且更新檔案中的顧客餘額。

> **發票（sales invoice）**
> 寄給顧客的帳單，表示銷售交易已完成。

收款（E5）

顧客收到發票時，發票上有顧客編號及未付餘額。顧客回寄的支票背面應有「僅限存入第一國際銀行，帳號：5506690203　ELERBE 公司」的字樣。回寄的支票經拆封影印後，正本交予收款人員，影本交與應收帳款人員。

記錄收款（E6）

應收帳款人員將每位顧客付款情形，記入收款檔及收款明細檔，列印收款分錄，附註收款顧客的編號。比較收款單及支票匯款總數。若一致，則可過帳更新主檔餘額。

存款（E7）

當一天結束後，收款人員會比對匯款總數及支票總數，確認無誤後，會開始記錄當天那些存款。系統讀取收款檔，列示哪些收款了卻未存入銀行。收款人員會按每筆收款來製作存款記錄，製作完成後，系統會列印出這些

✎（續）釋例 10.2　ELERBE 公司：收入循環

記錄，收款人員整理支票存入銀行及記錄，再去銀行存入支票，完成後將存款憑條交予會計長。

調節現金（E8）
每天會計長都要比較存款憑條及收款分錄的差異，並查明原因。

B. 概要活動圖：訂購、撿貨和運送（E1-E3）

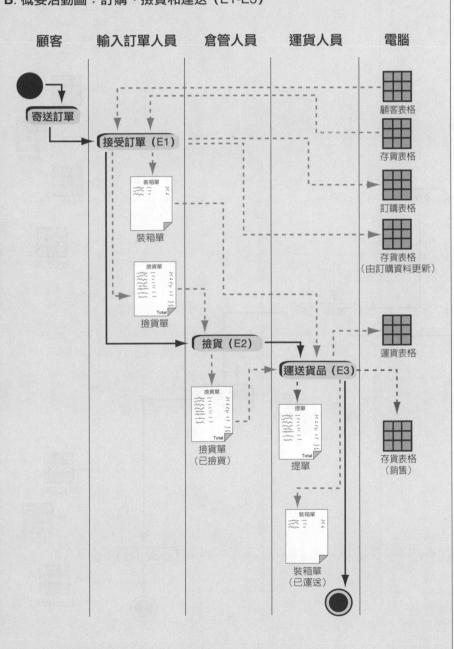

（續）釋例 10.2　ELERBE 公司：收入循環

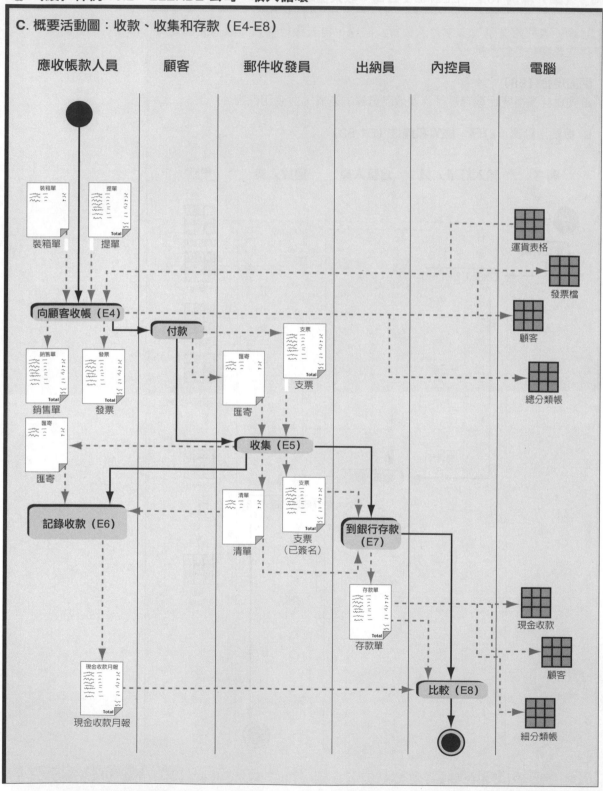

C. 概要活動圖：收款、收集和存款（E4-E8）

☁ **（續）釋例** 10.2　ELERBE 公司：收入循環

D. 收入循環

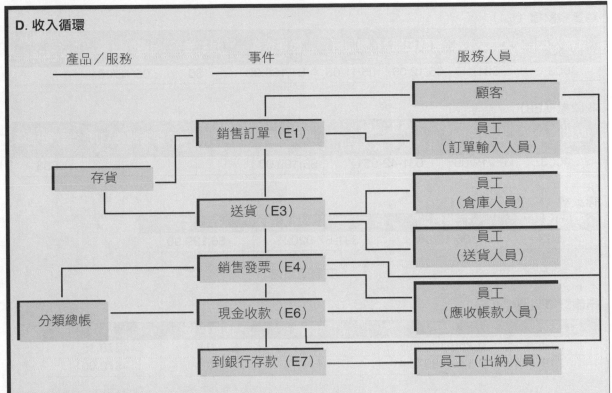

E. 收入循環記錄設計

主檔

顧客主檔

顧客編號	名稱	地址	聯絡人	電話號碼	總分類帳銷售收入編號	賒銷期限	賒銷額度	欠款餘額
3451	Educate, Inc	Fairhaven, MA	Costa	508-888-4531	4000	30	$12,000	$0

存貨主檔

ISBN	作者	書名	價格	庫存量	已分配數量	總分類帳銷售收入編號	總分類帳銷售成本編號	預計銷售數量	年度累積銷售數量
0-256-12596-7	Barnes	Introduction to Business	$78.35	0	0	4000	5210	300	

交易檔

銷售訂單檔（E1）

訂單號碼	訂單日期	員工編號（輸入訂單者）	顧客編號
219	05/11/06	201-35-8921	3451

送貨檔（E3）

送貨單號碼	送貨日期	訂單號碼員	員工編號（倉庫人員）	員工編號（送貨人員）	運費
831	05/11/06	219	540-89-5403	027-40-0130	$3.00

（續）釋例 10.2　ELERBE 公司：收入循環

銷售發票檔（E4）

發票號碼	送貨單號碼	發票日期	到期日	發票金額	付款金額	過帳日期	總分類帳過帳日期
3003	831	05/12/06	06/11/06	$1,169.90	$0	05/12/06	

收款檔（E6）

收款單號碼	收款日期	員工編號（應收帳款人員）	收款金額	過帳日期	總分類帳過帳日期	存款單號碼
4003	05/19/06	031-42-9517	$6,199.90			503

存款檔（E7）

存款單號碼	存款日期	員工編號（出納人員）	存款金額
503	05/19/06	391-87-0202	$6,199.90

交易明細檔

銷售訂單明細檔（E1）

訂單號碼	ISBN	訂購數量	送貨數量	價格
219	0-256-12596-7	15	0	$78.35
219	0-146-18976-4	1	0	$70.00

送貨明細檔（E3）

送貨單號碼	ISBN	送貨數量	發票數量
831	0-256-12596-7	14	0
831	0-146-18976-4	1	0

銷售發票、總分類帳明細檔（E4）

發票號碼	總分類帳會計科目編號	發票金額
3003	1050	$1,169.90
3003	4200	($3.00)
3003	4000	($1166.90)
3003	5210	$732.00
3003	1120	($732.00)

現金收款明細檔（E6）

匯款單號碼	發票號碼	收款金額
4003	3003	$1,169.90
4003	3052	$5,030.00

現金收款總分類帳明細檔（E6）

匯款單號碼	總分類帳會計科目編號	收款金額
4003	1000	$6,199.90
4003	1050	($6,199.90)

10.2.1 風險和控制

現在我們對 ELERBE 公司的收入循環有一定的了解後，接下來考慮其中的風險和控制。由於前面的章節有深入的探討風險，因此在釋例 10.3 中僅簡短的複習有關風險的基本概念，主要的焦點是輸入控制，因為在收入循環的會計應用裡，輸入控制是主要的控制措施。其他應注意的是對於收款的控制，因為這個部分是前面幾章中沒有討論的。

釋例 10.3　ELERBE 公司收入循環的風險

在第 4 章裡，記錄風險、執行風險和更新風險有詳細的討論，在此只是簡單的分析 ELERBE 公司收入循環的風險。

執行風險：未經授權的送貨、重複送貨或是送貨的種類錯誤、數量錯誤。對於收款而言，執行風險則有：收不到款、延遲收款、收款金額錯誤。

記錄風險：包含記錄未發生的送貨、收款或是重複的記錄。也有可能是正常交易，在記錄時的輸入錯誤。

更新風險：收入循環裡，更新作業包含了貨物賣出時，減少存貨數量，增加顧客的餘額以及總分類帳各帳戶中的餘額，例如現金、應收帳款、銷售。更新風險是指更新餘額失敗、重複更新、更新的數量錯誤，或是更新記錄錯誤。

10.2.2 工作流程控制

第 4 章詳細的說明了工作流程控制，而第 8 章、第 9 章則有採購循環，因此請讀者練習試做焦點問題 10.c 與 10.d，自行設計工作流程控制。

10.2.3 輸入控制

輸入控制的使用改善了資料的準確性和有效性，在收入循環裡，資料輸入包含了顧客檔及存貨檔的維護，還有記錄銷售單、送貨單、給顧客的帳單、收款。

釋例 10.4 列示了一些常見的輸入控制。

10.2.4 收入循環選單

要點 10.2 是一張收入循環的選單樣本，當我們在建立選單項目，會考慮以下的因素：

（1）需要輸入的資料

（2）建立資料的記錄

（3）資料處理的流程

（4）風險和記錄

釋例 10.4　輸入控制

下列各項輸入控制在第 4 章已經討論過：

a. 建立選單以提供可能的數值

b. 記錄確認已決定輸入的資料是否與相關檔案一致

c. 與其他參照之檔交叉檢查，以確定所需資料已經輸入

d. 獨立的事件記錄以確保正確的主檔

e. 格式限制以限制輸入的內容，如數字、日期

f. 有效性限制

g. 使用前期的資料或是某些標準作為預設值

h. 限制某些欄位留下空白

i. 建立主要索引鍵的欄位

j. 某些欄位的數據是由電腦產生的

k. 比較資料輸入前的批次控制總數和輸入後電腦所產生的電腦總數

l. 過帳前覆核編輯報告

m. 異常報告列示一些個案，表示錯誤被忽視，或異常值被輸入

10.3　檔案修改

　　新的顧客和產品列在選單的最上層，因為相關的檔案要先被記錄後，才能記錄訂單。釋例 10.5A 是一個新顧客資料輸入的螢幕樣本。預設的銷售方式是賒銷，會計科目編號是 4000，賒銷金額是在帳單給予顧客時記錄，灰色的欄位是不能修改的。

　　預設的餘額會在實際交易日更新，一旦輸入完成所有資訊後，按下儲存鍵，系統會將該筆交易記入電腦中的顧客檔。

10.3.1　使用顧客主檔去控制風險

　　顧客主檔可有效地降低無法收款的風險，因為顧客主檔有信用額度的限制，因此不會作出超出信用額度的賒銷。儲存一些常用性的顧客資料，並在銷售的欄位上作聯結。例如，地址、顧客名稱，

要點 10.2 收入循環選單

收入循環選單

A.檔案修改
 1.顧客檔案
 2.存貨

B.記錄事件
 1.輸入銷售訂單（E1）
 2.輸入送貨單（E3）
 3.輸入銷售發票（E4）
 4.輸入收款（E6）
 5.輸入存款（E7）

C.處理資料
 1.過帳
 2.清除記錄

D.顯示／列印報告
 · 文件
  1.銷售訂單、撿貨單、裝運單（E1）
  2.銷售發票（E4）
  3.顧客報告
 · 項目報告
  4.新顧客訂單報告
  5.銷售記錄
  6.收款記錄
 · 負責人員和資料參考名單
  7.顧客名單
  8.存貨清單
 · 彙總和詳細的負責人員及資料狀態報告
  9.目前顧客訂單報告
  10.詳細的應收帳款帳齡分析表
  11.彙總的應收帳款帳齡分析表
  12.各產品的銷售數量彙總表

E.查詢
 1.查詢事件
 2.查詢顧客
 3.查詢存貨

F.結束

釋例 10.5　**ELERBE 公司顧客主檔維護**

A.顧客資料檔案修改的螢幕畫面

存檔

顧客的檔案修改 =（主選單中的 A1 選項）

顧客編號	3451
顧客名稱	Educate. Inc.
地址	Fairhaven. MA
聯絡人	Costa
電話	508-888-4531
總分類帳 銷售收入會計科目編號	4000
會計科目名稱	銷售收入
賒銷期限	30
賒銷額度	$12,000
目前餘額	$0

B. 顧客檔案

顧客編號	顧客名稱	地址	聯絡人	電話號碼	銷售收入會計科目	賒銷期限	賒銷額度	餘額
3451	Educate. Inc.	Fairhaven, MA	Costa	508-888-4531	4000	30	$12,000	$0

這樣一來每張訂單只需輸入顧客編號，地址欄位和名稱欄位會自動顯示，如此可增進輸入的效率。釋例 10.7 是一張正在輸入的訂購單，輸入員不需要輸入顧客名稱或編號，只要從選單中選出就可以了。

10.3.2　顧客主檔本身的控制

　　一如先前所述，顧客主檔的建立，這項控制措施本身亦須有相關的控制，才能發揮功效。要控管建立一個新的顧客是不容易的，因為新顧客的資料無從比對，也無法作準確性測試。但是我們仍可參考第 8 章所提及的供應商名單的控制方式，去設立一些控制措施。

存貨檔案的建立

在記錄銷售一種新的存貨之前，該項存貨資訊應先加入存貨主檔。適用應用程式選單 A2，釋例 10.6 列示如下

檔案修改和績效評估

執行覆核是一種內控技術，我們曾於第 4 章討論過，請參閱第 4 章要點 4.7。

☁ 釋例 10.6　ELERBE 公司存貨檔案維護

A 存貨資料修改的螢幕

	儲存
存貨主檔 =（選單選項 A2）	
ISBN	0-256-12596-7
作者	Barnes
書名	Introduction to Business
預設銷售價格	$78.35
預設銷售收入編號	4000
預設銷售成本編號	5210
現存數量	0
銷售訂單上的數量	0
預計銷售數量	300

B.存貨主檔

ISBN	作者	書名	預設銷售價格	現存數量	銷售訂單上的數量	預設銷售收入會計科目編號	預設銷售成本會計科目編號	本年度累積銷售金額	預設銷售數量
0-256-12596-7	Barnes	Introduction to Business	$78.35	0	0	4000	5210		300

績效評估的流程：

1. 建立預算、預測、標準，或是檔案中前期結果以供比較。
2. 使用報告比較實際結果與預算、預測、標準或前期結果。
3. 更正行動或是對主檔資料做適當的修改。

我們採取的第一步，是將預算資料設定到修改存貨主檔的螢幕（見釋例 10.6A），預算銷售數量是 300，這個將會被當成一個比較基

準，與本年度的實際銷售數量比較，預算通常被包含在其他主檔裡。譬如說一個預算銷售數量，會被設立在每個銷售人員的員工檔裡。當然，預算資料也可能被包含在總分類帳主檔中。一旦使用者按下「儲存」鍵，記錄會被儲存，如釋例 10.6B。注意存貨記錄裡「本年度累積銷售數量」和「預計銷售數量」這兩個欄位，如同顧客主檔，存貨主檔對於輸入控制來說也存有一定的功效。

10.4 接受訂單（E1）

釋例 10.1A 已說明了接受訂單和記錄訂單的流程，以下仍簡單的複習一次。

1. 書店經理寄給 ELERBE 公司一份詳細的書單。
2. 訂單輸入員將資料輸入電腦，電腦系統確認這份訂單是否為新顧客所訂購。如果是由新顧客所訂購，那輸入人員就會建立一份關於新顧客資料的記錄，並且存入顧客檔裡，然後系統會確認存貨檔是否有足夠存貨能供應。
3. 訂單資訊記入訂單檔及訂單明細檔。
4. 電腦系統也會更新存貨檔案中，訂單數量欄位的資訊。
5. 輸入完成後，輸入員會印製兩份一樣的訂購單，一份送往倉儲部門作為撿貨時的核對專用；一份作為送貨的憑條，送往運送部門。

在 ELERBE 公司的流程中，訂單通常是透過信件、電子郵件、傳真或是電話。一旦訂單收到後，資料輸入員挑選主選單選項 B1，就會進入資料輸入螢幕，如釋例 10.7A 所列示。

某些項目 ELERBE 公司將其包含在銷售訂單裡，卻沒有包含在其他記錄裡。例如，運送記錄和寄給顧客的帳單地址，還有顧客訂單號碼。灰色部分的欄位，是由電腦自動搜尋的資料，不能由輸入人員輸入，例如銷售訂單號碼及員工編號，是根據輸入員登入系統時所輸入的資料而抓出的；而預設的價格是從存貨檔中抓出。一旦訂購單輸入完成按下「儲存」鍵後，新的記錄就會出現，如釋例 10.7C、10.7D。此外，在釋例 10.7D 的訂單數量欄位，訂購數量也從 0 更新到 15。請練習焦點問題 10.g。

☁ 釋例 10.7 ELERBE 公司：處理銷售訂單

A. 資料輸入的螢幕

資料輸入（選單選項 B1）				
ISBN		219		
員工編號（輸入訂單員工）		201-35-8921		
顧客編號		▼ 3451	Educate, Inc.	
訂購日期		05/11/06		
ISBN（ISBN）	作者	書名	數量	價格
▼ 0-256-12596-7	Barnes	Introduction to Business	15	$78.35
▼ 0-146-18976-4	Johnson	Principles of Accounting	1	70.00

儲存

B. 銷售訂單資料輸入畫面為 Peachtree 會計軟體的畫面

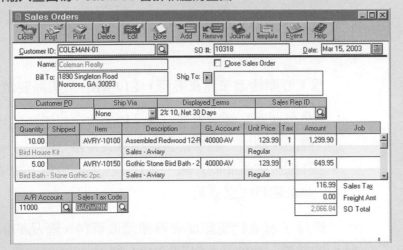

C. 記錄訂單後的銷售訂單檔

銷售訂單檔

訂單號碼	訂購日期	員工編號（訂單輸入人員）	顧客編號
219	05/11/06	201-35-8921	3451

銷售訂單明細檔

訂單號碼	ISBN	訂購數量	運送數量	價格
219	0-256-12596-7	15	0	$78.35
219	0-146-18976-4	1	0	$70.00

D. 在記錄訂購單後的存貨檔

存貨主檔案

ISBN	作者	書名	預設價格	現存數量	訂單的數量	總分類帳的銷售	總分類帳的銷售成本	今年度的累積數量	預算銷售數量
0-256-12596-7	Barnes	Introduction to Business	$78.35	17	15	4000	5210		300

10.4.1 線上訂購

ELERBE 公司曾經考慮將產品透過網路，販售給大學生及其他顧客。這樣一來會有許多小額的購買，顧客能透過網路輸入自己的訂單。顧客能隨時上網訂購，因此銷售數量很有可能會增加。

目前 ELERBE 公司尚無法架設網路販賣的相關設施，為了深入了解這個電子商務的發展性，ELERBE 公司的經理了解以下的步驟，對於架構電子商務是很必要的。

1. 建立一個能吸引顧客、有豐富訂單資訊和產品資訊的網站。
2. 要與銀行合作，以處理信用卡付款。
3. 提供網路信用卡授權付款

通常都要與網路技術人員溝通，相關的費用包含了架設費、每月的維護費、每筆交易的費用。

為了要開始電子商務服務，ELERBE 公司需要做以下的步驟：

1. 將各種產品做出電子目錄，使顧客可以迅速的找到所要購買的商品。例如，將學術書籍和專業書籍分開。
2. 詳細敘述產品的資訊，包含了主要索引鍵、說明、銷售價格，並且隨時注意更新。

經理了解他們應該從資料庫讀取資料，產品的價格和可供銷售狀況的數量。請練習焦點問題 10.h 與 10.i。

10.5 撿貨和運送貨品（E2、E3）

從釋例 10.2B 可以看到，一旦銷售訂單被接受後，撿貨單和送貨單會被印製，撿貨單會被送往倉儲部門中的撿貨人員，而送貨單會被送往運送部門。覆核釋例 10.8 中的撿貨單，撿貨單是撿貨人員的授權證明。

如同釋例 10.2A 中關於事件 E2、E3 的文字說明，分別敘述如下：

撿貨（E2）

倉儲部門的人員根據撿貨單取出正確的貨品及數量後，包裝檢

☁️**釋例** 10.8　ELERBE **公司撿貨單**

撿貨單			
顧客編號 3451	顧客名稱 Educate,Inc.	撿貨日期：05/11/06	撿貨人編號 Lj

訂單號碼 219

送貨地點：Fairhaven,MA

ISBN	訂購數量	倉儲地點編號 *	撿貨數量
0-256-12596-7	15	E123	14
0-146-18976-4	1	A101	1

* 倉儲地點編號取自於存貨檔。在前面章節為説明簡單，沒有把倉儲地點欄位放在存貨檔。

查無誤後，將其送至運送部門。

運送貨品（E3）

運送部門人員比對倉儲人員所送來的貨品及撿貨單、送貨單確認無誤後，開始進行送貨排程，如送貨內容說明、送貨人員、路線等。將送貨資料輸入電腦，記入送貨檔、送貨明細檔並且更新存貨檔。送貨單的影本將送入應收帳款部門，然後貨品會送出。

假定撿貨人員只能領取 14 件的 ISBN 0-256-12596-7 和 1 件的 ISBN0-146-18976-4 如同釋例 10.8 所列示，由於存貨檔顯示第一項存貨尚有 15 件，是足夠應付訂單需求的。然而，當撿貨人員實地領取貨品時，才發現只有 14 件，這時就要追查問題所在。送貨部門將會計算領取貨品的重量，運送的費用，然後按下主選單中的 B2 選項「輸入送貨單」。釋例 10.9A 列示了資料輸入的螢幕畫面，系統會自動設立送貨號碼，送貨人員將訂單號碼等資訊輸入電腦。請練習焦點問題 10.j。

一旦新的送貨記錄儲存後，送貨人員會印製兩份一樣的送貨單，上面記載了送貨單號碼、數量等相關資訊外，還附有送貨人員的簽名，送貨人員將一份貼在貨品上，一份送交應收帳款部門。當準備就緒後，送貨人員會填寫一份**清單（bill of lading）**，詳細記載有幾箱貨品、重量、費用等。運送司機確認內容後簽名，拿走其中一份，另一份交予應收帳款部門。

> **清單（bill of lading）**
> 詳細記載有幾箱貨物、重量、費用等資訊，是貨物所有者與運送人員的合約。

釋例 10.9　ELERBE 公司送貨資料

A. 資料輸入的螢幕（**E3**）

輸入送貨單（選單選項 B2）

送貨單號碼	831	
員工編號（送貨人員）	027-40-0130	
員工編號（倉儲人員）	549-89-5403	
訂單號碼	219	
顧客編號	3451	Educate, Inc.
送貨日期	05/11/06	
運送公司	Express, Inc.	
運費	$3.00	

ISBN	訂購數量	已運送數量 *	本批運送量
▼ 0-256-12596-7	15	0	14
▼ 0-146-18976-4	1	0	1

儲存

* 提到在這份訂單中，以前已運送的數量。

B. 送貨檔

送貨單號碼	訂單號碼	送貨日期	員工編號（倉儲人員）	員工編號（送貨人員）	運費
831	219	05/11/06	540-89-5403	027-40-0130	$3.00

送貨明細檔

送貨號碼	ISBN	運送數量	已開立發票數量
831	0-256-12596-7	14	0
831	0-146-18976-4	1	0

C. 銷售訂單明細檔

訂單號碼	ISBN	訂購數量	已運送數量	價格
219	0-256-12596-7	15	0	$78.35
219	0-146-18976-4	1	0	$70.00

D. 存貨檔

ISBN	作者	書名	預設價格	現存數量	本批送貨量	總分類帳的銷售收入會計科目編號	總分類帳的銷售成本會計科目編號
0-256-12596-7	Barnes	Introduction to Business	$78.35	17	15	4000	5210
0-146-18976-4	Johnson	Principles of Accounting	$70.00	100	1	4000	5210

10.5.1　送貨對於資料庫的影響

　　當使用者按下「儲存」鍵後，釋例 10.9B 的記錄就會產生，在送貨明細檔中的「0」，表示顧客仍未支付運送的費用。檔案中有此欄位，表示在某些情形下，公司將向顧客收取運送費用。請練習焦點問題 10.k 與 10.l。

10.6　向顧客收帳（E4）

　　應收帳款部門的員工核對送貨單、送貨清單與電腦裡的送貨記錄，有錯誤即刻更正。一旦更正後，即開始記錄銷售發票和銷售發票檔，並且印製銷售發票以及銷售分錄。若都無錯誤，則將發票寄給顧客，並且更新顧客檔案裡的餘額。

　　覆核送貨記錄時，應收帳款人員使用系統裡的查詢功能，列示所有詳細記錄及差異。應收帳款部門的人員必須要確認所有的送貨記錄都已列入，如有未寄帳單的送貨，並且比對上面每一筆送貨是否均與實際內容相同；如果核對無誤後，則開始製作發票。按下主選單中的 B3 選項輸入送貨單號碼、核對價格、運送費用、輸入總分類帳會計科目編號，系統會自動從存貨檔中抓出銷售成本。一旦按下「儲存」鍵後，發票記錄就會產生。當發票記錄完成後，應收帳款部門員工會按下主選單的選項 D2，並且印製銷售發票；在銷售分錄核對無誤後，銷售發票將會寄給顧客。

10.6.1　控制的權衡

　　寄帳單給顧客是一個很重要的流程，先前曾提及 ELERBE 公司希望在運送記錄完成時，系統會自動產生發票，應收帳款部門人員只要核對所輸入的價格及運費。這是一個很常見的例子，自動化流程是可以減少人為錯誤的機率，但有人為控制在某些情況下是較好的，可以確定的是無論是人為或是自動的控制，兩者都存在著錯誤的風險。發票記錄完成後，應收帳款部門人員按下選單裡 D5 選項印製**銷售分錄**（**sales journal**）。

　　應收帳款人員檢查有無不合理之處及更正。假設 ELERBE 公司有一套銷售日記帳，其資訊是參考電腦裡的交易資訊。因為只有未過帳的銷售發票才會包含在檔案裡，雖然有銷售日記簿，但電腦會自動產生分錄。這些電腦裡的分錄，即為審計人員所謂的審計軌

> **銷售分錄（sales journal）**
>
> 記錄某期間內的銷售，其可當作管理工具來檢查銷售績效，作為編製日記帳的基礎，以及連結日記帳與原始文件之審計軌跡。

跡，可供查核。假定這些分錄均是自動產生的，過帳作業會改變總分類中相關會計科目餘額，請練習焦點問題 10.m 與 10.n。

10.7 收款（E5）

收款程序包括：

1. 顧客收到發票，發票上附有匯款單，註明顧客編號及未付清餘額。

2. 郵件收發人員拆封顧客回寄的支票時，要有另一人在場。並且，支票背面要註明「存款專用」、銀行名稱、存款公司名稱、存戶號碼。

3. 收到的匯款單及支票應影印，一份交予出納員，一份交予應收帳款部門人員。

10.8 記錄收款（E6）

如同文字說明，應收帳款人員負責記錄收款及減少顧客應收帳款餘額，應收帳款人員將每個顧客付款情形記入收款檔及收款明細檔，列印**收款分錄（cash receipts journal）**，附註收款顧客編號。比較收款總數及匯款單總數，若一致則可過帳更新主檔餘額。為了要記錄收款，應收帳款人員按下主選單上的 B4 選項「輸入收款」。

如果交易量很大的話，也可以在匯款單上裝置條碼，以掃描條碼的方式輸入顧客編號。一旦顧客編號被輸入後，系統會列示該顧客未付清的帳款，應收帳款人員挑選匯款單上列示的發票號碼，在其前面的欄位標上「X」。

由於公司人員設定系統，僅列印未過帳的收款，所以僅會列示以上的資料。之前已假設收款系統為批次處理模式，應收帳款人員比對匯款單與該批次總數，無誤後則該收款記錄就可製作會計分錄。

> **收款分錄**
> **（cash receipts journal）**
>
> 提供收款明細的報告，其有助於現金規劃，及作為編製日記帳的基礎，並可提供審計軌跡。

10.8.1 過帳

當處理人員按下收入循環選單選項 C1 後，系統會有以下三動作

1. 收款記錄裡的過帳日期被更新，顧客應收帳款餘額也會減

少。

2. 這張銷售發票檔裡的顧客餘額降為零，將不會出現在月底的顧客狀態報告中。

3. 在總分類帳暫存檔裡的記錄，過帳時會更新總分類帳帳戶的餘額。

10.9　現金存入銀行（E7）

每一個營業日結束後，出納人員會將所保管的支票存入銀行，也就是釋例 10.2A 的第七個事件。當一天結束後，收款人員會比對匯款單總數及支票總數，確認無誤後，它會開始記錄當天那些存款。系統讀取收款檔，列示哪些收款了卻未存入銀行。出納人員會按每筆收款來製作存款記錄，製作完成後，系統會列印出這些記錄。收款人員將支票及這些記錄去銀行存入支票，完成後將存款憑條交予會計長。

出納人員選擇按下選單中的選項 B5，製作儲存記錄及匯款單。一份已收款但未存入銀行記錄的清單，出納人員在準備存入的收款記錄前，標上「X」，當現金人員按下「儲存」鍵時，存款記錄就會完成了，收款記錄裡的存款號碼全標上號碼，電腦會自動印出存款憑條。

存款記錄不是用來更新現金帳戶的，是用來支持過帳資訊的，即使這個檔案沒有影響總帳戶，但仍是很重要的記錄，因為在編製銀行調節表時需要用到。

每月底 ELERBE 公司調節銀行帳戶數與公司帳載數時，會使用到付款檔及存款檔的資訊，而且存款記錄對於審計人員也是很有幫助的，存款記錄上的號碼使審計人員可以追查每筆存款和收取的現金到銷售發票中。透過這個過程，銀行存款可作為支持銷售金額的憑證。

10.10　調節現金（E8）

在釋例 10.2A 裡 E8 的文字說明。「每天，會計長都要比較調節存款憑條及收款分錄的差異，並查明原因」。除了每天比對收取現金總數和存款憑條外，不定期臨時抽查，也可以改善內控。請練習焦

點問題 10.g。我們以下舉出兩個例子。

1. 直接比較存款憑條及銀行方面的訊息。這個動作可能會直接發現出納人員或是銀行人員的錯誤，會計長可以比較出納人員的存款憑條與銀行的線上調節表是否一致。

2. 比較應收帳款分類帳的報告以及應收帳款總帳的報告。如果所有交易均已過帳，那銷售模組中的顧客餘額應與總帳中的餘額一致；如果不一致，可能在更新的流程中有問題，

10.11　每個月的定期作業

許多報告和處理活動是定期的，而 ELERBE 公司也有以下幾項每個月固定一次的作業：

（1）寄對帳單給顧客：之前，我們主要討論發票而很少關心顧客對帳單。每個月 ELERBE 公司會寄對帳單給顧客，供顧客核對帳款，並提醒顧客付款，這個動作是不收取手續費的，因為 ELERBE 公司的競爭者也提供相同，且不收手續費的服務。所以若 ELERBE 公司收取手續費，可能會降低競爭力。一般來說，ELERBE 公司在每月的頭兩天會寄出顧客對帳單，顧客如果很多可能就採取四星期循環分類制。在第一個星期記帳單給前 25 ％的顧客，第二個星期寄給前 26 ％ ~50 ％的顧客，以此類推。為了要印製銀行對帳單，應收帳款處理人員按下收入選單的 D3 選項，然後選取所要列印的顧客範圍。如果顧客要支付這筆帳款時，支票應伴隨對帳單右邊部分的匯款單。

顧客對帳單有兩種形式（1）開放交易形式，（2）餘額結轉形式。在目前交易形式顧客對帳單裡，列示本期間所有已付款跟未付款的發票。

（2）印製**應收帳款帳齡分析表（accounting receivable aging report）**：信用部門經理印製一份詳細的帳齡分析表，列示顧客的餘額及未付款的發票。帳齡分析表的分類是以時間為基礎，例如已到期 1-30 天之帳款，31-60 天之帳款，這份報告用來分析久未回收帳款及賒銷政策。亦可幫助審計人員評估資產負債表上應收帳款的變現價值。彙總帳齡分析表與個別帳齡分析表差異並不大，只是並無列示個別發票之餘額。

應收帳款帳齡分析表（accounting receivable aging report）

帳齡分析表的分類是以時間為基礎，例如已到期 1-30 天之帳款，31-60 天之帳款，這份報告用來分析久未回收帳款及賒銷政策。亦可幫助審計人員評估資產負債表上，應收帳款的變現價值。

（3）清除記錄：如第 7 章所提到的，過時及不再需要的記錄，應先備份後自主系統中刪除。因為若不刪除，則資料越累積越多，不僅佔據硬碟空間，也減慢了處理速度。而備份的檔案應與主系統分離，可採用光碟片、或是抽取式硬碟等方式。哪些發票記錄應被清除，是取決於公司用的是目前事件系統，還是餘額結轉系統。

10.11.1 開啟項目系統

開啟項目系統（open item system）的定義，是所有未付款的發票必須保留於線上，付過款的發票就不需再保留於線上，亦即只列示當月份的付款發票。當然，公司的政策也是直到顧客的支票已兌現後才自線上系統中清除。假若 ELERBE 公司使用開放項目系統處理應收帳款，「Educate 公司」於 6/20 訂購了 $2500 的貨品，卻未於 6 月付款，顧客帳單報告列示於要點 10.3。

清除資料方面。當使用開放項目系統時，已付款的發票將不會出現在帳單裡，除非是當月的付款發票。因此關於已付款發票的記錄將會被刪除，這些記錄包含了銷售發票、銷售發票明細檔、送貨檔、送貨明細檔、訂單檔、訂單明細檔等檔案裡的記錄。在此只有一點例外，當一個訂單分批交貨，已交貨且已付款的部分仍然保留在帳上，直到整體訂單交貨完成後才刪除資料，存入歷史檔案。

10.11.2 餘額結轉系統

現在假定 ELERBE 公司使用餘額系統，在這個前提下，要點 10.3B 列示了六月份的顧客報告的。無論是哪一個系統，顧客都會列示顧客未付清的餘額，要點 10.3B 沒有詳細顯示來自五月的餘額僅列示總額。所以顧客需要自行確認自己的帳款，$1000 的餘額可能是由很多張發票所累積而成。為了得到詳細的餘額，顧客需參考前期的顧客報告。法人顧客通常要求目前狀態帳單，因為提供了較詳細的資訊，而一般消費者則是以餘額結轉系統居多。

清除資料和更新餘額系統方面，**餘額結轉系統（balance forward system）**可以減少公司線上系統的負擔。顧客帳單印製後，這個顧客檔案裡的餘額會被更新，詳細發票和付款記錄將不再需要保留於線上系統。

開啟項目系統（open item system）

所有未付款的發票必須保留於線上，而付過款的發票就不需再保留於線上，亦即只列示當月份的付款發票。

餘額結轉系統（balance forward system）

可以減少公司線上系統的負擔，顧客帳單印製後，這個顧客檔案裡的餘額會被更新，詳細發票和付款記錄將不再需要保留於線上系統。

要點 10.3　編製顧客賒銷帳單的兩種方法

A. 開放項目方法──六月份顧客報告

ELERBE 公司
顧客帳單

顧客編號：3451　　　　　　　　　　　　　　　　報告時間：06/01/06-06/30/06

Educate, Inc.
Fairhaven, MA

付款日期	發票號碼	發票金額
05/27/06	#3902	$1,000
06/20/06	#4231	2,500
未付餘額		$3,500

B. 餘額結轉方法──六月份顧客報告

ELERBE 公司
顧客帳單

顧客編號：3451　　　　　　　　　　　　　　　　報告時間：06/01/06-06/30/06

Educate, Inc.
Fairhaven, MA

	前期結轉金額：	$1,000
付款日期	**發票號碼**	發票金額
06/20/06	#4231	2,500
未付餘額		$3,500

10.12　其他會計模組的餘額結轉系統

10.12.1　總分類帳模組

　　所有的總分類帳應用程式使用餘額結轉系統。舉例而言,如果清除資料流程是每年一次,那在當年度任何一天的試算表裡,其餘額就是當年度 1 月 1 日的累積餘額。在要點 10.3 的例子, 2006 年度餘額會被儲存在總分類帳模組中的餘額系統,所有 2006 年度的詳細交易都會被儲存在現金收支記錄裡。請練習焦點問題 10.s。

10.12.2　銀行調節表

　　銀行調節表使用餘額結轉系統,記載顧客餘額。舉例而言,銀

行調節表的開始為月初餘額，然後是本月交易資料。如果你想向銀行要前一月份的銀行調節表，可能需要從磁帶或是光碟片等中取出資料。

10.13　收入循環的其他類型

10.13.1 即時現金交易

在本章的一開始討論了許多不同種類的收入循環，劃分依據是：（a）送貨前訂購；（b）付款於運送的前後和即時；（c）付款的類型是現金、支票、信用卡。先前討論許多複雜的情況，現在回歸到最簡單的情況，即時現金交易。

在**即時交易系統（cash and carry system）**下，顧客要自行去店裡，挑選欲購買的東西，於櫃檯結帳，完全是即時的現金交易，無所謂的顧客訂單和寄給顧客的帳單。這個系統為即時的會計記錄，且都是現金交易，因此風險較高。舉例而言，一間小型便利商店，收銀員可能也同時負責記錄，因此風險很高。在這個系統下，最重要的控制是收銀機的使用。

當一個員工開始值班時，他的收銀機裡會有固定額度的現金，其後每筆交易都會被記入在收銀機裡，顧客也執有發票，因此最後核對收銀機裡的發票記錄以及現金，就可以確保現金收付正常。甚至可以派些監督人員裝扮成顧客，觀察收銀員的作業是否標準。當

> **即時交易系統**
> **（cash and carry system）**
> 顧客要自行去店裡，挑選欲購買的東西，於櫃檯結帳，完全是即時的現金交易。

釋例 10.10　每日銷售報表

每日銷售報表		
日期：06/10/06　　員工姓名：Ray Jackson		
		資料來源
收銀機餘額—上班時間	$ 100.00	實體盤點
銷售收入	1400.00	收銀機記錄
營業稅款	15.30	收銀機記錄
帳載總數	$1,515.30	計算總數
收銀機餘額—下班時間		
現金	1,450.10	實體盤點
支票	64.00	實體檢查
盤點總數	1,514.10	計算總數

然，事先不會讓員工知道此監督工作。即使是收銀機的使用有時仍無法完全避免風險，因此許多零售店要求每個員工換班時，要先盤點收銀機裡的現金，並做出每日銷售報表。

在釋例 10.10 中，帳載總數與盤點總數不符，產生現金短缺數 $1.2，其會計分錄如下面所示。當此差異數超過一定額度，管理者要進行查核工作。

現金	1,414.10	
現金短溢	1.20	
銷售收入		1,400.00
營業稅款		15.3

現金短溢這個科目是一個小額的費用或收入會計科目，短缺金額在借方；溢出金額在貸方。

10.13.2 信用卡銷售

信用卡銷售的好處與現金銷售的好處相似，零售商承受極小的風險，又可在幾天內拿到現金。唯一的成本是手續費，銀行對於每筆交易大約要抽取 1.5~3 %的手續費，許多零售商和服務提供者可能不得不使用信用卡銷售，否則會喪失競爭力，請練習焦點問題 10.t。

彙總

收入循環的典型事件敘述為本章重點，包括顧客詢價、下訂單，廠商提供產品或服務、發出帳單、收款、存款入銀行等事件，以 ELERBE 公司情景為例來說明。

收入循環可依據訂購方式（訂單後送貨、現金取貨）、付款時間（銷售之前、現場、銷售之後）、付款方式（現金、支票、信用卡、賒銷）。收入循環選單在本章包括顧客主檔和存貨主檔的維護，各個主檔的控制功能也有討論。

有關資料輸入和流程的控制也有討論，特別著重於現金收款流程。職責分工是內控重點，最好郵件收發員、應收帳款員、出納員不要由同一人擔任，以減少舞弊的現象發生。有關顧客帳單的列印方式，分為開放項目系統、餘額結轉系統，依各公司作業特性而定。

焦點問題 10.a

※在資訊系統要求下收入循環配置的作用

在要點 10.1 顯示供選擇的收入循環沿著三個步驟：訂購方法、付款時間和付款方式。

問題：

依據各個步驟，表明對資訊系統的要求而言，哪個是最大的需求，哪個是最少需求。解釋你的看法。

焦點問題 10.b

※適當的收入循環配置

問題：

根據以下情節，建議訂購方法、付款的時間和方式：

1. 在棒球比賽中門票的販售。考慮顧客會利用電話購票和現場購票。
2. 網路購物。
3. 在大賣場店如加樂福的採購行為。
4. 速食店如麥當勞的採購行為。

焦點問題 10.c

※區分在活動概要圖、分類圖、記錄格式和應用程式清單中的差別

ELERBE 公司

問題：

敘述和回顧活動概要圖（釋例 10.2）都顯示事件 E2 和 E5；但 UML 分類圖、記錄格式和應用程式清單則沒有，試解釋之。

焦點問題 10.d

※辨認在活動概要圖中明顯的控制

ELERBE 公司

問題:

回顧釋例 10.2A 的敘述以及釋例 10.2B 及 10.2C 的活動概要圖。在下面表格的第一欄中描述每個風險,在第二欄中寫下,在記敘文和活動概要圖能查出或防止什麼風險控制。

考慮以下工作流程控制:(1)責任分開;(2)使用從以前的事件資訊控制活動;(3)必要的事件順序;(4)後續事件;(5)序列事先編號文件;(6)辨認和記錄事件代理人的責任;(7)對資產和資訊的限制;以及(8)調和資產實體證據與記錄。陳述你所做的所有假定,如果你可以想到控制的方法,提出你的建議。

如果你描述的控制是八個工作流程控制中的一個,註明數字(從 1 到 8)。第一列解答給你作為釋例,但如果你想要,你也可以增加你的評論。

風險	可能的流程控制
倉庫雇員可能從倉庫拿走貨品,以供個人使用。	必須有撿貨單才能從倉庫中撿貨(#3)。假設:倉庫雇員不能使用印表機,因此他無法自己製作撿貨單(#1)。
倉庫雇員可能誤置撿貨單,因此沒有進行出貨的動作。	
末被訂購卻運送貨品。	
公司可能運送貨品了,卻未送帳單給顧客。	
公司可能發了帳單給顧客,卻未運送貨品。	
出納員私藏支票,做為個人使用。	
公司可能未把當天收入存入銀行帳戶。	
應付帳款記錄者記錄了錯誤的顧客付款記錄。	

焦點問題 10.e

※比較採購和收入循環清單

ELERBE 公司

問題：

1. 回顧收入循環清單（要點 3 1.2），並且如在第 7 章中所描述的，依照「典型的」會計應用軟體清單的程度進行評論。

2. 準備表格比較在第 8 章中採購循環清單，以及在本章中的收入循環清單中的各個清單項目，使用下列格式。每當一個清單項目在採購的循環與收入循環沒有相關時，請解釋為什麼。

採購循環清單項目	相關收入循環清單項目
維護供應商資料	維護顧客資料
維護存貨	維護存貨
填寫請購單	無
等	

焦點問題 10.f

※對顧客維護所顯現出的控制

問題：

下列表格列出在第 4 章中，列出的對供應商維護的一些控制。重說控制以便他們適用於顧客維護。

供應商維護控制	相似的顧客維護控制
在應用程式中，應該由授權碼給予接觸限制，作為對供應商系統維護。	
增加新供應商主檔資料的過程中，應該有人員進行審核，譬如採購部門的主管。	
為保證合格的供應商在名單中，應該有個標準程序做為批准供應商和監測供應商表現。	
在許多個案中，最重要的準確性控制是將原始資料和輸入電腦中的資料仔細比較。另一個方法，相同的資料輸入兩次，以系統來比較兩次資料輸入的相同性。	

焦點問題 10.g

※由檔案維護提供內部控制

問題：

解釋顧客和庫存記錄在檔案維護過程中如何被創造，依照釋例 10.2E 的方式，改進銷售訂單過程，以便公司較不可能運輸錯誤產品給錯誤（或未具資格的）顧客。檔案維護過程如何增加正確價格，被記錄在銷售訂單細節表中的可能性？

焦點問題 10.h

※對電子商務服務提供者的信賴

ELERBE 公司

問題：

1. 依靠一個服務提供者，處理公司所有的網際網路交易的潛在問題為何？好處又是什麼？
2. 依靠一位線上服務提供者，處理公司會計帳務處理需求的潛在問題為何？
3. 系統對於下面這些風險有多麼脆弱：錯誤的產品訂購、錯誤的訂購價格以及不合格的顧客？

焦點問題 10.i

※服務的訂單輸入與檔案維護

思考一個提供服務而不是販賣產品公司的例子。

問題：

1. 你認為商品銷售訂單表格，也能適用於這樣類型的公司使用？
2. 在釋例 10.7A 中的銷售訂單表格該如何修改，才能適用於這樣類型的企業中？
3. 它會是有用的維護服務表格嗎？思考這個問題，回顧使用服務表依照在釋例 8.5 H&J 稅務準備服務的例子。

焦點問題 10.j

※電腦產生的資料

ELERBE 公司

問題：

在輸入送貨螢幕的有陰影項目（釋例 10.9A），沒有被送貨者直接輸入資料。這些資訊的來源為何？

焦點問題 10.k

※更新相關的記錄

ELERBE 公司

問題：

在釋例 10.7 中的銷售訂單細節和庫存記錄，未被更新來顯示送貨的結果。該怎麼表明每個記錄將因為改變而隨時更新。

焦點問題 10.l

※更新的控制好處

ELERBE 公司

問題：

陳述在前面的二個風險，公司可能對同一訂單送了兩次貨，或是將送貨一次卻記錄兩次。回顧你在焦點問題 10.k 中的回答，你要如何更新你的答案，以便減少哪些可能的風險？

焦點問題 10.m

※使用一個事件報告，做為分錄記錄的依據

ELERBE 公司

問題：

在銷售報表中做唯一分錄記錄。顧客未支付項目。那裡應該是唯一的應收帳款借方。

焦點問題 10.n

※處理方式

ELERBE 公司

問題：

哪個過程是 ELERBE 使用來記錄銷售發票：一個即時系統，利用批次的方法直接更新記錄，或是用批次記錄的方式進行批次更新？

焦點問題 10.o

※根據事件報告內容準備分錄

ELERBE 公司

問題：

在現金收入日記簿中，做概略分錄記錄。

焦點問題 10.p

※跟著審計軌跡

ELERBE 公司

問題：

假設審計員回到原始的銷售訂單中追蹤付款單號碼 4003。什麼是審計員會跟蹤的記錄鏈？提示：審計員會從使用付款單號碼，去開始記錄現金收入詳情。

焦點問題 10.q

※為內部控制使用報告比較

問題：

會計長比較銀行存款單的金額總數與現金收入簿總數，是否可能查出下列的欺騙活動和錯誤。如果比較導致偵查，請解釋為什麼。

1.出納員竊取顧客的支票，不將之算在顧客付款存款單中。
2.其中一張支票掉到地板上，並沒有被出納員注意到，同時解釋出納員怎麼能容易地找出錯誤。
3.在收受賄賂以後，應收帳款人員記錄一張超出顧客實際上支付額的現金收據。
4.應收帳款人員沖銷顧客帳戶錯誤金額。
5.應收帳款人員意外地記錄了比從顧客那收到的現金金額較少的金額。
6.郵件收件員竊取了顧客支票。

焦點問題 10.r

※準備二種類型的顧客帳單

繼續 Educate 公司關於顧客帳單的例子，假設公司支付了 $1,000 帳單被表明在 6 月報表中（參見要點 10.3），在 7 月 10 日和 7 月 18 日總共採購 $700 （發票編號 4598）。

問題：

1.依據開放項目系統的方式，準備 7 月份顧客帳單。
2.假設餘額移後方法被使用，依此準備帳單。

提示：兩個報表應該顯示同樣到期餘額 $3,200 。

焦點問題 10.s

※在應付帳款明細帳和存貨模組中前期餘額系統的要求

問題：
前期餘額系統對這些應用程式是必要嗎？

1.存貨

2.應付帳款

焦點問題 10.t

※考慮信用卡銷售的成本和利益

Charlie Sleichter 擁有一家住宅改造公司,去年他的銷售額共計 $206,000 。雖然在他開始工作之前他需要 30 ％訂金,一些顧客支付 支票,等完工後付清餘額;或支付 30 ％訂金,但另一方面當他工作 完成後他並沒有收到錢。他的壞帳去年共計 $6,000 。他正考慮接受 信用卡付款。

問題:

在什麼因素下, Charlie 應該考慮決定是否接受信用卡付款交 易?

問答題

1. 哪些事件是一般收入循環中常見的事件？

2. 解釋不同收入循環中的收入執行步驟：接受訂購方式、付款時機、付款方式。三個步驟中，哪個步驟最需要保持最多的記錄？哪個步驟需要的記錄最少？

3. 請說明概要流程圖如何有助於考慮工作流程控制。

4. 當輸入銷售訂單時，系統會自動執行確認，例如顧客編號、 ISBN 等是否有效，某些資料，如日期、欄位，均是用預設值。為何在建立顧客檔和存貨檔時，使用系統自動比對是較難偵查錯誤的。

5. 信用卡業者在收入循環中能提供什麼樣的服務呢？

6. 在 ELERBE 公司中，為何寄給顧客的帳單上所記載的產品，與所運送的產品不太可能不相符？

7. 如何使用銷售記錄和收現記錄？這兩樣記錄如何連接成一條審計軌跡？

8. 總分類帳暫存檔的目的。

9. 解釋如何使用收入循環選單裡兩選項（a）過帳；（b）清除記錄。

10. 指出 ELERBE 公司存在哪一項控制，避免於送貨時送出過多的存貨。

練習題

E10.1

複習釋例 10.2 中的記錄設計

　　a. 通常包含哪些事件記錄？

　　b. 通常包含哪些明細記錄？

　　c. 通常包含哪些主檔記錄？

　　d. 哪些欄位須註明負責人員？

　　e. 顧客檔案裡設立銷售總欄位的目的為何？

　　f. 存貨檔裡設立總分類帳欄位的目的為何？

E10.2

如果存貨記錄顯示，有 300 單位的現有存貨，和 35 單位的已訂購存貨，總共有多少存貨是可供銷售？

E10.3

在 ELERBE 公司，顧客訂購 25 單位的存貨，撿貨單上也載明 25 單位的存貨，但是

當撿貨人員領取貨品時，倉庫中僅有 10 單位存貨，因此將 10 單位運送過去後。但寄給顧客的帳單，還是收取 25 單位的金額。誰該爲此錯誤負責？考慮撿貨人員、運送人員、應收帳款處理員所扮演的角色。

E10.4
請將以下事件按照在 ELERBE 公司收入循環中發生的順序排列，並且解釋在每一交易間發生的作業。

接受訂單
寄帳單給顧客
收現
將現金存入銀行
領取貨品
運送貨品

E10.5
下列哪些文件對於審計人員在驗證資產負債表上的應收帳款時，提供有力的憑證？哪些文件在查核損益表中的銷售額，提供了有力的憑證？

銷售記錄
收現記錄
帳齡分析表
目前顧客訂單狀態報告

E10.6
指出以下文件產生的先後順序，並解釋每一文件的目的和內容。

提貨單
顧客報表
存款單
送貨單
取貨單
匯票單
銷售發票

E10.7
驗證以下的銷售發票，指出該發票中的資料，是出於系統中的何處，從編號 1 的事件開始。

提示：自記錄銷售發票到獲得發票編號、日期、付款到期日和運送號碼

1= 銷售訂單檔

2= 銷售訂單明細檔

3= 運送檔

4= 運送明細檔

5= 銷售發票檔

6= 顧客檔

7= 存貨檔

8= 來自計算的數量

ELERBE 公司銷售發票

			發票號碼	3003
顧客名稱	顧客編號	3451	發票日期	05/12/06
			付款到期日	06/11/06

Fairhaven, MA

訂單號碼　　219

運送單號碼　831

ISBN	訂購數量	運送數量	價格	總價格
0-256-12596-7	15	14	$78.35	$1,096.90
0-146-18976-4	1	1	70.00	70.00
總數				$1,166.90
運費				3.00
稅				0.00
總計金額				$1,169.90

E10.8

耶誕商業中心收到來自 Sherry Hamel 的訂單，訂單內容有 12 支蠟燭、5 單位的耶誕裝飾。Sue Dunnigan 也向該公司訂購了 6 個單位的耶誕燈泡、4 桶雪花，5 天後公司將會運送 8 支蠟燭和 5 單位的耶誕裝飾到 Sherry，也會運送 Sue 公司的訂單，再兩個星期後，完成 Sherry 公司的訂單。

假定 Sherry 公司的收入循環與本章的 ELERBE 公司相當類似，列示如下，請問有多少記錄應被加入以下的檔案中

   a. 銷售訂單檔

   b. 銷售訂單明細檔

   c. 運送檔

   d. 運送明細檔

   e. 銷售發票檔

第 4 篇

資訊科技和系統發展的管理

在第 1 篇中的課文內容，爲了解會計資訊系統，我們根據企業流程發展了一個概念性基礎。第 2 篇中將焦點集中於會計應用軟體的設計。第 3 篇彙集了關於企業流程和應用軟體的討論，以一個焦點來控制風險。第 4 篇與第 1 至 3 篇不同的地方在於，強調資訊科技（IT）環境。

第 4 篇說明各式各樣 IT 環境的元素。首先，我們考慮各種各樣的技術使用在支援組織的企業流程（科技基礎設施），接下來介紹組織企業流程和資訊系統各種的技術。第 4 篇也描述不同組織 IT 作用的方式。在前面的章節裡，我們討論了工作流程控制、績效考核和輸入控制，第 4 篇則是關於控制的討論。

要點IV.1　研讀會計資訊系統架構圖

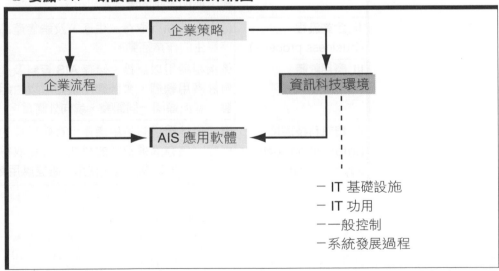

　　要點IV.2 列示了在第 4 篇各章內容中，我們如何學習會計應用程式各式各樣的元素。不同的 IT 環境元素被突出了。

要點IV.2　各章內容概要

第 11 章	使用資訊科技強化企業流程	了解在 AIS 之下的 IT 基礎設施。了解各種各樣的科技（例如電子商務、 EDI 、資料採礦等）如何用來提高企業流程效率。
第 12 章	資訊科技管理與一般控制	了解組織 IT 的作用。了解各種各樣的一般控制與資訊系統計畫、 IT 作用、系統開發，和系統操作間的關係。

　　要點IV.3 簡要彙總說明要點 I .1 中所提及的四個要素。

要點IV.3　研讀會計資訊系統架構說明

I .企業策略 （business strategy）	係指企業達成競爭優勢的整體方法。企業達成競爭優勢的基本方法有兩種，其中一種方法為，以低於競爭者的價格來提供產品或勞務，亦即所謂的成本領導；另一種方法為，以較高的價格來提供獨特的產品或勞務，該獨特性的有利效果足以抵銷較高價格的不利效果，亦即所謂的產品差異化。
II .企業流程 （business process）	係指企業執行取得、生產，及銷售產品或勞務時，依序發生的作業活動。
III .應用軟體 （application）	係指組織用以記錄、儲存 AIS 資料及產生各種報表的會計應用軟體。會計應用軟體可以由組織本身自行開發、或與顧問一同開發，或向外購買。
IV .資訊科技環境 （information technology environment）	資訊科技環境包括組織使用資訊科技的願景、記錄、處理、儲存溝通資料的科技，負責取得、開發資訊系統的人員，以及開發、使用、維護應用軟體流程。

11 使用資訊科技強化企業流程

閱讀完本章，您應該了解：

1. 多使用者系統的架構（區域網路、大型區域網路、終端機模擬、檔案伺服器系統與顧客服務系統）。

2. 下列資訊科技在強化企業流程中所扮演的角色：電子商務、企業內部網路、企業外部網際網路、資料倉儲、資料採礦、企業資源規劃（ERP）系統、電子資料交換（EDI）系統，以及顧客關係管理（CRM）系統。

3. 網路系統中的隱私與安全。

4. 會計人員協助企業有效運用資訊科技，以強化企業流程時所扮演的角色。

閱讀完本章，您應該學會：

1. 解釋各種資訊科技如何用於強化企業流程。

2. 辨認某些與使用這些科技有關的重要成本、收入、風險與控制。

在本章的前三部分，我們著重於使用、設計，與評估會計系統所需的技術。我們將探討與交易循環有關的重要概念、循環內的事件與活動、會計資訊系統應用軟體的設計與使用，以及風險與控制。如同第 1 章所提，企業環境與會計專業的本質是改變，在本章的第四部分，我們探究科技的發展，以及會計資訊系統與公司資訊系統其他部分的更佳整合。這些改變會增加善用該科技之取得、設計導入會計人才的需求。這些科技的變化也開啟顧問以及認證服務的需求，將於本章的最後加以討論。

在科技的趨勢以及會計專業的本質下，要點 11.1 提供了一個研讀會計資訊系統時的簡單架構，並且顯示會計人員必須了解的其他主題。前幾章的焦點在於要點 11.1 中的企業流程與會計資訊系統應用軟體，以及相關的風險與控制。會計人員必須更廣泛的了解企業流程與會計應用系統的操作背景。在本章以及第 12 章，將探討企業策略與資訊科技環境的相關議題。本章主要對這兩個要素加以描述。

要點 11.1　研讀會計資訊系統的架構

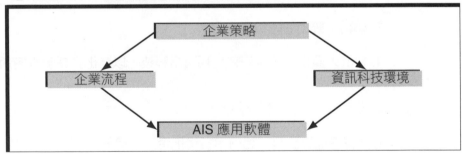

11.1　企業策略

一項企業流程仰賴組織的全部企業策略。作為會計系統的開發人員，會計人員可以協助發展支援企業策略之流程與應用軟體。作為評估人員，會計人員必須去考量企業流程與應用軟體如何支援企業策略與目標。透過考量企業流程中的各種活動之貢獻，價值鏈是一項可以實現策略與目標的科技。我們稍後將解釋價值鏈的概念。

11.2 資訊科技環境

　　要點 11.1 根據四個關鍵要素定義**資訊科技環境（information technology（IT）environment）**。在本章，我們將強調前兩項要素：資訊科技策略以及資訊科技的基礎建設。第 12 章討論資訊科技的功能。當然，這些要素在某些地方是重疊的，而我們不會嚴格地限制只在某一章中討論這些主題。

　　會計人員應對資訊科技環境有較深入的了解，以協助他們的雇主或顧客選擇與發展適當的應用軟體與流程。審計人員也需要對資訊科技環境有較佳的了解，以評估會計系統與控制。

要點 11.2　資訊科技環境

我們根據四項關鍵要素觀察資訊科技環境：

1. **資訊科技策略（IT strategy）**是組織使用資訊科技以支援組織的全部企業策略與流程的廣泛願景。

2. **資訊科技基礎建設（IT infrastructure）**是支援企業流程的科技組織，指用於記錄、處理、存取與溝通資料的科技。

3. **資訊科技功能（IT function）**指的是一群負責採購、發展資訊系統和協助末端使用者的人所組成的組織。

4. **系統開發流程（systems development process）**是應用軟體開發、使用與維護的流程。這個流程可以系統開發生命週期作為代表。系統開發生命週期是組織用於建構會計應用軟體的一系列步驟。

資訊科技環境（information technology（IT）environment）
由資訊科技策略、資訊科技基礎建設、資訊科技功能以及系統發展流程所組成。

資訊科技策略（IT strategy）
組織對資訊科技取得與使用的長期計畫，且需要去支援組織的全部企業策略。

資訊科技基礎建設（IT infrastructure）
資訊科技基礎建設是支援企業流程的科技組織，是用於記錄、處理、存取與溝通資料的科技。

資訊科技功能（IT function）
管理與控制會計資訊系統的使用和發展，以及一群對此負責的人。

系統開發流程（systems development process）
系統開發流程是應用軟體開發、使用與維護的流程。

　　本章所談的資訊與前面三個部分有相當大的差異；因為它不可能在會計資訊系統的導論中深入探討這些議題，所以是以對各種主題的調查所組成，我們不會使用如同前面章節已使用的解題方式。然而，我們將繼續把我們的要點擺在發展概念性基礎和整合各種主題。我們將使用要點 11.1 協助你將各種主題與前面的章節相連結。我們也將我們對本章各項主題的討論與企業策略的考量加以整合。要點 11.1 包含了圖表頂端的企業策略，而下個部分描述企業流程價值鏈模型，該模型強調交易循環與企業策略。

　　在本章的其他部分，我們呈現了下面所列的主題。第一部分考量了價值鏈分析，如何協助一家公司設計其流程以實施策略。接下來的兩個部分，描述資訊科技如何促進使用者之間的溝通。我們發

現資訊科技藉由改進買方與賣方的溝通而增加了價值鏈中活動的價值。第四及第五部分考量了資訊科技如何用於組織、分析，以及整合資料。最後，我們調查關於新興科技，與新科技為會計人員所提供之機會的特殊風險與控制。

1. 企業策略與價值鏈
2. 資訊科技與多使用者系統
3. 電子化企業
4. 組織與分析資料
5. 整合企業流程資料與應用軟體
6. 資訊科技與企業流程：風險與控制
7. 資訊科技與企業流程：會計人員的角色

11.3　企業策略與價值鏈

產品與服務市場上的競爭，強迫組織將焦點放在改善他們企業流程與資訊系統的有效性。波特（Porter）提供了一個架構，去了解並辨認改善企業流程和資訊系統有效性及效率性的關鍵因素，在他的方法下，每個組織可以視為一個**價值鏈（value chain）**。價值鏈是由設計、製造、行銷、運送與產品支援的一系列活動所組成，主要的價值活動包含如下：

> **價值鏈（value chain）**
> 組織用於設計、製造、行銷、運送與產品支援的一系列價值活動。

1. 內部物流：包括採購、驗收、儲存以及將投入運送至轉換（生產）流程。
2. 營運活動：將組織的投入轉換為產出。
3. 外部物流：包括取得訂單並收集、儲存，以及將產品配送至顧客之活動。
4. 行銷：包括與銷售、廣告、促銷以及定價有關之活動。
5. 服務：包括訓練、安裝與維修等活動

這些主要價值活動中的每一項都需要透過人力資源、採購以及某種形式的科技來加以支援。舉例來說，這些科技包括了生產科技、辦公室科技，以及資訊科技。資訊科技支援服務包括科技的採購、軟硬體的設置與維護、訓練使用者以及為科技的使用發展標準與程序。

釋例 11.1 以 ELERBE 公司為例說明主要與支援的價值活動。其中一項主要活動牽涉到取得顧客訂單。此項活動需要數個關於人力資源、採購和科技的支援活動。例如，需要取得供應商與電腦硬體；訂單處理軟體也需要開發或取得。

釋例 11.1　ELERBE 公司：價值活動釋例

| | 主要價值活動 | 支援價值活動 | | |
		人力資源	採購	科技開發
行銷	向全體人員展示產品	雇用銷售員 訓練銷售員 指派銷售員 計算與支付薪資／佣金	為行銷採購文具用品、筆記型電腦以及產品	開發行銷科技，包括資訊科技
外部物流	取得訂單 撿貨 運送貨品	聘僱與訓練訂單輸入人員、倉儲以及運送人員 處理薪資	為外部物流採購供應商、包裝原料以及科技	開發科技以強化物流，包括資訊科技（例如，線上訂單處理）

11.3.1　替代策略

公司可以透過價值鏈分析以努力找尋競爭優勢，企業通常可以依循三種一般的策略而獲得競爭優勢：（1）成本領先；（2）差異化；（3）聚焦。在成本領先策略下，公司試著成為該產業內成本最低的產品／服務提供者。在差異化策略下，公司努力成為一家以某種方式對顧客產生價值的獨特公司。公司可生產特殊的產品或是透過其他因素找尋差異，例如產品銷售流程行銷。聚焦策略則是把成本領先或是差異化目標集中於少數部門。競爭優勢是由企業中許多主要與支援活動所產生。例如，一家公司可以藉由改進採購、削減配送成本，或實施一個有效率的組裝流程而達到成本領先。同樣的，一家公司可以透過較佳的產品設計或優質的服務以達成差異化。如同本章所討論的，公司逐漸使用資訊科技以重新設計他們的企業流程，並且獲得競爭優勢。會計人員身為會計資訊系統的設計者與評估者，需要了解企業流程、資訊科技以及企業策略之間的關聯。

在釋例 11.2，我們得知 ELERBE 的新策略以及使用價值鏈分析，去考慮需要支援其策略的資訊科技。

釋例 11.2 ELERBE 公司：策略與價值鏈

ELERBE 公司擁有全部聚焦策略（重點集中於電子化課程教材而非教科書）。此外，該公司計畫增加他們的焦點於網路產品，此項差異有可能是該公司成功的關鍵（例如，高品質的軟體以及良好的科技支援）。

目前該公司透過書局銷售他們的產品。值得注意的是，企業策略的改變影響了下列價值鏈中的活動。

■ 營運活動將隨著目前引入網路產品的策略而改變，與生產光碟片不同的是，生產流程目前涉及到製作可由公司伺服器下載的電子教材。

■ 行銷活動可能改變，同時可能增加線上行銷所需的努力。

■ 外部物流將會顯著轉變。相對於透過書局銷售的傳統方式，該公司計畫於線上直接售予學生。因此，該公司需要重新建構其流程，以支援線上採購系統和現金收取手續。

■ 組織的資訊科技策略，必須反應此項逐漸展開的要點。資訊科技功能可能要負責辨認適當的科技以協助企業流程的改變。

■ 資訊科技功能也必須對開發特定的應用軟體（例如，線上訂單輸入軟體），以及安裝這些應用軟體和訓練使用者負責。

會計人員可能要參與新系統的設計。他們也可能牽涉到新系統的評估計畫。（例如，所推薦的系統是否具有良好的控制以確保安全性以及值得信賴的資訊？）在每一項案件中，他們必須為 ELERBE 公司了解先前所討論的價值鏈中的所有要素，以及這些要素間的關聯。

11.3.2 資訊科技與價值鏈管理

當我們在本章考慮資訊科技環境，我們將利用價值鏈模型，並以「價值鏈管理構面」去考量這些主題。許多釋例 11.1 所顯示價值鏈中的活動都涉及到與其他角色的互動（例如，顧客與供應商）。為了解資訊科技在價值鏈管理中所扮演的角色，除了企業本身內部活動外，我們還需要考量企業與其合作夥伴間的互動。在過去，與價值鏈中的合作夥伴溝通資訊很少是最高執行長所關切的課題。今天，許多公司的最高執行長正努力發展價值鏈策略以強化和合作夥伴間的互動。諸如戴爾電腦或是思科使用創新的商業模型，該模型強調與其他合作夥伴分享資訊，以降低存貨成本並加速現金循環。資訊科技在這些策略以及商業模型中，扮演了一個核心角色。

　　戴爾的方式是以資訊取代存貨。因為原料成本是公司費用中的一項重要部分（約占收入的 74 ％），降低存貨成本對公司的獲利能力是相當重要的。相對於競爭者所持有的 30 天、45 天，甚至 90 天的存貨價值，戴爾只持有大約 5 天的存貨價值，戴爾強調與它的供應商分享資訊，每個供應商可以經由網頁取得存貨、短期預測以及長期預測資料，這樣的資訊協助供應商即時配送原料給戴爾。另一方面，戴爾也使用資訊科技，以強化與顧客的互動。顧客可以製作客製化訂單，並將訂單置於公司的網站上。

　　本章描述了各式各樣強化組織內企業流程與決策制訂的科技，並著重強化顧客與供應商間資訊分享的組織系統。在前面的章節，我們討論了相關的資料庫科技以及會計套裝軟體，然而我們並未考慮多使用者的議題。因為會計系統通常是多人使用的，因此這將是我們的第一個主題。我們著眼於內外部組織系統中多使用者環境下，電腦設備、應用軟體與資料之組織。

　　在檢視過多人系統後，我們將討論組織用於強化企業內部流程、決策制訂，以及顧客與供應商互動的網路科技（企業內部網路、企業外部網際網路與電子商務）。因為網路科技對其他科技的重大影響，將先著重於電子化企業之科技。最後，分析其他用於價值鏈管理的其他新興科技，包括電子資料交換（EDI）、可擴展標籤語言（XML）、企業資源規劃（ERP）、資料倉儲與資料採礦，以及顧客關係管理（CRM）系統。

11.4　資訊科技與多使用者系統

　　價值鏈中主要與支援活動的合作，需要員工們共同分享支援活動所需的資料，在多使用者環境下產生了數個議題。第一，資料必須由多個使用者一起分享。例如，應收帳款以及訂單輸入人員需要使用顧客記錄。第二，當資料被共用時，通常無法允許每位使用者完全使用資料庫。電腦必須加以設定，如此一來使用者只能使用應用軟體，完成其工作所需的部分。訂單輸入人員可能需以某種形式輸入訂單資料，應收帳款人員需要使用發票資料與帳齡報告。換句話說，每一個使用者必須有某種設備（電腦或終端機）才能使用應用軟體與資料。第三，各個使用者的不同設備，必須相連在一起而成為一個網絡。這個部分描述各個使用者可透過電腦網絡，分享資

區域網路（LANs）
(local area networks, LANs)

連接小地理區域內（通常在 3～4 哩內）的電腦、印表機以及其他設備。

廣域網路
(wide area networks, WANs)

連接大地理區域電腦的網路。

料與應用軟體的一般方法。

網絡基於地理範圍分為兩種主要的類型：（1）**區域網路（local area networks, LANs）**連接小地理區域內（通常在 3～4 哩內）的電腦、印表機以及其他設備。通訊設備、線路、軟體，則為組織所擁有與管理；（2）**廣域網路（wide area networks, WANs）**連接大地理區域的電腦，組織使用諸如 MCI、 Sprint 以及 Tymnet 等供應商所提供的通訊設備，以建立並使用廣域網路。多使用者的替代系統將於第 12 章做更詳盡的描述。本段的剩下部分著重於應用軟體與資料，透過區域網路與廣域網路共享的方式。我們討論在網路環境下，連接資料與應用軟體的三種一般方式：（1）終端機模擬；（2）檔案伺服器方法；以及（3）顧客服務系統。

11.4.1 終端機模擬

在傳統的資料處理環境下，所有資料以及應用軟體都儲存在單一的大電腦裡。各個部門的使用者使用簡單型終端機，以使用這些應用軟體。這些終端機沒有處理能力，並且只用於將投入傳送至主電腦以及接受與顯示資料給使用者。隨著硬體成本的逐漸降低，相對於簡單型終端機，大多數的使用者傾向使用個人電腦。通常，使用者需取得資料，並透過由中央電腦所儲存與控制的軟體執行。為了實現這個需求，個人電腦與中央電腦相連結，同時**終端機模擬（terminal emulation）**使中央電腦「認為」個人電腦是一部終端機。在這種方式下，使用者將能兩全其美，可透過個人電腦使用文字處理及試算表之類的應用軟體，以及使用中央電腦分享資料。

終端機模擬
(terminal emulation)

作為主電腦終端機的個人電腦。

11.4.2 檔案伺服器系統

隨著低成本微電腦的逐漸增加，組織可將應用軟體或資料分散於數個電腦中。這樣的應用軟體通常需要功能更強大的「伺服器」電腦，以儲存共享的資料或軟體，同時「顧客」的電腦可以使用這些伺服器中的軟體或資料。在以前，要將應用軟體於區域網路上網路化，需要**檔案伺服器（file server）**。檔案伺服器是儲存共享檔案以及作為使用者的一個大型硬碟。所有投入、產出及處理工作都在個人電腦顧客端發生。因此，資料庫管理系統（DBMS）應用軟體的副本在每一台顧客端電腦上運作。整個檔案必須移動至顧客端個

檔案伺服器（file server）

用於儲存共享檔案的電腦；他對使用者而言，像是一個大的硬碟。

人電腦。例如，為了更改顧客的詳細資料，整個顧客檔案必須移動
至職員的工作站上以進行更改，更新後的檔案也移回至伺服器中並
加以儲存。

11.4.3 顧客服務系統

在一個**顧客服務系統**（**client-server system**）下，伺服器不是
作為一個被動式硬碟。然而，處理工作是在顧客端與伺服器之間共
同分擔。通常，伺服器儲存資料庫及管理資料庫的軟體。顧客端電
腦裡的軟體則管理人工與資料庫之間的介面。例如，當一位使用者
想要從一台個人電腦中取得資訊時，他執行一個軟體，並且為他呈
現一個視窗以說明他的資訊需求。當他輸入他的請求時，個人電腦
會執行某些有效性測試。當他準備好時，顧客端系統將他的請求轉
換為某種資料庫伺服器可以讀取的格式，例如 SQL（結構化查詢語
言）。然後，伺服器只對記錄中關於他所請求的部分做出回應。當有
許多使用者與大資料庫時，顧客服務伺服器法優於檔案伺服器系
統。如前所述，在檔案伺服器系統下，整個檔案必須被下載至使用
者處，因此其他人將無法使用。

即使是選擇現成的會計套裝軟體，資料與應用軟體是如何在網
路環境中組織，對會計人員也是相當重要的。許多會計套裝軟體已
重新架構，而將會計應用軟體部分與基本的資料庫加以分離。因
此，使用者可購買不包括資料庫管理軟體的會計應用軟體，這給予
了使用者自由選擇符合他們需求（會計或其他）的資料庫應用軟
體。例如，他們可以選擇較佳的資料庫，以提供合乎需求的顧客服
務功能。 Collins 指出「Great Plains 銷售他的 Dynamics 標準版，而
此版本可以在 Btrieve 或 C/tree 資料庫下運作，其平均零售價為五千
美元；而其進階版， DynamicsC/S+，可在微軟的 SQL 伺服器資料
庫下操作，同時其價格約為五萬美元。這兩個會計套裝軟體共用相
同的軟體碼。然而，使用 DynamicsC/S+ 的資料庫，將有更強大的功
能－高成本系統的會計」。

會計人員也必須了解顧客服務，以進而了解電子商務應用軟
體。如同稍後將討論的，電子商務應用軟體通常是由多方、顧客服
務應用軟體所組織。

顧客服務系統
（client-server system）

在此網路系統內的每台電
腦不是顧客就是伺服器。
伺服器的功能較強而且管
理顧客與網路、印表機及
資料的連結。處理工作是
由顧客與伺服器間共同分
擔。通常，伺服器儲存資
料庫以及管理資料庫的軟
體。顧客電腦的軟體則處
理資料庫的人工介面。

11.5 電子化企業

電子化企業與電子商務這兩個名詞通常讓人非常困惑。為了本章的目的，我們使用下列的專有名詞：

- **電子化企業（e-business）**包含各種與顧客、供應商的電子化交換，以及企業內部運作與溝通的電子化。
- **電子商務（e-commerce）**是電子化企業中交易導向的部分，能夠透過網路或私有的網路科技進行買賣程序。

雖然電子商務的定義可能有所不同，但是這有助於協助我們將交易導向的部分（會計人員有特別興趣之部分）與其他電子化企業應用軟體加以分離。

11.5.1 電子化企業的基礎

前面章節所談到的應用軟體只涉及到單一的軟體產品（無論是相關的資料庫管理系統或是會計應用軟體）。在現在的顧客服務系統中，一項應用軟體可能涉及到多種不同電腦系統中運作的應用軟體。電子化企業應用軟體需要至少兩台以上電腦的的互動。因此，至少需要兩個軟體。如同要點 11.3 所示，顧客端軟體（網頁瀏覽器）向伺服器送出對資訊之請求，伺服器的軟體處理該請求並且回應正確的文件給網路瀏覽器。這些瀏覽器與伺服器之間所使用的一般交換語言是**超文件標記語言（hypertext markup language, HTML）**。HTML 是提供標準標籤以建構文件的一種標示語言。關於 HTML 如何運作的主要介紹將於稍後說明。

要點 11.3　網路伺服器與顧客端（瀏覽器）

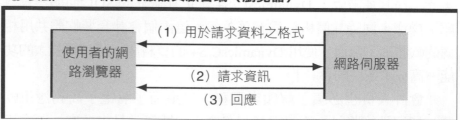

要點 11.3 的系統顯示了顧客服務系統的許多特徵。第一，不同的顧客端電腦可從伺服器使用 HTML 文件。第二，從網站使用資訊

時，處理程序是由伺服器與顧客端軟體間分開。例如，瀏覽器顧客端軟體翻譯文件中的 HTML，並且將其正確地顯示。

超文件標記語言用於網路上文件交換的標準化。雖然製作 HTML 文件的程序超過本章的範圍，但是你應該對於 HTML 如何在網路間溝通資訊有基本的了解。要點 11.4 定義了某些 HTML 標籤，並提到了焦點問題 11.a 的例子與釋例 11.3A。釋例 11.3A 是一個 HTML 文件。其中一個標籤釋例是此份文件第 4 列的 <B> 標籤（<B>ELERBE 公司.</B>）。文字在 <B> 標籤後由網路瀏覽器以粗體加以顯示。瀏覽器繼續以粗體展示文字直到鍵入了結束標籤（</B>）。

釋例 11.3A 顯示了某些常用於 HTML 文件的一般標籤。HTML 一項重要的特徵是可以將文件相連結。標籤 <A> 是用於連結文件。

釋例 11.3　HTML 文件

A. HTML 文件
```
< HTML >
< BODY >
< CENTER >
< P > < B > ELERBE, Inc.</B > < BR >
< BR >
< BR >
< A HREF ="Accounting, html"> Accounting </A >
< A HREF ="Finance.html"> Finance </A >
< A HREF ="Information_Systems.html"> Information Systems </A >
< A HREF ="Management.html"> Management </A >
< A HREF ="Marketing.html"> Marketing </A >
</CENTER >
</BODY >
</HTML >
```

B. HTML 文件範例以瀏覽器方式表達

ELERBE 公司
選擇一個主題，查看產品清單
Accounting
Finance
Information Systems
Management
Marketing

☁ 要點 11.4　標籤釋例

種類	標籤	描述
格式化	\<B>\</B>	資訊將於這兩個標籤間以粗體顯示（例如釋例 11.3B 的 ELERBE 公司。）
	\<p>	開始一個新的段落
	\ 	中斷某一行，製作行與行之間的空間
表格	\<Table>\</Table>	開始與結束一張表格
	\<TR>\</TR>	開始與結束表中的一列（例如，因為焦點問題 11.a 的 HTML 碼中有兩列，所以你將看到兩組 \<TR> 與 \</TR> 標籤。）
	\<TD>\</TD>	開始與結束某一列中的每個資料項目（在焦點問題 11.a 中的每個 \<TR> 標籤之後，你將會看到四組 \<TD>\</TD> 標籤以表示四個欄位的表頭以及四個資料項目。）
連結	\<A HREF>\</A>	HREF 標誌適用於指定需要連結的檔案。如果使用者點選此項連結，HTML 檔案將加以顯示（例如，釋例 11.3A 中的 \<A HREF="Accounting.html">。）

例如，\<A HREF="Accounting.html">Accounting\</A>。

　　釋例 11.3B 顯示當透過瀏覽器（例如 Internet Explorer 與 Netscape Navigator）瀏覽時，釋例 11.3A 的 HTML 文件將如何顯示。值得注意的是，當透過瀏覽器瀏覽時，只有「Accounting」這個字會出現在開始與結束的 A 標籤之間。因此，在釋例 11.3B，「Accounting」底下將有一條底線。當使用者看到底下有畫線時，他們將知道這裡有個連結。點選此項連結將會把使用者帶到另一個 HTML 文件中（accounting.html）。Accounting.html 包括了一系列可於 ELERBE 公司取得的會計公佈。

　　另一個有用的標籤組合則用於劃分表格。在本章最後的焦點問題 11.a 向你展示表格文件的 HTML 碼，以及要求你去製作這份文件並從瀏覽器瀏覽。再一次聲明，我們的目標不是去指導你製作詳細的標籤，而是使你了解 HTML 文件如何運作。

11.5.2 用於電子商務應用軟體的靜態與動態的網頁

　　網頁可分為靜態與動態。你會發現這兩種網頁在功能與系統架構上都相當不同。

　　靜態網頁（static web pages）是由 HTML 所製作，並且不能因為使用者的要求或特定資料的變動結果而自動地加以改變。一個「靜態」HTML 網頁在所有瀏覽者眼中都顯示相同的東西。釋例 11.3B 完全以靜態 HTML 為基礎。如果你想要改變網頁的內容，你將要重寫 HTML 文件。同樣的，本章最後的焦點問題 11.a 要求製作一個靜態網頁。

> **靜態網頁（static web pages）**
> 是由 HTML 所製作，且不能對使用者的要求或特定資料的變動結果自動地加以改變。

　　靜態網頁為一項簡單、低成本的方式，以提供關於公司及其產品的資訊，以及與公司聯繫的管道。網頁可以更進一步的透過包括顧客向公司寄發電子郵件以取得額外資訊，或甚至下訂單的機會加以強化。然而，這無法立即對顧客的請求加以回應，而且訂單也無法自動地輸入系統中。事實上，網頁無法與公司的資訊系統相連接。許多公司剛開始的網頁都是靜態的。經由網頁完成本章最後關於產品資訊的焦點問題 11.b。

　　靜態網頁難以及時更新。每次內容改變時，HTML 文件就要重寫一次。例如，新的存貨項目或刪除的存貨項目將需要重寫 HTML 網頁上的產品列表。如同前面所提及的，靜態網頁的其他問題是在所有瀏覽者前所顯示的都是相同的。

　　對於顯示何種資訊，使用者確實是無法加以控制。例如，釋例 11.3B 所顯示的內容限於使用者可選擇的五個標題，難以從其他方式取得產品資訊（例如，經過特別授權的所有公告的列表）。

　　用於製作靜態網頁所需的架構非常簡單，它可以只包括兩個系統──使用者的網路瀏覽器（顧客端）以及公司的網路伺服器──如同要點 11.3 所示。即使因為靜態網頁是一個促進溝通的電子化企業應用軟體，我們也無法將其歸類為電子商務應用軟體，因為它只能間接引導顧客和公司之間的交易。顧客必須在決定採購之後，再以電話聯絡或是寄一封電子郵件，同時公司必須自行將這些訂單記錄至資訊系統內。

　　動態網頁（dynamic web pages）與及時資料庫相連結。無論使用者何時需要資訊，一個 HTML 網頁將自動地以資料庫送回的資訊加以製作。因此，所提供的資訊是與公司資料庫同步的。因為處理訂單和其他企業活動所使用的資料庫是相同的，所以資料庫通常

> **動態網頁（dynamic web pages）**
> 動態的網頁與及時資料庫相連結，無論使用者何時需要資訊，一個 HTML 網頁將自動地以資料庫送回的資訊加以製作。

是及時更新的。

　　動態的網頁也可以進行電子商務，顧客可以直接下訂單，並且直接進入資料庫加以處理。如果目前的存貨供應不足，系統將會立即地通知使用者。如果存貨足夠且符合其他條件（例如，信用卡額度）時，一項銷貨訂單記錄將會加入公司的資料庫。動態化的網頁設計成本較高，但是卻可透過便於顧客下單以及便於向供應商探購，進而增加公司價值鏈的價值。

☁ 要點 11.5　用於電子化企業應用軟體的三方、顧客伺服器結構 *

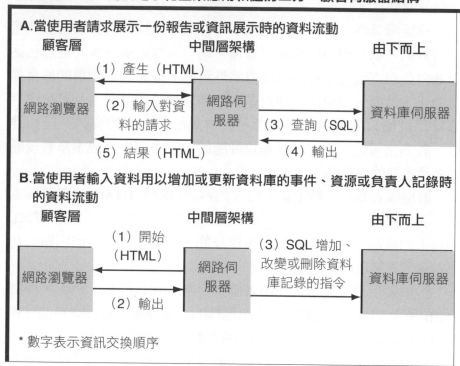

A.當使用者請求展示一份報告或資訊展示時的資料流動

顧客層　　　　　　　　　　中間層架構　　　　　　　　由下而上

網路瀏覽器　　　　網路伺服器　　　　　　資料庫伺服器

（1）產生（HTML）
（2）輸入對資料的請求
（3）查詢（SQL）
（4）輸出
（5）結果（HTML）

B.當使用者輸入資料用以增加或更新資料庫的事件、資源或負責人記錄時的資料流動

顧客層　　　　　　　　　　中間層架構　　　　　　　　由下而上

網路瀏覽器　　　　網路伺服器　　　　　　資料庫伺服器

（1）開始（HTML）
（2）輸出
（3）SQL 增加、改變或刪除資料庫記錄的指令

* 數字表示資訊交換順序

三方、顧客伺服器結構（three-tier, client-server architecture）

一個由三個系統所組成的架構。頂層是顧客層（使用者介面）、應用軟體伺服器是中間層，而資料庫管理系統則是底層。在電子商務應用軟體，顧客層使用瀏覽器去讀取中間層所提供的資訊。中間層是接收資料庫系統傳來資訊的網頁伺服器，並且將其翻譯成顧客層可讀取的格式（HTML）。顧客層也可傳送資訊（以 HTML 格式）給網頁伺服器，接著以資料庫系統可閱讀的格式傳遞下去。

顧客層（client tier）

參照三方架構。

　　動態化的網頁需要要點 11.5 所示的**三方、顧客伺服器結構（three-tier, client-server architecture）**

　　顧客層（client tier）：顧客層是由使用者個人電腦裡運作的瀏覽器軟體所組成。使用者選擇一個網址，然後顧客端的瀏覽器找出該網址。該網址的網路伺服器以 HTML 格式將網頁送至顧客端。瀏覽器閱讀及翻譯從中間層架構送來的 HTML 文件，然後向使用者展示該文件。除了根據 HTML 標籤顯示文件外，顧客層的設備可以執行嵌入 HTML 文件中的描述語言（軟體）。例如，使用者的電腦可能收到網路伺服器所送出的網頁以輸入銷貨單。該網頁不只包括文

字以及 HTML 標籤，還包含了以 JAVA 描述語言所撰寫的軟體。
JAVA 描述語言軟體可以要求顧客端系統，將使用者所輸入的日期與
日曆所顯示的日期相比較。如果日期與日曆所顯示者不一致，使用
者可能被要求重新輸入一次。顧客端沒有描述語言時，所有資料必
須送回伺服器確認。然而，許多有效性檢查是可以在顧客端執行的
（例如，檢查日期／數字格式、電子郵件位置的格式，以及是否需要
已完成的區域）。目前的瀏覽器版本通常都能支援 JAVA 描述語言。

　　中間層架構（middle tier）：中間層架構與顧客層以及後端的
資料庫互動。如同前面所提及的，傳統的 HTML 網頁是靜態的，伺
服器提供相同的資訊給所有使用者。然而，電子商務需要動態地提
供資訊。例如，如果顧客指定一項產品類別，電子商務應用軟體必
須以目前的價格列出該類別目前所有的產品。微軟的 ASP（動態伺
服器網頁）是一項用於製作動態 HTML 文件的科技。 ASP 網頁可以
使用資料庫的資訊、將資訊標記成 HTML 格式，並且將此資訊送至
顧客端。第 6 章討論 QBE 與 SQL 。 SQL 是嵌入在 ASP 文件中以使
用特定資料庫的資訊。

中間層架構（middle tier）
參照三方架構。

　　中間層架構使用一種像是 ODBC（Open Database Connectivity，
開放資料庫連結）的標準介面以與資料庫伺服器互動。例如，
ODBC 提供一項請求與資料庫相連結、發送資料請求，以及回報結
果與錯誤的標準方式。 ODBC 允許應用軟體與各種使用 SQL 的資料
庫產品做互動。所以，如果公司以新的資料庫軟體取代目前的，網
路伺服器的應用軟體或顧客端設備不用作重要的改變。組織可以在
新的資料庫安裝 ODBC 驅動軟體並繼續使用現有的應用軟體。

　　最底層（bottom tier）：由下而上的最底層（資料庫伺服器）
儲存了資料庫以及資料庫管理軟體，處理中間層架構送來的 SQL 請
求，以及藉由傳送所請求之資料給中間層架構或是更新資料庫而作
出回應（例如，記錄顧客訂單）。

最底層（bottom tier）
參照三方架構。

　　三個層級不需要在三種不同電腦上實行，雖然通常是這樣安排
的。然而，第一與第二層級可以在同一台電腦上，或著第二層與第
三層可在同一台電腦。我們的目標只是在於協助你了解要點 11.5 所
示的三層架構的功能上差異，而不是用於電子商務的特殊硬體結
構。

　　在往下閱讀之前，先完成本章最後關於 ELERBE 公司電子商務
的焦點問題 11.c 。

11.5.3 電子化企業與電子商務

在前面的部分已經介紹了電子化企業的基礎,並描述協助了解電子化企業之關鍵科技與應用軟體的三層式架構。本段主要著重於電子化企業如何用於強化組織與顧客及供應商的互動,以及如何強化其內部作業。根據價值鏈的概念,目標是透過改進內外部物流、行銷與服務系統以增加價值。企業必須考量電子商務如何配合公司的經營策略,必須考量的關鍵成本包括(1)重建企業流程;(2)設計圖解的使用者介面;(3)整合後端作業。例如訂單處理和存貨系統。

與顧客的互動

在所有收入流程上,電子化企業皆可強化公司與顧客的互動。電子化企業可以增加顧客對公司產品的了解。對於一個產品種類有限且不常變動的公司,靜態的 HTML 網頁可能就已經足夠了。當電子化企業逐漸成長,公司可以導入電子商務應用軟體以處理訂單輸入、收款,以及提供服務。電子商務應用軟體的成本隨著該軟體所支援的功能而定。Lillian Vernon 公司費時 8 週且花費 10 萬美元開發了適合該公司規模的線上系統,Lillian Vernon 公司的副總裁指出,仔細地選擇供應商以及清楚地溝通需求,可降低開發電子商務應用軟體的成本。Lillian Vernon 公司溝通的事項包括需陳列的目錄項目、與網頁連接的資料庫,以及與網址的特定部分相連結。此外,因為網址維護的資源有限,所以該公司也希望網址能易於更新。另外該公司花費 20 ～ 30 萬美元的價格,使用一種結合內部資訊科技人員與外部供應商的方式,將其後端的採購流程自動化。

與供應商的互動

企業也著重供應鏈管理。供應鏈管理涉及到與供應商協調採購流程以降低存貨、避免缺貨、確保生產過程的平順,以及減少廢料。因此它的要點在於與供應商的合作關係,而不只是作出好的內部決策。Autoliv 公司為一家瑞典的自動安全設備的製造商,使用網頁以協調訂單,所以它的工廠不會缺少鉚子、門閂及皮帶,而且不會產生不必要的支出。在安全帶的 50 個零件與 125 個供應商中,原料分析人員花費大量的時間與供應商聯繫,並且下訂單。通常零件是不會及時送達的,所以將因此造成停工以及緊急運送的超額成

本。現在，供應商可以在穩當的 Autoliv 公司網站上查看存貨水準以及未來 12 週的預測，以此決定應該運送多少他們所需要的零件。如果已經訂有合約並對零件有需求時，供應商將無條件地加以運送。新系統已成功地降低 75 ％的存貨水準、每週減少 15-20 小時與供應商討論的時間、無停工期、降低 95 ％的緊急運送，以及減少用於儲存存貨的空間，供應商每個月必需支付 200 美元以使用該系統。

提供合作夥伴安全地使用公司資訊的網頁，稱為**企業外部網際網路（extranets）**。奇異（GE）的企業外部網際網路，可讓使用者能夠產出採購單以及發票、發送電子郵件、分享文件、使用價格資料與銷售預測，以及瀏覽明細。企業外部網際網路超越交易處理（電子商務）、支援溝通以及文件分享應用軟體。Subway 是另一個使用企業外部網際網路科技以改善採購流程、成本內容及食品安全的組織。Subway 的企業外部網際網路使得公司可從採購點到抵達目的地餐廳間，隨時密切注意供應情形。

該系統不只可以為連鎖店節省成本，同樣也為製造商與配銷商帶來相同的好處。

內部營運

除了與顧客和供應商溝通外，公司也可在內部營運及決策制訂上使用網際網路科技，**企業內部網路（intranet）**是在組織內使用網際網路科技。網際網路科技包括我們先前所討論的工具，像是超文件標記語言、JAVA 描述語言，及動態伺服器網頁，組織可以透過各種方式使用企業內部網路。四種基本的使用類型包括內部溝通、合作、使用資料庫和工作流程。一項最易於使用的企業內部網際網路是將公司的資訊電子化，而無須傳遞大量紙本文件。例如，公司可於網頁公佈它的獲利計畫以及工作機會使員工可以取得相關資訊。公司也可使用企業內部網際網路的電子郵件、討論區及文件共享應用軟體，促進員工間的相互合作。與交易處理有關的工作流程應用軟體，也可設定於企業內部網際網路中。例如，員工可以填表格，經理或監督人員再加以覆核並批准。藉由防火牆將可嚴格地限制企業外部單位使用企業內部網際網路。**防火牆（firewall）**是一組置於公司內部網路與外部網路（特別是網際網路）之間的元件，以限制雙方的交流。

企業外部網際網路（extranets）
讓所選擇的交易夥伴，能安全地使用公司資訊所設計的網頁。

企業內部網路（intranet）
使用網際網路技術，以在組織內交換資訊的網路。

防火牆（firewall）
防火牆是一組置於公司內部網路與外部網路（特別是網際網路）之間的元件，以限制雙方的交流。

11.6 組織與分析資料

許多公司都有大量關於過去交易的歷史資料，但是這些資料卻不再用於獲取特定的利益。當電子化企業與電子商務普及後，這些資料的數量已呈指數型的成長。電子商務可以收集關於顧客興趣與偏好的統計資料，以及除了日常交易以外的其他資訊。因此，儲存、組織與分析這些資料，以強化企業流程之科技的重要性也日漸增加。在本節，我們將討論兩種此類科技——資料倉儲以及資料探礦。

11.6.1 資料倉儲

先前的章節著重於使用相關的資料庫，以儲存關於各種企業事件的資料。這樣的系統稱做**連線交易處理（online transaction processing, OLTP）**。這些系統必須提供迅速、可靠的交易處理資料。相對而言，**資料倉儲（data warehouse）**則是一個用於儲存大量歷史資料的資料庫，這些資料主要用於高階分析與決策制訂而非日常營運。連線交易處理相當適合決策制訂的**線上即時分析系統（online analytical processing, OLAP）**，交易資料是由連線交易處理系統所蒐集的。將連線交易處理與線上即時分析加以分離，是因為難以將資料庫裡不斷更新的資料加以分析。除此之外，在傳統系統上分析大量的資料，將降低這些系統的速度。因此，將線上即時分析的資料與資料倉儲加以分離。

假設公司有下列線上記錄，但卻不再是連線交易處理所要的（為了簡短起見，我們虛構了釋例 11.4A 中的七項記錄以作為例子）。

資料倉儲與營運資料庫不同的四項特徵如下：

整合資料：資料倉儲整合由各種營運資料庫而來的資訊，只有對決策制訂具有重要性的資料才會累計在資料倉儲中。如同釋例 11.4B 所見，釋例 11.4A 的記錄可以整合並轉至資料倉儲。

在這個釋例中，藉由連線交易處理系統中的兩張表格，線上即時分析系統製作了一張表格。如果資料不再為連線交易處理系統所需，資料將被刪除。使用兩張表格的釋例是一項範圍狹小的整合釋例，整合也可在不同應用軟體間產生。例如，可能產生將薪資應用軟體中的薪資資訊與收入應用軟體中的銷售員績效相整合的需求，

連線交易處理（online transaction processing, OLTP）

連線交易處理。

資料倉儲（data warehouse）

資料倉儲整合由各種營運資料庫而來的資訊，該資訊並非用於處理交易。相反地，用於分析歷史資料以及了解關係，只有對規劃有重要性的資訊才會累積在資料倉儲。

線上即時分析系統（online analytical processing, OLAP）

線上即時分析。

或銷售資訊可能需與其他使用折價券或其他促銷資訊相整合。只有需要分析的資訊才會涵蓋在線上即時分析系統中。在這個釋例中我們假設，顧客編號、名稱、街、州、交易編號及銷售員編號這些有關的顧客資訊不被儲存於倉庫中，因為供應商務對這家公司而言沒有特殊的重要性。

　　不易變動的資料：資料倉儲儲存及處理歷史資訊。資料被認為是不易變動的，這指的是記錄不會及時更新，營運資料定期地以批次處理的方式轉換至資料倉儲。

　　彙總性與詳細性資料：對於連線交易處理系統，詳細資訊的記錄是必要的。例如，為了決定開給個別顧客的帳單，以及付給個別員工薪資的金額。

　　所有發票的記錄必須加以儲存，以向顧客開立帳單；關於每週工作時數的記錄，也必須為每位員工儲存。然而，對於線上即時分析系統，設計者可選擇維護詳細記錄、彙總記錄，或是兩者都有。彙總性記錄以每個營運期間所累積的交易詳細資料為基礎，為個體提供一份活動的歷史或摘要。製作摘要彙總性記錄可以節省空間以及增加處理速度，但卻減少了以各種不同方式彙總詳細資訊的彈

釋例 11.4　資料倉儲

A. 線上儲存於銷售應用軟體的表格

顧客編號	姓	名	類型	街	市	州	郵遞區號	2006 年度銷售額
307	Smith	John	零售	43 main st.	Lupo	TX	88010	10,700
308	Clarke	Lee	批發	25 blue st.	Balto	MD	21247	3,000
309	Garcia	John	零售	35 lilly st.	l.a.	CA	80105	4,500

交易編號	日期	顧客編號	產品編號	數量	價格	銷售員編號
1034	12/18/06	307	5005	10	$12	348
1035	12/18/06	308	6500	20	$20	344
1036	12/20/06	309	5005	20	$12	348
1037	12/20/06	308	5703	10	$16	344

B. 儲存於資料倉儲的記錄

類型	日期	產品編號	數量	價格	郵遞區號	2006 年度銷售額
零售	12/18/06	5005	10	$12	88010	10,700
批發	12/18/06	6500	20	$20	21247	3,000
零售	12/20/06	5005	20	$12	80105	4,500
批發	12/20/06	5703	10	$16	21247	3,000

性。例如，記錄可透過這裡所顯示的顧客類型加以彙總製作，這些資訊則是由釋例 11.4A 而來的。

各顧客類型的銷售額

顧客類型	銷售額
零售商	$360
批發商	$560

　　當設計資料倉儲時，設計者可以決定不要維護詳細記錄，而摘要資料將製作並儲存，例如之前顯示的各顧客類型的銷售額。然而，這卻會造成無法以產品編號來加以彙總。在建立資料倉儲時，什麼需以詳細方式儲存和什麼要以摘要方式儲存，必須仔細的考慮。

　　多構面分析：另一種在倉庫裡組織資料並且相當適於資訊存取的方式稱為多構面資料庫（multi-dimensional database, MDDB）。一個多構面資料庫可藉由一個多構面的立方體加以顯現，而其中的資訊則是沿著數個構面而組織起來。例如，銷售資料可以沿著地理區域、銷售員以及時間的構面加以組織。因為多構面資料庫用相同的方式將其所見的資訊加以儲存，因此供應商務允許不同構面間有效率的存取。例如，它可以輕易地取得某個銷售員於特定區域所有時間點的銷售資訊。多構面資料庫裡的不同構面資料，應為一個有限的組合（例如，地理區域或銷售員）。為了體驗如何決定資料庫裡可能的構面，請完成本章最後部分的焦點問題 11.d。

11.6.2 資料採礦

　　資料採礦（data mining）是資料選取、探索以及模型建立的流程，而該模型使用大量的資料儲存，以揭露以前未知的模式。一般的資料採礦工作包括預測銷售量；預測信用破產等事件；聚集相似的事件，例如常常被採購的產品或是具有相同採購行為的顧客；以及為了發現舞弊或是盜用信用卡等目的，而對不尋常交易進行偵測。資料採礦有時更常被指為「知識發現」。

　　Farmers Insurance 使用資料採礦，提供了資料採礦如何強化公司企業流程的一個釋例。保險公司根據數十年所蒐集的資料，認為駕駛高性能跑車的人比其他駕駛員更有可能發生意外。藉由資料採礦

資料採礦（data mining）

資料採礦是資料選取、探索以及模型建立的流程，而該模型使用大量的資料儲存，以事先揭露未知的模式。

科技，Farmers Group 公司發現，當跑車不再是每個家庭中唯一一輛汽車時，事實上事故率不會比一般汽車還要來的高。

根據此項資訊，Farmer 改變了他們以往將跑車排除在低價保費的政策。Farmer 估計，在讓 Corvette 及保時捷加入它的「優惠專案」計畫後，將對請求權無顯著上升的情況下，在往後的兩年內將產生額外 450 萬美元的收入。在以前，組織的資料分析方法是發展一個假說，然後使用資料去驗證該假說對或錯。藉由新的資料採礦軟體，公司將他們所有的資料放入一個非常大的資料庫，然後讓軟體去辨認資料中令人感興趣的部分。

資料採礦有著巨大的潛能，但面臨努力經營的挑戰。相反地，如果你有越多資料，將會越困難且需要更多人工去使用並了解它，本章先前已描述的一個常見方法是查詢資料庫以獲取資訊。例如，使用者可以詢問系統以決定某些因素對銷售量的影響，例如價格。然而，對於橫跨多個期間並具有詳細資訊的大型資料系統而言，幾乎有無限多種查詢，可用以找尋影響銷售量的因素。現在已逐漸發展更複雜的資料採礦技術，以解決問題。某些工具例如多構面分析以及統計分析，需要使用者事先決定被分析的因素或變數。目前，這些工具已發展成可以允許系統辨認變數。在此說明數個科技方法。

多構面分析（multi-dimensional analysis）是個有用的工具，當資料已預先依多構面加以分組。例如，銷售量可以透過地理區域、產品種類以及季節別加以瀏覽。在這樣的構面中，這些工具可將資料有效率地「分類與切割」。

統計分析（statistical analysis）方法，像是多元迴歸，可使用大量的變數（約 15 個）。這裡是簡化後的兩變數線性多元迴歸：

2006 年一月份的銷貨額＝a + b （2005 年一月份的銷貨額）+ c （2004 年度的廣告支出）

這個統計迴歸的每個變數需使用真實的資料，並且將得出 a、b 與 c 的值。因為這些值已被估計出來，銷貨額可透過這個公式估計出來。值得注意的是，多元迴歸可比此釋例包括更多的變數。然而統計分析有其限制，統計方法通常受限於其能力而無法處理大量的變數。當使用統計方法時，決策制訂者通常必須假設何種變數有較

多構面分析
（multi-dimensional analysis）

多構面分析是個有用的工具，當資料已預先依多構面加以分組時。例如，銷售量可以透過地理區域、產品種類以及季別加以瀏覽。在這樣的構面中，這些工具可將資料有效率地「分類與切割」。

統計分析
（statistical analysis）

藉由收集與解釋量化資料，並且使用機率理論估計母體參數的分析。

大的解釋能力。

類神經網路、基因演算法以及決策樹是三種更新的科技，協助選擇變數和建立模型，以預測或解釋像是銷貨收入或財務狀況等有趣的事件。這些科技主要說明如下：

類神經網路（neural nets） 使用一個將人類認知處理模型化的方法，特別是辨認與學習模式的能力。類神經網路根據模式訓練，能夠辨認目標與模式。訓練模式中明確說明了一組特性與一個結果。類神經網路藉由顧客／交易特性，以辨認風險性信用卡交易。系統監督信用卡交易、付款，以及每個持卡者的職位，並且為該顧客建立一個檔案。在此項應用軟體中，類神經網路學習持卡者的消費行為，並且接著使用這些知識辨認不尋常的項目。因為類神經網路是以個別顧客的檔案為基礎，因此交易將由一個具規則基礎的系統記上標記，而不一定會引起類神經網路系統的警示。對於一個偶爾做出鉅額採購的經常旅遊者，國外的活動將不會被視為具有高度風險，因為他是該名特定持卡者典型的行為。然而，如果此項大量採購是不頻繁的，類神經網路將會對此類交易持續發出警告。

基因演算法（genetic algorithm） 是一項與自然選擇相似的科技。例如，某人可能想要知道造成生產某個產品最低生產成本的因素。與低生產成本有關的因素，可能包括較大的規模、經驗豐富的員工，以及較少的生產步驟。把這些因素想像成染色體，並且每個成本是這些染色體的結果。然後系統找出最強的染色體組合（產生最低生產成本的組別），並且可企圖藉由混合其他較強的組合（交配），或測試稍微改變的影響（突變）而加以改善。

決策樹（classification tree） 在圖形上可以看作一棵倒轉的樹，樹根是涵蓋所有觀察值的全部層級。在此方法中，每一個樹的分類節點將分成兩個子層級，而每個子層級又可分為兩個子層級，以此類推，直到不再需要分類。例如，系統可能要找出，基於性別、年齡及收入所採購的電視機大小。決策樹可能先將性別分開，而這兩個節點再依年齡加以分開（40 歲以下或 40 歲及以上）。每一個年齡的節點，再更進一步的根據收入加以分離（50,000 美元以下或 50,000 美元及以上）。最後，可能發現 40 歲以下的男性，且收入在 50,000 美元以上，通常會採購 32 吋或更大的電視。在其他節點的末端，也可以檢視不同的採購結果。此項系統可探測與決定何種因

素，將可作為最有用的節點。

　　雖然自動化的資料分析科技是有用的，但是他們不能取代人工分析。使用者必須對科技具有某種程度的了解，並且對公司的資料及流程有特定的認識。實施資料採礦是一個需要人去學習及建立科技的連續性流程。

11.6.3 電子商務與資料採礦

　　資料採礦可強化電子商務的有效性。例如，Wine.com 預期它的網頁將會被受過教育的葡萄酒愛好者使用，透過資料採礦，該公司得知主要顧客會找尋該買何種葡萄酒的介紹。根據此項資訊，Wine.com 可以設計其電子商務，一方面符合購買量大卻資訊不足的顧客需求，另一方面又可直接對受過教育的顧客發展行銷活動。

　　公司可使用顧客資訊，以辨認適合特定顧客的商業廣告。企業也可以顧客檔案產生一系列相關產品，透過銷售後電子郵件的回饋功能，系統可與顧客直接互動。例如，系統可送出一份確認通知，以確認收到顧客訂單，通知他們產品何時會送達，以及通知他們可能有興趣的產品。好的顧客偏好、需求、渴望以及行為模型，將使公司實施電子郵件廣告以及其他對銷貨有幫助的行銷活動。

　　由網頁伺服器所維護的顧客存取記錄，是資料採礦在電子商務環境中的關鍵。藉由分析顧客消費記錄（例如，他們使用了何種資訊、何種訪客較可能發生消費行為、在何時顧客停止消費），供應商希望將他們與顧客的互動成為個人的。公司由這種顧客情報所獲得的利潤是相當大的，公司預期消費人數將增加，同時每次採購的平均金額也會上升。然而，資料採礦是昂貴的。第二個需考量的議題是，許多顧客不願意讓供應商擁有他們的記錄。因為對隱私的關注是如此重大，以致於政府積極地考量隱私條款以限制網頁記錄。隱私以及其他控制議題，將稍後於本章加以探討。

11.7 整合企業流程、資料以及應用軟體

　　另一項重要的科技趨勢，是增加組織內部以及與外部個體的企業流程、應用軟體和資料的整合。本節探究三種科技：

■ 企業資源規劃系統將會計應用軟體及資料與其他像是生產與

行銷應用軟體相整合。

■ 企業間的電子商務通常使用電子資料交換（EDI）或可擴展標記語言（XML）。

■ 顧客關係管理（CRM）系統強調整合所有顧客面的應用軟體，包括行銷、銷貨與服務。

11.7.1 企業資源規劃系統

企業資源規劃系統
（enterprise resource
planning（ERP）system）
是一項將所有企業流程聯繫成一個整合性資訊系統的電腦系統。

企業資源規劃系統（enterprise resource planning（ERP） system）是一項將所有企業流程聯繫成一個整合性資訊系統的電腦系統。這樣的系統可協助公司在會計、行銷、人力資源、營運、製造以及規劃上的功能。越來越多資訊系統的設計著重於企業流程，同時這也是企業流程在本章中扮演重要角色的一項原因。依據波特教授的價值鏈，企業資源規劃系統用於整合企業全部的主要活動（內部物流、營運及外部物流）並且支援服務（例如人力資源及採購）。在管理一個企業時，財務及非財務資訊兩者都是必要的。

ERP 系統的大小與範圍：ERP 系統是一個大、複雜且昂貴的系統，而且購買與導入將花費數百萬美元，起點是物料需求規劃（MRP）系統。 MRP 系統是製造商用於將顧客訂單轉換為製成品，並加以運送的系統。當收到顧客訂單時，製造商使用 MRP 系統，決定零件需求並安排零件採購、製造與包裝產品，然後將產品運送至顧客。 MRP 是著重製造的高度流程導向系統， ERP 雖然也是流程導向，主要的功能是為組織內所有企業流程整合資訊系統。

與 ERP 系統相連的重要流程，包括財務會計、銷貨與分配、採購、人力資源以及生產規劃。財務會計、銷貨與採購是傳統上與財務會計系統緊密相連的活動，並且需要在此做說明。分配流程包括選擇哪間工廠或倉庫作為運送來源、準備運送的產品、派遣運送車輛及駕駛員、設計有效率的配送路徑，並且追蹤正在運送中產品的位置。人力資源不只包含薪資資訊，還包括了工作名稱、薪資歷史、升遷歷史、學歷及專業證照、技術以及之前的工作指派。這類資訊的使用範圍包括派遣員工於適當的職位和計畫、決定升遷，以及為訴訟做準備。

企業資源規劃——選擇與使用：許多公司選擇轉為 ERP 系統，因為他們目前的軟體只能辨認年代的後兩碼，而不能適當的將 2000 年與 1900 年加以區分。你可能已經知道，這就是著名的 Y2K 問

題。轉換原有的系統可能是非常昂貴的，因此企業選擇利用這個機會採購新的且更好的系統。

　　因為企業資源規劃系統是設計用於企業導入的，因此購買與導入的成本是相當高的，並且有可能失敗。ERP 系統必須適用於公司的產業及核心活動，並非所有的 ERP 系統都是相同的，對於特定的應用軟體，某些系統可能優於其他系統。例如，ERP 系統在處理各種貨幣及語言、彈性、導入的難易度、協助人力資源功能和支援各種類型的製造活動上，有其不同之處。

　　無論選擇何種 ERP 系統，軟體中所包括的流程將不會與公司目前的流程完全吻合。公司必須客製化該軟體，以符合他們目前的流程，或者是改變他們的流程以適合該軟體，無論哪種方法都是高成本的。令人驚訝的是，許多公司相信改變他們的流程，比花錢製作客製化軟體還要來得有意義。ERP 系統的主要優點是它的流程是以產業的「最佳實務」所訂定，公司若更改他們的流程以符合 ERP 系統，將會變得更具效率與效果。簡化企業流程並著重於附加價值流程，即為大家所熟知的企業流程再造。ERP 系統也可增加對顧客訂單的回應速度，因為這樣的資訊可立即被生產產品、準備產品運送及配送產品的員工所獲得。快速回應顧客的要求已變得更為重要，因為現在的顧客期望更快的服務，同時許多競爭者也能做到。

　　因為 ERP 系統是如此的複雜，因此獲得他們全部的導入需要組織的承諾。而一個固定的支援小組也是必要的。當導入系統時，公司必須選擇一個可以將其專業知識導入公司員工的顧問團隊。當發生問題或需要改變時，發展知識基礎將系統的設計圖形文件化是非常重要的。某些功能的員工，可作為 ERP 系統內該項功能的專家。因此，將會有人力資源專家、配銷專家、財務會計專家等。

　　在電子商務的發展之下，ERP 系統的重要方向是企業內的溝通而不只是內部資料的整合。例如，ERP 系統通常從內部部門構面處理生產規劃及履行訂單。相反的，今天的企業系統強調顧客構面的履行訂單。Osram Sylvania 公司是一個朝向延伸的 ERP 系統發展的例子。被授權的使用者如供應商、配銷商以及顧客（包括零售商或購買照明產品的維護組織）可使用 Sylvania 系統中的適當部分，這樣的系統稱做延伸資源規劃（XRP）系統。

　　透過電子商務整合供應鏈：在傳統的採購流程中，採購單是由顧客的電腦系統所準備的。採購單印製後，放入信封，然後寄給供

應商。供應商則於信箱收到這些文件，特定的企業文件則分開送往收發室並且送往適當的部門。例如，顧客採購單可能送往訂單輸入部門。這個部門必須接收顧客訂單的資訊，並重新輸入這些資料。同樣的，供應商的運送文件及發票，由它的電腦系統所準備。顧客收到這些文件，並重新輸入這些資料於他們的電腦中。企業間的電子商務使得公司可以直接在公司的電腦系統中交換商業文件。例如，公司可傳送電子化採購單給他的供應商。

供應商則不需要記錄採購單。相反的，電子化採購單可直接加入供應商的系統，作為一個銷貨訂單記錄。當產品運達時，供應商的發票也會以電子化的方式送達。顧客收到電子化發票，採購發票記錄即自動地加入公司的採購系統中。準備與處理文件的成本、收發室的成本、及輸入資料的成本都因而降低。整合甚至可以延伸的更廣，供應商也可藉由顧客對各種不同產品的銷貨資訊，更精準地預測各種產品的需求，並因此增加他們對顧客的回應。然而，整合不是能輕易達成的，因為傳給企業夥伴的資料，不太可能是對方資訊系統所需的格式。

兩個標準促進了價值鏈中合作夥伴間的整合。商業文件可以透過**電子資料交換（electronic data interchange, EDI）**和**可擴展標記語言（extensible markup language, XML）**加以交換。電子資料交換標準已經發展許多年了，但可擴展標記語言卻是相當新的。在北美，目前的標準是美國度量衡協會 X12，此項標準為公司間的一般文件（例如，採購單或發票）的交換定義了數百種的資料組合結構。EDI 傳統上是藉由公司間的數據專線，或是使用加值網路服務（VANs）而導入。加值網路的服務方式是作為 EDI 訊息的交換所，加值網路處理了通訊（例如，檢查訊息是否由預期的團體所收發、檢查訊息的完整性、於各種不同通訊標準間翻譯，並將訊息加密）。遵循 EDI 標準、或使用軟體或服務，將記錄格式轉換為標準，可提供前面所描述的整合導入。許多大公司獲得了 EDI 的好處，但中小型公司因為成本的考量而猶豫不決。使用 EDI 需要軟、硬體及通訊的支出，還要修改應用軟體與訓練員工。

電子資料交換（electronic data interchange, EDI）

使用標準化文件格式於組織間製作企業文件（例如，採購單或發票）的電子化交換。

可擴展標記語言（extensible markup language, XML）

與超文件標記語言（HTML）類似。不像超文件標記語言，著重於所定義的內容，而非當透過瀏覽器瀏覽時網頁顯示方式。是用於標記文件中各個部分的語言以描述文件的內容。例如，<Customer ID>C103</ Customer ID> 意思是「C103」為一個顧客 ID。此項語言由 WWW.consortium 管理。

11.7.2 可擴展標記語言

可擴展標記語言（XML）為企業間的電子商務提供了一個方法，它的優點在於可透過網際網路和促進此類交換的網際網路科

技，提供一種相對低的通訊成本。可擴展標記語言與前面所題的超文件標記語言（HTML）類似，但卻有重大差異。不像超文件標記語言，可擴展標記語言著重的是所定義的內容，而非透過瀏覽器瀏覽時網頁顯示方式。此外，超文件標記語言，受限於一組固定的標籤。可擴展標記語言則是彈性的，使用者可視其需要定義標籤。例如，送出一份電子化的採購單，可擴展標示語言可能包括採購單號碼、產品編號、數量等標籤。要點 11.6 將超文件標籤語言和可擴展標籤語言相比較。可擴展標籤語言與超文件標籤語言並非處於二選一的情況，他們可以一起用於製作網頁。一個用於定義資料而另一個則用於設定格式。

製作並使用可擴展標籤語言將比 EDI 的成本還要來的低，因為不像 EDI，可擴展標籤語言所顯示的資料是人類可讀的格式，所以它較易於訓練軟體設計師。釋例 11.5 顯示了一個可擴展標記語言的例子。釋例顯示傳送給供應商訂單的 XML 文件中的一部分編碼。在這個釋例中值得注意的是，你可以在未經過任何訓練的情況下閱讀該文件。在這個例子中，顧客有一個供應商「Office Supplies 公司」所指定的帳號「113」。訂單的日期為 2006 年 12 月 14 日，該名顧客採購了 12 單位的編號 114 產品及 10 單位的編號 134 產品。

如前所述，公司可在現有的網際網路連結下，使用較不昂貴的網頁伺服器執行可擴展標記語言。因此，對於小公司而言，可擴展標記語言比電子資料交換更為可行。許多公司已使用可擴展標記語言，而像是甲骨文、IBM 及微軟等軟體商，也提供了可從資料庫及試算表中建立可擴展標記語言的文件。

觀念上顧客將傳送一份 XML 文件的訂單，而此項訂單可自動地被供應商的資訊系統取得。為了使此項方法有效，決定使用什麼 XML 標籤需要買賣雙方間的協議。為了降低發展此種協議的時間與成本，可使用 EDI 標準的強力基礎以改進標準的 XML 標籤與應用

要點 11.6

超文件標記語言	可擴展標記語言
用於顯示資料	用於描述資料
著重資料的外觀	著重資料的內容
必須使用預先定義的標籤	可定義自己所屬的標籤
例如：\<b\>Hello\</b\> 這會顯示一個粗黑體的「Hello」。	例如：\<cusname\>Donna Albright\</cusname\> 在這裡，"Donna Albright" 是一個顧客名稱。

釋例 11.5　部分可擴展標記語言

```
<?xml version="1.0"?>
<order>
 <Order ID>8</Order ID>
 <Account#>113</Account#>
 <Supplier Name>Office Supplies, Inc.</Supplier Name>
 <date>12/14/06</Date >
     <item>
             <Item#>114</Item#>
             <Quantity>12</Quantity>
     </item>
     <item>
             <Item#>134</Item#>
             <Quantity>10</Quantity>
     </item>
 </order>
```

軟體，許多產業標準已開發出來。

11.7.3　關聯性資料庫與資料完整性

　　許多組織使用關聯性資料庫，產生他們的訂單。公司將投入重大投資於關聯性資料庫，並且將獲得許多從它而來的利潤。關聯性資料庫管理系統是經過良好設計，以極小化資料輸入錯誤、取得所需的資料，以及維護安全性。釋例 11.6 顯示了虛構關聯性資料庫採購單流程中的部分資料。從第 6 章中你可得知查詢可被開發出來，以獲取訂單 ID8 的資料。你或許可以想像取得的資料可以被寫入一

釋例 11.6　關聯性資料庫的兩份表格

採購單表格			採購單明細表		
訂單號碼	供應商名稱	日期	訂單號碼	項目編號	數量
8	Office Supplies, Inc	12/14/06	8	114	12
9	Jonhson, Inc	06/0806	8	134	10

用於顯示訂單 ID8 的資料是 XML 文件的其中一部分（來自釋例 11.8）

```
<Supplier Name>Office Supplies, Inc.</Supplier Name>
<date>12/14/06</Date >
 <item>
         <Item#>114</Item#>
         <Quantity>12</Quantity>
         </item>
 <item>
         <Item#>134</Item#>
         <Quantity>10</Quantity>
</item>
```

份 XML 文件。為了你的方便，也提供了部分釋例 11.5 。表格與 XML 文件的直接關係是顯而易見的。軟體商已開發出可將資料庫的內容建構成顧客傳給其供應商的 XML 文件的工具。軟體也可朝其他方向發展。當供應商收到 XML 格式的訂單時，該項資料可加入供應商的顧客訂單表中。

為了有效溝通，需要一項內部控制程序以確定顧客傳送的 XML 文件是完整的且符合適當的資料限制。資料完整性可藉由實施一些限制而強化，這些限制是讓 XML 文件採用某些組織或概要。許多關聯性資料庫管理系統使用的限制，也可同樣用於 XML 文件。 XML 架構中的限制，是由**可擴展標記語言概要（XML Schema）**文件實行的。

釋例 11.7 顯示了用於管理製作 XML 文件的 XML 概要文件之一部分。 XML 概要文件要求每份訂單包含一連串指示供應商名稱、日期及項目編號的資料要素。每份訂單必定有一個供應商，而且只能有一個供應商。訂單中至少要有一個項目，然而一張訂單中也可有其他的項目。因此，在一份訂單中，系統強制訂單與項目數呈現「一對多」的關係。這種關係就是第 5 章所談到關聯性資料庫的背景（參照 cardinalities 的討論）。「數量」資料被當作整數，而不是作為日期或文字。相同的限制也可在關聯性資料庫中實行（參照格式檢查的討論）。 XML 概要文件也可實行其他的限制，可限制可允許值的範圍（與有效性規則類似），可實施一個內部索引鍵，並且要求某個範圍的資料必須來自一個列舉表（與第 5 章討論的指示的完整性規則相似）。

通常，公司希望在網際網路網頁上，顯示來自他們資料庫的產品資訊。提供出售產品的資訊，可從資料庫複製並且編排成一份 XML 文件。如同前面所指出的，大眾化的資料庫軟體程式，已具有此項功能。然而，卻還不足用於製作 XML 文件。需要使用 HTML 編排，如此一來他可由瀏覽器讀取。為了增加 XML 的格式，**可擴展形式表語言（extensible style sheet language, XSL）**因此被開發出來。釋例 11.8 顯示部分的可擴展形式表語言，可擴展形式表語言可根據 XML 文件的內容準備一份 HTML 文件。形式表裡的操作指南提供可於網頁上顯示表格的 <table> 、 <th> 、 <tr> 、 <td> 標籤。表頭「項目編號」、「數量」是位於 <th> 標籤之間。在表頭之後，每份訂單有一個顯示實際項目編號、數量的列。 XSL 也可將 XML

可擴展標記語言概要（XML Schema）

一份定義與限制 XML 文件結構及它的資料類型的說明書，由 WWW.consortium 核准。

可擴展形式表語言（extensible style sheet language, XSL）

一個將 XML 文件形式化的語言，如此一來它可被瀏覽器讀取。也可用於將一份 XML 文件，轉換成另一份 XML 文件。

釋例 11.7　XML 概要文件的一部分

```
<xsd: element name="Order"
. . . .
<xsd: sequence>
<xsd:element ref="Supplier Name" minOccurs="1" maxOccurs="1"/>
<xsd:element ref="Date" minOccurs="1" maxOccurs="1"/>
<xsd:element ref="Item#" minOccurs="1" maxOccurs="unbounded"/>
<xsd:element ref="Quantity" minOccurs="1" maxOccurs="unbounded"/>


<xsd:element ref="Quantity"="xs:integer"/>
. . . .
```

注意（1）< sequence >，要求在 XML 文件的資料要有一定順序，例如「供應商名稱」，「日期」等。（2）單一訂單一定要有一個「廠商編號」，如同程式要求 "min = '1' and max = '1.'"（3）單一訂單可包括很多項目，只要列出項目編號。（4）表示數量的資料要以整數表示，程式為 "'Quantity' = 'xs:integer.'"

釋例 11.8　XML 形式表的一部分

```
<html>
<body>
 <table>
  <tr>
   <th>Item#</th>
   <th>Quantity</th>
  </tr>
  <xsl:for-each select="item">
  <tr>
   <td><xsl:value-of select="Item#"/></td>
   <td><xsl:value-of select="Quantity"/></td>
  </tr>
  </xsl:for-each>
 </table>
</body>
</html>
```

注意< table >表示一個表格應被顯示，< tr >表示表格的列，< th >表示表格的行，< td >表示表格的詳細資料。

文件格式（來自顧客）轉換成其他格式（供應商偏好的）。

　　主要的資料庫廠商已發展 XML 工具，以製作 XML 、 XML 概要及 XLS 文件。這些文件類型一同運作，將有助於電子商務。當資料庫與網頁相整合的工具持續被發展出來時， XML 在電子商務中所扮演的角色將會越來越重要。更多關於 XML 的資訊請參考 www.xml.org 。

11.7.4 顧客關係管理系統

顧客關係管理系統（customer relationship management（CRM）system） 的目標是藉由聯繫所有顧客與組織的互動，以建立一個整合的、公司面的顧客觀點。這些互動是由各種像是銷貨、行銷以及客服中心的各種行政功能所創造。

資料庫洞悉顧客以前的消費習慣、採購資訊、保證、服務歷史、產品項目及調查資料。顧客關係管理對於公司資訊而言是一種新的方法，他著重於產生收入的公司資源，而不只是降低成本。

與先前所討論的許多科技不同，CRM 不是一項新的科技。然而，CRM 涉及到整合，並且使用了許多前面所提的科技，以管理公司與其顧客的關係。傳統上，會計人員比較強調某些與顧客的互動（例如，訂單輸入和運送）。在 CRM 的發展趨勢下，這些應用軟體可能與其他會計人員較不注重的應用軟體（例如行銷）緊密整合。例如，訂單資料可用於追蹤顧客的消費歷史。公司可以過去的產品採購而寄發新的或相關的產品資訊給顧客。CRM 資料庫也可依據顧客檔案，進行促銷活動。

公司可將特定資訊，與生產、存貨和採購功能相結合，以強化他們與顧客的關係。當公司具備這樣的整合時，公司可讓顧客知道他們的訂單何時生產，以及他們所採購的產品是否還有存貨，並且已準備運送。如同下段所討論的，了解這些趨勢，可協助會計師辨認額外的專業機會，以及強化他們服務價值的方法。

CRM 是一項傘狀的系統，包含了許多之前已提及的軟體。CRM 需要資料庫科技以收集、組織大量的資料，資料採礦應用軟體用於分析資料以及辨認特殊情形，還有像是訂單輸入與完成的交易處理應用軟體。電子化企業也在 CRM 裡扮演一個重要的角色。例如，電子化企業可以蒐集關於顧客的統計資訊，而透過交易資料，也可獲得有關顧客偏好的資訊。這資訊可將與顧客的互動私人化（例如，對於顧客可能感興趣的產品，提供有關產品的私人化網頁或電子郵件）。在最近的調查中發現，89％使用 CRM 的組織聲明他們收集了銷貨的歷史資料，然而 88％收集了與顧客服務需求有關的資料。其他 CRM 應用軟體所收集的資料類型包括網頁活動（74％）及統計數據（71％）。大約三分之一的公司收集了有關顧客行為與偏好的資料（性格面資訊）。不是所有的公司都完全的使用這些資料。

顧客關係管理系統（customer relationship management（CRM）system）

是藉由聯繫所有顧客與組織的互動以建立一個整合的、公司面的顧客觀點。這些互動是由各種像是銷售、行銷，以及客服中心的各種行政功能所創造。

只有 65 ％的公司分析他們從網頁上蒐集而來的資料。

11.8　資訊科技與企業流程：風險與控制

前面的章節強調各種企業流程中的控制。本章也探討數個用於企業流程的新科技。企業必須考量與這些科技有關的額外風險，並且加以控制。產生這些風險的主要原因，是因為供應商與顧客間資訊的電子化收集與溝通。關鍵風險包含如下：

■ 私人資訊可能無法被保護（隱私）。
■ 資料可能在傳送過程中被變動或篡改（完整性）。
■ 傳送與接收者可能無法互相確認對方身分（證明）。
■ 可能產生文件傳送或接收的法律證明問題（不可否認性）。

11.8.1　隱私

隱私是現代資訊系統中重要的課題。一篇 Catalog Age 裡的文章指出為什麼這個議題會對企業如此重要。一項最近的調查發現，92 ％的消費者關心他們的資料是否有被濫用的可能性。對隱私的關切將會導致線上銷貨損失。Forrester Group 估計，由於對隱私的關切而造成的銷貨損失成本約為 30 億美元，大約為 1999 年全部銷貨的 10 ％。對隱私的關注，可能在發現顧客並未做出任何消費後得知。企業可透過制訂清楚的隱私政策，以回應此項議題，並且讓他們於公司的網頁上取得。下一段說明另一個對此項關切的回應「隱私審計」——這代表另一項新興的會計專業服務。

組織在發展隱私政策時，必須解決三個廣泛領域的要點：（1）收集何種資訊？（2）組織使用這些資訊的目的為何？（3）使用者如何控制收集與使用與他們有關的資訊？

11.8.2　資料收集

第 5 章說明了用於會計系統的資料屬性設計，本章先前所探討的科技強調收集與分析更多資料。線上銷售使得資料收集更為容易，而組織也可利用這些資料將互動個人化，並且著重於他們對於行銷的收入。連線系統所收集的重要資料類型包括（1）小型文字檔案；（2）網際網路通訊協定位址；（3）個人識別資訊。

　　小型文字檔案（cookie）是一個少量的資料，他會從網頁伺服器送往你的電腦，並且儲存在你電腦的硬碟中。網頁伺服器為了個人化你後續的瀏覽，會使用小型文字檔案以追蹤有關你瀏覽網頁的資訊。當你的網路瀏覽器在網際網路上，向另一台電腦請求網頁時，你的瀏覽器提供那台電腦他應傳送資訊的位置。這個就是你電腦的**網際網路通訊協定位址（internet protocol（IP）address）**。一般而言，如果你透過撥接的網路服務提供者以使用網路，你每次開機時網際網路通訊協定位址都會不同，線上應用軟體也會追蹤你的網際網路通訊協定位址。

　　個人識別資訊（personally identifiable information），例如姓名、電子郵件地址、生日、性別、郵遞區號、興趣及職業，通常透過註冊表而收集。

　　使用資料：一項隱私的重要關切點，是組織使用他們所收集資料的目的為何？企業通常會與其他組織分享這些資料。例如，企業也許會和他的合作夥伴，或於網頁上放置廣告的網路廣告商分享資訊。通常，這些合作夥伴有著不同的隱私政策，這將會讓使用者背負更沈重的負擔，去檢查許多不同的政策。

11.8.3　使用者控制

　　根據現有對使用者資料收集的控制，對於隱私有兩個廣泛的方法。第一個選擇是「選擇參與」，在這個方法下，企業同意不去收集或使用私人資料，除非你明確地同意參與他們的計畫。假設你選擇「選擇不參與」，你必須明確地禁止網頁去收集有關你的資訊。目前網路主要是選擇不參與的情形，其中一項原因可能是因為企業擔心是否太多人會在選擇參與的資料收聚遭遇問題。

　　相對的，隱私提倡者認為，在現有連線系統的複雜度以及做出及時選擇的困難度下，內定值應是隱私，而且企業應該使用選擇參與政策。網頁上根據兩種方法的管制隱私計畫，目前正在美國國會中審議。

11.8.4　隱私政策

　　企業通常會制訂隱私政策，並且可在公司網頁上取得。組織在發展隱私政策時，應考量下列問題。（1）政策必須解決前面所討論

小型文字檔案（cookie）
小型文字檔案是一個少量的資料，他會從網頁伺服器送往你的電腦，並且儲存在你電腦的硬碟中。

網際網路通訊協定位址（internet protocol（IP）address）
當你的網路瀏覽器在網際網路上向另一台電腦請求網頁時，你的瀏覽器提供那台電腦他應傳送資訊的位置。

個人辨識資訊（personally identifiable information）
個人識別資訊，例如姓名、電子郵件地址、生日、性別、郵遞區號、興趣及職業，通常透過註冊表蒐集。

的重要議題；（2）政策應該要清楚地解釋，像是小型文字檔案的科技性名詞，必須加以解釋；（3）政策應能容易地於網頁的首頁上取得。

11.8.5 安全交易

在本節，我們主要討論三個網路環境下與安全交易有關的要點：完整、證明、不可否認性。

例如，企業在 EDI 系統上列出一份訂單，企業想要確認資料在傳送中沒有經過篡改。在文件系統，採購單可由某些負責員工所簽核；在 EDI 系統，供應商可能要更注重傳送者身分的證明。最後，組織要注意交易是否具有法律約束的。

11.8.6 加密與證明

加密是一項可顯著降低證明問題的科技。在過去，組織使用**對稱式關鍵加密（symmetric key encryption）**。在這種方法下，使用者與接受者都需要一個一般的秘密「鑰匙」（一串資料）。傳送者使用鑰匙將訊息譯成密碼，而接收者需要用鑰匙將訊息解密。此項方法的主要問題是鑰匙必須在傳送者與接受者之間以安全的方式傳送。除此之外，如果任何兩個使用者間的鑰匙不再具有機密性，每個關係人就必須有個別的鑰匙。例如，如果一家公司與 10 家公司有商業上的往來，那麼就要有 10 把鑰匙。在現代化的系統中，另一種以不對稱的加密為基礎的方法，使大量的顧客與供應商能夠簡單地使用安全傳送。

不對稱的加密（asymmetric key encryption） 運作方式如下，它不使用相同的鑰匙用來解密和加密，而是使用一對相符合的鑰匙——稱他們為 X 和 Y。如果 X 用於將訊息加密，那麼只有 Y 可以將其解碼。如果 Y 用於將訊息加密，那麼只有 X 可以將其解碼。為了導入這個系統，每位使用者只被分配兩把專屬的鑰匙。使用者將其中一把保持隱密，而讓想要從使用者那傳送（接收）加密訊息的其他人取得另一把鑰匙。為了加以了解，我們假設兩個企業使用者，大學書店的 Joe 以及 ELERBE 公司的 Jane。Joe 希望傳遞一個訊息給 Jane，以通知取消一筆 100 本書的訂單。Joe 使用他的私人鑰匙將他的訊息加密，而 Jane 可用 Joe 公開的鑰匙將訊息解密。因此，當她使用 Joe 公開的鑰匙將訊息解密時，她將知道訊息必定是

對稱式關鍵加密（symmetric key encryption）

在這種方法下，使用者與接受者都需要一個一般的秘密「鑰匙」（一串資料）。

不對稱的加密（asymmetric key encryption）

不對稱的加密使用一對相符合的鑰匙，如果其中一個用於將訊息加密，只有另外一把鑰匙能夠將其解密。

由 Joe 傳來，而不是任何假裝 Joe 的其他人，這對 Jane 而言是好的。但是對 Joe 而言，他則關心是否有人會截取他的訊息。為了避免這種情形，Joe 使用 Jane 的公開鑰匙將訊息再加密一次。只有 Jane 的私人鑰匙能夠將訊息解密，如此一來他將知道沒有其他人可以閱讀它。如你所見，Joe 將訊息加密了兩次，第一次是使用他的私人鑰匙，而 Jane 可以確定訊息是從 Joe 而來，而再一次以 Jane 的公開鑰匙加密，可以確定除了 Jane 以外沒有人可以閱讀它。當 Jane 收到這份訊息時，他必須解密兩次，第一次使用他的私人鑰匙，然後使用 Joe 的公開鑰匙。

11.8.7　數位簽名、雜項以及訊息完整性

雜項與數位簽名是用於確認接受者已收到完整的訊息，以及訊息沒有受到竄改。這也可使接受者確認傳送者確實是他所請求的對象。在這個方法下，整個訊息以雜數演算運作。這個演算法根據使用特性的種類與數量，替訊息計算一個值。例如，一個簡單的雜數演算，可能指定字母表中的每個字母為一個值，然後用這些值去計算訊息的全部數值，最後將雜項總數以傳送者的私人鑰匙譯成密碼。雜項總數的訊息也可以作為一個數位簽名，因為他使用傳送者的私人鑰匙譯成密碼。

接受者接受此項訊息，並使用傳送者的公開鑰匙開啟。接受者若能開啟訊息，則證明了它是來自傳送者的，因為只有傳送者的公開鑰匙能夠開啟訊息。雜項值接著被讀取，接受來的訊息以相同的演算法計算出雜項總數，如果數值相同，那麼代表訊息被完整的傳送並且不可能被竄改。

11.8.8　數位認證

加密方法的一個問題是，如果一個未被授權的人獲取組織的鑰匙，然後他們可以假裝具有組織的身分。基於此項原因，設立了認證授權以發出具有組織名稱、公開與私人鑰匙與到期日的數位認證。數位認證是公開可得的，並且可協助確認使用特定鑰匙的團體中，其使用者的身分。

11.8.9　時間郵寄

最後一項問題是證明訊息已傳送或接收，與認證授權相似，獨

立的個體可解決此項問題。一個獨立的時間郵寄（timestamping）代理商，可在訊息傳送時貼上一個日期／時間的郵票，接受者必須傳送相同的時間郵寄來確認。

11.9 資訊科技與企業流程：會計人員的角色

本章討論了數個新興科技，以及他們對企業流程的影響。我們想藉由討論下列問題以結束本章：為什麼這種科技的知識對會計系學生和專家而言是重要的？前面各節所探討的科技已急遽改變企業的營運方式，以及企業與顧客、供應商及其他人的互動方式。此外，使用這類科技對公司而言，是一項重大的投資。除了硬體、軟體、電信成本外，改變現有的企業流程也是一項重大的成本。科技也可能產生額外的風險。舊金山基礎折價經濟商的電子化交易為資訊科技、成本、收入以及風險間的複雜關係，提供了一個良好的例子。Charles Schwab 決定徹底地改變他的定價結構，以抓住電子商務的機會。他將大部分線上交易的佣金一律降為 29.95 美元，此項金額大幅低於連鎖店或電話銷售的平均 85 美元佣金。

公司估計將在佣金收入上損失 1.25 億美元。然而，也預期了電子商務的利潤。Schwab 的財務長 Dteve Scheid 指出，因為此項變動，公司的收入一年可獲得 1 億美元的淨增加。電子化交易也可能為公司節省建造顧客服務中心，與聘僱更多員工的成本。

會計人員也可使用他們對委託顧客業務與流程、特殊會計處理的了解、審計，以及資訊科技的知識，以協助企業更有效地使用資訊科技。會計人員尤其可於下列領域中協助企業。

11.9.1 確認性服務

因為會計人員提供確認性服務，可提供與資訊科技有關的一個公正審計。例如，他們可以研究公司目前的顧客關係方法，以協助他們探索各種顧客關係管理答案。在會計人員對企業流程、風險與控制議題的了解下，隱私審計是一項相當適合會計人員的新興服務。例如，Expedia.com，為一家微軟所擁有的旅遊網站，他的隱私政策是由 Price Waterhouse Coopers 會計師事務所查核（PWC）。PWC 同時也處理了電子化貸款的隱私政策，而在公費及職員時間上的成本約為 250,000 美元。PWC 會計師事務所通常與公司一起合作

以優化他們的資料處理實務。如果網頁不願改變他的實務，PWC 的合約要求公司，於審計期間內公佈一份不利於公司的審計意見。

11.9.2 分析資訊科技投資

另一項會計人員可協助組織的重要領域，是估計資訊科技計畫的成本與利潤。會計師或財務長必須找尋更顯著的成本與收入，並且檢視資訊科技是如何改變每項企業流程。會計人員可協助組織回答下列問題：

■ 資訊科技對收入的影響爲何？
■ 資訊科技的成本爲何？
■ 與資訊科技計畫有關的風險爲何？
■ 當新科技導入企業流程時，何種控制必須被包括在內？

11.9.3 設計與導入資訊科技的解答

本章所討論的資訊科技是相當複雜的，組織也需要許多訓練技巧及天份以發展這樣的系統。會計師事務所可以協助這些發展，即便可能無法全面實施。會計人員可以協助下列各種不同領域：

■ 確認使用資訊科技的特定方法
■ 重新設計企業流程與控制
■ 挑選供應商
■ 安裝與使用系統

11.9.4 強化現有服務的價值

資訊科技除了創造新的專業服務機會外，資訊科技在組織中可以協助會計人員更有效地扮演他們的傳統角色。例如，組織的內部審計人員，也許會發現資料倉儲在執行看門狗的功能時是非常有價值的。資料倉儲提供豐富的資料資源以進行分析和覆核，以及發展偵測舞弊模型。審計人員可使用資料倉儲以分析特定帳戶的趨勢與圖形，他們也可以監督未預期的變動和辨認額外的控制。

彙總

    本章以及接下來的章節構成了本書的第 4 篇，這部分主要說明資訊科技的環境。在本章，我們定義資訊科技環境包括四個構面（1）資訊科技策略；（2）資訊科技基礎建設；（3）資訊科技功能；（4）系統發展流程。如同要點 11.1 所定義的，我們著重於資訊科技策略與資訊科技基礎建設。

    我們使用波特教授的價值鏈模型來考慮策略。這個模型在研究會計應用系統是很有用的，因為他將策略與交易循環相連結。價值鏈包含了主要活動（內部物流、營運、外部物流、行銷及服務）與支援活動（人力資源、採購及科技）。主要與支援活動的架構，是依據公司依循的競爭優勢而定的。三種策略為：成本領先、產品差異化與聚焦。

    為了協調主要與支援活動，公司以各種不同方式連結使用者，包括終端機模擬、檔案伺服器系統，以及顧客服務結構。電子化溝通用於協調顧客與供應商間的活動。電子化企業指的是用於廣泛描述各種顧客與供應商間的電子化交換的名詞。電子商務則是電子化企業中交易導向的部分，網際網路是組織間溝通與交易的主要途徑。資訊在超文件標記語言所製作的網頁上交換，靜態網頁提供類似目錄的資訊，而網際網路的使用者可隨時獲得這類資訊。動態的網頁可支援電子商務，因為網頁的資料是從公司支援交易循環的資料庫取得的。當使用這個架構時，顧客可以瀏覽產品、下訂單以及付款。資訊可直接進入公司的資料庫並立即處理。導入動態的網頁需要包括顧客瀏覽器、供應商網頁伺服器及供應商資料庫伺服器的三方架構。

    新的資訊科技使得公司能更妥善地使用他們的資料，連線交易處理不再需要的歷史記錄，可以摘要或詳細的型式儲存在資料倉儲中。資料採礦用於篩選及探索資料倉儲中的資料，並且建立預先發現各種未知關係的模型。資料採礦的科技包括查詢、統計分析與人工智慧。公司企圖降低它內、外部物流成本，可藉由改進組織內的協調和公司與其顧客和供應商的協調而達成。企業資源規劃（ERP）系統有助於協調組織內的各項活動。公司用於會計、採購、生產、銷售、與配送所用的資料與軟體，全部整合在一個系統內。

    顧客關係管理（CRM）系統也可經由整合加以建立，CRM 整

合所有顧客與公司間的互動，包括銷售請求、消費歷史、支援、保證及調查資料。公司也可使用科技協調供應鏈上的交易，企業可使用企業外部網際網路與電子資料交換（EDI）與其他人作電子化互動。在這些模型中，採購單是從顧客直接電子化傳送至供應商的資料庫。然後，供應商填好單據並直接傳送一張電子化發票至顧客的資料庫。

電子商務的先天風險已越來越重要。我們辨認了四個關鍵風險：隱私、完整性（資料傳送過程中未遭受變動）、證明（確認傳送者與接收者）、不可否認性（證實文件已經傳送或接收的能力）。對資訊科技風險與變動的關切提供會計人員機會，包括確認性服務、關於資訊科技採購的建議、以及協助設計與導入資訊科技的解答。

焦點問題 11.a

※建立 HTML 文件

本題將指導讀者如何利用 HTML 編輯資料。 HTML 之應用不但能幫助讀者了解本節之觀念，並且讓讀者了解後續章節中所討論之網際網路網頁與電子商務應用軟體之不同。是回答下列問題：

1.開啟一文件編輯檔，輸入下列指令並以「會計」名稱存檔

```
<HTML>
<BODY>
<CENTER>
<B>ELERBE, Inc. </B>
<P>
List of Accounting Products
</CENTER>
<P>
<TABLE BORDER=1>
<TR>
<TD>ISBN</TD>
<TD>Author</TD>
<TD>Title</TD>
<TD>Price</TD>
```

```
</TR>
<TR>
<TD>0-146-18976-4</TD>
<TD>Johnson</TD>
<TD>Principles of Accounting</TD>
<TD>$70.00</TD>
</TR>
<TABLE>
</BODY>
</HTML>
```

2.開啓 IE 瀏覽器，於瀏覽器中開啓「會計」檔案。

3.請與課本釋例 11.9 相比較，試說明其關聯性。

4.請選擇課本釋例 11.9 中兩項以上之明細資料，並以 HTML 編輯，以「會計」名稱存檔。

5.開啓 IE 瀏覽器，於瀏覽器中開啓上述「會計」檔案。

釋例 11.9　ELERBE 公司訂單處理系統所使用之檔案

存貨檔

ISBN	作者	書名	價格
0-256-12596-7	Barnes	Introduction to Business	$78.35
0-127-35124-8	Cromwell	Building Database Applications	$65.00
0-135-22456-7	Cromwell	Management of Information Systems	$68.00
0-146-18976-4	Johnson	Principles of Accounting	$70.00
0-145-21687-7	Platt	Introduction to E-Commerce	$72.00

焦點問題 11.b

※使用網頁顯示產品資訊

　　在課本釋例 11.3A 與焦點問題 11.a 中，讀者已學習到如何使用 HTML 來編輯網頁顯示如課本釋例 11.9 之產品資訊。課本釋例 11.9 列示存貨之明細與價格。ELERBE 公司職員也樂於將各項存貨與價格列示於公司網頁上，如此顧客能隨時隨地獲取所需產品的資訊。

　　問題：

　　ELERBE 公司使用上述方式來列示產品資訊時，會面對哪些問題？

焦點問題 11.c

※ ELERBE 公司之電子商務

　　請考慮 ELERBE 公司於下列情形與顧客進行線上交易時所需的功能：

1 讓學生能以課程科目查詢相關書目列表。
2.學生能編輯與追蹤訂單。

請問：

1.請問 ELERBE 公司如何使用三階層電子商務建構上述兩項功能。
2.試比較上題中之三階層應用程式與前面章節所討論的應用程式（如： DBMS 應用程式或套裝軟體）的不同處。

焦點問題 11.d

※ 不同面向彙總

　　課本釋例 11.4A 中資料可依不同類型加以彙總，請舉出該資料尚可依哪些其他類型面向進行彙總，並列舉出依該面向類型彙總的檔案。

問答題

1. 比較本章所介紹的價值鏈與交易循環的概念。
    a. 這兩個模式之間，有什麼相似之處？
    b. 這兩個模式之間，有什麼相異之處？
2. 說明檔案伺服器與顧客伺服器系統之間的差異。
3. 靜態網頁與動態網頁的差別爲何？
4. 說明三方結構如何用來執行動態網頁。
5. 公司如何使用電子商務強化該公司的企業流程？
6. 何謂資料倉儲？資料倉儲與營運資料庫有何不同？
7. 何謂資料採礦？簡要的說明一些一般的資料採礦技術。
8. 簡要的說明企業資源規劃系統。
9. 簡要的說明顧客關係管理系統。
10. 說明 EDI 與 XML 之間的差異。

練習題

E11.1
說明下列技術如何用來強化 ELERBE 公司的企業流程。具體說明特定的企業流程由何種特定的技術所強化，簡要的說明每一個技術對 ELERBE 公司而言，其成本及效益。

■ 資料倉儲
■ ERP
■ 資料採礦
■ EDI
■ CRM
■ 內部網路
■ 外部網路

E11.2
在先前的章節中，我們提出了包括 Sunny Cruise Lines 公司收入循環的問題。 Sunny Cruise Lines 公司欲使用電子商務科技去改善他們的預訂流程。

a. Sunny Cruise Lines 公司如何使用靜態網頁去改善他們的預訂流程？

b. Sunny Cruise Lines 公司如何使用動態網頁去改善他們的預訂流程？

c. Sunny Cruisc Lincs 公司應該使用 a 與 b 中所提的哪一個方法？爲什麼？

E11.3

資料倉儲、資料採礦及 CRM 技術，如何被 Sunny Cruise Lines 公司所使用？請用一個特別的範例去解說每一個技術的使用。

E11.4

瀏覽任何一個電子商務網站，檢閱網站上的隱私權政策。

a. 該隱私權政策是否有說明什麼樣的資料會被搜集？

b. 該隱私權政策是否有說明資料如何被使用？

c. 使用者是否對於資料的搜集有控制的能力？

d. 該隱私權政策是否清楚？

E11.5

列出使用電子商務技術的四個關鍵風險，說明用來確認這些風險的技術。

E11.6

瀏覽 http://www.toptentechs.com/techs/。 AICPA 網站中前十名科技網站，利用這些連結，並且簡要的定義這十個科技網站。

12 資訊科技管理與一般控制

學習目標

🔍 閱讀完本章，您應該了解：

1. 多使用者系統的資訊科技架構。

2. 一般控制。

3. 資訊系統規劃──資訊科技運用策略、資訊科技架構、資訊科技功能，以及系統發展過程。

4. 資訊科技功能的組織──資訊科技功能的位置，為了資訊科技功能而作職能分工，以及人事控制。

5. 系統開發方法、程式開發和測試以及文件化。

6. 會計資訊系統──控制資訊存取的技術，以及確保資訊科技營運的持續性。

🔍 閱讀完本章，您應該學會：

1. 確認資訊系統規劃的主要組成要素。

2. 對應用軟體而言，發展一套資訊存取控制之矩陣。

第 11 章介紹了在商業策略及資訊科技環境下，學習會計資訊系統的架構。在第 11 章所列示的概括架構可以讓你更了解會計資訊系統，以及將會計資訊系統知識應用於現今講求專業的環境。另外，在本書第 1 章至第 10 章的焦點為「企業流程」及「會計資訊系統的應用」，以及相關的風險及控制，亦即要點 12.1 所列示之兩個方塊。本章即是要探討要點 12.1 所展示之另外兩個要點，也就是「企業策略」以及「資訊科技環境」。

要點 12.1　研讀會計資訊系統的架構

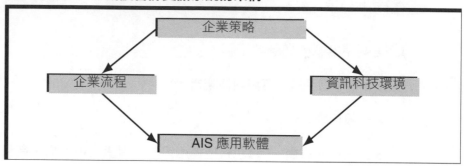

在本書第 11 章，資訊科技環境是由下列四點所組成，並列示於要點 12.2，詳述如後：

要點 12.2　資訊科技環境

我們認為資訊科技環境由下列四種項目所構成：

1. 資訊科技策略：運用資訊科技來支援組織整體的企業策略和流程是組織的廣大願景。

2. 資訊科技的基礎建設：運用資訊科技來支援，組織整體的企業策略和流程是組織的廣大願景。

3. 資訊科技功能：資訊科技功能是負責取得及發展資訊系統，和支援終端使用者。

4. 系統發展流程：是由應用軟體面發展、使用並維持而成，系統發展生命週期代表這個程序，此程序是一系列組織用來建立會計應用軟體的步驟。

先前的章節是把焦點放在工作流程及輸入控制上。只有在這些應用軟體，也有效地在較大的資訊科技環境裡發揮作用的時候，建

立在會計應用軟體裡的控制才能有效發揮作用。廣義的資訊科技控制，包含密碼和授權控制、備份和回復，以及控制並確保安全性和隱私。

　　許多專業的組織強調諸如廣泛控制的重要性。

　　在本書第 4 章中提到，Treadway Commission's 發布「內部控制──整合架構」（亦即 COSO）是被大家公認爲有效的內部控制架構。其他專業團體也有發展出一套內部控制架構，諸如內部稽核人員研究基金會、系統稽核與控制協會（SAC），以及稽核標準聲明（SAS）55 ／ 78 。資訊科技控制的架構，是由資訊科技治理協會（隸屬於資訊系統審計與控制學會）發展出資訊與相關科技的控制目標（control objectives for information and related technology, COBIT）。這些標準所著重的焦點不同，因爲其預期的使用個體及每一份說明文件的目的也都不同。「資訊與相關科技控制目標」對於資訊科技安全及控制，提供了一個參考的架構，並給會計師、電腦使用者、經理人員使用。公司管理階層使用此架構，以平衡風險及控制，且使他們資訊科技投資價值極大化。資訊科技控制架構可以幫助使用者獲得包含資訊科技安全性及由內部或第三者爲其服務，所提供控制等等的保證。會計師也可使用諸如資訊與相關科技控制目標此架構，以建議管理階層採用，並且在出具查核意見時有所依據。

　　在本書第 4 章所討論的 COSO 架構，雖然已廣泛地被社會大眾所採用，但它的範圍比資訊科技控制還大。最近資訊系統審計與控制學會所出具的報告如下：

　　沙賓法案（Sarbanes-Oxley Acts）需要組織選擇及實施一套適合內部控制架構。內部控制──整合架構，是目前最普遍採用的架構。一般而言，受證管會管轄之企業及其他人，需要超過比 COSO 提供關於資訊科技控制更多的細節。但是，美國會計監督管理委員會（PCAOB）雖提到資訊科技控制之重要性；不過，並未提及更進一步的細節。因此，藉由資訊科技治理協會所頒布之資訊與相關科技控制目標，可提供更多的資訊給相關人士參考。

　　本章討論是以資訊與相關科技控制目標之架構作爲基礎，以提供關於資訊科技控制之更多明確的指引。注意 COBIT 內部控制定義及控制目標是基於 COSO 及 IIA 架構。 COBIT 討論資訊科技控制，是依資訊科技治理較廣泛的概念而成。資訊科技治理定義爲：

　　資訊科技治理建立了一個架構，此架構即是把資訊科技處理流

程、資訊科技資源，以及資訊連結至企業策略及目標。而且，資訊科技治理是整合及建立規劃及組織、取得及執行、傳遞及支援，以及監督資訊科技績效的制度，使其達到最佳化的效果。

本章指出先前定義確認的範圍，因此我們考量關於資訊科技規劃、資訊科技功能組織及管理，以及取得、實施、傳送資訊科技服務之控制。我們目標是提供你思考關於資訊科技控制之架構。我們僅考量在 COBIT 及其他來源下的各種子控制，我們也鼓勵你諮詢這些來源，取得更多這些主題所需要的額外資訊。

12.1 資訊科技架構：多使用者系統

如同要點 12.2 所提到的，本章的焦點是放在資訊科技環境。本書第 11 章是從技術的觀點，討論多使用者會計資訊系統的議題。我們討論了檔案伺服器概念和顧客——伺服器方式，以解釋程式及資料如何配置在多使用者系統中。在本章，我們也進一步將多使用者系統的要點放在「人們」及「組織結構」這一塊區域。首先，我們將會介紹在多使用者系統中，組織資料及程序的不同方法。在後面的部分，我們也將以資訊科技架構觀點，解釋資訊功能的組織。

這裡有四個資訊科技架構四種常見的型態，分別為集中式（centralized）、分散式資料輸入之集中式系統（centralized with distributed data entry）、非集中式（decentralized），以及分散式（distributed）。在多使用者系統中，下列三個問題可以幫助你了解，找出並指派資料輸入、處理及儲存功能等責任的多種可選擇方法。

1. 將**資料輸入**至哪裡？
2. 資料**處理流程**在哪裡發生？
3. 資料**儲存**在哪裡？

注意「基礎建設」這個字眼，在本文中所涵蓋的層面是廣泛的，包含電子商務、企業資源規劃、顧客——伺服器、資料倉儲。我們使用結構這個字眼去介紹資料輸入、處理、儲存可以被組織的四個方法。要點 12.3 根據這三個問題，定義這四個系統：

以下就介紹這四個結構的更多細節：

要點 12.3：資料輸入、處理流程、儲存的選擇

架構	資料輸入	處理	儲存
集中式系統	集中 *	集中	集中
分散式資料輸入之集中式系統	區域 **	集中	集中
非集中式	區域	區域	區域
分散式	區域／集中	區域／集中	區域／集中

*員工藉由中央電算設備處理、輸入、儲存這些資料

**在使用者部門（例如，訂單輸入部門及處理帳單部門）之下，使用電腦輸入、儲存、處理資料

12.1.1　集中式系統

　　在**集中式系統（centralized systems）**之下，資料儲存、所有資料輸入，以及資料處理均發生在個別電腦。傳統的電腦系統是集中式系統。使用者群體將批次的文件傳輸至組織資料交換中心。資料輸入人員將資訊輸入至中央電腦系統。例如，使用者提交薪資卡。資料處理流程人員輸入資料，並提供電腦列印出來的薪資帳戶表及支票給使用者。集中式可以讓處理流程更有效率是因為，交易通常是以批次的方式在處理。另外，集中式系統也提供良好的內部控制，因其記錄的功能與其他功能分離。然而，集中式有某些缺點。舉例而言，此類系統不太能反應使用者所需要的資料，導致使用者一定要向資料處理人員獲取資料。甚至，由於交易資料是累積至批次後，才將資料輸入，使得資料不太可能立即更新。最後，如果中央電腦當機，所有的使用者將受到影響。

> **集中式系統 (centralized systems)**
> 在集中式系統之下，資料儲存於單一電腦中，以及所有資料輸入及處理流程均發生於單一電腦上。

12.1.2　分散式資料輸入之集中式系統

　　分散式資料輸入之集中式系統（centralized systems with distributed data entry）算是集中式系統的一種，是因為資料儲存在單一電腦，以及在單一電腦中以程式處理所有流程。然而，使用者可以跨越不同組織，在區域層級完成資料輸入。這些人們使用「啞巴終端機」（亦即未有處理流程能力之終端機），並將資料輸入至中央電腦系統。或者，終端機模擬軟體可使用在個人電腦上，並讓個人電腦充當中央電腦系統的終端機。例如，採購部門、驗收部

> **分散式資料輸入之集中式系統 (centralized systems with distributed data entry)**
> 是集中式系統的一種，因為資料儲存在單一電腦，以及在單一電腦中以程式處理所有流程。然而，資料輸入可以在區域層級時，跨越許多組織完成。

門，以及應付帳款部門，可將採購循環資訊輸入至電腦系統。而且，採購、驗收、應付帳款記錄需保存在中央電腦系統。資料輸入可以進一步的被解釋為，使終端使用者能夠輸入需求，並允許部門系統管理員去授權需求。

分散式資料輸入之集中式系統的使用者，較容易分享電腦、週邊設備，以及資料的資源。這方式相對於集中式系統的好處在於，終端使用者可在發生時將資料輸入，促使資料可以立即更新。但此方式有兩個不利之處：（1）在較忙的這一段期間，會耗費較多的處理流程時間；以及（2）當電腦當機時，所有的使用者也將受到影響。

12.1.3 非集中式系統

1980 年代，桌上型電腦使用的持續成長，導致了集中式電腦系統使用的改變。在**非集中式系統（decentralized systems）**之下，公司的組織單位有自己的電腦，以及他們並非在同一個電腦網路上。處理流程及資料儲存於部門單一電腦的區域層級執行，各個部門有不同的硬體及應用軟體。

非集中式系統的好處在於，當流程或資料並非在單一電腦時，若電腦當機，系統所受到的影響較小，單一電腦的當機可能只影響少數的應用軟體。第二個優點為，使用者有更多的控制，而且能夠設計出一套更能反應他們所需的系統。之前所提及的，在集中式之下，使用者必需透過資訊系統職員，才能要到他們所需要的資訊。由於處理流程分散在各個電腦上，因而使用者不必等待較長的處理程序時間。

非集中式的缺點在於資料散佈在許多電腦上，組織會發現難以將資料整合及分享。第二個缺點在於使用者部門可能取得不相容的硬體及軟體。如果使用者部門獨立地發展各自的應用軟體，將造成組織資源的浪費。並且，非集中式系統比起集中式系統，難以達成良好的內部控制。

12.1.4 分散式系統

現代的趨勢是朝向**分散式系統（distributed systems）**。在非集中式系統下，資料及處理流程分佈在各個電腦中。然而，分散式

非集中式系統（decentralized systems）

在非集中式系統之下，公司的組織單位有自己的電腦，以及他們並非在同一個電腦網路上。處理流程及資料儲存於區域層次，在部門內的單一電腦完成。

分散式系統（distributed systems）

在分散式系統之下，資料及處理流程分佈在各個電腦中。然而，分散式系統不像非集中式系統，分散式系統所強調的是在各個電腦中作連結。

系統不像非集中式系統，分散式系統所強調的是在各個電腦中作連結。因此，分散式系統的焦點是放在個別電腦上，將資料與應用軟體作連結及整合。分散式處理流程擁有非集中式系統的優點（亦即電腦當機所受到的傷害較低，更能反應使用者所需）。除此之外，比起非集中式系統，分散式系統的整合能力也較佳。不過，若有大量使用者時，對分散式系統的疑問就是確保資料安全性，亦即在非集中式之下，當電腦是獨立且資訊存取限於單一組織單位時，確保資料安全性的困難度是較小的。

　　要點 12.4 整理了資訊科技架構的四種型態。在讀完本章後，請完成焦點問題 12.a 的要求，以提高你對於四種資訊科技架構的了解。

　　值得注意的是，一家公司使用四種不同功能的結構。例如，薪水帳冊要集中處理，以限制人員接近關於薪資之敏感資訊。訂單輸入可視為分散式資料輸入之集中式系統。銷售人員可將電話訂單輸入至電腦終端機，各部門可能會保存他們自己的 excel 工作表，去儲存重要聯繫方的電話號碼，並且部門之外的任何人都不能獲得此項資訊。因此，處理這項功能是採用非集中式的方式。

　　我們也指出系統的特性，諸如集中式或非集中式等，是看組織層級而定。例如，會計部門有自己的區域終端機網路，以連結至自

☁要點 12.4：資訊科技架構

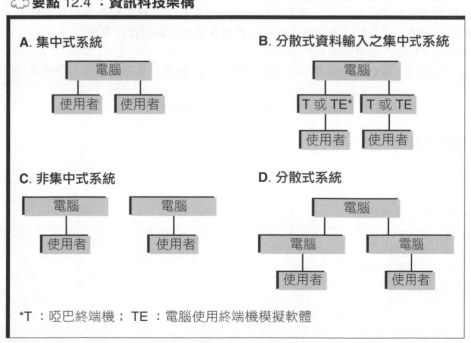

A. 集中式系統

電腦
使用者　使用者

B. 分散式資料輸入之集中式系統

電腦
T 或 TE*　T 或 TE
使用者　使用者

C. 非集中式系統

電腦　　電腦
使用者　　使用者

D. 分散式系統

電腦
電腦　　電腦
使用者　　使用者

*T：啞巴終端機；TE：電腦使用終端機模擬軟體

己部門的電腦上,因此沒有其他的部門可接近此網路。我們也假定行銷部門有類似的處理方式。當我們考慮不同部門的整體資訊系統時,系統可以視為非集中式系統(亦即各部門之間電腦網路是並未連結的)。然而,若在部門內,則系統描述為分散式資料輸入之集中式系統。

下一個部分,我們將討論如何控制資訊科技功能,以幫助組織達成目標。

12.2 控制資訊科技環境

先前的章節討論過內部控制是用來管理風險,及提高管理的效果及效率。要點 12.5 是重新敘述四種控制型態,並於特定事件及工作中,我們把焦點放在工作流程、輸入控制,以及績效複核。依要點 12.1 來看,這三個控制應用在企業處理流程及會計資訊系統應用軟體中。我們現在考慮設計第四個控制(亦即一般控制),以管理整體資訊科技環境。除了工作流程及應用軟體控制之外,**一般控制(general controls)** 也是需要的,以確保企業處理流程適當的執行,正確的保存記錄,和資源的安全性。

> **一般控制**
> **(general controls)**
>
> 在多個處理流程中應用廣泛的控制系統。一般控制應該置於適當的地方,以使工作流程及輸入控制作業更有效率。

☁ 要點 12.5 控制活動型態

1. 採用工作流程控制以控制處理程序,如同從一個事件移至下一個事件。工作流程是聯結各事件,並且是負責事件、事件的順序,以及在企業處理流程中,負責各事件之間的資訊流程。
2. 採用輸入控制,以控制將資料輸入至電腦系統的過程。
3. 一般控制是較廣泛的控制程序,且應用至多個程序上。這些程序應該置於適當的地方,使得工作流程及輸入控制更有效率
4. 績效複核,包含將實際的結果與預計、預測結果,以及前期的結果相比較。

以下就敘述每個型態的控制活動:

工作流程控制 *
1. 職能分工。
2. 使用以前所發生的事件資訊以控制活動。
3. 要求事件需有先後順序。
4. 事件跟催。
5. 將事先編好號碼的文件,按照順序排好。
6. 記錄內部負責人應負之責任。
7. 限制接近資產及資訊。
8. 調節資產記錄。

（續）要點 12.5　控制活動型態

輸入控制 *

1. 下拉式選單或查閱選單，以提供可能的數值，並將數值輸入電腦。
2. 記錄檢核，以決定資料輸入是否與相關表中的資料是一致的。
3. 藉由另外一個表中顯示相關資料，以確認你輸入的資料是否正確。
4. 參照完整性控制，以確保事件記錄，與正確主檔記錄有關。
5. 格式確認，以限制內容、號碼及日期等的輸入。
6. 有效性的角色是限制輸入的是某一種允許的值。
7. 使用之前連線所輸入之內定值。
8. 輸入電腦產生之數值於記錄中。
9. 資料輸入前之批次輸入控制總數，可與資料輸入後的輸出結果作比較。
10. 在過帳前可覆核編輯的錯誤報告。
11. 當內定值被蓋過，或有輸入異常值時，就要出具例外報告。

一般控制 *

1. 資訊系統規劃。
2. 組織資訊科技功能。
3. 定義及發展資訊系統解答。
4. 導入及操作會計資訊系統。

績效複核 *

1. 透過先前保存的檔案，建立預算、預測、前期結果的資料。
2. 將實際結果與預計、預測，以及先前的結果相比較，並寫成報告。
3. 藉由修正適當的參考資料（預算及標準）於主檔中，採取修正的動作。

*本書第 4 章討論工作流程控制及績效複核。一般控制在本章節討論。

注意要點 12.6，我們將管理資訊科技環境分成四大部分，並說明一般控制目標。

12.2.1 資訊系統規劃

資訊系統規劃（information systems（IS）planning）對於確保組織資訊系統支援，及提高企業處理流程及符合使用者所需資訊是重要的。此外，在使用組織資源時，資訊系統規劃是一個重要的控制系統，對於企業來說，也是一個有意義的投資。而且，對於確認企業所需要的資訊和機會，以及優先處理資訊系統投資以支持整體企業策略，規劃是必要的。在作規劃時，需考慮資訊科技環境

資訊系統規劃（information systems（IS）planning）

資訊系統規劃指的是，將處理流程用在確認資訊系統的需求及機會上，以及優先處理資訊科技投資，以支援整體企業策略。

的每個要素（亦即列示於要點 12.2，包含資訊科技策略、資訊科技基礎建設、資訊科技功能、系統發展流程）。

12.2.2 組織資訊科技功能

為求了解資訊系統規劃，執行資訊科技功能之人員，一定要會組織或管理。因此，在控制的第二類（亦即要點 12.6 第二類），我們把焦點放在**組織資訊科技功能（organizing the IT function）**。此類的控制系統，是與資訊科技功能的要素有關（列示在要點 12.6）。

12.2.3 定義及發展資訊系統解答

不像前兩個控制種類，**定義及發展資訊系統解答（identifying and developing IS solutions）**這類焦點是放在特定應用軟體發展計畫。控制系統要確保個別系統計畫有適當的規劃及管理。此控制的種類與系統發展流程有關（亦即列示在要點 12.2 的最後一個要素）。而且，我們焦點放在與新系統開發有關的流程，或者對現存系統的修正。系統發展流程包含已開發實際營運流程，以及在營運中訓練及支援使用者。關於營運之控制系統（相對於發展流程）被視為下一個類別。

> **組織資訊科技功能（organizing the IT function）**
>
> 一般控制是確保執行資訊科技功能的人員能夠被組織及管理，以達到資料系統規劃的實現。

> **定義及發展資訊系統解答（identifying and developing IS solutions）**
>
> 使用一般控制，以確保個別資訊系統已經被組織適當的規劃及管理。

要點 12.6　管理資訊科技環境中的一般控制

管理資訊科技環境	一般控制
資訊系統規劃	1. 發展資訊系統策略
	2. 規劃資訊科技基礎建設
	3. 規劃資訊科技功能及系統發展流程
組織資訊科技功能	4. 將資訊科技功能放在適當的位置
	5. 將不相容的功能予以分離
	6. 對於雇用、發展、解雇資訊科技職員，實施人事控制
定義及發展資訊系統解答	7. 採取適當的系統發展
	8. 實施程式開發及測試之程序
	9. 確保適當的文件化
導入及操作會計資訊系統	10. 確保資源安全性
	11. 確保服務的持續性

12.2.4 導入及操作會計資訊系統

在會計資訊系統運作中，**導入及操作會計資訊系統（imple-menting and operating accounting systems）**這類控制焦點是放在管理資訊科技資源。例如，一定要限制授權使用者接近資訊科技資源。要注意的是，先前提到，此類的控制也和系統發展流程有關。然而，我們焦點是放在新系統的實際運作上，而非放在開發活動上。

12.3　一般控制：資訊系統規劃

規劃意味著組織在未來某些時點，想要做什麼事。資訊系統規劃決定資訊科技功能之目標，以及如何完成此目標。沒有一個良好的資訊系統規劃，組織可能就沒有辦法有效率地運作硬體、軟體，以及人力資源。而且，資訊系統或許對於有效競爭是不可或缺的。資訊系統規劃可幫助創造成本效益系統，以及降低產生無效率系統的風險（亦即在無效率系統之下，無法滿足使用者需求）。因此，會計師會檢查組織的資訊系統規劃。對某些組織而言，會計師係可能依賴資訊系統規劃品質的評估，以決定組織是否能夠持續經營下去。

資訊系統規劃的主要目的，是在整個企業策略及需求中，考慮個別資訊系統計畫。例如，企業可能考慮線上訂單處理流程。同時，某些使用者可能要求加強應付帳款作業系統。透過企業策略支配整體長期計畫，可幫助組織優先處理特定資訊系統計畫，包括會計資訊系統的發展。由組織承擔的個別計畫，應該支持企業策略，否則企業可能無法達成目標。

高階管理階層對於良好資訊系統規劃之發展，扮演關鍵性的角色。亦即常由指導委員會，包含資訊長、執行長、財務長，以及內部稽核師來做資訊系統規劃。顧問也可能提供額外的輸入於資訊系統的計畫過程中。規劃流程的要點在於考慮各種可能的計畫，排序發展成果，以及分配資源。所以，規劃並非把焦點放在單一應用軟體或計畫上。我們將在下一個章節討論開發特定應用軟體流程。

我們再看一次要點 12.1，整理所討論的資訊系統規劃。首先，應該由企業整體策略策動資訊系統規劃。第二，資訊系統規劃包含資訊科技環境之每個主要的因素（亦即要點 12.2）。每個主要的因

素，應該與企業策略相結合。

在本章後面，請你完成焦點問題 12.b 之要求，去發展一個資訊系統計畫，以測試你對於這類計畫應該符合哪些需求的了解程度。

本節剩下的部份，根據要點 12.2 組織。我們將討論關於資訊系統規劃中三個主要的控制。

12.3.1 發展資訊系統策略

在資訊系統規劃中，資訊系統策略與企業策略之策略性調準扮演著關鍵的角色，以及應該要考慮的兩個方向。第一，企業策略應策動企業處理流程及資訊系統策略。資訊科技環境的其他因素（例如，資訊科技功能及資訊科技架構）是視企業處理流程及資訊科技策略而定。第二是了解資訊科技環境需要耗費時間去改變。目前資訊科技環境會影響企業處理流程，資訊系統需求，及隨著時間過去，在改變資訊系統上可以成就什麼？這些限制影響企業策略的選擇及機會。因此，資訊系統策略規劃確定的三個要素：（1）目前資訊科技環境；（2）未來資訊科技方向；（3）改變的策略。

12.3.2 規劃資訊科技基礎建設

資訊系統規劃一定要考量整體資訊系統架構。現有的硬體、軟體，以及網路資源可幫助組織評估什麼是需要做的，以及在規劃新系統中，要存在什麼樣的限制。其次，當公司在規劃適當的架構時，需考慮四個主要的因素：依賴舊系統，選擇資訊平台，選擇多使用者處理流程模型（例如，集中式、非集中式，或分散式），以及應用軟體整合程度。

舊系統

組織已存在一段時間，陳舊系統仍執行重要的會計功能。維護及升級這些**舊系統（legacy systems）**是很複雜的。在過去學有良好文件建置的時候，或許已做了大量的改變。在先前的章節討論過，升級這些系統的難處是促使許多組織朝向企業資源規劃解決。然而，替換舊系統將花費較多的時間及金錢。長期而言，使用較新的科技是有效益的；但就短期而言，相對於安裝新科技的成本來說，改變所能帶來的利益是比較小的。依據公司的財務狀況及其他公司的環境，短期內使用現存的系統作為公司營運的一部份，是更

舊系統（legacy systems）

組織仍在使用老舊系統（此系統是重要老舊的應用軟體）。如果已經規劃完新的應用軟體，組織一定要讓新的應用軟體能夠相容，或者小心地規劃將舊系統移轉至新的應用軟體。

令人信服也更好的。

　　因此，舊系統可能繼續存在，因為公司難以獲得資金，或者用較新的科技更換舊系統需多花一些管理上的時間，以及更換系統的效益並非直接及立即看得見的。組織一定要考慮其對於現存系統的依賴性及舊系統如何影響新系統。

資訊平台

　　組織要選擇適當的資訊平台。資訊平台是硬體及軟體，以支援使用者的應用軟體。例如，創造追蹤傳遞之應用軟體，可使用 MS Access。 MS Access 對此應用軟體而言，是一資訊平台。除此之外， MS Access 是利用視窗作業系統而撰寫。作業系統對 MS Access 而言，是一個資訊平台。另外，視窗作業系統的撰寫也依靠著英代爾（Intel）或類似的處理器。因此，一個特別的處理器是支援 Windows 資訊平台的一部分。就如同你所看見的，資訊平台依據所討論的主題而不同。對於會計應用軟體而言，資訊平台的型態包含資料庫管理系統、作業系統、電腦硬體。資訊平台的選擇影響應用軟體，是因為應用軟體常建立在特定的資訊平台上運作。如果不能協調整合資訊平台，將造成個人及部門取得及使用不相容的系統。各系統整合和分享資訊的成本也會變得較昂貴。

多使用者的處理流程

　　非集中式系統在規劃過程中，是一個值得考慮的重要議題。如同之前討論的，採用集中式系統可能導致未能反應使用者需求之僵硬的資訊系統。相反地，如果電腦是完全地採用非集中式，則此系統較能反應單位需求，但是，整合及資料分享將變得非常困難。基於此，組織一定要考慮關於設置硬體、軟體，以及資料庫之問題。如果資訊系統是非集中式的，標準及政策對於確保部門間有足夠的協調以達到企業目標之達成而言，是不可或缺的。制定準則以指示硬體及軟體的取得，和資料及其他資源的所有權。如果是集中式的組織系統，則使用者所需要的資訊皆透過資訊系統功能，亦即資訊系統被視為資訊科技功能資源的「主宰者」。在非集中式系統下，各部門可能是資源的所有者，所以對於系統的發展及使用，標準的設立是必要的。

系統整合

企業外部及內部組織系統是另外一個在計畫過程中，必須確認的領域。本書第 11 章許多方法（例如，企業資源規劃、電子資料交換，以及企業外部網際網路）。這些科技在支援企業策略上扮演關鍵的角色。而且，要成功地使用這些方法，高階管理的包含及良好的規劃是不可少的。例如，實施企業資源規劃的成本是較貴的，以及牽涉到多個部門間廣泛的協調合作。對於一個成功發展的 ERP 系統而言，需要考量周全的規劃。

12.3.3 規劃資訊科技功能及系統發展流程

在規劃中，我們要考慮資訊科技環境的其他因素，亦即考慮「資訊科技功能」及「系統發展流程」。組織要找到適當的人選，以符合資訊科技需求，組織也要考慮取得及管理資訊科技的程序，這兩個議題是有關聯的。如果企業只擁有有限的資訊科技員工，那可能需要以外包的方式，以符合資訊科技需求。資訊科技規劃中一個重要的議題，就是我們考慮在資訊系統規劃中，將資訊科技委外開發，並支援外部供應商。

對於人事及處理程序的規劃，是視組織的性質及資訊科技架構而定。如同在本章前面所討論的，在非集中式系統的組織中，各部門要對取得及管理資訊科技資源負相當大的責任。雖然此方法較能反應部門的需求，但對於整體組織而言並非是最佳的方式。例如，不同的部門可能取得不相容的資訊平台。所以，若有集中式系統的資訊科技，員工可能會較有效率。

外包：在規劃資訊科技功能時，需要考慮的一個重要因素為，是否公司應該將資訊科技的營運一部分**外包（outsourcing）**或全部外包。外包是購買產品或購買服務，而非製造。為了讓企業更有競爭力，組織會更注重主要的產品及服務上，其餘的功能就採用外包的方式。關於會計資訊系統的開發及支援活動，組織就有可能採用外包的方式。

外包（outsourcing）
購買產品或服務，而非製造產品或服務。

組織將資訊科技功能外包的理由如下：

1. 外包使組織能擁有現代的技術。對組織而言，重新訓練資訊科技員工以追趕科技快速的改變，可能是較困難的。
2. 由於激烈的競爭，公司將組織重整，以及縮小公司規模。接

受委外的供應商或許可以藉由將資料放置在適當的地點，因此在軟硬體購置時，更容易與廠商交涉，並且可以控制人力成本等優勢，來抑減成本。

3. 外包較具有彈性。相對於公司內部的職員，外包供應商擁有較多的資源及技術，以反應環境的改變。

4. 外包的職員並非使用者的員工。如果使用者面臨財務困難，可降低外包服務的程度以減少成本，這可能偏好採取解雇組織內部員工的方式。企業可以在不影響其作為可靠雇主的聲譽下，增加或減少其所需要的人力資源。

雖然外包有上述的好處，但仍有缺點，如以下所述：

1. 委外造成控制能力的減少。接受委外的廠商不會跟企業內的職員一樣接受管理上的控制。

2. 與過去不同種類的委外（例如保全及餐飲服務等）不一樣，資訊科技是散佈在整個企業內的。因此，此種情況較難以採取外包的方式。

3. 外包不見得會有節省成本的效果。管理者可能最初會先宣告成功的訊息，但隨後可能會因為修正的關係，招致重大額外的支出金額出現。雖然成功的訊息可能被發佈，外包成本可能最終會較貴。

4. 資訊科技快速地改變，那麼硬體及軟體的成本也要隨之變動。因此，組織若有長期契約會有風險存在。例如，mobile computing 可以成為在音樂會票務銷售中，一個重要的電子商務應用軟體。原始的長期合約可能沒有針對此提供任何條款，如果公司希望委外的公司能夠提供此項科技服務，而委外的公司可以讓此項服務對於使用者來說是非常的昂貴。在這理論之下，使用者沒有太多其他的選擇。

5. 彈性將受到限制，是因為組織會受到供應商私人軟、硬體所有權的限制。

6. 外包供應商有可能是轉包商，難以保證所提供的是高品質服務。

組織一定要權衡外包所帶來的效益及損失，以決定什麼樣的功能是採取外包的方式，以及他們外包的程度。在規劃階段，要考慮

到外包的效果，係因為規劃階段的其中一個目的，就是確信組織可有效地運用資源，且完成規劃中已確定的目標。在此階段，根據委外的程度不同，內部資源（例如職員、硬體及軟體），都必須納入規劃。

12.4　一般控制：組織資訊科技的功能

先前曾討論過，規劃階段對於控制資訊科技投資，以及確保資源按照企業目標安排好優先處理順序而言是重要的。一旦完成規劃，組織就要確定資訊科技的功能已置於適當的地方，以完成組織目標。在這部分，我們將考量如何組織資訊科技功能。組織資訊科技功能是視資訊系統架構而定，並且組織資訊科技功能，與集中式系統和非集中式系統有所不同。

先前章節有提過，在人工會計資訊系統之下，職能分工對於內部控制而言是重要的想法。但不太可能在電腦化的會計資訊系統之下，仍採取相同的方式，把各種的功能分離開來。然而，若能適當地組織資訊科技環境，則易達成有效的內部控制。基於此，會計人員會對組織之資訊科技的功能感到興趣。以內部控制觀點，我們現在考慮集中式和非集中式資訊系統的資訊科技組織。

第二個重要的議題是關於管理當局尋求、發展、保留、解雇資訊科技人員的方式。會計師對於高階管理的要求及管理資訊系統團體的良好程度感興趣，乃因資訊科技功能的成效是視職員的品質而定。因此，人事控制對於有效地組織及管理資訊科技的功能是重要的。

我們依照要點 12.6 組織此部分，並說明關於組織資訊科技功能的三個主要控制。

12.4.1　將資訊科技功能放在適當的位置

資訊科技的地點應該要適當，並根據企業的目標及需要。如果資訊科技對於組織的現在及未來營運，都有著策略級的重要性，那麼組織應該有分離的資訊科技功能。資訊科技功能不應該置於任何使用者部門之下（例如行銷經理或會計長），以確保資訊科技職員是獨立的，且支援所有使用者的需要。

而且，資訊科技功能應該放在較高的組織層級中。釋例 12.1 就

☁ **釋例 12.1　集中式系統的資訊科技功能組織**

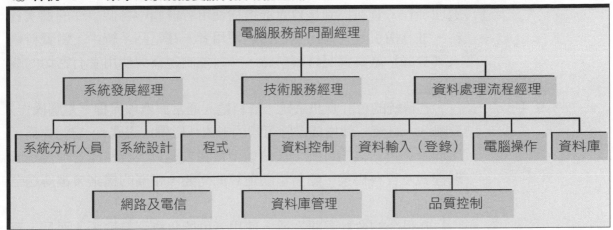

顯示資訊科技功能與傳統集中式系統的典型組織。觀看此釋例，資
訊科技功能設置在電腦服務部門的副經理之下，或者，另一個可能
的稱號就是資訊長。電腦服務部門的副經理與其他重要的人員（例
如生產部門的副經理及行銷部門的副經理），必需向執行長報告。

　　如果資訊系統對組織運作而言，並非是主要的，那麼資訊科技
的功能可設置於使用者群體之下。或者將資訊科技功能設置於單一
使用者群體，諸如控制器職員的控制之下。

12.4.2　分離不相容的功能

　　回顧釋例 12.1，在電腦部門副總經理之下，各群體應負責的責
任。但實際工作的頭銜及確切的組織工作，將隨著組織的不同而有
所不同。

　　討論的主要目的是幫你了解在資訊科技功能之下，職能分工的
基本原則。並且，確認四個實施職能分工的機會，這些職位包含使
用者、電腦操作、系統開發及系統維護。

將電腦操作與使用者分離

　　回憶一下職能分工是把負責（1）授權；（2）執行；（3）記
錄；（4）管理資產的人分離。在電腦化的會計資訊系統下，資訊科
技功能應該只負責第三步驟。使用者部門是負責其他步驟。資訊科
技功能涉及實際記錄的程度，或許會因為資訊系統是否集中化而有
些差異。釋例 12.1 所顯示的，在集中式組織中，資訊科技功能完全

負責記錄的功能。並且，在此環境下，有一個組織單位是負責資料處理流程。資料控制是負責取得從使用者群體中各個事件的批次資料，並且指引資料輸出至適當的使用者。在電腦系統中，當資料輸入（登錄）是負責記錄資料時，資料控制視為與使用者有密切的關係。

在傳統的會計資訊系統，資料輸入通常與處理流程（電腦操作）分離。一旦資料轉換成電腦可讀的形式（磁帶或磁碟），它們會為了處理及更新主檔的目的，被傳送至電腦去運算。資料庫管理員是管理程式及資料檔案，隨著電腦運算的需要，相關的檔案會被傳送至電腦內。

在現今的會計資訊系統，使用者可能負責資料輸入。而且，資料輸入可能是即時而非批次。因此，在釋例 12.1 中，與功能有關的許多資料登錄，可能並不需要。

將系統開發與電腦操作分離

在資訊科技功能下，另一個重要的職能分工方式，是將負責系統開發與電腦操作分離，分離這些功能對於降低舞弊的風險及弊病是很重要的。例如，程式設計師可憑著他們的專業知識，讓使用中的程式做未被授權的改變。基於此，一旦程式設計師已完成他們的工作，他們應該不能再接近使用中的軟體。一個強化此控制的方法是，允許程式設計師設定一組密碼，僅能測試軟體的複製版本。一旦程式設計師的工作已經完成測試及批准，測試版本變成正式產品版本，程式設計師就不能再接近已使用過的程式。

將系統開發與系統維護分離

組織嘗試將負責系統開發與系統維護分離，是基於相似的理由。系統維護指的是對使用中的軟體，做非經常性改變的持續需求，以致於系統可以處理使用者需求上的改變。這些改變和系統開發沒有多大的關聯（系統開發是負責新的應用軟體，或對現存軟體作重大修正）。由於軟體的複雜性，程式設計師可能隱藏舞弊的編碼。如果程式設計師在開發完成後，仍控制所有程式的話，則風險會增加。如果系統維護是由其他團體所負責，則另外一個團體或會計師可能偵測到舞弊的行為。

將系統開發的組成成份分離

　　組織把負責系統開發區分成不同的範圍，以確保較佳的控制。系統分析人員是負責研究現有的系統，確認系統的優點及缺點，評估解決問題的替代方案，以及建立使用者的需求。設計人員是負責設計形式、報表、資料庫及程式。程式設計師根據設計團隊的設計來撰寫程式碼。以這樣的方式將責任分散，組織可以確保較好的控制情況。例如，因為每一個團隊都依據另外一個團隊而來的說明文件執行他們的職能，因此各團隊將會出具較良好的說明文件。負責下一個步驟的人一定要了解每個步驟的結果。如果相同人員的團隊是負責全部的過程，那麼適當的說明文件可能就不需要了。

　　請你完成本章後面所附帶的焦點問題 12.c 之要求，以考慮資訊科技的功能。

12.4.3　在非集中資訊系統方面的公司資訊科技服務與控制

　　在非集中式資訊系統，使用者部門可能負責許多功能。例如，使用者部門可能開發他們自己使用的系統。然而，非集中單位仍能從公司標準化的規格和服務而受益，公司資訊科技員工可幫助非集中式系統使用者安裝及使用軟體和硬體，提供要使用什麼樣的軟體及硬體方面的建議，甚至做採購決策。他們也可以提供受歡迎的系統程式使用者提供訓練。如果在不同部門的個人都使用相同的文件編輯器、試算表、資料庫、電子郵件及網路流瀏覽器程式。公司資訊科技團隊可以提供協助支持的程度是逐漸增加的，在某些組織中，如果使用者想要得到有效的支援，標準化是必要的。甚至非集中式的會計資訊系統之組織，也需要公司資訊科技功能。然而，組織與公司資訊科技部門的活動和釋例 12.1 有很大的不同，我們以後將會討論到公司資訊科技的重要功能。

輔助桌面

　　輔助桌面充當資訊交換所，以回答使用者的問題，並提供相關支援給使用者。此外，輔助桌面人員回答某些問題，以及指示其他人至適當的資訊科技專家去資詢。

資訊中心

　　資訊中心的主要目的，是幫助使用者有效地使用資訊科技。資

訊中心人員可幫助使用者執行資料分析,從不同的來源接近資料,或對資訊科技使用者提供其他的協助。資訊中心也有可能負責訓練終端使用者,使用各種應用軟體,和負責提供應用軟體發展,以支援使用者部門。

設定標準

為了克服在非集中式系統環境中,缺乏控制的問題,公司資訊科技功能要負責設定標準。例如,主要中心團隊要建立關於資料所有權、隱密性、機密性,以及系統發展及文件化標準的指引。除此之外,之前所提到的,公司資訊科技的功能,可建議使用者採用特別的硬體或軟體。

硬體／軟體之取得

集中化的團隊協助使用者選擇硬體或軟體,並且確認合適的供應者。他們也可能相對於個別部門,在協調價格上處於較佳的地位。

人事複核

集權式資訊科技團隊可幫助使用者部門雇用資訊科技專家。資訊科技功能在評估證書及幫助使用者群體確認適當的人選上,是處於較佳的地位。

在本書章節後面,請你回答焦點問題 12.d。

12.4.4 實施人事控制規劃

人事控制規劃是另一個關於組織及管理資訊科技功能規劃的重要種類。會計師對於高階管理要求及資訊科技團隊的管理之良好程度感興趣,是因為資訊科技功能的成效視職員的品質而定。某些人事控制規劃包含雇用控制、人事發展,以及人事終止計畫。

雇用控制

控制一定要置於適當的地方,以確保新進職員擁有公司所要求的技能。資訊系統功能的目標。組織要詳盡描述工作的性質,以確認公司尋找預期職員所要擁有的技能。組織可透過簡歷、面談、考試,以及推薦人的方式,從中選出適當的應徵者。

人事發展

除了雇用適當的人選外，組織要執行控制，以確保員工能發展他們資訊科技的技術。在資訊科技快速變遷的環境裡，不斷的訓練是重要的，並確保組織的資訊科技職員擁有當前及適當的技術。一般複核應該完成評估員工的優缺點，並確認他們未來發展的領域，管理部門必須清楚的溝通績效評估所依據的基礎。

人事終止計畫

人事終止計畫指的是，當員工是自願離職或者被解雇時，組織所採取的措施。資訊科技職員可能知道關於企業系統及應用軟體的重要知識，以及不高興的員工可能會對公司作出相當大的傷害。人事終止控制包含：（1）決定離職的原因；（2）取得鑰匙及識別證；（3）刪除密碼；（4）從發送名單中移除員工的名字。

12.5 一般控制：定義及發展資訊系統解答

前面的部分是敘述關於管理資訊科技環境的廣泛議題，我們把焦點放在規劃及組織資訊科技環境上，以符合企業之所需。這部分焦點是放在控制開發特定系統及應用軟體。一家企業有良好發展規劃及有技術之資訊科技職員；然而，缺乏系統發展控制會導致不良的系統，不良的系統不能符合使用者的需要，並有系統發展中資產的不良使用。一個廣泛的系統發展控制是超出此主題的範圍，不過，我們仍要提供某些釋例（要點 12.5），說明控制的類型，一般都會納入組織的系統發展過程。

12.5.1 採取適當的系統開發方法

有一個組織控制系統發展的重要方法，是使用正式的系統開發方法。此方法是將系統發展分割成一系列的管理階段，管理當局要複核每個階段輸出的結果，使用者要確保系統開發能符合使用者所需，並且要避免花費較多的資源，建立在無效用的系統上。

在此，我們要強調的重點是好的方法可幫助組織控制系統發展。例如，系統開發方法可以說明確認解決方案的步驟。組織若還未把資源花費在發展或取得硬體或軟體時，需先有系統地建立新系統。為了確認適當的解決方案，分析者需要研究現有的系統，了解問題／機會所在，確認可能的替代方案，分析的風險，確認各種方

法所帶來的成本效益，以及發展一套與企業策略和資訊科技環境一致的解決方案。無論什麼發展特殊的應用軟體，對於系統的最初學習包含了較早所列示的內容。藉由指定初步學習的步驟及輸出，組織可以控制系統開發，以及確保職員在找出問題之前，不會把資源花費在發展解決之道上。同樣地，系統開發方法可以將設計輸入、輸出、資料、程式，以及取得硬體或軟體的方法予以標準化。軟體產品可以從供應商獲得大家所熟知的「電腦輔助軟體」工具，並且此工具可幫助你指導開發流程，甚至是將流程自動化。

12.5.2 實施程式開發及測試的程序

組織可以在建立處理流程或者修改應用軟體時，植入適當的控制。如同之前所提到的，為了降低對於程式做出未經授權的更動，組織需將系統發展和系統維護分離。另外，組織應該先建立測試程式之程序，並支援企業處理流程。例如，在程式設計師完成編碼之後，他們應該將程式放置在電腦不同的測試區域。品質控制之職員要負責依照每一份說明文件檢查程式的執行，及使用說明文件是完整的，且與程式是一致的。然後，組織要從使用者及管理者，能夠看到之前所使用程式的地方，將程式移除掉。如果能購買到現成的應用軟體，那麼組織就一定要做測試，以確保軟體能符合使用者所需。

12.5.3 確保適當的文件化

對於發展及維護會計資訊系統而言，適當的文件化是重要的。如果系統並未適當文件化，將造成使用者難以學習及使用此系統，也導致組織難以維護此系統，特別是如果程式開發者已經離職時。系統文件化是用來滿足不同使用者的需要，文件化的釋例包含下列幾項：

1. 整個應用軟體及重要組成成份（例如，表格設計、表格、檔案、報告，以及內部控制）。
2. 使用者手冊提供按步就班的指示，並給使用應用軟體的各個終端使用者。
3. 訓練教材是幫助使用者學習有效率地使用應用軟體。

開發方法可以說明要準備什麼樣的文件化，以及何時準備。例

如，組織所採用的態度或方法，可能是去發展使用者個案，以記錄使用者在系統發展早期時的需求。一旦系統開發完成，且大家都已知道實施的細節時，使用案例就可以充當使用者手冊的基礎。

12.6　一般控制：導入及操作會計資訊系統

這部分是描述組織一旦已經導入會計資訊系統時，則組織會採用一般控制的方式，以控制會計資訊系統的實際操作。我們將系統開發控制區分成兩個種類，是因為在發展期間之控制系統，與操作期間的控制系統有所不同。這些包含確保資源安全性之控制，以及確保服務持續性之控制。

12.6.1　確保資源安全性

四個主要的控制型態是用來控制接近電腦資源的存取，包含下列幾項：

1. 使用密碼，以確保經過授權的使用者，可以獲得接近此系統的權利。
2. 使用接近控制，指明對於不同的使用者而言，可以接近電腦化會計資訊系統的部分。
3. 控制對於電腦系統實體（硬體）的接近。
4. 限制人員接近程式、資料檔，以及文件化。

在此部分，我們將焦點放在資訊存取控制之矩陣。一旦應用軟體已開發完成，且已設計出清單，程式發展人員必須確認什麼樣的使用者可以使用哪一個操作選單。假若你能購買到現成的會計套裝軟體，你就要開發一套資訊存取控制的矩陣，並將此矩陣建立在組織的系統中。

為了說明，我們將敘述 H&J 稅務服務公司之釋例。就你所看見的，我們在釋例 12.2A 中，提供此公司收入處理流程的敘述。每一個活動將會標上一個號碼。另外，在釋例 12.2B 中，也列示 H&J 稅務服務公司的清單。維護的功能是用來建立關於顧客及服務的資訊記錄。記錄事件功能是記錄服務的型態，以及公司花多少小時在個人納稅申報單。

應用軟體清單用來決定控制什麼樣的操作。例如，開發者應該

釋例 12.2　H&J 稅務服務公司

A.收入循環

H & J 稅務服務公司提供各種不同的稅務服務。公司最近開發一個自動化的系統，以記錄所提供的服務，對顧客開帳單，以及收取現金。除了銷售收入模組之外，他們也使用總分類帳模組，以編製財務報表。H & J 稅務服務公司的收入循環描述如下：

與顧客有約（E1）

顧客想要詢問有關稅務方面的問題，則祕書會安排顧客與會計師見面的時間。

要求提供服務（E2）

顧客已和要提供稅務方面服務的會計師見過面。會計師要填寫一張服務需求單表示所同意的服務項目。

例子如下：

服務需求單

| 需求單號碼：104 | | 會計師：Jane Smith |
| 顧客：Robert Barton | | 日期：02/10/06 |

服務編號	服務性質描述	公費
1040	聯邦個人所得稅表格 1040（long form）	$100
項目 A	1040 項目 A（詳細列舉可扣除項目）	50
項目 B	1040 項目 B（利息及股利所得）	50
州稅項目	州所得稅申報	80
	合計	$280

顧客已經完成「顧客資料表」（例如，顧客名字、住址、聯絡人，以及電話），並將此資料交給會計師。顧客也可提供需要編製申報書之資訊（例如，所得及可減除項目）

編製納稅申報單（E3）

將資訊輸入至 Mega-Tax，這是一個公司所使用的稅務軟體。Mega-Tax 處理稅務資訊記錄及儲存稅務資訊，並且和剩下的收入循環分開，公司不打算去納入稅務軟體至剩下的收入循環內。因此，在本案例你可以忽視納稅申報細節資訊之記錄、更新，以及處理流程。

寄帳單給顧客（E4）

一旦完成納稅申報單，會計師就將服務需求單、顧客資料表，以及稅務申報給祕書。祕書立即將所提供的服務資訊輸入至電腦中。如果是新顧客，在電腦系統中將會初次建立顧客的記錄。一旦每個服務的編碼已經輸入完成後，電腦會查閱服務的性質及價格。系統會自行計算，以及將總金額顯示在最下面。並將此記錄於發票檔中，狀態變為「開始」。祕書會將會計師提供的服務記錄在發票明細檔，而後列印發票。祕書選擇「將發票過帳至主檔」的選項。顧客的餘額將會增加。對於所提供的每一服務之年度累積收入額，金額也被更新。祕書會通知顧客，其申報書已經準備好。

收取現金（E5）

顧客將會收到申報書，並將支票交給祕書。祕書會輸入發票號碼、支票號碼，日期，以及所支付之金額。祕書會選擇「將發票過帳至主檔」的選項。電腦會降低顧客的餘額，以反應顧客已支付

（續）釋例 12.2　H&J **稅務服務公司**

款項給會計師。而其發票的狀態變為「關閉」。

B. 收入循環清單

> **收入循環清單**
>
> **A. 維護**
> 　1.顧客
> 　2.服務
> **B. 記錄事件**
> 　1.編製發票
> 　2.記錄付款事實
> **C. 處理資料**
> **D. 顯示／列印報告**
> 　**事件報告**
> 　1.發票
> 　2.所提供的服務
> 　3.由服務編號所提供的服務
> 　4.由服務編號所提供的服務（摘要）
> 　**參考文獻清單**
> 　5.服務參考清單
> 　**摘要和詳述狀況報表**
> 　6.詳述顧客狀況報表
> 　7.彙總顧客狀況報表
> 　8.單一顧客狀況報表
> **E. 結束**

C. 資訊存取控制矩陣

清單項目	所有者許可	會計師許可	祕書許可
維護：			
顧客	RWD	RW	RW
服務	RWD	R	R
記錄服務	RWD	RW	RW
列印或顯示：			
發票	RD	R	R
所提供之服務	RD	X	X
服務編號所提供的服務項目	RD	X	X
服務編號所提供的服務項目（摘要）	RD	X	X
服務文獻清單	RD	X	X
詳述客戶狀況報表	RD	R	X
摘要客戶狀況報表	RD	R	X
單一客戶狀況報表	RD	R	X
R = 允許讀取；W = 允許撰寫；D = 允許設計或改變設計表、表格，或報表；X = 不允許			

考量組織提供使用者接近釋例 12.2B 所列示每個清單項目。有三種廣義的許可種類：讀、寫，以及設計。允許「讀」意謂使用者可以接近資訊，但不能改變表中的資訊。允許「寫」意謂要求改變表中的資訊。允許「設計」意謂使用者可改變表格、報告、表的設計。在 H & J 稅務服務公司釋例中，只有所有者得到「設計」的許可。

　　開發人員一定要考慮對於每一個使用者的接近授權程度為何？適當的資訊存取控制，可以確保每個使用者執行分配好的工作。但是，使用者不應該接近他們不需要獲得之資訊。例如：

1. 會計師不能維護服務檔，以及無法能夠增加新的服務，或改變現有服務的細節。
2. 允許祕書為顧客建檔，以及寄帳單。
3. 不管是祕書或會計師，不必要接近許多的報表。在某些情況之下，報表僅包含只能由某些使用者所獲得的資訊，只有所有者能接近此種報表。
4. 僅有所有者是經過允許的，並且可改變表格的設計（例如，增加或減少欄位）、表單或報表。

　　釋例 12.2C 提供了關於組織資訊存取控制矩陣。資訊存取控制矩陣顯示了資訊存取的程度。回顧此表，然後閱讀以下的評論。

　　完成本書後面的焦點問題 12.e 的問題，決定可提供給 H & J 稅務服務公司使用者的授權程度為何？

　　限制人員接近電腦及電腦資料，是為了避免電腦當機（而電腦當機是由於未能符合資格之使用者操作不當所犯下之錯誤），以及避免蓄意的舞弊或資料的毀損。然而，硬碟機故障或者突發事件，也有可能會傷害資料的完整性。下一節會討論極小化分割一系列資訊科技操作的技術。

12.6.2　確保服務的持續性

　　在操作會計應用軟體時，確保持續的服務是重要的目標。我們可以說，無效用的系統在短期間之內，可能對某些企業（例如航空業及銀行業）會造成重大的損失。因此，組織一定要有內部控制，以確保服務的持續性。我們將討論四種控制的型態，以確保持續的服務：（1）備份及回復；（2）預留空間；（3）不斷電系統（UPS）；（4）災害回復計畫。

組織要定期備份資料，以確保未遺失重要的交易資料。甚至在短期間之內，若遺失資料的話，對許多組織而言是昂貴的代價。在實施備份政策時，有許多問題是尚待回答的：

1. 多久備份一次？
2. 為何組織要將資訊備份並保存起來（例如程式及資料）？
3. 備份記錄要在哪裡儲存？
4. 斷電時，公司如何保護它的資料不受到損害？

備份及回復

組織要備份資料檔案，並將檔案拷貝至不在線上的儲存媒體，包含磁帶、光碟片，或者軟性磁碟片。資料也可以越過內部，傳送至儲存服務的機構，做備份的動作。大家常採用的方法是每日備份變動的線上資料，以及每週備份所有線上資料。變動資料是指自從最近一次備份之後，產生變動的資料，包含任何新的資源、代理程式，或者事件記錄。例如，需每日備份新的存貨、顧客、供應商、員工、銷售訂單，以及運送記錄。公司可每週，或不時常地備份所有的資料，並儲存在線上檔案。有些公司所採取的政策是每日備份所有的資料。這個方法的缺點是備份所要耗費的時間及離線儲存媒體的成本。一旦資料已經完成備份，則應該將備份的資料移除，並儲存至安全的場所裡。這種方式可讓公司的資料免受由於偶發事故，例如，火災或有人蓄意破壞所引起的損失。

理論上，由於軟體安裝完後就移除掉，因此組織可取得軟體拷貝。然而，許多的公司是使用安裝軟體的工作複本，以及將原本的軟體儲存至隔離及安全的地方。

假定 H & J 稅務服務公司備份每日變動的資料，以及在禮拜五備份整套線上的資料。如果硬碟在禮拜三壞掉，公司就要把上禮拜五整套的備份拷貝至新的線上磁碟，以及增加禮拜一至禮拜二的每日備份資料。然而公司仍有損失，因為在磁碟壞掉之前，所有禮拜三的交易資料要重新輸入。對 H & J 而言，這個問題並不嚴重，因為組織仍保有編製納稅申報單的紙本，而且禮拜三所編製的納稅申報單只要再重新輸入即可。但若公司未保留每日交易的紙本，則損失每日交易的資料對公司是一個嚴重的打擊。下個部分我們在討論如何克服此種問題。

預留空間

由遠端獲得備份資料，然後再重製資料，可能會導致不能接受的停滯時間及損失。例如，在每日備份系統下，如果 Services Table 受到毀損的話，公司會損失一天有價值的交易記錄。當然，如果已經完成對顧客的稅務服務且已寄帳單給顧客，但仍未收到顧客的款項，則公司損失會較大。如果你是使用紙本形式的批次系統，以記錄會計師所提供服務的話，你仍保有紙本的記錄，所以不會有遺漏資訊的損失。然而，若你是電腦化即時系統的話，則損失會較大。為了克服此問題，某些公司會在其他地方保留現有資料的備份。交易事件相關的資料會以持續性的基礎，自動地傳送至電子儲存媒體處。較複雜的備份方法，諸如：電子儲存庫，此方法相對於其他方法而言，其成本較昂貴。企業一定要考慮實施控制的成本及效益。如果損失的風險較高，企業就要花費額外的成本以確保資料能取得而不間斷，包含使用雙系統。

在斷電之下所採取的保護措施

一旦發生斷電時，組織要購買不斷電供應系統，以供應電力至電腦上。而且，當正常電力斷電時，電池會自動地供應電力。因此，若有此情況發生時，需設計一套電腦程式，以使用短暫的電力供應，儲存現有的資料至隨機存取記憶體，使資料在斷電期間能安全地保留下來。如果沒有此項措施，則輸入的資料將無法保留下來。這項措施，對於伺服器提供支援許多電腦顧客而言，是特別重要的。

12.6.3 災害回復計畫

在前面的部分，我們已強調備份資料的重要性。然而，組織一定要考慮所有資訊科技資源，包含軟體或硬體及文件化，以確保服務的持續性。災害損失，諸如颱風，地震，火災會引起廣泛的損失。因此，企業一定要發展**災害回復計畫（disaster recovery plans）**，以確保服務的持續性，以及災害損失之回復。解決此問題的其中之一方法，是在不同的地方使用「鏡像站」。鏡像站包含程式及資料的備份。另外，在原來的地方及鏡像站，組織需持續更新資料，若萬一發生問題，則鏡像站會接管處理流程。而且，鏡像站的成本比起電子儲存庫的成本更昂貴。除此之外，如果系統無法有效

> **災害回復計畫**
> （disaster recovery palns）
>
> 災害回復計畫是確保持續的服務，以及從任何災害損失（例如，火災、颱風、地震）中回復至原來的狀態。

運作的話，將會對企業造成重大的傷害，才使用鏡像站。

公司要維護複製設備的成本是昂貴的，企業要和硬體供應商或服務中心安排好，以使用備用電腦設備。**熱備源服務系統（hot site）** 是一個具完全配備的資料中心，此中心可以承接遭受災害之顧客的處理事務；而**無備份服務設備（cold site）**是成本較少的方式，其提供有空調設備的空間，包括升降設備、通訊設備等，以幫助企業快速開始。然而，設備顧客必須自行準備。因此，顧客一定要確保這些設備需要時能拿到。

資訊科技架構一定要考量備份，及建立災害回復計畫。如同你想像的，當所有的資料及處理程式放置在單一地方時，持續性的服務是較容易的。在現今顧客──伺服器架構的分散式系統之下，確保持續的服務是愈具有挑戰性的。非集中式系統的環境通常難以控制；確保每個人及每個部門有一套損失有效的回復計畫是一項困難的工作。

閱讀本書後焦點問題 12.f 關於 Crawford Bank 之自動櫃員機的備份，以及回答問題。

> **熱備源服務系統（hot site）**
>
> 熱備源服務系統是一個具有完善設而的資料中心，此中心可以承接受災害顧客的完全作業程序。

> **無備份服務設備（cold site）**
>
> 是一個較不昂貴的備份方法。提供有空調設備的空間，並有升降設備、通訊設備等，這些是可以幫助企業快速的起始他們的作業。

彙總

本章的焦點在於控制及管理資訊科技環境。關於特殊商業程序的控制，如較早介紹過的章節一般，僅在組織採取管理它較大的資訊科技環境步驟時才有效，本章介紹了許多可以指引會計人員的控制措施，這些措施可以指引會計人員作為程式發展人員及會計資訊系統評估人員時的任務或工作。首先，我們列出多使用者系統的四個常見的架構：集中式系統、分散式資料輸入之集中式系統、非集中式系統、分散式系統。這四個架構是確認如何將資料輸入、處理流程，以及資料儲存分配在各個電腦。而且，了解基礎架構，對於了解本章的其他主題是很重要的，特別是資訊科技功能的組織。

我們說明了一般控制的四個種類，這四個種類與資訊科技環境的要素有關。這些種類包含資訊系統規劃，組織資訊科技功能，定義及發展資訊系統解答，以及導入及操作會計資訊系統。一般控制的第一個種類強調的是，在管理及控制資訊科技資源中，長期資訊系統規劃的重要性。我們依照資訊科技環境的四種要素（資訊科技策略、資訊科技基礎建設、資訊科技功能，以及系統發展流程），描

述資訊系統規劃的組成成份。

　　然後，我們也說明公司如何適當地組織資訊科技的功能。我們考慮了要將資訊科技功能放置在適當的地方，將不相容的功能予以分離，以及人事控制計畫。我們介紹系統發展控制：使用方法，以處理程式開發及測試，並將資料文件化。最後，我們討論在操作會計資訊系統期間的控制，說明組織如何確保資源的安全性，及控制人員接近會計資訊系統，以及陳述資訊系統能持續地使用之方法（例如備份及災害回復計畫）。

焦點問題 12.a

※ IT 建構類型

　　請考慮下述不同之註冊程序，說明各程序適用於四種 IT 建構類型之哪一種：

1. 學生拜訪各課程科目之開課系所主任，經訪談後主任以系所之電腦，為學生進行課程選修之註冊。
2. 學生必須親自至註冊組註冊；系所主任或職員不得為學生進行註冊。
3. 學生拜訪個人主修科系之系所主任，因主任之個人電腦能聯結至學校主電腦，所以主任能使用個人電腦檢視學生畢業所須修習之科目，並為學生進行課程選修之註冊。
4. 系所主任以連至學校主電腦之終端機為學生進行課程選修之註冊。

焦點問題 12.b

※ 資訊系統規劃

　　假設某大學管理學院要求你為該學院進行資訊系統規劃，請參照課本要點 12.2 所討論之 IT 環境，並分析該資訊系統規劃之 IT 需求，討論如何為該學院之資訊系統進行規劃。請著重於「學生」面向之需求，尤其是供學生使用之「電腦實驗室」。

焦點問題 12.c

※ IT 功能

ELERBE 公司

　　請參照課本釋例 12.2 之 ELERBE 公司之訂單處理系統。最近之訂單處理模式爲，訂單處理人員輸入各書店送來之訂單，訂單處理部門使用專用軟體處理訂單，並儲存於主電腦中，所有處理過程皆於主電腦中。

　　問題：

1.上述之訂單處理系統屬於本章所提四種 IT 建構類型哪一種？
2.試分辨課本釋例 12.1 所描述之 IT 架構功能，哪一項不需使用於該系統中？

焦點問題 12.d

※ IT 功能之組織：非集中式會計資訊系統

　　如焦點問題 12.b 答案所提，大學中的 IT 系統建構經常爲「分散式」系統建構，參照本章所提關於公司資訊部門職員於「分散式」IT 系統所扮演之角色，大學中之資訊部門職員於「分散式」IT 系統中，應扮演怎樣之角色？

焦點問題 12.e

※ 進入控制矩陣

　　除了課本釋例 12.2B 所提供之資料外，我們發現 H&J 稅務服務公司收入處理應用軟體亦需要會計人員資料，但會計人員資料之維護並不在課本釋例 12.2B 中，因爲該資料屬性屬於其他部門資料庫（如人力資源部門），試就會計人員資料維護之功能性，請問說明哪些使用者允許進入該系統，並進行使用與維護？不同層級之使用者應給予哪些不同之使用權限？

焦點問題 12.f

※持續性服務

　　Crawford 銀行在市區共有 83 部自動提款機,顧客能從提款機中提取金錢。當顧客提取現金後,該資訊透由專線傳送至銀行主電腦中,電腦處理後便由客戶帳戶中扣除提款金額。請問如何使用自動提款機之備份功能,來預防提款資訊於傳送中流失之可能。

問答題

1. 多使用者系統的四種結構爲何？
2. 本章中所介紹的四個控制分類爲何？並簡要的描述每一個分類。
3. 爲何資訊科技計畫對組織而言是重要的？
4. 簡要的說明關於組織資訊科技功能的三個重要控制。
5. 釋例 12.1 列示對於集中式資訊系統的資訊科技功能一般典型的組織圖。在本章中也介紹了其他種類的資訊科技架構：分散式資料輸入之集中式系統、非集中式系統及分散式系統。說明你預期在每一個上述情形下，資訊科技組織與釋例 12.1 會如何不同。
6. 說明資訊科技功能內如何職能分工。及在使用者集群與資訊科技功能間如何職能分工。
7. 列出一些人事控制計畫，可以確保資訊科技功能的有效運作。
8. 簡要的說明關於確認資訊科技解決方案的三個重要控制。
9. 簡要的說明用來確保資源安全性的控制。請著重在會計資訊系統應用程式的使用接近方面。
10. 列出一些確保服務持續的控制。

練習題

E12.1

ELERBE 公司使用下列對的資訊科技架構於其企業的各種流程，將下列項目分類爲集中式、分散式資料輸入之集中式系統、分散式系統及非集中式系統。

* 顧客可以從任何地方利用網路瀏覽器下訂單，當顧客將資料輸入至採購表格時，這些資料透過顧客端電腦的程式被檢查驗證，資料儲存在 ELERBE 公司辦公室的中央電腦內，一旦這些資料在顧客端的電腦裡被程式檢查驗證後，這些資料就被會傳送至公司電腦內的資料庫內記錄。

* 每一個在品質控制部門的員工都有一部獨立的個人電腦，該部門員工在自己的電腦內記錄詳細的工作記錄（錯誤的確認及更正的日期）。

* 訂單、帳單及運貨資料全都記錄在公司辦公室裡的一部電腦內，然後在各部門的員工可以用使終端機，將資料輸入至系統內。

* 在每一天結束的時候，列示著運送至書店商品資訊的包裝條會被傳送至資料輸入

部門,資料輸入職員會將這些資料輸入至中央電腦內,以便編製發票。

E12.2

焦點問題 12.b 要求你考量商學院資訊系統計畫的關鍵因素,請使用要點 12.1 複習資訊科技環境的構成要素,及你擁有對於如此組織之資訊科技需求的相關知識,請建議在發展一個資訊系統計畫時,你將會考慮的一些項目。本題與焦點問題 12.b 不同的是,請著重於學院網頁對於連結現在及未來學生(考生)資訊的使用。

E12.3

如 E12.2,但請著重考量全體教職員的需求,全體教職員是在任何學院中,另外一個重要的使用族群。

E12.4

近來,已有許多公司開始設立主機,並在網路上提供會計及電子商務的應用軟體或程式。在這樣的情況下,公司向應用軟體服務提供者購買這樣的服務,其資料及其執行存貨、銷售及其他功能的軟體都是儲存在服務提供者的伺服器上。這樣的方式可以被形容為一種外包的形式,且許多在本章所介紹的優點與缺點將會發生,你覺得依賴網路應用軟體(程式)伺服器,還會有什麼其他的優點及缺點?

E12.5

下列是 ELERBE 公司的採購循環選單。請設計一個與釋例 12.2 相同的接近控制矩陣,可參考釋例 8.1 對於 ELERBE 公司採購及驗收循環的描述。

採購循環選單

A. 維護

　　1. 供應商

　　2. 存貨

　　3. 職員

B. 記錄事件

　　1. 記錄採購（選擇採購的商品及服務）

　　2. 記錄採購單

　　3. 記錄收據

C. 流程資料

　　1. 結束期間

D. 螢幕顯示／列印報表

　事件報表

　　1. 新採購訂單報表

　　2. 採購分錄

　參照清單

　　3. 供應商清單

　　4. 存貨清單

　彙總及細目狀態報表

　　5. 開啟採購訂單報表

E. 結束

焦點問題解答

第 1 章

1.a ：重疊與非重疊資訊功能需求

1. 適用行銷子系統功能而非適用會計與財務子系統功能之資訊包括：
   - （1）顧客滿意度調查
   - （2）不同產品廣告之顧客向度測試
   - （3）有關競爭者產品內容、訂價與銷售數量
   - （4）新產品顧客試用之測試結果
   - （5）人口與經濟普查資料

2. 資訊皆適用於行銷子系統與會計與財務子系統兩功能者包括：
   - （1）顧客、產品或銷售人員之歷史銷售資料
   - （2）預計銷售額與行銷費用數
   - （3）行銷佣金
   - （4）行銷與廣告費用

3. 負責重疊功能需求中之資訊記錄與保存之部門或人員為：
   - （1）銷售人員：原始銷售記錄之輸入；因瑕疵品或不良品而發生銷售退回之退款或補償。
   - （2）會計人員：負責確認會計記錄之正確記錄及總帳之正確更新。對銷售退回之處理流程及所發生或有費用應檢視之，以維持正確之會計記錄。
   - （3）會計部門：銷售經理與會計部門應合作建立合理之預算。一旦經管理階層通過，會計部門應追蹤預算之執行，並將實際數與預算數做相關之比較與分析。再者，對於行銷經理與銷售人員或代售商家所協定之銷售佣金，會計部門應合理計算並於行銷費用中詳實揭露。

1.b ：會計課程與會計資訊的使用

會計資訊之使用	會計或財務相關輔助課程
1. 準備外部使用者報表	會計學原理、中級會計學、高級會計學、稅務會計
2. 執行企業日常交易	會計資訊系統、會計學原理
3. 幫助管理階層作日常性決策	成本與管理會計、財務管理、稅務法規
4. 幫助企業活動之規劃與控制	管理會計
5. 內部控制之維持	審計學、會計資訊系統

第 2 章

2.a：會計資訊系統實例──收入循環── ELERBE 公司
答案請參考課本「釋例 2.1」

2.b：分辨活動事項── Westport Indoor Tennis

事項	流程內部負責部門（或人員）	起始於	事項中之活動
回應顧客需求	接單服務人員	顧客通知	回應顧客需求、取得顧客資料、填寫顧客資料
建議適當課程	教練	服務人員將顧客資料給予教練	與顧客會談並建議適當課程
報名完成	接單服務人員	顧客到達公司	收取學費、更新報名檔案並輸入報名顧客資料及已報名之資訊
準備點名表	接單服務人員	課程開始	列印點名表
指導教學	教練	正式上課開始	確認學生名單、指導學生、進行教學

2.c：分辨流程事項──註冊流程── Iceland 社區大學

事項	流程內部負責部門（或人員）	起始於	事項中之活動
指導學生	指導教授	學生拿註冊單至教授處	與學生會談、檢視註冊單、檢視學位取得計畫、於註冊單上簽名
學生註冊	註冊組	學生拿已簽名之註冊單至註冊組	為學生註冊、保留上課座位、印製註冊流程單
編製註冊報表	註冊組	註冊時間結束	印製註冊報表、將報表送至教務處
檢視註冊報表	教務處	從註冊組收到註冊報表	檢視報表、要求取消未達選修人數之課程

2.d：會計資料記錄── ELERBE 公司

1. 6 月 20 日收到貨款應記錄於總帳系統中；銷貨收入與銷貨成本應於 5 月 20 日或 5 月 21 日記錄於總帳系統中。
2. 5 月 21 日分錄如下：

5 月 21 日

應收帳款	26,170	
銷貨收入		26,170

$$
\begin{array}{lr}
銷貨成本 & **,*** \\
\quad 存貨 & **,*** \\
\end{array}
$$

6 月 20 日

$$
\begin{array}{lr}
現金 & 26,170 \\
\quad 應收帳款 & 26,170 \\
\end{array}
$$

3. 5 月 11 日－記錄「收到訂單」。

　　5 月 19 日－記錄「提取存貨」於「撿貨單」上。

　　5 月 20 日－記錄「運送貨品」於「裝箱單」上。

　　5 月 21 日－記錄有關「收款」及「發票」資訊。

　　6 月 20 日－記錄「貨款現金收入」。

　　上列五項資料均以文件或電腦檔案之形式記錄於資訊系統中；相對地只有「銷貨收入」與「現金」記錄於總帳系統中。

4.

現金		應收帳款	
6/20　26,170		5/21　26,170	6/20　26,170

存貨		銷貨收入	
	5/21　*****		5/21　26,170

銷貨成本	
5/21　*****	

5.

文件表單	於何事項建立	主要目的
銷售單	記錄訂單	與裝箱單核對
撿貨單	記錄訂單	應提取之存貨貨品及數量
裝箱單	運送貨物	收取款項及標示所運送貨品與數量
發票	收取貨款	通知顧客應付之款項總額

6.在編製財務報表前，ELERBE 公司應準備未調整試算表，就應調整之事項進行調整，而後編製已調整試算表。

2.e：會計資料記錄——ELERBE 公司

1.為了解某顧客之應收款項餘額，我們應就與該顧客所有交易發票進行了解。應收帳款分類帳幫助我們取得該項資訊。如課本釋例 2.6 所示，該分類帳顯示餘額及所有交易事項。

2.在此人工系統下，最好決定現有存貨數量之方法就是進行實地盤點。另一種方式就是為每項貨品設立「存貨卡」。在進貨與銷售發生時立即更新該貨品之「存貨卡」。若每天交易貨品之數量眾多且繁雜，應用電腦系統不但能有效處理各項交易，更能節省大量人工成本。

2.f：主檔中之參照資料及彙總資料——Westport Indoor Tennis

1.參照資料欄：開課類型、對象及級別、日期、時間、學費、報名人數限制。

2.彙總資料欄：已報名註冊人數。

3.所需主檔：顧客主檔。

4.參照資料欄：顧客姓名、地址、電話。

5.彙總資料欄：應收餘額。

2.g：交易檔案——Westport Indoor Tennis

1.

情況 a：報名簽約與收取學費合為單一事項，因已於上課前收取完學費，故出席資料並不需要列於交易檔案中。因此，只有「報名簽約與收取學費」需記錄於交易檔案中。

情況 b：如同情況 a，出席資料並不需要列於交易檔案中。情況 b 我們可以使用「報名簽約」與「收取學費」兩項交易檔案；亦可如情況 a 使用同一交易檔。「報名簽約」檔於顧客報名時更新；「現金收取日」與「現金收取總額」於實際收到學費時更新。

情況 c：公司依顧客出席率來收取學費，故顧客出席資料必須記錄於交易檔案中。情況 c 共有四項交易檔：「報名簽約」、「收取學費」、「應收學費開立」與「每月出席次數」。

2.「已報名註冊人數」欄應於顧客報名簽約時立即更新。

2.h：計算某訂單總額——ELERBE 公司

訂單總銷售成本＝（50 @ $68.00）＋（75 @ $70.00）＋（40 @ $72.00）＝ $3,400 ＋ $5,250 ＋ $2,880 ＝ $11,530

2.i：彙總欄位資料之更新

欄位	運送前數量	運送數量	運送後數量（第1題）	新訂單數量	接單後數量（第2題）
（a）現有存貨數	15	-8	7		7
（b）準備出貨數	13	-8	5	+1	6
（c）可供出售數	2		2	-1	1
（d）已出貨數	7	+8	15		15

2.j：某存貨事項之檔案維護與存取——ELERBE 公司

1. 將一書目進貨並驗收後增至「存貨」檔中；設定或更新「存貨」檔之進貨成本；更新「顧客」檔中之顧客資訊如電話地址等。

2. 將一書目進貨並驗收後增至「存貨」檔中會爲「存貨」檔增加一檔案；設定或更新「存貨」檔之進貨成本及更新「顧客」檔中之顧客資訊如電話地址等會更新該檔案或欄位中之資料。

3. 接到某一訂單會增加「存貨」檔中「準備出貨數」之資料。

4. 接到某一訂單會增加「準備出貨數」欄中之總額。

第 3 章

3.a：了解概要活動圖

1. 事件

2. 撿貨單是從「記錄訂單」事件中建立或是修正而來

3. 顧客資料表是從「記錄訂單」事件中而來

4. 「提取存貨」事件發生在「記錄訂單」事件之後

5. 流程結束

6. 流程開始

7. 「運送貨品」事件是由送貨人員執行

3.b：步驟 1：分辨活動事件—— Westport Indoor Tennis
參考第 2 章焦點問題 2.b 的解答

3.c：步驟 2：於企業流程敍述中加入註解—— Westport Indoor Tennis

於企業流程敍述中加入註解—— Westport Indoor Tennis

事件 1：入會報名。 Westport Indoor Tennis 為孩童及成年人提供網球課程服務。新顧客在課程開始前通常會詢問該公司相關課程內容。接待員與顧客諮商時，會記錄顧客相關資料，如姓名、性別、年齡、先前網球經驗、嗜好等等。

事件 2：提供課程建議。將副本送與教練，教練會依據諮詢內容為顧客提供建議課程。

事件 3：完成報名手續。若某一顧客決定註冊該網球課程，該顧客必須於課程開始前至公司報名並繳交學費。接待員會依約收取費用並將顧客姓名一併輸入電腦中。若該顧客曾經在 Westport Indoor Tennis 學過網球課程，則該客戶資料會自動顯現；若為新客戶，則必須為其建檔。最後，接待員會將合約副本、繳費收據交予客戶。

事件 4：列印學員名單。課程即將開始前，接待員會將各種網球課程的學員資料準備齊全。

事件 5：記錄出勤狀況。課程開始的第一天，接待員會將學員資料送至教練手上，教練會依名單核對學員資料是否正確，並記錄其出缺席情形。

3.d：步驟 3：活動事件進行者與活動圖—— Westport Indoor Tennis

Westport Indoor Tennis 的概要活動圖：獨立欄位

顧客	接待員	教練	電腦

3.e：步驟 4：活動事件與活動圖── Westport Indoor Tennis

Westport Indoor Tennis 的概要活動圖：事件

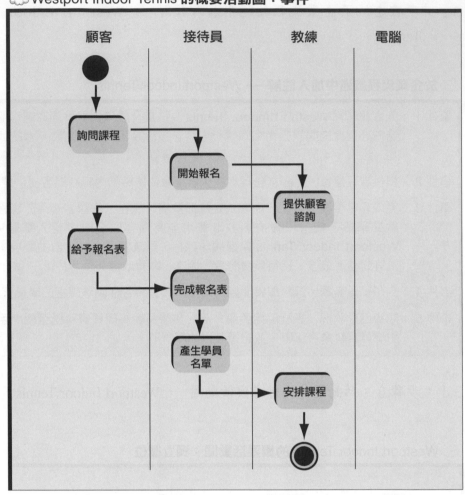

3.f：文件與活動圖── Westport Indoor Tennis

Westport Indoor Tennis 的概要活動圖：文件化

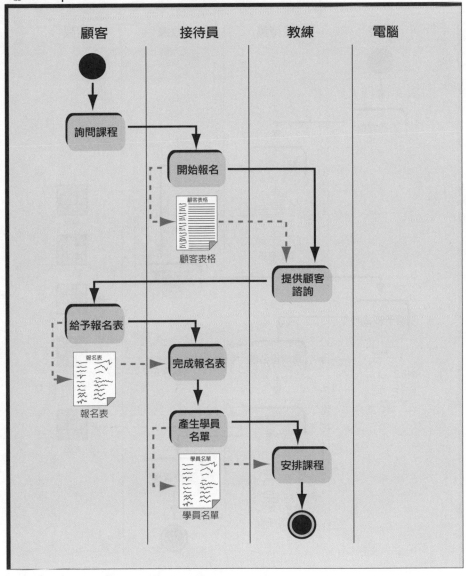

3.g：「表格」符號與活動圖—— Westport Indoor Tennis

Westport Indoor Tennis 的概要活動圖：表格

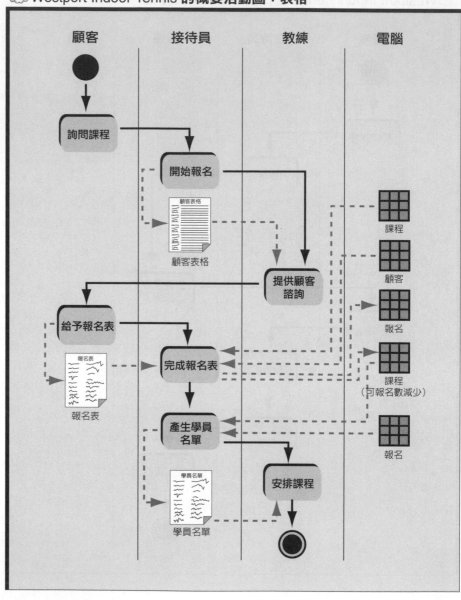

3.h ：閱讀細部活動圖── Angelo's Diner

1. 筆記標誌使用表明詳細的圖對應於各項事件。因此，這個標籤表明，釋例 3.10 提出詳細的活動，對應於「收銀機銷售」事件。
2. 鑽石標誌代表分支。
3. 二個標籤表明各個分支被採取的條件。
4. 電腦讀取存貨表格得到價格資訊。
5. 廚房職員依據點菜單準備餐點。
6. 電腦計算和顯示訂單總額。

3.i ：細部活動圖之活動事件敘述與說明── Westport Indoor Tennis

分辨活動事件── Westport Indoor Tennis

事件 1 ：入會報名： Westport Indoor Tennis 為孩童及成年人提供網球課程服務。新顧客在課程開始前通常會詢問（1）該公司相關課程內容。接待員與顧客諮商時，會記錄（2）顧客相關資料，如姓名、性別、年齡、先前網球經驗、嗜好等等。

事件 2 ：提供顧客建議：將副本送與（3）教練，教練會依據諮詢（4）內容為顧客提供建議（5）課程。

事件 3 ：完成報名手續：當顧客決定註冊，顧客完成（6）報名表並將（7）報名表交還接待員。接待員輸入（8）課程層級和天數資料於電腦中。電腦檢查（9）是否曾在顧客檔案中出現。然後，接待員將顧客名稱輸入（10）電腦系統中。電腦檢查（11）該顧客名稱是否存在顧客檔案中。如果顧客曾經在此學過網球，電腦將會顯示（12）該顧客的資訊。如果是新顧客，電腦會建立（13）一個新的顧客記錄。接待員從顧客那收取（14）付款，將付款資料輸入（15）電腦中。然後，電腦記錄（16）註冊資訊和更新（17）課程可報名人數。接待員列印（18）收據並將他交給（19）顧客。

事件 4 ：列印學員名單：課程即將開始前，接待員會將各種網球課程的學員資料準備齊全（20）。

事件 5 ：記錄出勤狀況：課程開始的第一天，接待員會將學員資料送至（21）教練手上，教練會依名單核對（22）學員資料是否正確，並記錄（23）其出缺席情形。

* 括號內的數字代表活動項目

3.j：工作流程表與細部活動圖── Westport Indoor Tennis

☁Westport Indoor Tennis 的工作流程表

角色	活動項目
	入會報名
顧客	1.詢問 Westport Indoor Tennis
接待員	2.記錄顧客相關資料於顧客基本資料單
	提供顧客建議
接待員	3.將顧客基本資料單交給教練
教練	4.諮詢顧客意見
	5.提供課程建議
	完成報名手續
顧客	6.完成報名表填寫
	7.將報名表交還接待員
接待員	8.輸入課程級數和天數
電腦	9.查核電腦中的資料
接待員	10.將顧客姓名輸入電腦中
電腦	11.查核顧客姓名資料
	12.列示顧客資料
	13.建立新的顧客資料檔
接待員	14.收取學費
	15.將收費情形入檔
電腦	16.記錄報名資料
	17.更新課程資料
接待員	18.列印收據
	19.將收據交予顧客
	列印學員名單
接待員	20.列印學員名單
	記錄出勤狀況
接待員	21.將學員名單交予教練
教練	22.核對學員資料
	23.記錄出勤狀況

3.k ：編製細部活動圖── Westport Indoor Tennis

☁Westport Indoor Tennis **細部活動圖：完成報名事件**

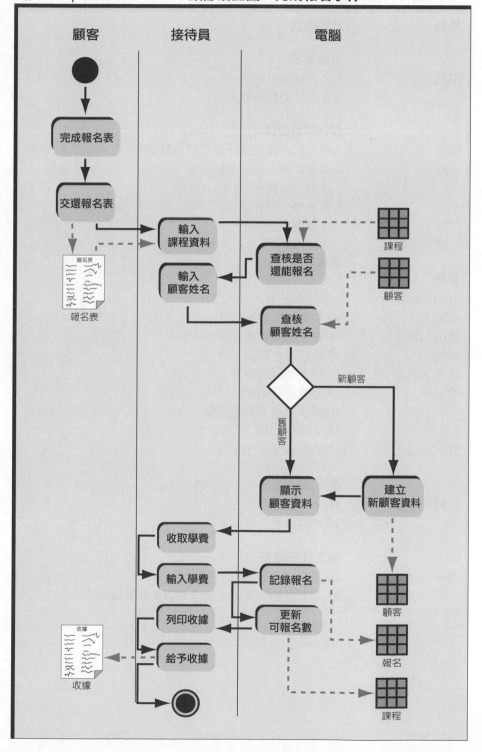

3.1：註冊流程—— Iceland 社區大學

Iceland 社區大學的工作流程表

角色	活動項目
	準備報名
學員	1.完成註冊卡的填寫
	2.更新他的程度計畫表
	提供學員建議
學員	3.帶著已完成的註冊卡和程度計畫表，和教練進行諮商
教練	4.翻閱註冊卡和程度計畫表
	5.核對預備課程
	6.查核學生課程選擇
	7.在註冊卡上簽名
	學員註冊
學員	8.帶著教練簽過名的註冊卡去註冊組
註冊組職員	9.將學員的資訊輸入電腦中
電腦	10.核對學員的資料
註冊組職員	11.將課程編號輸入電腦系統中
電腦	12.查核課程開課狀況
註冊組職員	13.接受學員的註冊
電腦	14.記錄註冊細節
	15.減少該班可報名人數
	16.列印註冊條
註冊組職員	17.將註冊條交予學員
	產生註冊報表
註冊組職員	18.列印註冊報表
	19.將註冊報表送給教練
	檢查註冊報表
教務長	20.檢查註冊報表
	21.如果註冊人數過低要求註冊組取消課程

☁Iceland 社區大學概要活動圖：註冊流程

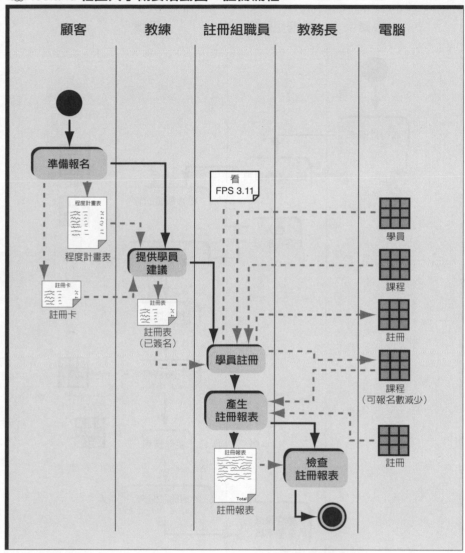

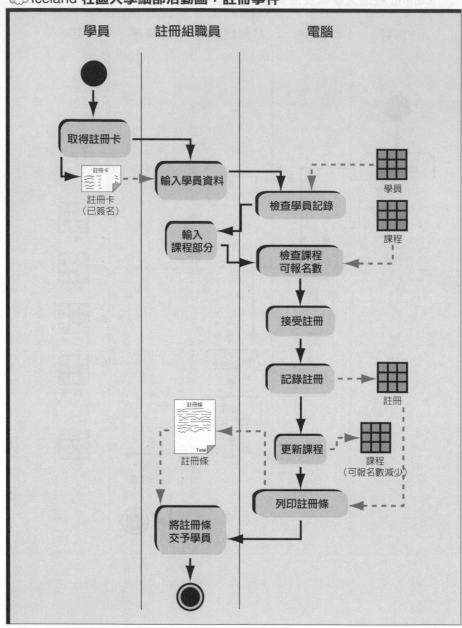

第 4 章

4.a：分辨收入循環中之執行風險—— Anglo's Diner

1.

一般執行風險	Anglo's Diner 執行風險
運送貨物或執行服務：	**服務顧客：**
發生未經授權之銷售或服務	提供未列於菜單上之餐點
已授權之銷售或服務未執行，或延後執行，或重複執行	顧客所點之餐點未送達，或延遲過久才送達
運送錯誤貨品或執行未依約定之服務	送上錯誤之餐點
錯誤的數量、不良品或開立錯誤價格	送達錯誤數量之餐點或不新鮮之餐點，填寫錯誤之餐點價格
錯誤的顧客檔案	餐點送錯至別的顧客手上
收取現金：	**收取現金：**
未收取現金或延遲收取現金	未收取現金（延遲收取現金風險於此是不會發生的，因該餐廳只收取現金，不可賒銷）
收取錯誤之金額	收取錯誤之金額。

2.送上錯誤之餐點其原因，可能是服務生拿錯已點好之點菜單或廚房人員烹煮錯誤之餐點，此風險發生於「拿取點菜單」與「準備餐點」兩事件中。收取錯誤之現金，可能是因為服務生填錯金額或收銀員輸入錯誤之餐點編號，以至發生錯誤金額之收取。

4.b：執行風險之比較——收入循環與採購循環

收入及採購之執行風險相較於下表，同一列顯示相似之風險，我們也發現兩者之執行風險，很多方面都是類似的。惟在收入及採購循環，有關現金收取或支付事項中有下列兩項風險是較不重要或不太會發生的：（1）收到顧客未經授權之付款（通常不太可能發生）；（2）付款給錯誤的供應商（對收款者而言，此意外的收款非重大風險）。

一般執行風險－收入循環	一般執行風險－採購循環
運送貨物或執行服務：	**收到貨物或接受服務：**
發生未經授權之銷售或服務	發生未經授權之採購
已授權之銷售或服務未執行，或延後執行，或重複執行	已授權之採購或收受服務未執行，或延後執行，或重複執行
運送錯誤貨品或執行未依約定之服務	收到錯誤之貨品或未依約執行之服務
錯誤的數量、不良品或開立錯誤價格	錯誤的數量、不良品或開立錯誤價格
錯誤的顧客檔案	錯誤的供應商
收取現金	**支付現金**
未收取現金或延遲收取現金	未付款或延遲付款
收取錯誤之金額	支付錯誤的金額、未經授權之付款、付款給錯誤的供應商

4.c ：記錄與執行風險之比較

兩者比較如下表：

一般性記錄風險	收到貨物或接受服務之執行風險
記錄未發生之活動事件	發生未經授權之採購
已發生之活動事件未記錄、延遲記錄或重複記錄	應發生之採購或收受服務未執行，或延後執行，或重複執行
貨品規格或應收受之服務／記錄錯誤	收到錯誤之貨品或未依約執行之服務
貨品數量、價格或服務價格記錄錯誤	錯誤的數量、不良品或開立錯誤價格
錯誤記錄於流程中內部或外部活動事件之負責部門或人員	錯誤的供應商

4.d ：分辨錯誤記錄

一般性記錄風險	ELERBE 公司錯誤之運送記錄
記錄未發生之活動事件	運送記錄中之訂單實際上並不存在
已發生之活動事件未記錄、延遲記錄或重複記錄	訂單未記錄；訂單則重複記錄
貨品規格或應收受之服務記錄錯誤	運送明細單上之訂單之書碼（ISBN）記錄錯誤
貨品數量、價格或服務價格記錄錯誤	運送明細單上之訂單運送數量記錄錯誤
錯誤記錄於流程中內部或外部活動事件中之負責部門或人員	訂單顧客編號記錄錯誤

4.e：分辨錯誤記錄風險——薪資系統—— ELERBE 公司

1.ELERBE 公司之記錄風險如下表：

一般性記錄風險	ELERBE 公司新資處理流程之特定記錄風險
記錄未發生之活動事件	不太可能發生（即使有人簽到卻未確實上班，但人事部門因依打卡單輸入工時，此風險並不屬於此記錄風險）
已發生之活動事件未記錄、延遲記錄或重複記錄	人事部門未將某員工之工時登錄；或延遲登錄導致員工延緩領薪
貨品規格或應收受之服務記錄錯誤	無相關之資料提供。但較有可能發生之風險為人事部門未將一般工時與加班工時分辨清楚，導致員工薪資短少
貨品數量、價格或服務價格記錄錯誤	人事部門將某一員工工時錯誤記錄，導致其所領薪資錯誤
錯誤記錄於流程中內部或外部活動事件之負責部門或人員	人事部門將各員工工時弄混，如將某甲之工時登入至某乙上；某乙之工時則登錄於某甲上

2.忘記記錄員工時數的原因：辦事員在記錄過程的中途被中斷。在回到任務中時，辦事員也許未繼續恢復記錄。記錄不正確工作時數的原因：這可能只是單純因為辦事員所發生的錯誤。

4.f：分辨更新風險

1.ELERBE 公司「接收訂單」之更新風險如下表：

一般性更新風險	接受訂單之更新風險
忽略主檔之更新或非故意之重複更新	「存貨」主檔中之「準備出貨」欄未更新或依疏失而重複更新。
更新主檔之時間錯誤	「準備出貨」欄延遲更新，使使用者可能無法取得某貨品立即正確之存貨量。
錯誤數字之輸入使彙總欄位更新錯誤	「準備出貨」欄因錯誤之輸入導致錯誤數字之增加。
主檔更新錯誤	「存貨」檔更新錯誤

2. ELERBE 公司「收取現金」之更新風險如下表：

一般性更新風險	收取現金之更新風險
忽略主檔之更新或非故意之重複更新	顧客應收帳款餘額未減少或因重複輸入而重複減少。
更新主檔之時間錯誤	顧客應收帳款餘額延遲更新，可能導致錯誤之對帳單金額。
錯誤數字之輸入使彙總欄位更新	「顧客應收帳款餘額」欄因錯誤之輸入而導

錯誤	致錯誤之更新。
主檔更新錯誤	錯誤之顧客主檔被更新。

4.g：記錄與更新總帳資料

銷售成本－企業產品（6030）	3,600*	
銷售成本－科技產品（6040）	4,250**	
存貨－企業產品（2030）		3,600
存貨－科技產品（2040）		4,250

*48 × 75

**45 × 50 ＋ 50 × 40 ＝ $4,250

4.h：使用文件進行授權

撿貨單爲授權提取倉庫中存貨之文件。完成撿貨之撿貨單必須填上實際領取且裝箱之貨品數量，並視爲授權運送貨物之文件。撿貨單亦必須與裝箱單核對，確認貨品裝箱並運送之數量。

4.i：使用電腦檔案進行授權

當收到某顧客之訂單並輸入電腦時：

（1）「顧客」檔確認顧客資料是否存在。

（2）「存貨」檔驗證顧客所需貨品確實存在。

4.j：活動事件之追蹤

ELERBE 公司可使用「開放」式訂單報表來追蹤訂單中貨品之提領與運送。「開放」式訂單報表可列出所有未「關帳」之訂單，而非只有某一特定期間之未「關帳」之訂單。

4.k：利用預先編號文件

若文件能預先編號，則可利用預先編號之文件，來記錄事件或決定追蹤範圍。如使用預先編號之運送單，可檢視某一追蹤範圍之訂單是否確實運送。

4.l：實施責任（Implementing Accountability）

活動事件內部代理（負責）部門或人員之編號可存於交易檔中。舉例來說，訂單負責人員之編號可存於「訂單」檔中；同樣地，運送負責人員編號可存於「運送」檔中。

4.m：調節

存貨控制可透由存貨實際盤點後之結果與存貨記錄核對。

ELERBE 公司存貨制度使用永續盤存制，因此每種貨品記錄之數量立即可得，一發現錯誤可立即追蹤流向，有利於存貨控制。定期盤存制則必須確定存貨實際數與記錄數之相符，確保沒有被偷竊或盜取，以利存貨控制。

4.n：分辨控制事件——註冊系統——Iceland 社區大學

控制事件	事件描述	潛在風險
1.責任分工	註冊單之核准責任分別為指導教授與註冊組職員。	註冊組將某學生加入其未選之課程
2.使用前項事件進行控制	指導教授必須審核學生學位計畫。註冊組人員在為學生註冊之前必須審核註冊單。系辦職員必須執行點名並與名單核對。	學生可能註冊錯誤的課程；學生出席於未註冊付費之課程。
3.事件之發生必須依據流程順序	註冊前必須與指導教授諮詢。	學生可能註冊錯誤的課程。
4.事件之追蹤	未提及，但學生最好依諮詢之結果選修課程。	學生可能延遲註冊或因人數額滿而無法選修必修課程。
5.預先編號文件之順序使用	未提及也需要。	無。
6.記錄事件內部代理（負責）部門或人員之責任	指導教授於註冊單上簽名，以示為諮商結果負責。	指導教授可能因不知其應負之責任而未盡力為學生諮詢。
7.資產與資訊之進入限制	學生無法進入註冊系統。	學生可能未經允許任意更改已選課程或成績。
8.資產記錄之調整	未提及。	無。

4.o：績效評估

1. 註冊報表之審核而決定開課或取消開課，為註冊流程之績效評估之一。此評估活動能確定所有課程均達足夠之開課人數，有效利用學校人力與教室資源。

2. 課程之參照檔（如：開課人數）可與相關彙總檔（如：實際選課人數）相比較，藉以進行績效評估。

第 5 章

5.a：決定交易檔之需求

1. 不需要交易檔。依原則四，新會員資料將儲存在主檔中並成為參照資料。
2. 需使用交易檔來儲存會員付款日期、付款金額及信用卡號碼。
3. 不需要交易檔。月報只是一報表表達彙總已存在之交易資料。

5.b：使用外部索引鍵連結主檔及活動事件記錄檔

1. 交易明細檔中之「外部索引鍵」為「訂單號碼」與 ISBN「ISBN」。
2. 上述索引鍵是具使用效益的，因可藉其將系統主檔中之相關資料庫做連結，增加資訊之實用性。如當系統要求列印訂單時，可藉由「訂單號碼」連結至該資料庫列印所需訂單；若需知道某書目之庫存量時，可由 ISBN「ISBN」連至存貨資料庫，以決定是否接受某顧客之訂單。

5.c：主要索引鍵與外部索引鍵──收入循環

1. 「銷售人員」檔之主要索引鍵為身分證字號。
2. 「訂單」檔中加入「銷售人員身分證字號」屬性欄位。

5.d：決定關聯性

1.（1, 1）2.（1, m）3.（m,1）4.（m,1）5.（m, m）6.（1,1）7.（1,1）8.（1, m）

5.e：UML 分類圖與交易檔案──H & J 稅務服務公司

1.和 2.

活動事件	可能使用檔案（表格）	是否需要使用交易檔（表格）
預約	行事曆	不需要
服務需求	服務需求檔	需要。使用服務需求檔
蒐集顧客資料	顧客檔	不需要。此為主檔中之參照資料檔
完成稅務服務	服務明細檔	不需要。此為會計人員為顧客完成稅務服務之憑證
向顧客請款	發票檔	需要。使用發票檔並註明請款日期

3.流程事件所需之「交易檔」方塊如下：

5.f ： UML 分類圖與主檔 —— H & J 稅務服務公司

1.辨識所有外在代理人、內部代理人，和產品／服務以及相關各
項事件。

活動事件	產品或服務	內部代理部門或人員	外部代理部門或人員
服務需求	稅務服務	會計師	顧客
向顧客請款	稅務服務	秘書部門	顧客

2.決定產品／服務和代理人的必要主檔。

事件或實體	是否需要使用主檔？
會計師	需要。會計師為稅務服務主要代理（負責）人。
顧客	需要。記錄顧客資料
秘書部門	視需求而定。若秘書部門負責收取現金，則我們必須分辨祕書部門於企業流程中之角色並於主檔中加入秘書部門職員之資料。
稅務服務	需要。服務明細及公費收取事項才能依客戶所要求之文件或報表完整表達。

3.以增加必要的主檔來修改練習題 5.e 的 UML 分類圖的答案。

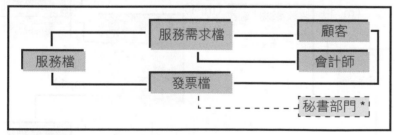

* 非必需的

5.g：決定所需關聯——H＆J稅務服務公司

　　各條連接的線，辨認在個體之間被連接的關係為（1, 1），（1, m），（m, 1）或（m, m）

5.h：設立連結檔案——H＆J稅務服務公司

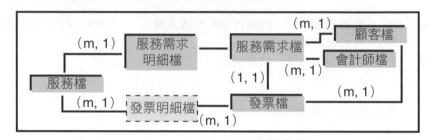

　　若「服務」檔與「服務需求明細」檔內容一樣，則「發票明細」檔與「服務需求明細」檔也將一樣。如此，則不需要發票明細檔，故以虛線方塊表示。在上述情形下「服務需求」檔可為「服務」檔與「發票」檔之連結檔。

5.i：分配事項實體屬性於 UML 分類流程圖中——H ＆ J 稅務服務公司

　　1.和 2.和 3.

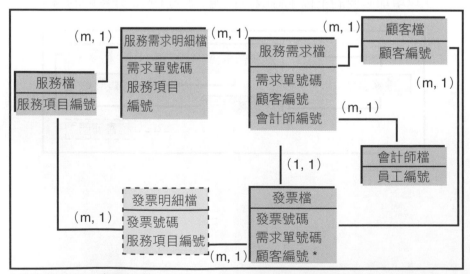

* 顧客編號不一定要設置特定欄位，因為此資訊可能從服務需求表格被獲得。

5.j：加入事項實體之資訊屬性於 UML 分類流程圖中——H & J 稅務服務公司

檔案名稱	欄位屬性
服務明細檔	服務項目編號、服務項目內容、公費收取及年收入
顧客檔	顧客編號、顧客名稱、地址、電話
會計師檔	會計師編號、會計師姓名
服務需求檔	需求單號碼、顧客編號、會計師編號、日期
發票檔	發票號碼、需求單號碼、發票日期、金額
服務需求明細檔	需求單號碼、服務項目編號、公費收取

5.k：將樣本資料加入檔案中——H & J 稅務服務公司

各檔案如下：

顧客檔

顧客編號	顧客名稱	地址	電話
1001	Robert Barton	242 Green St., St. Louis, MO	314-222-3333
1002	Donna Brown	123 Walnut St., St. Louis, MO	314-541-3322
1003	Sue Conrad	565 Lakeside, St. Louis, MO	314-541-6785

會計師檔

會計師編號	會計師姓名
405-60-2234	Jane Smith
512-50-1236	Michael Speer

服務需求檔

需求單號碼	顧客編號	會計師編號	日期
104	1001	405-60-2234	02/12/2006
105	1003	405-60-2234	02/15/2006
106	1002	512-50-1236	02/16/2006

服務需求明細檔

需求單號碼	服務項目編號	公費 *
104	1040	$100
104	項目 A	$50
104	項目 B	$50
104	州政府稅	$80
105	1040	$100
105	州政府稅	$80
106	1040	$100
106	項目 A	$50
106	項目 B	$50
106	項目 C	$110
106	州政府稅	$80

發票檔

發票號碼	需求單號碼	發票日期	金額
305	104	02/13/2006	$280
306	106	02/22/2006	$390
307	105	02/23/2006	$180

在這個例子中，收費屬性在服務需求明細檔中不是必要的，因為在服務表中，它與收費表是一致的。但是，如果收費金額有時與收費表不同，則收費屬性會是需要的。同樣地，發票號碼屬性不是必要的，因為有一個一對一關係在發票和服務需求之間，而且服務需求單號碼在發票檔中是主要索引鍵。但是，服務需求和發票記錄也許不會在同一個訂單中。使用發票號碼作為一個連續的主要索引鍵，是為了保證主要索引鍵數字在表格中，能表明記錄發生的次序。

第 6 章

6.a ： SQL 與執行查詢結果── ELERBE 公司

1. SELECT Order, Date, Customer

FROM Order

Where Date=05/15/2003

2.執行結果如下：

訂單號碼	日期	顧客編號
0100012	05/15/2006	3451

6.b ：查詢分析── ELERBE 公司

1.查詢表單如下：

所需檔案	訂單明細檔	存貨檔	訂單檔
1.使用者對查詢輸出所需之欄位屬性為何？	數量	作者、 ISBN	
2.使用者對查詢輸出之資料選取標準為何；選取標準需使用哪些欄位屬性？		作者 ="Barens"	訂單日期 >12/31/2006 和 訂單日期 <01/01/2007
3.查詢需求中該檔案之哪些外部索引鍵與其他檔案之主要索引鍵相連結？	訂單號碼（連至訂單檔）ISBN（連至存貨檔）		

引導的表格模式（如果必須由輔導員）

存貨表格	訂單表格	訂單明細表格
找到作者為「Barnes」的記錄		
取得 ISBN	透過符合的 ISBN 找到記錄	
	找到符合訂單日期 >12/31/05 且訂單日期 <01/01/07 的記錄	
	取得訂單號碼	透過符合的訂單號碼找到記錄
顯示		
單價， ISBN（選項）		數量

2.Barnes 之著作權分紅總額共 $ 2,820.60 美元，計算過程如下：

ISBN	作者	價格	數量	總價
0-256-12596-7	Barnes	$78.35	200	$15,670.00
0-256-12596-7	Barnes	$78.35	100	7,835.00
訂單總金額			300	$23,505.00
×分紅比例				× 12 %
Barnes 著作權				$ 2820.60
分紅總額				

3. 必須於存貨檔中加入「分紅比例」欄位才能計算。

6.c：報表內容與組織

1. 你可以從報告中刪除「日期」欄。

2. 報告設計模板會是同樣的，除了（a）標籤箱子，「日期」和內文框，「S: Date」，不會出現，而且（b）在銷售表格的參照中，「S = 銷售」在 Legend 是不會存在的。銷售表格是必要的，唯一原因為獲得日期。

6.d：編製簡易事件報表——H＆J稅務服務公司

1. 簡易事件報表如下：

服務需求報表

日期： 02/01/2006-02/28/2006　　排列方式：服務需求單號碼

服務需求單號碼	服務項目編號	公費
104	1040	$100
104	項目 A	50
104	項目 B	50
104	州政府稅	80
105	1040	100
105	州政府稅	80
106	1040	100
106	項目 A	50
106	項目 B	50
106	項目 C	110
106	州政府稅	80
合計		$850

2. 內容和組織

表首 ▼		
服務收入需求報表		
日期：02/01/06-02/28/06		排列方式：服務需求單號碼

頁首 ▼		
服務需求單號碼	服務項目編號　　公費	

明細 ▼		
SD:服務需求單號碼	*SD:服務項目編號*	*SD:公費*

表尾 ▼		
總計	*加總（[SD：公費]）*	

說明：

表格： SD＝服務明細，SR＝服務需求

標準： SR ：日期 > # 01/31/06 # 及 SR ：日期 < # 03/01/06 #

外部索引鍵：在服務明細表中的服務需求單號碼

計算：參見報告上面最後框內的總計

3. 因會計師編號包含於服務需求檔中，不需要再增設新的檔案。與問題 2 答案不同處在於，需於服務需求檔中列出會計師編號；內容配置中「分類明細」多了會計師編號。

4. 內容與組織：

說明：

表格：A = 會計師姓名，SR = 服務明細，SR = 服務需求

標準：SR ：日期 > # 01/31/06 # 及 SR ：日期 < # 03/01/06 #

外部索引鍵：在服務明細表中的服務需求單號碼；在服務需求表中的會計師姓名編號。

計算：無

5. 加入會計師姓名後之新報表如下：

服務需求報表

日期： 02/01/2006-02/28/2006　排列方式：服務需求單號碼

服務需求單號碼	會計師姓名	服務項目編號	公費
104	Jane Smith	1040	$100
104	Jane Smith	項目 A	50
104	Jane Smith	項目 B	50
104	Jane Smith	州政府稅	80
105	Jane Smith	1040	100
105	Jane Smith	州政府稅	80
106	Michael Speer	1040	100
106	Michael Speer	項目 A	50
106	Michael Speer	項目 B	50
106	Michael Speer	項目 C	110
106	Michael Speer	州政府稅	80
合計			$850

6.e：編製分類事件明細報表——H＆J稅務服務公司

1.分類事件明細報表如下：

服務需求報表（依服務項目分類）		
日期 03/02/2006-02/28/2006		排列方式：服務需求單號碼
服務項目編號	**服務需求單號碼**	**公費**
1040		
	104	$100
	105	100
	106	100
	小計：	$300
項目 A		
	104	$50
	106	50
	小計：	$100
項目 B		
	104	$50
	106	50
	小計：	$100
項目 C		
	106	$110
	小計：	$110
州政府稅		
	104	$80
	105	80
	106	80
	小計：	$240
合計		$850

2. 內容和組織：

表首 ▼	
服務收入需求報表	
日期：02/01/06-02/28/06	排列方式：服務項目編號

頁首 ▼		
服務項目編號	服務需求單號碼	公費

分類明細—依服務項目編號 ▼

SD:服務項目編號

明細 ▼

SD:服務需求單號碼	*SD:公費*

分類表尾—依產品編號 ▼

小計	*加總（[SD：公費]）*

表尾 ▼

總計	*加總（[SD：公費]）*

說明：

表格： SD＝服務明細， SR＝服務需求

標準： SR ：日期＞# 01/31/06 # 及 SR ：日期＜# 03/01/06 #

外部索引鍵：在服務明細表中的服務需求單號碼

計算：出現在報表尾部的小計及總計

6.f：編製分類事件彙總報表——H＆J稅務服務公司

1.

服務需求彙總報表（依服務項目分類）	
日期：02/01/2006-02/28/2006　　排列方式：服務需求單號碼	
服務項目編號	**公費所得**
1040	$300
項目 A	100
項目 B	100
項目 C	110
州政府稅	240
總計：	$850

2.內容和組織

```
┌─────────────────────────────────────────────────┐
│ 表首  ▼                                          │
├─────────────────────────────────────────────────┤
│                服務收入需求報表                   │
│ 日期：02/01/06-02/28/06              排列方式：服務需求單號碼 │
├─────────────────────────────────────────────────┤
│ 頁首  ▼                                          │
├─────────────────────────────────────────────────┤
│ 服務項目編號                              賺得的費用 │
├─────────────────────────────────────────────────┤
│ 分類明細                                          │
├─────────────────────────────────────────────────┤
│ 明細  ▼                                          │
├─────────────────────────────────────────────────┤
│ 分類表尾—依服務項目編號  ▼                        │
├─────────────────────────────────────────────────┤
│ SD：服務項目編號              │ 加總（[SD：公費]）1 │
├─────────────────────────────────────────────────┤
│ 表尾  ▼                                          │
├─────────────────────────────────────────────────┤
│                    總計       │ 加總（[SD.：公費]）2 │
└─────────────────────────────────────────────────┘
```

說明：

表格：SD＝銷售明細，SR＝服務需求

標準：SR：日期＞#01/31/06# 及 SR：日期＜#03/01/06#

外部索引鍵：在服務明細表中的服務需求單號碼

計算：1.為每項服務　2.總計＝所有服務的加總（[SD：公費]）

3.問題6.e 與問題6.f 報表相同處在於：（1）皆於同一期間；（2）均包含服務項目編號及公費；（3）6.e 報表中小計金額與6.f 報表中各服務項目之金額是一致的。兩報表不同處在於6.f 彙總報表未列出各服務項目公費收取之明細。

6.g：編製單一事件報表——H＆J稅務服務公司

1.發票號碼 305 之發票明細如下：

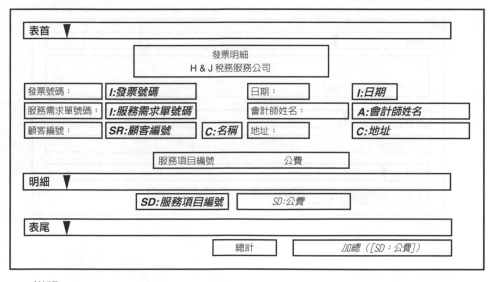

發票明細	
H＆J稅務服務公司	

發票號碼：305　　　　　　　　　日期：2/13/2006
服務需求單號碼：104　　　　　會計師：Jane Smith
顧客編號：1001 Robert Barton　地址：242 Green St., St. Louis, MO

服務項目編號	公費
1040	$100
項目 A	50
項目 B	50
州政府稅	80
總計	$280

2.內容和組織

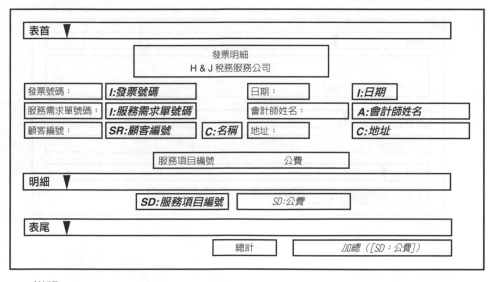

説明：

表格：I = 銷售明細，SR = 服務需求，C = 顧客，A = 會計師，SD = 服務明細

標準：服務需求單號碼 104

外部索引鍵：發票表格中的服務需求單號碼，在服務明細表中的服務需求號碼，在服務需求表中的會計師編號及顧客編號

計算：看表上

6.h：編製參照報表──H＆J稅務服務公司

1.參照報表如下：

服務項目參照報表

排列方式：服務項目編號

服務項目編號	服務項目內容	公費
1040	表格 1040：聯邦個人綜合所得稅	$100
項目 A	表格 1040-A：列舉扣除項目	50
項目 B	表格 1040-B：利息及股利所得申報	50
項目 C	表格 1040-C：個人執行業務所得	110
州政府稅	州稅	80
Corp	公司營利事業所得稅	30（每小時）

---

2. 內容和組織

表首 ▼

服務項目參照清單
排列方式：服務項目編號

頁首 ▼

服務項目編號　　　　　　　內容說明　　　　　公費

明細 ▼

S:服務需求號碼	S:服務項目內容	S:公費

說明：

表格：S＝服務

標準：無

外部索引鍵：無

計算：無

6.i：編製分類明細狀態報表──H＆J稅務服務公司

　　1.分類明細狀態報表如下：

顧客狀態報表

日期：02/23/2006

顧客號碼	顧客				期初餘額
1001	**Robert Barton**				*$ 0*
發票號碼	服務需求單號碼		日期	應收費用	收款
305	104		02/13/06	280	
305	104		02/20/06		280
期末餘額					$ 0
1002	**Donna Brown**				*$ 0*
發票號碼	服務需求單號碼		日期	應收費用	收款
306	106		02/22/06	390	
期末餘額					$390
1003	**Sue Conrad**				*$ 0*
發票號碼	服務需求單號碼		日期	應收費用	收款
307	105		02/23/06	180	
期末餘額					$180
總計					*$570*

2. 內容和組織

表首 ▼		
顧客狀態報表		
日期：02/23/06		

頁首 ▼		
顧客編號	名稱	期初餘額

分類明細──依顧客編號 ▼

SR：顧客	*C:顧客名稱*	*C:期初餘額*

發票號碼	服務需求單號碼	日期	應收費用	收款

明細 ▼

I:發票號碼	*I:服務需求單號碼*	*I/CR:日期*	*I:應收費用*	*CR:總額*

分類表尾──依顧客編號 ▼

期末餘額	*期末餘額 1*

表尾 ▼

總計	*總計 2*

說明：

表格：I = 發票， C = 顧客， CR = 現金收據， SR = 服務需求

標準：無

外部索引鍵：在服務需求表中的顧客編號，在發票表中的服務需求號碼，在現金收據表中的發票號碼。

計算： 1.期末餘額：每個顧客的期初餘額＋加總（I = 總額）－加總（CR = 總額）

2.總計 = 所有顧客的期初餘額＋加總（I = 總額）－加總（CR = 總額）

6.j：編製彙總狀態報表──H＆J稅務服務公司

1.彙總狀態報表如下：

<table>
<tr><td colspan="3" align="center">**顧客彙總狀態報表**</td></tr>
<tr><td colspan="3">*日期：02/23/2006*</td></tr>
<tr><td>**顧客編號**</td><td>**顧客名稱**</td><td>**期末餘額**</td></tr>
<tr><td>1001</td><td>Robert Barton</td><td>$ 0</td></tr>
<tr><td>1002</td><td>Donna Brown</td><td>390</td></tr>
<tr><td>1003</td><td>Sue Conrad</td><td>180</td></tr>
<tr><td>總計</td><td></td><td>$ 570</td></tr>
</table>

2.內容和組織

```
┌─────────────────────────────────────────────┐
│ 表首 ▼                                        │
│ ┌─────────────────────────────────────────┐ │
│ │            顧客彙總狀態報表               │ │
│ │ 日期：02/23/06                           │ │
│ └─────────────────────────────────────────┘ │
│ 頁首 ▼                                        │
│ 顧客編號        名稱           期末餘額       │
│ 分類明細─依產品編號                           │
│ 明細                                          │
│ 分類表尾─依產品編號 ▼                         │
│ ┌C:顧客編號┐ ┌C:顧客名稱┐ ┌＝期末餘額 1 ┐   │
│ 表尾 ▼                                        │
│ 總計                    ＝ 總計 2             │
└─────────────────────────────────────────────┘
```

說明：

表格：C＝顧客，I＝發票，CR＝現金收據，SR＝服務需求

外部索引鍵：在服務需求表中的顧客編號，在發票表中的服務需求號碼，在現金收據表中的發票號碼

標準：無

計算：　1.期末餘額：每個顧客 C＝期初餘額＋加總（I＝總額）－加總（CR＝總額）

　　　　2.總計 ＝ 所有顧客 C＝期初餘額＋加總（I＝總額）－加總（CR＝總額）

6.k：編製單一產品／服務／代理人狀態報表──Ｈ＆Ｊ稅務服務
公司

1.該狀態報表如下：

<table>
<tr><td colspan="6" align="center">**顧客狀態報表**</td></tr>
<tr><td colspan="6">*日期：02/23/2006*</td></tr>
<tr><td>**1001**</td><td>**Robert Barton**</td><td colspan="2">期初餘額</td><td></td><td>**$ 0**</td></tr>
<tr><td>發票號碼</td><td>服務需求單號碼</td><td>日期</td><td>應收費用</td><td>收款</td><td></td></tr>
<tr><td>305</td><td>104</td><td>02/13/2006</td><td>280</td><td></td><td></td></tr>
<tr><td>306</td><td>104</td><td>02/20/2006</td><td></td><td>280</td><td></td></tr>
<tr><td>期末餘額</td><td></td><td></td><td></td><td></td><td>$ 0</td></tr>
</table>

2. 內容和組織

說明：

表格：SR＝服務需求，C＝顧客，I＝發票，CR＝現金收據，

外部索引鍵：在服務需求表中的顧客編號，在發票表中的服務需求號碼，在現
金收據表中的發票號碼

標準：顧客＝「Robert Barton」

計算：1.期末餘額：C＝期初餘額＋加總（I＝總額）－加總（CR＝總額）

第 7 章

7.a ：關聯性記錄橫跨不同模組

　　交易：運送 30 個項目編號 101 產品，每個售價 $10 ，單位成本為 $8 。

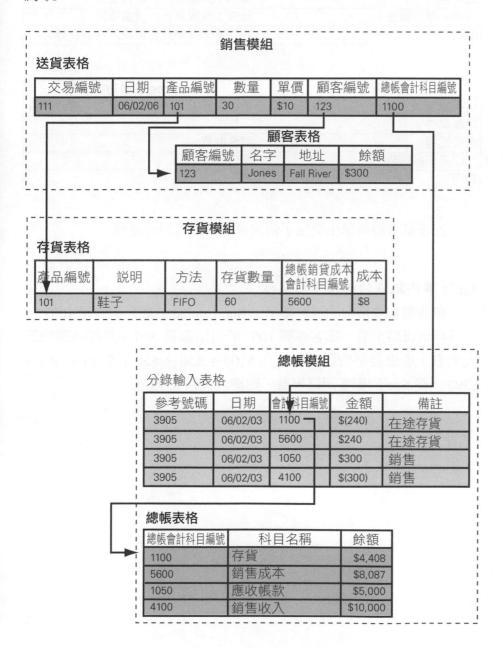

7.b ：辨認典型的清單組合在會計應用軟體

　　1.

清單項目	資訊系統功能清單
檔案維護	卡片：採購卡片，銷售卡片
記錄事件	交易：採購、銷售交易
處理過程	慣例：採購慣例、銷售慣例
列印／顯示報告	報告：採購報告，銷售報告
詢問	詢問清單（參見在螢幕頂端的目錄）

清單項目	Peachtree 會計功能清單
檔案維護	維護：顧客、供應商、員工、庫存項目
記錄事件	工作
處理過程	財務收費
列印／顯示報告	報告
詢問	無

　　2.答案將隨著學生使用了何種會計軟體而跟著變動

7.c ：事件記錄的解釋和相關性

　　根據顧客表格中的資料顯示，Sue Conrad 的顧客編號是 1003。根據發票表格來看，顧客編號 1003 的發票編號 306。根據發票細節表來看，那張發票的詳細費用為 $100 + $50 + $50 + $110 + $80 = $390。從 Sue 的顧客記錄來看，她總共欠款 $390。

7.d ： H＆J 稅務準備服務清單

銷售循環清單

A.維護
　1. 顧客（E4）
　2. 服務

B.記錄事件
　1.準備發票（E4）
　2.記錄付款（E5）

C.處理資料

D.顯示／列印報告
　事件報告
　1.發票
　2.提供服務
　3.由服務人員編號提供服務
　4.由服務人員編號提供服務（摘要）
　參考目錄
　5.服務參考目錄
　概略和詳細的情況報告
　6.詳細的顧客端狀況報告
　7.概略的顧客端狀況報告
　8.單一顧客端狀況報告

E.離開

7.e ： 在即時和批次記錄規程之間的差異

　　釋例 7.4 和釋例 7.8 的步驟相同：

　　　給予秘書表格
　　　填入服務資料
　　　設定新顧客記錄
　　　尋找價格、說明
　　　計算總額
　　　記錄發票
　　　記錄發票細節

列印發票

郵寄發票

更新顧客表格

更新服務和記錄郵寄日期

釋例 7.4 和釋例 7.6 的步驟不同：

批次裝配

計數表格

計算批次總額

列印服務提供報告

回顧服務提供報告

做更正

7.f：批次控制的使用

1. 在批次分錄之前，如果記錄的數量比實際數量較少，辦事員大概錯過記錄完整服務請求表格。電腦報告應該去回顧辨認所遺漏的記錄，然後將資料補輸入。

2. 數額不正確地被輸入在一張或多張發票中。金額總計是將各張發票中的金額做加總。但是，注意在各張發票中的數額是他們自己本身的總和。因此，當某一服務細節被不正確地輸入，會造成一個錯誤的發票金額。舉例，有三張發票各有 $80 為州稅，需繳回，在任何一張發票中，如果這個項目被錯過了，就會產生錯誤的報告。

3. 無用資料總和是所有顧客編號 s 的總和。這個錯誤出現在如果一個或更多顧客編號不正確地被輸入。舉例，顧客編號 1005 可能被輸入成顧客編號 1004 。

7.g：批次控制的限制

1. 不行，這個錯誤無法被查出。

2. 會計編號無用資料總和必須由辦事員計算出來，報告應該被設計顯示無用資料總和，由系統計算做為比較目的。有選擇性地，如果報告不包括這些數值，辦事員就必須輸入會計編號，用計算機或下載數字輸入報表中。

7.h ：設計報告、做分錄記錄

1.新提供的服務報告如下：

服務提供編輯報告——由發票編組
日期： *03/03/03*

發票號碼	服務需求單號碼	顧客編號	會計師編號
308	107	1004	512-50-1236

服務項目編號	公費
1040	$100
項目	50
項目	50
州政府稅	80
	$280

發票號碼	服務需求單號碼	顧客編號	會計師編號
309	109	1006	405-60-2234

服務項目編號	公費
1040	$100
州政府稅	80
總計	$180

發票號碼	服務需求單號碼	顧客編號	會計師編號
310	108	1005	512-50-1236

服務項目編號	公費
1040	$100
州政府稅	80
總計	$180

發票總計：3　無用資料總計（顧客編號）：3015　總額總計：$640

　　新被編組的報告也許更容易閱讀，因為它透過發票編號資料組織資訊。資料共同對整個發票只顯示。可以清楚地看到只有三張發票在這個報告中。

2.一個綜合報告也許較方便使用者回顧。一個詳細的報告會很長，如果事件的數量很多的話，而且細節也許是多餘的，如果批次被正確地輸入時。一個詳細的報告能列印出來，如果發生錯誤時，而且使用者想要辨認這些錯誤。

3.記錄服務銷售的分錄記錄如下：

應收帳款	640	
銷售收入		640

4.報告被設計成只能列印不能郵寄事件。

7.i：不同企業流程下，對於即時系統的需求

1.記錄工作小時以支付員工薪資	批次記錄：員工薪資支付通常不會比每週還頻繁，因此有點需要即時更新。
2.使用自動提款機（ATMs）提款	即時系統：銀行會想隨時保持現金餘額，以避免顧客會領不到錢。
3.使用 ATMs 存款	批次記錄：沒有方式能使 ATM 去分辨存款是用現金或支票：如果是支票存款，會需要時間去兌現。很確定地，銀行並不會想立刻增加顧客的現金餘額。
4.為特殊班級記錄學生成績	批次記錄：教授修改成績為整個類在成績報告。因此，管理員在收到每個成績報告後，會將成績整個批次登記。
5.預訂旅館	即時系統：旅館需要去確定，有哪些房間未被預訂，可以開放供人預訂，也許只是在幾分鐘前。

7.j：了解即時系統、批次更新系統、批次記錄系統的差異

批次更新特徵	比較即時和批次記錄系統
1.批次總數不被採取	與即時系統相同
2.事件立刻被記錄	與即時系統相同
3.表格中有存檔按鈕	與批次記錄相同
4.直接編輯	兩者相同
5.事件記錄增加在事件表格中	兩者相同
6.未郵寄的發票名單列印	兩者相同
7.名單被準確地檢查，但沒有批次總數	與兩者都不同：在即時系統中未列出，而在批次記錄系統中，只列出批次總合
8.未張貼群組事件紀錄被張貼在主檔模組中	與批次記錄相同
9.未張貼、張貼日期領域在事件記錄中被設置對現行資料，並且概略領域在主檔中更新	兩者相同（但張貼出來比批次系統還慢）
10.在張貼以後，情況報告在模組將是最新的	兩者相同
11.總帳在張貼時，事件紀錄可以或不可以被張貼	兩者相同

7.k：批次更新的優缺點

優點：

1.當事件立刻被記錄，所有錯誤由系統查出且更加容易地被改正，因為事件是新鮮的在使用者的頭腦裡。

2.在張貼之前延遲更新直到紀錄累積了給使用者或監督者能力回顧資料，在張貼之前它更加容易編輯所記錄的資料。

3.用電腦資源更新一批批次資料，也許比頻繁更新中斷的處理更加有效率。

缺點：

1.對某些企業經營活動譬如飛機訂票系統而言，直接更新是必要的

7.l：選取該清除的資料

發票編號 305 和發票編號 307 是好候選人，因為：

1.根據發票表格狀態領域來看，兩個記錄都是「關閉」，表示他們已經被支付了。

2.Cash_Receipt 表格也顯示那些發票已經被支付了（依照不遲於日期表明在彙集日期領域）

3.這與兩名顧客的餘額是零的事實是一致的。

4.兩張發貨票已經被張貼於銷售和總帳模組中（依照不遲於日期表明在發票表格的 Post-Date 和 G ／ L Post-Date 領域）。

第 8 章

8.a：活動圖——ELERBE 公司

　　1.詳細的活動圖：準備採購單

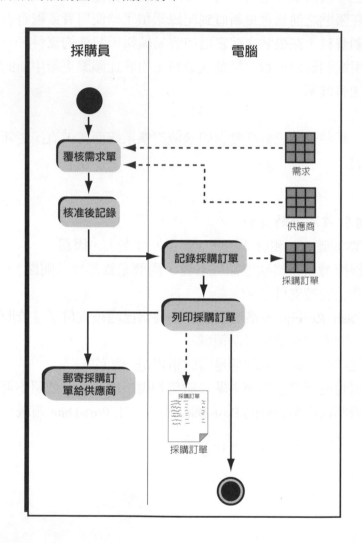

2. 細部活動圖：收到貨品

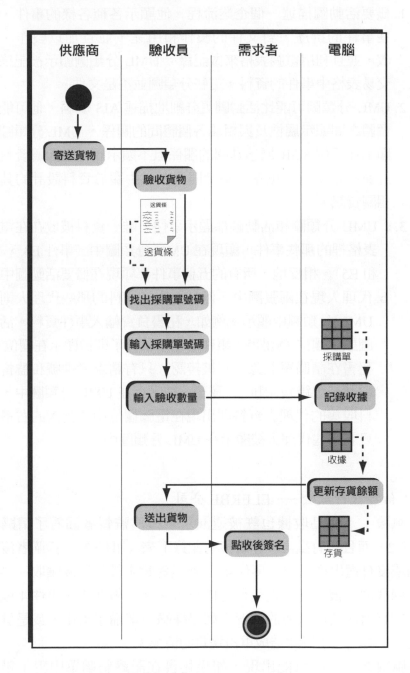

8.b ：活動圖和分類圖── ELERBE 公司

1. 概要活動圖描述一個企業流程。他顯示各種各樣的事件，這些事件的排序，對文件的製作和用途，並且加以製作、修改，並且利用電腦表格來做記錄。 UML 分類圖顯示被記錄在交易表格中事件的資料。這些分類圖並不是文件。

2. UML 分類圖可能比活動圖更詳細地描述 AIS 資料。他可能在個體之間顯示屬性及與相關各個體間的關係。 UML 分類圖被顯示在釋例 8.5B 展示其間的關係但不顯示屬性，因為資料設計並不是這章的重點。請參照第 5 章中關於資料設計的其他相關資訊。

3. a. UML 分類圖和活動圖都顯示事件。唯一資料被放在在電腦表格裡的那些事件，顯現在 UML 分類圖中（事件 E3 、 E4 和 E5）。相反地，所有的五個事件都顯現在概要活動圖中。

   b. 代理人現在兩張圖中。但是，收集資料的那些代理人則在 UML 分類圖中顯示。例如，秘書負責輸入事件資料。活動圖顯示欄位 為秘書。事件由秘書執行了則被顯示在欄位 。秘書在請購單記錄中不被辨認（只有請求者編號和監督員編號被記錄）。因而， 秘書不被顯示在 UML 分類圖中，資料收集的代理人資料則出現在電腦欄位中活動圖的右邊。只有這些代理人被顯示在 UML 分類圖中。

8.c ：估計執行風險── ELERBE 公司

風險 1 ：商品收據也許被遺漏了，因為監督者漏看了請購單（事件 2）而且沒有批准、秘書沒有記錄下來（事件 3）、採購者沒有準備或沒有送出採購單（事件 4）、或是送貨未被供應商驗收（事件 5）。同樣地，被延遲的送貨可能因為事件 2 、事件 3 、事件 4 或事件 5 的原因而造成延遲的狀況。如果採購單準備了兩次，或是供應商運送了兩次，也許會造成重複送貨的情形。

風險 2 ：風險可能出現，如果秘書在記錄請購單中犯了錯誤（事件 3）、採購者在準備購買採購單犯了錯誤（事件 4）、或是供應商交付錯誤的產品／服務（事件 5）。

8.d：責任區分── ELERBE 公司

1. 請購部門的主管和採購人員核准採購。
2. 驗收者需負責執行。
3. 請購者將需求記錄在書面表格中。秘書、採購人員、和驗收人員者輸入適當的資料進入電腦系統中。
4. 驗收者和請購者有對所取得的財產有監管權。
5. 請購者對財產有最後的監管權。此項資訊未被顯示在活動圖中。總之，活動圖中不會顯示實物資產的移動或存放處。

8.e：從以前的事件中獲得資訊的用途── ELERBE 公司

1. 部門監督者審核一份請購單，看看如果預算是可利用的。在 ELERBE 公司，預算資訊是依據之前的計畫活動而估算出來的。
2. 採購人員在準備採購單之前審核請購單。

8.f：事件的需求順序── ELERBE 公司

在秘書填寫了請購單之後要求審核的好處是，在記錄的請購單資料中，有人進行第二次檢查。監督者也許會在記錄請購單發現錯誤。此外，審核減少了秘書可能「欺騙地批准」了請購單，監督者未看見的風險，簡單地由記錄請購單和輸入監督者的員工編號。在核准之前，要求秘書輸入資料的壞處是，此過程也許是較沒有效率的，因為甚而最終不被批准的請購單會必須被輸入系統。

8.g：後續事件── ELERBE 公司

1. 採購者能階段性地檢查，看哪份採購單是可以開放給長期合作的供應商。
2. 概要活動圖能被修改以顯示這次事件。另外，一張詳細的活動圖能被用來描述審核過程的細節。
3. 採購明細表的驗收數量，可用來找出那些採購單未完成。

8.h：事先編號的文件序列──ELERBE 公司

採購單會事先編號。驗收部門能階段性地檢查，以確信產品被驗收了，在採購單訂購數量範圍內，隨著著長期採購下。由於採購單是由電腦準備，編號由電腦自動給予（電腦造出的價值輸入控制）

8.i：權責範圍內負責人的記錄──ELERBE 公司

記錄格式顯示請購者和監督者在請購表格中被辨認。依照活動圖中顯示，秘書員工編號應該被記錄到請購單。秘書的員工編號 能由系統進行追蹤。但是，組織也許不認為這些資訊重要。

8.j：接觸的限制──ELERBE 公司

採購者需要對購買採購單記錄進行讀取和輸入。另外，驗收者需要透過讀取未檢視資料獲得採購單細節。最後，請購者、監督者和秘書需要透過功能讀取採購單資料，以便他們能將請購單遞交給採購者。

8.k：發展的控制點──ELERBE 公司

在事件中繼續採取行動的控制，可以幫助被遺漏的或被延遲的採購風險。例如，採購者能審核未完成採購單的清單，再接著即將發生的採購單。每當在購買採購單明細表中的數量被驗收的屬性價值超出採購數量時，系統應該顯示例外通知。

8.l：活動圖、分類圖和應用軟體清單──ELERBE 公司

1. 與輸入的請購單、採購單和驗收有關的清單項目，對應到事件。其他的項目是需要維護在主檔裡的參照資料，執行更新的和其他處理活動、回應詢問，和產生報告。

2. 在記錄事件資料中有三個清單項目（請購單、採購單和驗收單）。事件表格與相關各次事件被顯示在 UML 分類圖中。主檔被顯示在事件表格的左右邊。各主檔在 UML 分類圖中需要被維護。我們在採購循環清單中，顯示供應商和存貨維護。其他個體可能由不同的模組維護。員工資料大多被追溯，透

過人力資源模組中。

8.m ：檔案維護的本質── ELERBE 公司

1. 最後三個資料項目是彙總欄位。價值被存放在這些欄位中，只透過交易如請購、採購和驗收而改變。

2. 總帳中銷售成本會計科目的金額是 $5200 。假設， ELERBE 公司使用及時存貨系統，當光碟產品被製造時，才被記錄銷售成本。當製造和銷售發生時，由自動分錄記錄系統自行產生 $5200 的相關分錄記錄。

8.n ：了解資料輸入螢幕的格式── ELERBE 公司

1. 日期和供應商編號。

2. 採購項目、採購數量和單位成本。

3. 供應商名稱。

8.o ：為採購單確定必要的屬性── ELERBE 公司

1. ELERBE 需要知道供應商使用的產品編號，以便供應商知道什麼項目被採購。

2. ELERBE 的產品編號被建立作為一個主要索引鍵。二個供應商能使用同樣數字，辨認不同的產品是可能的。（供作一個選擇方案， ELERBE 能避免指派他自己的數字，使用在供應商編號和供應商產品編號 ，作為一個聯合複合關鍵索引。）

8.p ：在事件記錄和產品／服務記錄之間的關係── ELERBE 公司

欄位的內容會被修改如下：

採購單採購購數量從 8 增加 到 20（8 + 12 = 20）。

最近成本會成為 $11 。

其他欄位會保持不變。

8.q：採購單的輸入控制

採購單表格的資料項目	輸入控制
請購單號碼	如果請購單號碼存在，電腦可以進行記錄檢查。
採購單號碼	一份獨特的採購單號碼 可能由電腦產生。
採購單日期	顯示現行資料作為預設值。使用格式檢查以確保合法的日期格式。
員工編號（採購者）	根據資訊被輸入的登入時間，員工編號 能被顯示。參照值能被強制執行在員工和採購單表格之間，以確保員工編號 在採購單表格裡對應於一名實際員工在員工表格中。
運輸方法	一個下拉列表格式顯示運輸選擇方法
供應商編號	供應商能從供應商表格中的供應商下拉列表中被挑選。參照值能被強制執行在供應商和請購單表之間，以確保供應商編號 在請購單表格中對應於一個實際部門在供應商表格中。
供應商產品編號	沒有控制，雖然記錄檢查能被使用，如果存貨表被擴展到包括供應商的產品編號。
產品編號	存貨購買，產品能從存貨表中的下拉選單列表中挑選。參照值能在存貨和採購單表格之間保證被強制執行，產品編號 在採購單表格裡對應於一個實際產品在存貨表中。
數量	格式檢查可被用來保證一個數值被輸入。檢驗規則（限制）可能被用來保證，很大量存貨不會被錯誤地採購。
價格	格式檢查可被用來保證一個數值被輸入。預設值可能被設定，以便系統顯示從存貨文件中得到各項目的價格。

8.r：以事件資料更新記錄── ELERBE 公司

存貨表格

產品編號	說明	再訂購點	採購數量	庫存數量	最近成本
402	空白的光碟	10	2	18	$ 13

採購單明細表格

採購單號碼	供應商產品編號	產品編號	採購數量	驗收數量	取消數量	價格
599	C-731	402	12	10	0	$ 13

8.s ：驗收的內部控制 —— ELERBE 公司

  1. a.驗收者的員工編號 包括在驗收表格中。

    b.如果數量已知，驗收者也許不會計算產品數量。價格與驗收過程是毫不相關的。表示價格也許會提高產品失竊的機會。

    c.採購單號碼 和產品編號從其他記錄中轉入。

  2.電腦在驗收單位也許是很難清理，驗收員工也許沒有時間或有技巧地使用電腦。驗收者也許會發現使用一個手持式掃描儀，輸入資料更加方便。在當晚或許更加頻繁地，驗收資料會透過手持式設備，批次輸入電腦中。另一個方案，驗收者能拷貝原始的採購單（有或沒有數量）。簡單地標記所收到的數量。從被標記的採購單中得知的驗收細節，能在輸入後由使用者利用批次的方法輸入系統中。

第 9 章

9.a：活動概要圖—— ELERBE 公司

ELERBE 公司的細部活動圖——現金支付（事件 7 到事件 11）

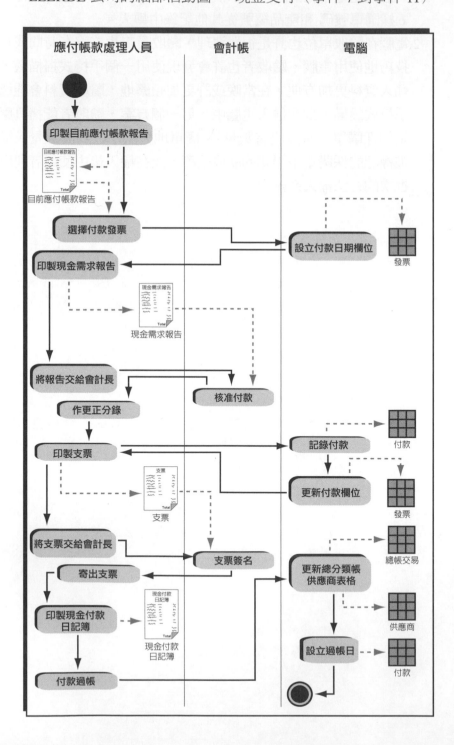

9.b：估計執行風險── ELERBE 公司

1.現金沒被付或延遲支付：

這種風險可能因為下列這些事件而出現：

　　＊發票延遲記錄（事件 6）

　　＊發票未在適當的時候，被選擇付款（事件 7）

　　＊發票未在正確的時間，由驗收者批准付款（事件 8）

　　＊支票未列印（事件 9）

　　＊支票未簽名（事件 10）

　　＊支票被誤置或未被郵寄（事件 11）

2.錯誤的金額支付：

很可能的原因是，發票金額是由供應商不正確的送達，或被使用者不正確地輸入。假設程式是準確的，一旦金額被輸入，則檢查應該也是準確的。其他可能性是，付款是由供應商記錄更新時發生錯誤；在折扣日期以後，但折扣被減去相當金額款項。

9.c：記錄風險── ELERBE 公司

1.為發票記錄風險：

　（1）記錄了一張貨物未被驗收的發票。

　（2）發票未記錄、延遲記錄，或是被複製

　（3）事件資料項目未被正確記錄：

　　　■ 產品或服務的錯誤類型記錄不適用，這類資訊不被記錄在發票分錄的時期。

　　　■ 錯誤的金額記錄。

　　　■ 錯誤的供應商記錄。

　　　■ 錯誤的採購單號碼、供應商編號、發票日期、折扣日期、到期日期或是總分類帳會計科目編號記錄。

2.利用發票資訊更新供應商記錄的更新風險：

　（1）供應商記錄不是隨著發票資料更新，或是重複更新了兩次。

　（2）在錯誤的時間點，供應商進行記錄更新。

　（3）由錯誤金額更新到期餘額。

　（4）錯誤的供應商更新。

9.d：文件工具比較 — ELERBE 公司

比較 UML 活動圖、分類圖和應用軟體清單。

事件編號	概要活動圖 （釋例 9.6）	詳細活動圖 （釋例 9.7）	詳細活動圖 （焦點問題 9.a）	UML 分類圖 （釋例 9.8b）	應用軟體清單 （要點 9.2）
E6	是	是		是	B4,C1
E7	是		是		B5,D7,D8
E8	是		是		
E9	是		是	是	B6
E10	是		是		
E11	是		是	是	C1,D3

注意以下關於這張表格的要點：

- 在釋例 9.3 中，被描述在企業流程中的那 6 個事件都顯示在概要活動圖中。

- 五個事件也顯示在詳細活動圖中。詳細活動圖顯示活動與相關各事件。釋例 9.7 顯示活動被介入在執行和記錄事件 6 中。

- 只有這些關於資料的事件，被從交易表格或帳交易表格中摘取，顯示在 UML 分類圖中（事件 6、事件 9 和事件 11）。

- 事件 E6、E7、E9 和 E11 顯示在應用軟體清單中，因為關於這些事件的資訊是從會計應用軟體系統中獲取的。事件 E7 也要求對應用軟體系統的用途。清單選擇 B5 做為發票付款使用，D7 用來準備一個開放性的應付帳款管理系統報告，而 D8 被用來列印現金需求報告。因此，一個事件可能介入對多個清單選擇的用途。

- 有幾個另外的項目在清單中。這些對應於維護活動、處理活動，和查詢／報告活動。我們能將這些事件／活動包括在活動圖中。回想第 2 章中，會計也許要學習企業流程。當你收集關於企業流程的資訊，也許你可以獲得關於關鍵事件的資訊，顯示在釋例 9.3 中。你不能將焦點集中於活動細節上，像是文件保管和關閉，可透過採訪、觀察或勘測來收集資訊。所以，你可以藉由將焦點集中於關鍵事件中，發展類似像釋例 9.6 及釋例 9.7 的活動圖。

9.e：使用報告推斷表格

發票表格（傳票號碼、供應商編號，和發票日期），驗收表格（採購單號碼和供應商編號），以及發票細節表（總分類帳會計科目編號和金額），提供資訊在採購日記簿中。

9.f：使用分批總數——ELERBE 公司

總數同意。如果他們沒有同意，最容易的方法，將從記錄數量開始。如果總數不是正確的，那麼也許其中有張發票未被輸入系統中，或是重複輸入了兩次。如果記錄數量是正確的，那麼問題有關金額總和或雜數資料總計。在這個情況下，最佳的方法是使用報表或加總機器來重新製表，做為對批次的控制總數。如果重新製表金額與採購日記簿金額一致，但不是控制總額，然後僅有一個錯誤在計算控制總額中。如果重新製表與原始的控制總額一致，然後下個步驟是將書面發票資料與輸入系統中的資料做比較。

9.g：使用採購日記簿作為分錄記錄或審計的來源——ELERBE 公司

概略分錄記錄如下：

零件存貨	220	
運費	5	
辦公用品費用	215	
應付帳款		440

（當你突然看見，採購日記簿也許能作為查帳索引，因為它支持分錄記錄，並且有關於日記簿充足的資訊，允許審計員找到原始的憑證。）

9.h：使用批次總數強調被錯過或重複的記錄風險——ELERBE 公司

1.如果使用者在輸入批次資料時，遺漏了某張發票，出現在採購日記簿中的總數，將會小於透過加總機器自動計算出的金額。

記錄的數量也會比發票的實際數量小。因此,當使用者在回顧編輯報告時,會發現錯誤。

2.如果使用者在輸入批次資料時,將一張發票重複輸入了兩次,出現在採購日記簿中的總數,將會多於透過加總機器自動計算出的金額。記錄的數量也會比發票的實際數量多。因此,當使用者在回顧編輯報告時,會發現錯誤。

9.i：使用批次總數強調不正確資料風險── ELERBE 公司

1.如果使用者輸入了錯誤金額,則金額總計將不會與使用加總機器計算出的總額相符。

2.如果使用者輸入了錯誤的供應商資料,供應商編號的無用資料總和不會與使用加總機器計算出的總額相同。

9.j：決定公司是否正確地被計價收帳── ELERBE 公司

庫存產品編號 402 , 12 項被訂購了, 10 項被驗收了,而且發票金額只向公司索取 10 項運輸費用。產品編號 419 ,所有被訂購的產品被驗收也開了發票。我們知道,發票的正確金額是 $200 =(10 × $11)+(5 × $18)。 ELERBE 公司大概將支付發票,因為價格是不錯的,而且只對已運輸的產品收費。

9.k：把帳單放在「Hold」── ELERBE 公司

公司在支付欄位中,能存放「H」或其他標誌。軟體必須被修改,以便它可能了解「H」代表什麼意思。

9.l：帳單付款和採購折扣時間

如果多數帳單發票,給予 10 天的折扣有效期,在所有帳單發票在被接受的那個星期,每個星期支付帳單是可以得到足夠折扣。在一個星期之外的額外三天,允許付款支票的交付時間。

企業沒有比折扣日期還早支付的動機,或是如果折扣日期是過去、比到期日還早的支付。舉例而言,如果帳單是 n / 30 的方式支付,在接受的當天支付帳單是沒有好處的。及早支付會減少獲得臨時性閒置現金的利息。每週支付發票,也許比每天支付更有效率。

9.m：在一個開放應付帳款管理系統報告中的簽出發票──ELERBE 公司

報告能在折扣日期以前首先發出（除非那個日期已經過了），然後在到期日以前。如果折扣日期在報告日期中已經過了，他可能被忽視。這是理想的付款順序，如果 ELERBE 的目標是獲得所有可能的早期的付款折扣，和在不遲於到期日後支付所有付款。釋例 9.11B 的報告似乎跟隨這訂單。累計總數顯示依據優先順序支付帳單的費用。舉例來說，他將要求公司花費 \$551，如果他希望支付前面 3 張發票。

9.n：選擇付款帳單──ELERBE 公司

傳票號碼 459 應該被支付以獲得折扣。當帳單在下次才支付（下星期），折扣日期就已經過了。傳票號碼 430 應該被支付，因為帳單將在下星期到期。除此之外並沒有其他需要支付的帳單。

9.o：適合內部控制目的報告標準──ELERBE 公司

1. a. 報告會幫助防止重複付款，因為假設軟體被設計成只有未付款的帳單會包括在報告中。

   b. 報告幫助確保帳單不會錯過付款，因為對所有帳單到期日的標準要求是在 6 月 11 日。

   c. 報告減少逾期付款的可能，只要使用者正確地將規定日期寫在對話方塊。

2. 由於報告只列出在 6 月 11 日以前還未付款的帳單資料，任何到期日在 6／11 之後的帳單並不會包括在報告中。因此，在報告中所顯示的帳單總額，將會少於所有帳單總額。

3. 在開放性的應付帳款報告中的總額顯示，應付帳款總額是 \$790。

9.p：修改系統考慮到支付二張發票以一張支票來支付──ELERBE 公司

你需要（1）在付款表中消滅傳票號碼欄位資料；（2）重編一張新表格，或許取名為付款發出表格，與付款表格以支票號碼相連

接。付款發出表格只需要三項資料：支票號碼、傳票號碼，和金額。

9.q ：解釋現金支付日記簿做分錄記錄── ELERBE 公司

會計科目是應付帳款、現金和採購折扣。分錄記錄如下：

應付帳款	355	
現金		351
採購折扣		4

9.r ：解釋應付帳款分類帳報告── ELERBE 公司

應付帳款在總分類帳會計科目中的餘額，應該與在應付帳款分類帳中的總計相符合。審計人員能使用報告已確定所有金額是正確的，回到原始的採購發票利用在總分類帳中所註明的傳票號碼。另外，總分類帳作為公司列出可合作的供應商名單是有用的。審計人員能隨機抽樣供應商並加以詢問，詢問其所負責的金額是否正確。這種方法可以用來查出，是否有已被送達的採購發票卻未被記錄，因而造成在資產負債表中負債的少估。

9.s 清除記錄── ELERBE 公司

1. 所有記錄連接了包括在第一個表格和第二個表格適當記錄的主要索引鍵的價值，尤其是：（a）供應商編號；（b）請購單號碼；（c）採購單號碼；（d）收據號碼；（e）發票號碼；（f）請購單號碼；（g）採購單號碼。

2. （a）如果公司仍然準備驗收項目，所有那些記錄應該保留在線上。（b）如果公司不準備接受項目編號 402 的剩餘數量（訂購了 12 個，只有驗收了 10 個），然後所有相關記錄如請購單、採購單、驗收單和採購發票，應該被歸檔然後刪除掉。這種情況大概是常發生，因此記錄格式能經過增加一個被取消的欄位，來記錄採購單的詳情記錄而改進。在這個案例中，在記錄刪除之前，「2」會被輸入在為產品編號 402 數量被取消的欄位中。

第 10 章

10.a：在資訊系統要求下收入循環配置的作用

訂購方法：訂購比顧客直接撿貨還有需求性，因為一個訂購資料記錄必須被產生和被儲存，直到產品運輸出去和顧客付款了。

付款時間：在購買後付款比直接付款更有需求性，因為應收的記錄必須被維護，且銷售發票和顧客帳單必須被送出。由顧客先付款與郵寄付款是相似的，因為顧客帳戶必須被維護，以便顧客在貨物交付時不必再收款，或是在貨物未交貨時，預付的現金要被退回。

付款的方式。現金或支票付款相對地簡單，沒有關於顧客的其他資訊需為儲存。利用信用卡付款時，需要獲得顧客的信用卡號碼，並且加以確認，並且確定從信用卡服務提供者取得的金額是正確的。應付帳款支付導致關於顧客到期餘額、發帳單給顧客，和收集付款等保留記錄的負擔。

10.b：適當的收入循環配置

	訂購方法	付款時間	付款的方式
1a.在電話中購買棒球票	在接到郵件之前，票被訂購	在交付前付款	信用卡
1b.在售票窗口訂購棒球票	沒有訂購的需要	在交付的時付款	現金或信用卡
2.在網路上購買	在交付前訂購	信用卡號碼提供了，但直到交付時付款	只能使用信用卡
3.在大賣場購買	不需要訂購	在交付時付款	現金、支票或信用卡
4.在速食店購買	在食物被交付前訂購	在交付前付款	只能使用現金

10.c：區分在活動概要圖、分類圖、記錄格式和應用程式清單中的差別——ELERBE 公司

事件 E2 撿貨。撿貨者以手寫下所撿取的數量，但這些資料不會輸入電腦中。相反地，運送數量被記錄在下個流程中（E3 運送）。UML 分類圖塑造唯一被存放在電腦系統中的資料。

事件 E5 收集。郵件操作員準備匯款名單但不將資料輸入電腦

中。金額被收集記錄在 E6 (記錄收藏) 及 E7 (儲存現金)。

10.d：辨認在活動概要圖中明顯的控制—— ELERBE 公司

風險	可能的流程控制
倉庫雇員可能從倉庫中拿走貨物，供個人使用。	必須有撿貨單才能從倉庫拿走東西 (#3)。假設：倉庫雇員不能使用印表機，因此他無法自己製作撿貨單 (#1)。
倉庫雇員可能誤置撿貨單，因此沒有進行出貨的動作。	運送人員複製了運送單 (#2)。假設：如果他跟著 (#4)，他會注意到這個訂單未被撿貨。 建議：開放顧客訂單報告依然顯眼的顯示出訂購狀況 (#2)，且訂單記錄者能接著在這 (#4) 建議：如果撿貨單是事先編號的 (#5)，運送人員就能注意到中間是有遺漏掉的。
沒有訂單卻運送貨物。	只有在撿貨單上列示的物品才能撿取，而且撿貨單是根據銷售訂單中所輸入的資訊而來 (#2, #3)。 送貨者將比較物品送貨單，由撿貨者出示 (#1, #2)。 當然，訂單記錄者可能一開始就輸入錯誤項目，而且如果這些項目包含在存貨表中時是很難去發現的。
公司可能運送貨物了，卻未送帳單給客戶。	應收帳款幹事不應該不發帳單給顧客，因為送貨單和撿貨單從送貨人那被接受 (#2)。 應收帳款幹事進行查詢，以列出所有未開發票的送貨名單 (#2, #4)。 建議：如果運送者未記錄發貨或提供文書工作，能經由列印和回顧開放銷售訂單報告，來發現尚未發帳單給哪些顧客。 建議：應該根據運輸記錄自動開立銷售發票，依據發票記錄。
公司可能發了帳單給顧客，卻未運送貨物。	發票分錄需要記錄運輸事件編號。 假設：系統要設計成，未記錄送貨編號 (#3) 的話，應收帳款幹事不能繼續進行接下來的程序。
出納員私藏支票，做為個人使用。	支票由收件者簽名。 控制人員可以經由存款單金額，比現金收入表上顯示的金額還少時而發現 (#2, #1)。
公司可能未把當天收入存入銀行帳戶。	控制人員會注意到，沒有存款單能與現金收入表相符合 (#2, #4)；或是如果有存款單，但沒有實際儲蓄，控制人員上網查詢銀行報告時，將注意到這樣的狀況。

風險	可能的流程控制
應付帳款記錄者記錄了錯誤的顧客付款記錄。	當應收帳款幹事比較在匯款清單（＃2）上的現金收據總金額時，這應該會被發現。在現金收入報表上的總金額與存款單（＃2）上的總額不符。

注意：這題練習題的重要課題，是對使用控制去減緩風險。它的重要性不是因為你的答案包含正確編號，而是它包括了對控制的正確描述。

10.e：比較採購和收入循環清單── ELERBE 公司

1.在第 7 章中主要的會計應用軟體清單為（1）檔案維護；（2）記錄事件；（3）過程資料；（4）顯示／列印報告，和（5）查詢。收入循環清單在這章裡包括所有這些元素。

2.

採購循環清單項目	相關收入循環清單項目
供應商資料維護	顧客資料維護
存貨資料維護	存貨資料維護
輸入請購單	*
輸入採購單	輸入銷售訂單
輸入商品或服務的驗收單	輸入送貨資料
輸入購貨發票	輸入銷售發票
選擇付款發票	*
列印支票	輸入收款資料
過帳	過帳
清除記錄	清除記錄
新的採購單報告	新的顧客訂單報告
採購日報表	銷售日報表
現金支出日報表	現金收入日報表
供應商列表	顧客列表
存貨列表	存貨列表
開放採購單報告	開放顧客訂單報告
開放付款報告	*
現金需求報告	*
應付帳款明細帳	應收帳款明細帳
應付帳款總帳	應收帳款總帳
查詢事件	查詢事件
查詢供應商	查詢顧客
查詢存貨	查詢存貨
離開	離開

* 採購請購單是一個內部機制為確定對採購的需要是合法的。這與收入循環所

關心的是無關的。沒有相對物「選擇發票做為收款」，因為公司銷售發票由顧客作支付的控制。在採購循環中，開放應付帳款報告及現金需求報告，能列印並幫助決定有哪些發票要支付。這並不適用於收入循環。

10.f：對顧客維護所顯現出的控制

供應商維護控制	相似的顧客維護控制
利用帳號密碼的限制，授權人員對供應商資料維護的修改。	用「顧客」替換「供應商」。
增加供應商資料的過程中，應該由一個合格的人加以審核，譬如採購者。	增加顧客資料的過程中，應該由一個合格的人加以審核，譬如徵信經理。
為保證供應商列表是合格，應該設立標準程序作為批准供應商和監測供應商表現。	為保證顧客列表是合格，信用申請應該取得和檢查其準確性，而且應該取得徵信所報告。顧客的信用表現必須被監測。
在許多情況下，對準確性最重要的控制，是仔細的比較輸入在系統中及原始的資料。另一種方法，同樣資料可能被輸入兩次，用系統比較這二項資料的輸入。	與供應商維護控制相同。

10.g：由檔案維護提供內部控制

錯誤產品：被倒置的三角形釋例 10.7A 顯示， ISBN 可以從存貨表中的下拉選單選擇輸入合法的書名單。下拉選單顯示了 ISBN 和書名；它容易完成了選擇正確數字的任務。

進一步說明，一旦 ISBN 被輸入，系統會回到存貨記錄中確認作者和書名。

錯誤顧客：這種風險與錯誤產品風險被減少的方法，除了顧客表格是追查的資料來源，而不是存貨表格。

不合格的顧客或顧客超過了信用額度限制：系統能預防接受由超過信用額度顧客所訂購的訂單。

錯誤價格：銷售訂單中的價格是存貨表中的預設價格。與預設值不同的所有訂單中的超高價格，可以成為例外報告而列印出來。

10.h：對電子商務服務提供者的信賴──ELERBE 公司

1. 這種方法標記 ELERBE 非常依賴提供者。在短期內得到能提供同樣服務的替換提供者，也許是困難的。這些也些會成為問題，如果（a）預先通知中斷服務（或許是因為提供者的策略改變或是破產）；（b）提供粗劣的服務；（c）提高價格；或是（d）對於 ELERBE 在技術上的需求與改變，委外服務商的系統沒有跟著變動。

   另一方面，有的提供者會做一切事情，以增加可能的需求服務。信用卡授權服務有問題時不會怪罪於主機，而且主機有問題時不會責備網設計師。

2. 可能的問題包括如下：
   - 會計系統的服務提供者與當前的會計系統大部分是不同的，轉換新系統也許是非常昂貴的，或是系統的效果令人不太滿意的。
   - 與問題 1 的答案相似，提供者可能中斷服務、提供粗劣的服務等。在這種情況下，問題可能更加嚴正的，因為會計系統對資料需求的程度，遠高於網際網路銷售。

3. 如果以下條件是對的，這些錯誤可能不會是真的：
   - 顧客在購買前，能移除任何所選擇的項目。
   - 顧客能在最後提出階段前，終止所有程序。
   - 在訂貨的過程被完成之前，所有銷售要求一個有效的信用卡號碼。
   - 顧客在選擇產品時所使用的過程是清楚的，而且很顯然是產品被選擇了。
   - 價格和產品清單隨時在網站中保持最新資訊（通常意味著與公司使用的資料庫動態地連接）。

10.i：服務的訂單輸入與檔案維護

1. 是的，那可能是一份為了服務的銷售訂單，雖然「服務訂單」似乎是更加適當。我們使用一個汽車服務站當做釋例。

2. 銷售訂單資訊在螢幕的上方是相似的。舉例來說，會有服務訂單號碼、日期，以及服務人員所記錄的參照資料。服務訂單上面可能有顧客名稱、顧客編號、聯絡電話、車牌號碼等。

螢幕上的細節部分會是不同的。為各個服務請求都會有分開的詳情記錄。釋例中包括換機油、潤滑油、輪胎對換等（看下一個問題）。

3.H&J 稅務準備服務有與存貨表相似的服務表格。取代記錄為各個產品和價格，各個服務和價格都有一個記錄。這也能適用於服務站。服務表格會有一的服務編號分配到各個服務類型、服務的描述（例如換機油和潤滑油），以及預設價格。

10.j：電腦產品的資料── ELERBE 公司

送貨單號碼由電腦分配。當員工登入後，員工所記錄的送貨數字被確定。顧客編號 從銷售訂單表格而來、顧客名稱字來自於顧客表格，而 ISBN、訂購數量和運輸數量，則來自於銷售訂購明細表。

10.k：更新相關的記錄── ELERBE 公司

銷售訂單明細中記錄：運送數量的欄位現在將存放價值 14 和 1。0-256-12596-7 的庫存記錄將顯示在手邊的數量是 3 和被分配的數量是 1。ISBN 為 0-146-18976-4 的書，在手邊的數量將被減少到 99，且被分配的數量將被減少到零。

評論：撿貨者有能力發現只有第一個項目的 14 和那些現在被運送出去了。在手邊的數量 3，在庫存記錄中也許需要被調整到零。項目也許被簡單地存放在其他地方，或是他們也許永遠不見了。這些短缺，將必須調查其原因。

10.l：更新的控制好處── ELERBE 公司

在記錄中運送數量的欄位，會因為第一批出貨而更新。第二次出貨將導致公司所安排的運送數量超出了訂單數量。系統能讓使用戶警覺到這個事實。

10.m：使用一個事件報告，做爲分錄記錄的依據——ELERBE 公司

應收帳款	1,824.90	
銷貨收入		1,816.90
運費收入		3.00
銷項稅額		5.00

10.n：處理方式——ELERBE 公司

　　ELERBE 使用批次記錄以批次更新。在釋例 10.2.A 中的狀態描述「每日結束時，應收帳款人員回顧由送貨人提供的送貨單和提貨單……」，因此累積的送貨單和提貨單被回顧，然後被輸入系統中。這描述了批次記錄的過程。在回顧銷售日報表之後，記錄被 posted（使用批次方式）。

　　評論：雖然這是批次過程，批次總數卻未被採用，因爲只有很少資料被輸入。大多數的基本資訊在銷售訂單中被記錄了。

10.o：根據事件報告內容準備分錄——ELERBE 公司

現金	7,499.90	
應收帳款		7,499.90

10.p：跟著審計軌跡——ELERBE 公司

　　（注意：如果必要的話，可以回顧釋例 10.2）

　　爲了及早注意，審計員會從付款單號碼 4003 的詳細記錄開始，然後會發現這是來自於銷售發票號碼 3003 及 3052 的帳款。審計員會馬上檢查銷售發票表格中的這些記錄，會發現發票號碼 3003 的出現是因爲送貨單號碼 831。審計員會檢查送貨表，然後發現這批送貨是源於銷售訂單號碼 219。接下來，審計員能回顧在銷售訂單和銷售訂單明細表格中，關於銷售訂單的資訊。

10.q：爲內部控制使用報告比較

　　1.存款單的總額將會少於現金收入日記簿中的總額。

　　2.存款單的總額將會少於儲簿中匯款清單的總額。

3.現金收入日記簿總額大於存款單中的總額。

4.透過比較現金入日記簿和存款單的總計數比較不容易被查出。只有在顧客抱怨時,它才會被發現。

5.現金收入日記簿總額少於存款單中的總額。

6.如果郵件收件員竊取了支票,然後不將之登記入匯款名單中,根據所有清單或報告中的資訊,他們對於付款並沒有相關資訊,所以它不會被查出。只有當顧客抱怨後,這樣的偷竊行為才會被發現。

10.r :準備二種類型的顧客報表

1.開放項目顧客帳單—— 7 月

ELERBE 公司
顧客帳單

顧客編號 # 3451   帳單期間 07/01/06-07/31/06
Educate 公司
Fairhaven, MA

日期	表單號碼	金額
05/27/06	發票號碼 3902	$ 1,000.00
06/20/06	發票號碼 4231	2,500.00
07/10/06	付款單號碼 5183	(1,000.00)
07/18/06	發票號碼 4598	700.00
到期餘額		$ 3,200.00

2.前期餘額顧客帳單—— 7 月

ELERBE 公司
顧客帳單

顧客編號 # 3451   帳單期間 07/01/06-07/31/06
Educate 公司
Fairhaven, MA   前項餘額 $3,500.00

日期	表單號碼	金額
07/10/06	付款單號碼 5183	(1,000.00)
07/18/06	發票號碼 4598	700.00
到期餘額		$ 3,200.00

10.s：在應付帳款明細帳和存貨模組中前期餘額系統的要求

（1）對存貨而言，在存貨表格中的前期餘額欄位是必要的，除非公司希望繼續保留，從產品第一次被購買那天起的所有驗收和運輸的記錄。

（2）應付帳款是典型地開放項目系統。使用者在票據被支付之前，希望知道所有詳細的資料。一旦票據被支付了，付款記錄就會被刪除。

10.t：考慮信用卡銷售的成本和利益

Charlie 也許想要考慮以下幾點：

- 以信用卡支付，也許不會有未被支付的支票。
- 在工作的尾端尚未支付帳款的一些顧客，也許更有可能以信用卡支付。
- 但是，他也許支付和 $206,000 $\times$ 3 ％ = $6,180 一樣高的手續費金額，此信用卡手續費比他的壞帳費用還高。
- 銷售增加是可能的，因為更多顧客能「買得起」他的服務。

第 11 章

11.a：建立 HTML 文件

　　1.2.3.請依題目所提供之程式輸入文件編輯檔（Wordpad）中，並於網頁瀏覽器中開啓。

```
<HTML>
<BODY>
<CENTER>
<B>ELERBE 公司 </B>
<P>
List of Accounting Products
</CENTER>
<P>
<TABLE BORDER=1>
<TR>
<TD>ISBN</TD>
<TD>Author</TD>
<TD>Title</TD>
<TD>Price</TD>
</TR>
<TR>
<TD>0-146-18976-4</TD>
<TD>Johnson</TD>
<TD>Principles of Accounting</TD>
<TD>$70.00</TD>
</TR>
<TR>
<TD>0-256-12596-7</TD>
<TD>Barnes</TD>
<TD>Introduction to Business</TD>
<TD>$78.35</TD>
</TR>
<TABLE>
</BODY>
</HTML>
```

　　4.檔案輸入如上，需增加之檔案內容以粗體字表示。

　　5.以 IE 瀏覽器開啓問題 4 之檔案，結果如下：

會計類書目

ISBN（產品編號）	作者	書名	價格
0-146-18976-4	Johnson	Principle of Accounting	$70.00
0-256-12596-7	Barnes	Introduction to Business	$78.35

11.b ：使用網頁顯示產品資訊

焦點問題 11.a 所提供之網頁爲「靜態」網頁，並不與資料庫相連結，資訊無法即時更新；若需更新網頁內容須以 HTML 重新編寫該網頁之內容。

11.c ： ELERBE 公司之電子商務

1.ELERBE 公司之資料庫爲三階層之底層，該資料庫需儲存下列資訊：

（1）存貨：每項記錄需有產品編號（或 ISBN）、作者、書名與產品內容及分類。

（2）顧客：顧客名稱、地址、 Email 帳號、應收帳款餘額、可再加上信用卡卡號。

（3）訂單：訂單號碼、顧客編號、訂單日期、產品編號（或 ISBN）、訂購數量及是否已運送。

中層爲該公司網際網路伺服器，由 HTML 與 JAVA 語言所編輯之網頁所組成。其內容組成如下：

（1）首頁應與各子頁相連結。

（2）首頁中爲學生所提供課程科目相關書目，查詢應與各相關書目子頁相連結。

（3）首頁中所提供之分類書目與價格，應與各相關書目子頁相連結。

（4）首頁之設計應能讓學生輸入所欲訂購之書目，形成訂單。

（5）首頁之設計應能讓學生查詢訂單處理狀況。

（6）首頁之設計應能傳遞學生欲查詢訂單處理狀況之相關資訊。

各網頁應與資料庫進行「動態」連結，使得該公司網路伺服器能以 HTML 與 JAVA 語言，顯示使用者所需之網頁，網頁所提供之資訊能立即從資料庫（底層）中獲得。

　　最高層則為顧客層，即顧客個人系統中之網頁瀏覽器，網頁瀏覽器將公司網際網路伺服器中 HTML 與 JAVA 語言所傳遞之資訊，進行解讀並顯示於顧客之瀏覽器上。

2. 前面 5 、 6 章所描述之資料庫管理系統（DBMS）應用程式，依賴資料庫系統管理軟體所提供。所介紹之各種型態之輸出與報表，可使用上述程式或資料庫系統管理套裝軟體來建立。然而這些輸出或報表並非以 HTML 或 JAVA 語言來建構，所以不需使用網路伺服器或瀏覽器進行解讀。

　　我們並沒有假設 8 ～ 10 章中運用會計應用軟體所得到之各型態之輸出與報表，不能以 HTML 或 JAVA 語言來編輯，是有此可能性。但實際上大部分會計套裝軟體為資料庫系統管理軟體類型之一。我們無從得知為何會計應用軟體提供者使用資料庫系統管理做關聯連結，但如本章所述，軟體提供者是依使用者不同需求，而設計不同資料庫系統管理軟體。

11.d：不同面向彙總

　　可依運送產品編號、銷售日期、銷售人員做不同類型面向之彙總。彙總如下：

依運送產品編號

產品編號	銷售數量
5005	30
6500	20
5703	10

依銷售日期

日期	銷售金額
12/18/06	$520
12/20/06	$400

依銷售人員

銷售人員編號	銷售金額
344	$560
348	$360

第 12 章

12.a ： IT 建構類型
　　1.非集中式處理系統
　　2.集中式處理系統
　　3.分散式處理系統
　　4.分散式資料輸入之集中式處理系統

12.b ：資訊系統規劃
　　首先我們必須先確認該校資訊系統之規劃，符合該校整體發展策略，例如能為學生規劃在該校從取得大學學位至博士學位；或為會計資訊系統規劃一於會計中之主修科目。上述這些長期規劃影響組織中之 IT 需求，舉例來說會計資訊系統之規劃與追蹤，意味著相關實驗室與軟體的需求之增加。
　　（1）IT 策略
　　對 IT 使用者而言，IT 策略應是長期性之規劃與遠景，如某學院規劃以三年的時間進行相關 IT 軟硬體之更新以達成其教學目標；而且 IT 策略應是整體性的，非為單一或只為達短期目標。因此我可以說優良之 IT 環境，可能為學院招收資優學生因素之一。
　　（2）IT 架構
　　在此 IT 環境下需要多少電腦？電腦需要哪些軟硬體（如處理器與作業系統）以符合需求？哪些應用程式或軟體需內建於電腦中？該如何將 IT 環境中之電腦以網路連結起來？
　　（3）IT 功能
　　何種職員須用於維持實驗室之運作？該職員之職責不但包含 IT 架構中各種軟硬體之維護，而且也要幫助學生使用其中之軟硬體。許多大型教育機構如大學，其 IT 環境屬於分權式的。如大學中各學院皆有其自屬之 IT 技術人員，雖然大學本身就有 IT 技術人員。該分權式 IT 環境之形成主要關鍵，在於各學院、各科系如何運用其自屬資源。雖然大學本身就有 IT 職員之設置，各學院或科系認為其自身 IT 職員較前者更能了解該學院或科系之 IT 需求。
　　（4）IT 處理
　　哪些處理過程適用於發展與管理實驗室？舉例來說，若一 IT 職

員要將一應用軟體灌入電腦中以供學生使用，此動作需經過哪些處理流程？

12.c：IT 功能──ELERBE 公司

1.此訂單處理系統為「分散式資料輸入之集中式系統」。

2.「資料控管」與「資料輸入」部門之功能，不需使用於該系統中。

12.d：IT 功能之組織：非集中式會計資訊系統

大學 IT 職員所提供之角色功能如下：

（1）幫手平台：提供使用者各種協助及疑難解答，幫助使用者成為 IT 專家使用者。

（2）資訊中心：幫助使用者有效使用 IT，「資訊中心」的角色是利用各種應用程式與軟體來訓練使用者正確使用 IT。舉例來說，某職員欲將課程資訊放置於網頁上，該職員可經過「資訊中心」所提供網頁設計訓練後進行上述事項。「資訊中心」也能為各學院或科系，提供各種所需之應用程式或軟體供其運用。就上述例子而言，IT 職員也能為該職員編寫所需網頁。

（3）標準化設定：大學 IT 職員能與各學院或各科系之 IT 職員合作，訂定發展或取得各種軟硬體之標準。

（4）軟硬體之取得：集中式 IT 模組能幫助各學院或各科系選擇所需之軟硬體，並依此提供適當之供應商。集中式 IT 模組採購，比個別學院或科系採購更具議價能力。

（5）職員評估：集中式 IT 模組，能幫助各學院或各科系任用專業 IT 人員。此功能不但能評估應徵者之專業資格，更能幫助使用者選擇適當之 IT 專業人員供各學院或科系使用。

12.e：進入控制矩陣

只有人事部門主管或公司擁有者才有權力設定或更正會計人員資料，尤其是職員薪資資料更需加上進入控制以供正確控管；人事部門一般職員只能依其職責允許進入查詢或更改人事資料某些項目（如會計人員姓名、電話）。

12.f ：持續性服務

　　ATM 中提存款之資訊資料不但要傳入銀行主電腦，更要暫存於 ATM 之硬碟或磁帶中，提供資料備份以避免資料於傳輸中流失而造成銀行損失。

索 引

中英索引

二十一劃

英中索引

A

B

C